So lernst du mit Parallelo

Lernen in drei Schritten:

1. Entdecken
2. Verstehen
3. Anwenden   mit   einfachen Aufgaben   und   schwierigen Aufgaben

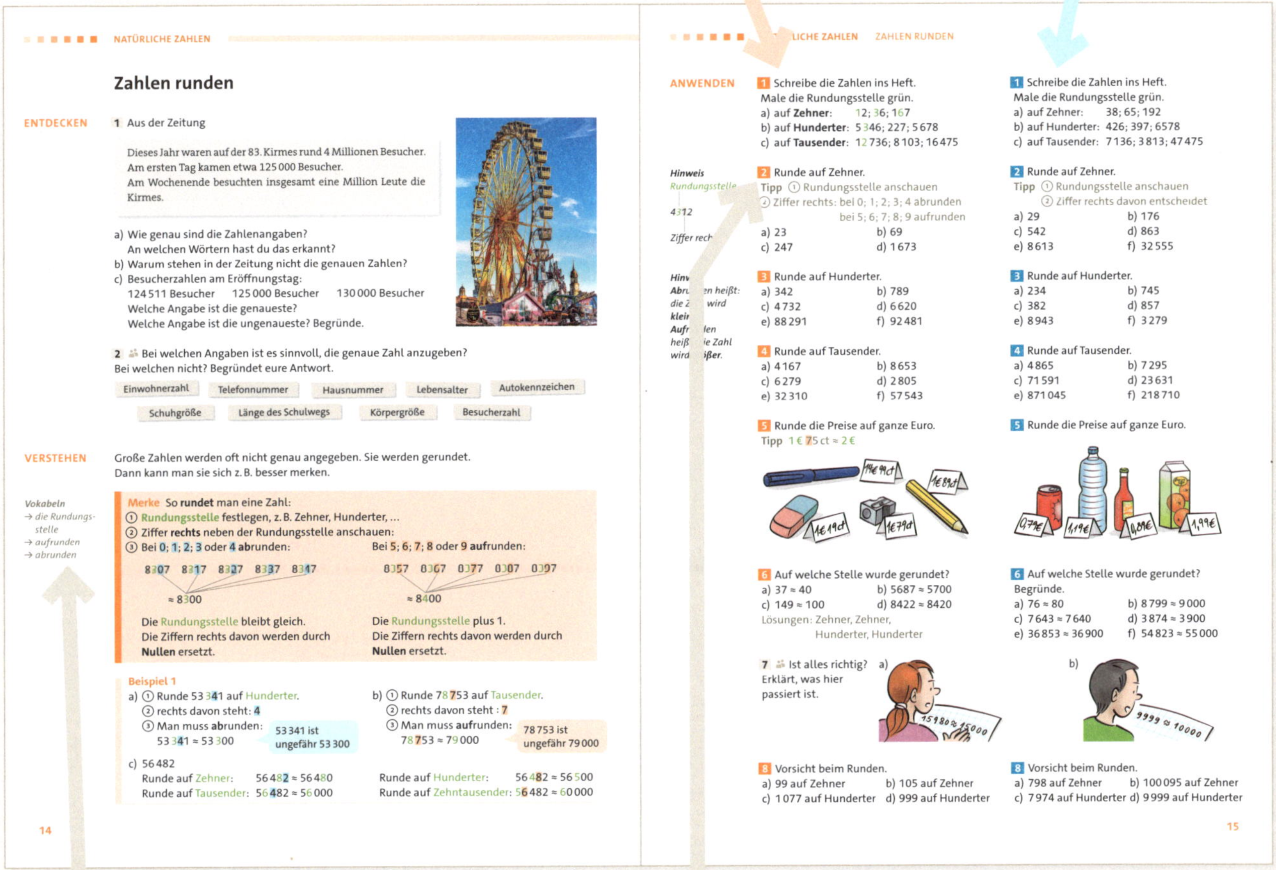

NATÜRLICHE ZAHLEN

Zahlen runden

ENTDECKEN

1 Aus der Zeitung

Dieses Jahr waren auf der 83. Kirmes rund 4 Millionen Besucher. Am ersten Tag kamen etwa 125 000 Besucher. Am Wochenende besuchten insgesamt eine Million Leute die Kirmes.

a) Wie genau sind die Zahlenangaben? An welchen Wörtern hast du das erkannt?
b) Warum stehen in der Zeitung nicht die genauen Zahlen?
c) Besucherzahlen am Eröffnungstag:
124 511 Besucher   125 000 Besucher   130 000 Besucher
Welche Angabe ist die genaueste?
Welche Angabe ist die ungenaueste? Begründe.

2 Bei welchen Angaben ist es sinnvoll, die genaue Zahl anzugeben? Bei welchen nicht? Begründet eure Antwort.
Einwohnerzahl | Telefonnummer | Hausnummer | Lebensalter | Autokennzeichen | Schuhgröße | Länge des Schulwegs | Körpergröße | Besucherzahl

VERSTEHEN

Große Zahlen werden oft nicht genau angegeben. Sie werden gerundet. Dann kann man sie sich z. B. besser merken.

Vokabeln
→ die Rundungsstelle
→ aufrunden
→ abrunden

Merke So rundet man eine Zahl:
① Rundungsstelle festlegen, z. B. Zehner, Hunderter, …
② Ziffer rechts neben der Rundungsstelle anschauen.
③ Bei 0; 1; 2; 3 oder 4 abrunden: 8307 8317 8327 8337 8347 ≈ 8300
Die Rundungsstelle bleibt gleich. Die Ziffern rechts davon werden durch Nullen ersetzt.
Bei 5; 6; 7; 8 oder 9 aufrunden: 8357 8367 8377 8387 8397 ≈ 8400
Die Rundungsstelle plus 1. Die Ziffern rechts davon werden durch Nullen ersetzt.

Beispiel 1
a) ① Runde 53 341 auf Hunderter.
② rechts davon steht: 4
③ Man muss abrunden: 53 341 ≈ 53 300 (53 341 ist ungefähr 53 300)
b) ① Runde 78 753 auf Tausender.
② rechts davon steht: 7
③ Man muss aufrunden: 78 753 ≈ 79 000 (78 753 ist ungefähr 79 000)
c) 56 482
Runde auf Zehner: 56 482 ≈ 56 480
Runde auf Tausender: 56 482 ≈ 56 000
Runde auf Hunderter: 56 482 ≈ 56 500
Runde auf Zehntausender: 56 482 ≈ 60 000

14

ZAHLEN RUNDEN

ANWENDEN

1 Schreibe die Zahlen ins Heft. Male die Rundungsstelle grün.
a) auf Zehner: 12; 36; 167
b) auf Hunderter: 5346; 227; 5678
c) auf Tausender: 12 736; 8103; 16 475

2 Runde auf Zehner.
Tipp ① Rundungsstelle anschauen ② Ziffer rechts: bei 0; 1; 2; 3; 4 abrunden, bei 5; 6; 7; 8; 9 aufrunden
a) 23 b) 69 c) 247 d) 1673

3 Runde auf Hunderter.
a) 342 b) 789 c) 4732 d) 6620 e) 88 291 f) 92 481

4 Runde auf Tausender.
a) 4167 b) 8653 c) 6279 d) 2805 e) 32 310 f) 57 543

5 Runde die Preise auf ganze Euro.
Tipp 1 € 75 ct ≈ 2 €

6 Auf welche Stelle wurde gerundet?
a) 37 ≈ 40 b) 5687 ≈ 5700 c) 149 ≈ 100 d) 8422 ≈ 8420
Lösungen: Zehner, Zehner, Hunderter, Hunderter

7 Ist alles richtig? Erklärt, was hier passiert ist. a) b)

8 Vorsicht beim Runden.
a) 99 auf Zehner b) 105 auf Zehner c) 1077 auf Hunderter d) 999 auf Hunderter

1 Schreibe die Zahlen ins Heft. Male die Rundungsstelle grün.
a) auf Zehner: 38; 65; 192
b) auf Hunderter: 426; 397; 6578
c) auf Tausender: 7136; 3813; 47 475

2 Runde auf Zehner.
Tipp ① Rundungsstelle anschauen ② Ziffer rechts davon entscheidet
a) 29 b) 176 c) 542 d) 863 e) 8613 f) 32 555

3 Runde auf Hunderter.
a) 234 b) 745 c) 382 d) 857 e) 8943 f) 3279

4 Runde auf Tausender.
a) 4865 b) 7295 c) 71 591 d) 23 631 e) 871 045 f) 218 710

5 Runde die Preise auf ganze Euro.

6 Auf welche Stelle wurde gerundet? Begründe.
a) 76 ≈ 80 b) 8799 ≈ 9000 c) 7643 ≈ 7640 d) 3874 ≈ 3900 e) 36 853 ≈ 36 900 f) 54 823 ≈ 55 000

8 Vorsicht beim Runden.
a) 798 auf Zehner b) 100 095 auf Zehner c) 7974 auf Hunderter d) 9999 auf Hunderter

15

Die Begriffe in der **Vokabelliste** musst du können.

Tipps helfen dir, wenn du mal nicht weiterkommst.

Das bedeuten die **Farben**:

- **1** Aufgaben für alle
- **1** (orange) einfache Aufgaben = grundlegend mit Förderung
- **1** (blau) schwierige Aufgaben = grundlegend

Das bedeuten die **Symbole**:

- ✚ zusätzliche Inhalte
- ★ zusätzliche Inhalte für das M-Niveau
- Partnerarbeit
- Gruppenarbeit
- Medienkompetenz

Parallelo
Mathematik BASIS

5

Unter Beratung von
Eva Mödinger
Marcus Nettelmann
Ralf Staufner
Matthias Storz
Rüdiger Unger

Cornelsen

Parallelo
Mathematik BASIS

5

Herausgegeben von Hamza Dehne
Teile dieses Unterrichtswerkes basieren auf Inhalten von:
Susanne Batzer, Bernd Bolduan, Martin Cichon, Siegfried Heinemann, Daniel Jacob, Diana Jafari von Ploetz, Juliane von Jagow, Jeannine Kreuz, Vera Kuckuck, Markus Ledebur, Katharina Perbandt, Heike Sankowsky, Martin Wachter, Winfried Weis, Christina Wolf, Rainer Zillgens, Marta Zöllner

Beraten von: Christina Kapitza, Christa Meyer, Anja Pies-Hötzinger, Ronald Sturm

Redaktion: Alina Maas
Illustration: Raimo Bergt
Grafik: Christian Böhning
Umschlaggestaltung und Layoutkonzept: Studio SYBERG, Berlin
Layout und technische Umsetzung: Straive

Begleitmaterial zum Lehrwerk

Arbeitsheft	978-3-06-003040-8	Handreichungen	978-3-06-003043-9
Arbeitsheft für Lernende mit erhöhtem Förderbedarf für den inklusiven Unterricht	978-3-06-005208-0	Schulbuch als E-Book mit Medien	1100027391
Grundlagen	978-3-06-004935-6	Unterrichtsmanager Plus mit E-Book und Begleitmaterialien	1100027355
Lösungen zum Schulbuch	978-3-06-003042-2		

www.cornelsen.de

Alle Drucke dieser Auflage sind inhaltlich unverändert und können im Unterricht nebeneinander verwendet werden.

Dieses Werk wurde anhand wissenschaftlicher Kriterien geprüft und für den sprachsensiblen Unterricht zertifiziert.
Gutachterinnen: Caroline Marx (Lehrbeauftragte Fachrichtung LERNEN; Seminar für Ausbildung und Fortbildung der Lehrkräfte Stuttgart (Gymnasium und Sonderpädagogik))
Eine Übersicht der Kriterien haben wir für Sie unter http://www.cornelsen.de/mittlere-schulformen zusammengestellt.

Druck: H. Heenemann, Berlin

1. Auflage, 1. Druck 2022
978-3-06-003039-2 (Schulbuch)

PEFC zertifiziert
Dieses Produkt stammt aus nachhaltig bewirtschafteten Wäldern und kontrollierten Quellen.
www.pefc.de
PEFC/04-31-1156

Natürliche Zahlen

Addition und Subtraktion

Grundbegriffe der Geometrie

MK Medienkompetenz + zusätzlicher Inhalt ★ zusätzlicher Inhalt für das M-Niveau

Multiplikation und Division

Größen im Alltag

Flächen

Brüche

Daten

Anhang

Natürliche Zahlen

In diesem Kapitel lernst du, …

→ Zahlen der Größe nach zu ordnen und dabei den Zahlenstrahl zu nutzen.
→ große Zahlen zu lesen, aufzuschreiben und dabei die Stellenwerttafel zu nutzen.
→ Zahlen zu runden.
→ große Anzahlen zu schätzen.

Auf der Welt werden jedes Jahr ungefähr 600 Milliarden Äpfel geerntet.
Die Hälfte davon kommt aus China.
In Deutschland erntet man pro Jahr etwa 7 Milliarden Äpfel.

Es gibt über 1000 verschiedene Apfelsorten.

In Deutschland isst jeder durchschnittlich 110 Äpfel im Jahr.
Wie viele Äpfel isst du ungefähr im Jahr?

Noch fit?

1 Von welcher Farbe sind es mehr?
Größer als > oder kleiner als < ?
blau ■ orange

1 Von welcher Farbe sind es mehr?
> oder < ?
orange ■ blau

2 Mit diesen Zeichen kann man Zahlen darstellen:
Erkläre das am Beispiel 312 = 

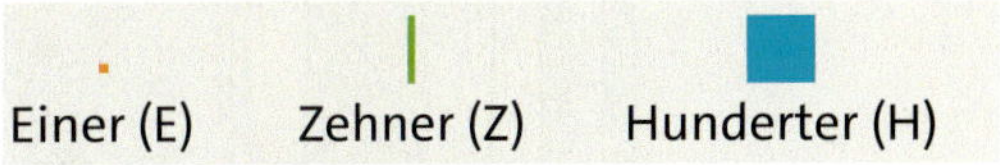

3 Wie heißen die Zahlen?
Ordne zu.

a)
b)
c)

3 Wie heißen die Zahlen?

a)
b)
c)
d)

4 Stelle die Zahlen mit den Zeichen dar.
a) 45   b) 121   c) 354

4 Stelle die Zahlen mit den Zeichen dar.
a) 123   b) 437   c) 610

Hinweis
E = Einer
Z = Zehner
H = Hunderter
T = Tausender

5 Zerlege die Zahlen.
Tipp 12 = 1Z + 2E
a) 14   b) 24
c) 235   d) 110
e) 433   f) 505

5 Zerlege die Zahlen.
Tipp 36 = 3Z + 6E
a) 34   b) 66
c) 234   d) 705
e) 1367   f) 2489

6 Schneckenrennen
a) Welche Schnecke ist am weitesten gekommen?
b) Welche Schnecke ist bei 2?
c) Welche Schnecke ist zwischen 1 und 2?

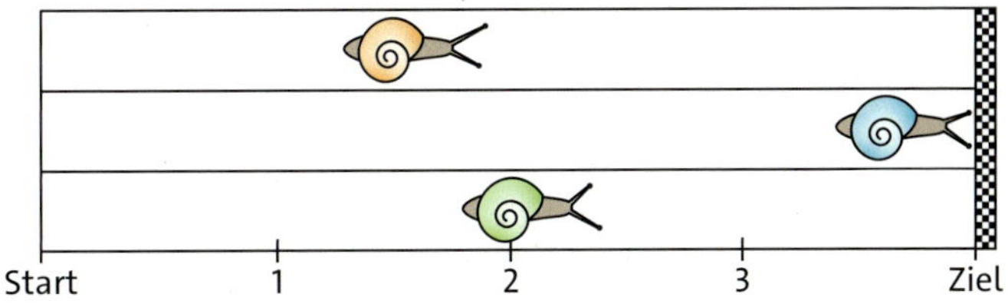

→ *Lösungen ab S. 200*

Trainingsplan

Nr.	Ich kann ...	Ich muss noch trainieren:
1	die Zeichen < und > richtig verwenden.	→ S. 235, Nr. 1, 2
2	die Darstellung von Zahlen mit Zeichen erklären.	→ S. 235, Nr. 3, 4
3	Zahlen mit Zeichen lesen.	→ S. 235, Nr. 3
4	Zahlen mit Zeichen darstellen.	→ S. 235, Nr. 4
5	Zahlen zerlegen.	→ S. 236, Nr. 5, 6
6	den Platz bei einer Einteilung ablesen.	→ S. 236, Nr. 7, 8

Natürliche Zahlen vergleichen und ordnen

ENTDECKEN

1 Zahlen im Alltag

a) Wo kommen Zahlen vor?
b) Was bedeuten die Zahlen?
c) Gestaltet ein Plakat mit verschiedenen Zahlen zu einem Thema eurer Wahl. Erklärt die Bedeutung der Zahlen. Stellt euer Bild der Klasse vor.

VERSTEHEN

Überall im Alltag kommen Zahlen vor.

Vokabeln
→ die natürliche Zahl
→ der Zahlenstrahl
→ der Vorgänger
→ der Nachfolger

Merke 0; 1; 2; 3; … heißen **natürliche Zahlen**.
Die Menge der natürlichen Zahlen wird mit ℕ bezeichnet: **ℕ = {0; 1; 2; 3; …}**
Die natürlichen Zahlen sind gleichmäßig auf dem **Zahlenstrahl** angeordnet:
von links **kleiner** nach rechts **größer**.

Beispiel 1

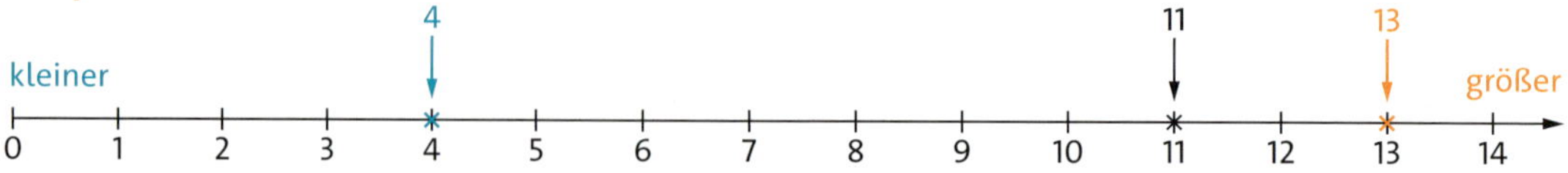

4 steht links von 11,
das heißt: 4 steht vor 11

13 steht rechts von 11,
das heißt: 13 steht nach 11

Daher gilt: $4 < 11$ — 4 ist kleiner als 11

Daher gilt: $13 > 11$ — 13 ist größer als 11

Merke Die Zahl direkt **vor** einer Zahl ist der **Vor**gänger.
Die Zahl direkt **nach** einer Zahl ist der **Nach**folger.

Beispiel 2
10 steht direkt **vor** der 11.
Also ist 10 der **Vor**gänger von 11.

12 steht direkt **nach** der 11.
Also ist 12 der **Nach**folger von 11.

ANWENDEN

1 Auf welche Zahlen zeigen die Pfeile?

a)
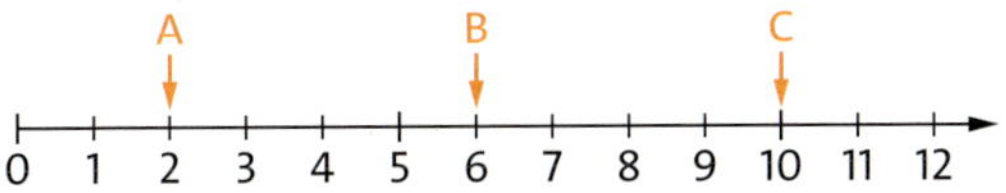

b)
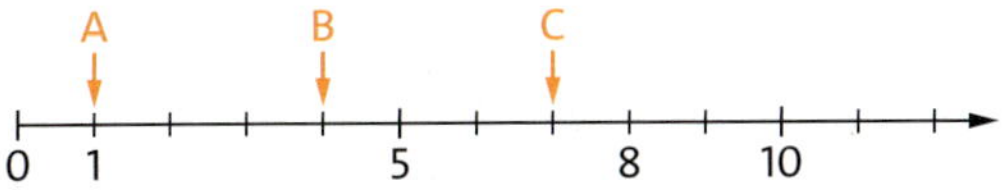

2 Beschreibe die Einteilung des Zahlenstrahls.
Auf welche Zahlen zeigen die Pfeile?

a)
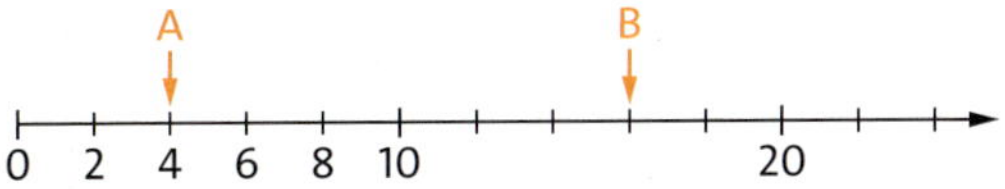

b)
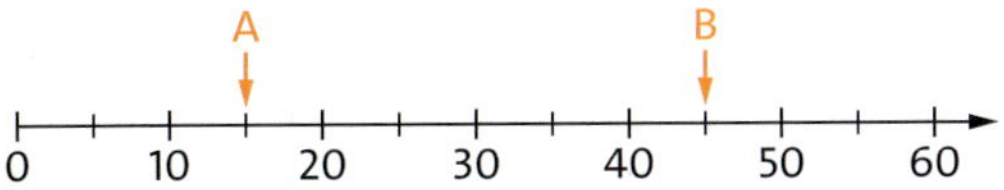

3 Für welche Zahlen stehen die Buchstaben?

a)
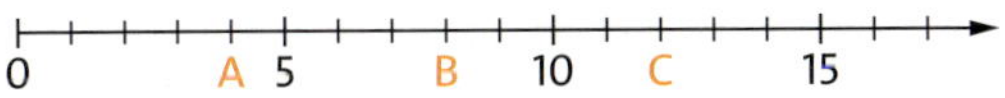

b)
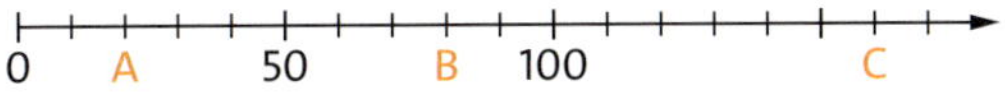

4 Übertrage den Zahlenstrahl ins Heft.
Ergänze die Beschriftung.

a)
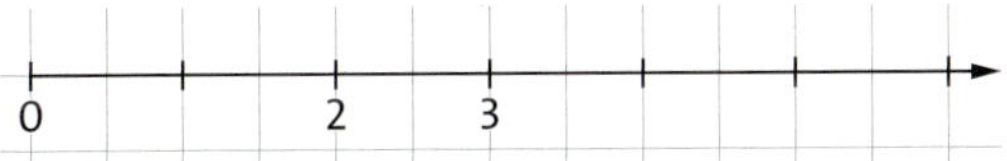

b)

5 Übertrage den Zahlenstrahl ins Heft.
Trage die Zahlen ein.

a) 1 und 4

b) 10 und 40
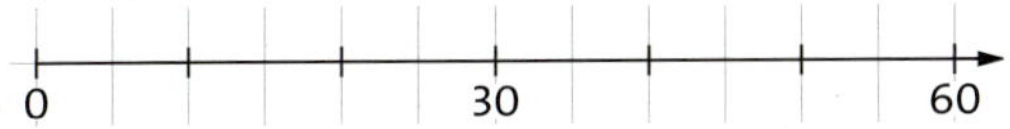

6 Einen Zahlenstrahl zeichnen.

① Zeichne einen 10 cm langen Strich.
Beschrifte ihn: am Anfang 0, am Ende 10.

② Trage die Zahlen ein:
2; 6; 10; 5; 8; 9

1 Auf welche Zahlen zeigen die Pfeile?

a)
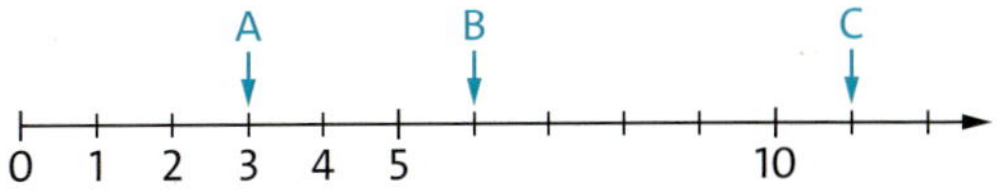

b)
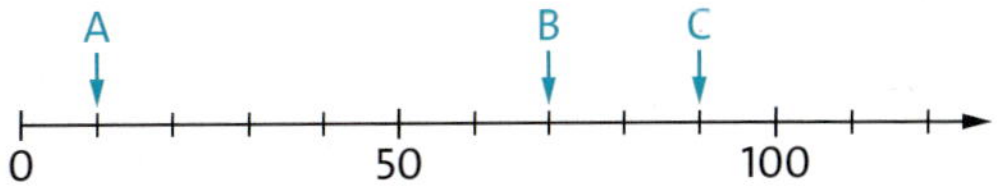

2 Beschreibe die Einteilung des Zahlenstrahls.
Auf welche Zahlen zeigen die Pfeile?

a)
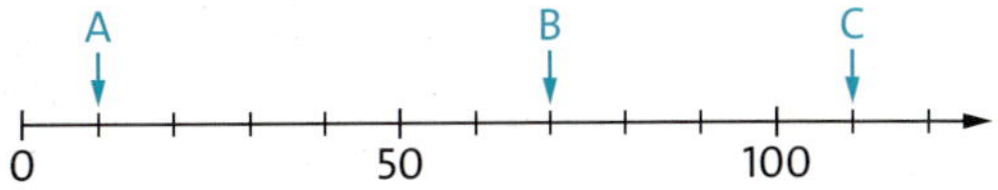

b)
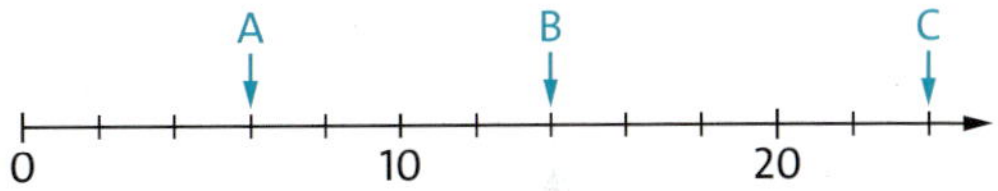

3 Für welche Zahlen stehen die Buchstaben?

a)
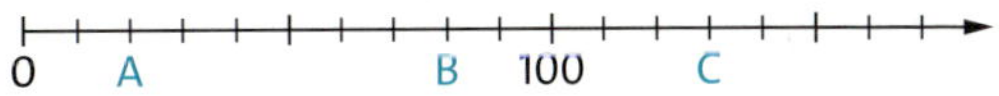

b)
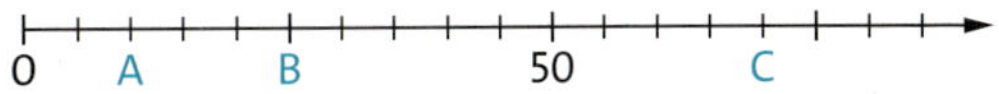

4 Übertrage den Zahlenstrahl ins Heft.
Ergänze die Beschriftung.

a)

b)
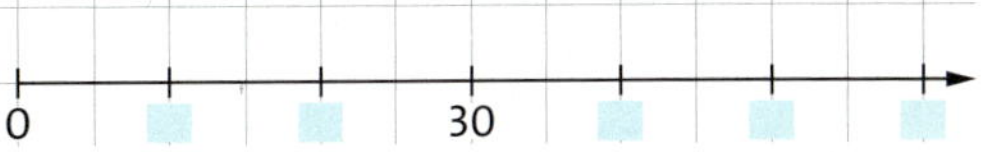

5 Übertrage den Zahlenstrahl ins Heft.
Trage die Zahlen ein.

a) 2 und 4

b) 10 und 30

6 Zeichne jeweils einen 10 cm langen Zahlenstrahl. Trage dann die Zahlen ein.

a) 2; 8; 9; 4; 10
b) 10; 30; 50; 35
c) 100; 0; 300; 500

Hinweis
Das Krokodil frisst immer die größere Zahl.

7 Kleiner als < oder größer als >?
Setze im Heft das richtige Zeichen ein.
Tipp zu a)

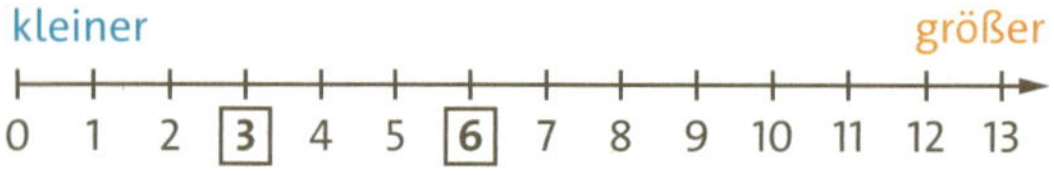

a) 3 ■ 6
b) 7 ■ 4
c) 13 ■ 16
d) 27 ■ 14

8 Die Handball-AG:

Ordne die Kinder nach ihrer Größe.
Beginne mit dem kleinsten Kind.

Hinweis
4; 2; 9; 5
aufsteigend:
2 < 4 < 5 < 9
absteigend:
9 > 5 > 4 > 2

9 Ordne die Zahlen der Größe nach.
Beginne mit der kleinsten Zahl.
Tipp 12 < 21 < 31

21 24 12 241 42 121

Zum Weiterarbeiten
Was bedeuten die Wörter ***Vor****gänger und* ***Nach****folger? Erklärt gegenseitig in eigenen Worten. Wie könnt ihr euch die Wörter leichter merken?*

10 Schreibe Vorgänger und Nachfolger auf.

Vorgänger	Zahl	Nachfolger
■	8	■
■	36	■
■	81	■

11 Welche Zahlen kannst du einsetzen?
a) 3 > ■
b) ■ < 5
c) 3 < ■ < 7
d) 5 > ■ > 1

12 Wie viele Zahlen liegen zwischen 11 und 18?
Welche Rechnung passt dazu? Erkläre.

18 – 11   18 – 11 + 1   18 – 11 – 1   11 – 18

7 Kleiner oder größer?
Setze im Heft das richtige Zeichen ein.
Tipp zu a)

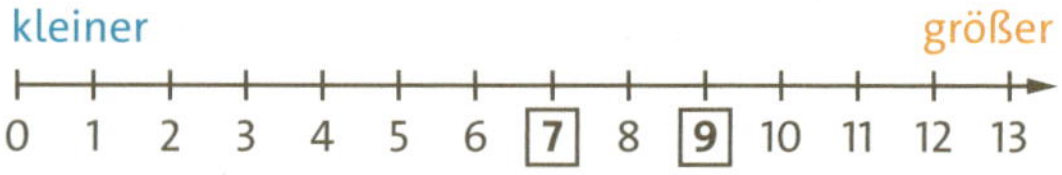

a) 7 ■ 9
b) 19 ■ 17
c) 65 ■ 56
d) 181 ■ 112

8 Flüsse in Deutschland:

Donau	647 km
Elbe	727 km
Main	569 km
Rhein	865 km
Weser	750 km

Ordne die Flüsse nach ihrer Länge.

9 Ordne die Zahlen der Größe nach.
Beginne mit der kleinsten Zahl.
Verwende das Zeichen <.

321 211 221 112 122 121 212 132

10 Schreibe Vorgänger und Nachfolger auf.

Vorgänger	Zahl	Nachfolger
■	14	■
■	41	■
■	99	■

11 Welche Zahlen kannst du einsetzen?
a) 6 < ■ < 9
b) 16 > ■ > 13
c) 72 < ■ < 76
d) 130 > ■ > 126

12 Wie viele Zahlen liegen zwischen 13 und 51?
Tipp Das kann man auch berechnen. Probiere es erst mit den Zahlen 10 und 14 aus.

13 Auf welche Zahlen zeigen die Pfeile ungefähr?
Ihr könnt die Zahlen nicht genau ablesen. Schätzt abwechselnd und begründet eure Antwort.

a)
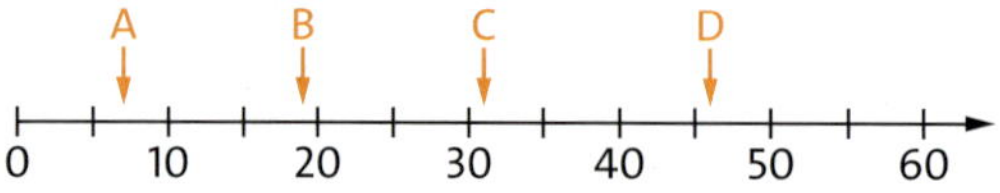

b)
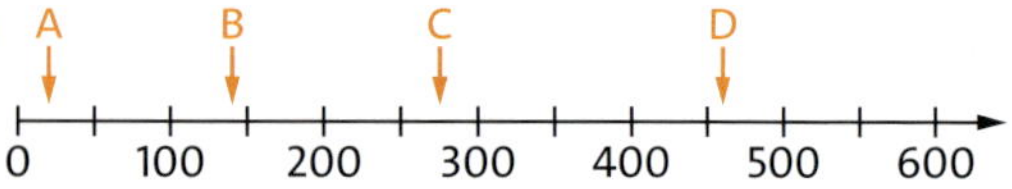

Natürliche Zahlen im Dezimalsystem

ENTDECKEN

1 Zahlen mit vielen Nullen
Kannst du alle Zahlen lesen? Wie weit kommst du?

1 | 10 | 100 | 1 000 | 10 000 | 100 000 | 1 000 000 | 10 000 000 | 100 000 000

2 Würfelspiel „Hohe Hausnummern"
Spieler A würfelt mit 3 Würfeln und bildet damit eine möglichst große Zahl.
Dann würfelt Spieler B mit 3 Würfeln und bildet auch mit seinen Würfeln eine möglichst große Zahl.
Wer die größere Zahl bilden kann, hat gewonnen.

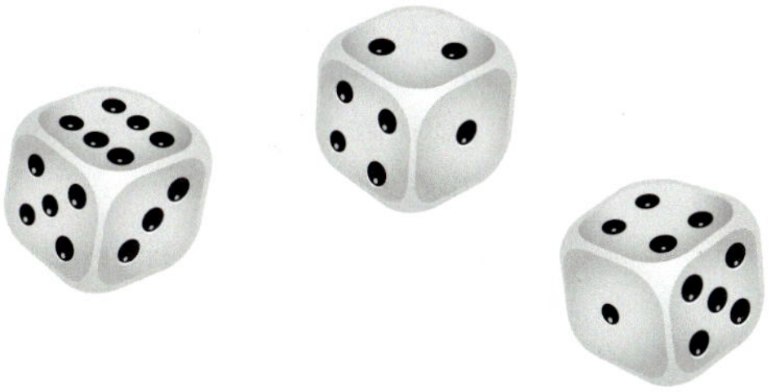

VERSTEHEN

Die Anzeige des Schrittzählers hat drei Stellen. Damit kann man alle Zahlen von 0 bis 999 darstellen.

1 Schritt weiter

Zahlen werden aus den zehn Ziffern 0; 1; 2; 3; 4; 5; 6; 7; 8 und 9 geschrieben.

Deswegen heißt unser Zahlensystem **Zehnersystem (Dezimalsystem)**.

Beispiel 1
582 ist eine Zahl mit drei Stellen.
Sie besteht aus den Ziffern 5, 8 und 2.
Die Stelle jeder Ziffer bestimmt den Wert.

5 Hunderter = 500
8 Zehner = 80
2 Einer = 2

H	Z	E
5	8	2

Vokabeln
→ die Ziffer
→ die Stelle
→ die Stellenwerttafel

Merke Im Zehnersystem kann man Zahlen in einer **Stellenwerttafel** darstellen.
Jeweils drei Stellen gehören immer zusammen:

Billionen			Milliarden			Millionen			Tausender					
HB	ZB	B	HMrd	ZMrd	Mrd	HM	ZM	M	HT	ZT	T	H	Z	E

Beispiel 2 Die Zahl 4 811 251
in einer Stellenwerttafel:

Millionen			Tausender					
HM	ZM	M	HT	ZT	T	H	Z	E
		4	8	1	1	2	5	1

in Stellenwerte zerlegt: 4M + 8HT + 1ZT + 1T + 2H + 5Z + 1E
mit Ziffern in Dreier-Blöcken: 4 811 251
in Worten: vier Millionen achthundertelftausendzweihunderteinundfünfzig

ANWENDEN

1 Diktiert euch die Zahlen aus der Stellenwerttafel. Schreibt sie als Zahl mit Ziffern ins Heft.

	Millionen			Tausender					
	HM	ZM	M	HT	ZT	T	H	Z	E
a)					9	6	5	2	3
b)		6	7	4	3	2	1	8	9
c)	5	7	9	3	4	8	8	4	1
d)			7	0	5	3	8	0	2
e)	1	0	1	0	1	1	1	1	0

2 Zerlege drei Zahlen aus Aufgabe 1 in ihre Stellenwerte.

Tipp

ZT	T	H	Z	E
9	6	5	2	3

= 9ZT + 6T + 5H + 2Z + 3E

2 Zerlege die Zahlen aus Aufgabe 1 in ihre Stellenwerte.

Tipp

M	HT	ZT	T	H	Z	E
		2	4	6	7	1

= 2ZT + 4T + 6H + 7Z + 1E

3 Ergänze im Heft.

	M	HT	ZT	T	H	Z	E
a) 789 986							
b) 379 204							
c) 1 203 861							
d) 39 084							
e) 6 300							
f) 100 721							

3 Ergänze im Heft.

	M	HT	ZT	T	H	Z	E
a) 3 875 087							
b) ■■■	3	4	7	9	2	0	4
c) 69 122							
d) ■■■		7	0	3	8	6	1
e) 3■9■8■4	3	8	■	4	■	6	■
f) 5■■ ■■1		■	7	4	0	3	■

4 Schreibe diese Zahlen …
a) in eine Stellenwerttafel
b) mit Ziffern in Dreier-Blöcken

① 2T 6H 9Z 3E

② 7ZT 2T 8H 5Z 4Z

③ 8ZT 2T 8H 5Z

4 Schreibe diese Zahlen …
a) in eine Stellenwerttafel
b) mit Ziffern in Dreier-Blöcken

① 1M 7HT 2ZT 3T 4H 9Z 5E

② 3M 7HT 8H 4Z

③ 5M 3E

5 Zerlege die Zahlen in ihre Stellenwerte wie im Tipp.

Tipp 4 239 = 4T + 2H + 3Z + 9E
= 4 000 + 200 + 30 + 9

a) 3795
b) 83 754
c) 45 702
d) 89 397
e) 90 201
f) 258 001
g) 704 400

5 Zerlege die Zahlen in ihre Stellenwerte wie im Tipp.

Tipp 74 239 = 7ZT + 4T + 2H + 3Z + 9E
= 70 000 + 4 000 + 200 + 30 + 9

a) 54 763
b) 835 975
c) 7 543 987
d) 7 004
e) 701 602
f) 7 054 004
g) 54 007 603

6 Ordne zu.

Tipp Achte auf die Nullen.

a) zweitausendzehn
b) zweihunderteins
c) zweihunderttausendzehn
d) zweihunderteintausend

① 200 010
② 201 000
③ 201
④ 2010

7 Wie viele Nullen hat die Zahl?

Tipp Trage in eine Stellenwerttafel ein.

a) eintausend
b) eine Million
c) einhunderttausend
d) vierzigtausend

Hinweis
Zahlen kleiner als eine Million schreibt man klein und zusammen. Zahlen größer als eine Million schreibt man getrennt.

8 Schreibe in Worten.

Tipp 2 600 213
zwei Millionen sechshunderttausend-zweihundertdreizehn

a) 690 541 b) 7 357 893
c) 407 360 d) 8 611 207

6 Schreibe als Zahlen mit Ziffern.

Tipp Achte auf die Nullen.

a) zweihundertdreiundvierzigtausendelf
b) siebenunddreißigtausendneunundvierzig
c) acht Millionen dreihunderttausendvierzig
d) fünfundsiebzigtausendneunhundertzehn

7 Wie viele Nullen hat die Zahl?

Tipp Trage in eine Stellenwerttafel ein.

a) eine Million
b) fünfhunderttausend
c) eine Milliarde
d) drei Billionen

8 Schreibe in Worten.

Tipp 2 700 000
zwei Millionen siebenhunderttausend

a) 4 540 637 b) 2 654 879
c) 65 450 031 d) 7 560 435 987
e) 301 011 f) 6 666 555

9 Verbinde zwei oder mehr Kärtchen im Heft. Bilde damit die gesuchte Zahl.
Schreibe als Wort und mit Ziffern.

a) die kleinste Zahl
b) die größte Zahl
c) Zahl größer als 1 Million
d) Zahl mit zwei gleichen Ziffern
e) Zahl kleiner als eintausend
f) Wo gibt es mehrere Möglichkeiten?

zweihunderttausend | vier Millionen | siebenundvierzig | elf | neun | sechs Millionen | dreihundertzwanzigtausend | siebenhundert | achtunddreißig | tausend | fünfzehn | fünfhundert

10 Wie viele Besucher hatte die Webseite?
Schreibe in Worten.

11 Bilde mit den Kärtchen die gesuchte Zahl.
Jedes Kärtchen darf nur einmal verwendet werden.

7 | 4 | 3 | 5 | 1 | 2

a) eine möglichst große Zahl
b) die kleinste Zahl mit allen Kärtchen
c) die größte dreistellige Zahl
d) die kleinste vierstellige Zahl

10 Schreibe die Zahlen in Worten.

11 Bilde mit den Kärtchen die gesuchte Zahl.
Jedes Kärtchen darf nur einmal verwendet werden.

7 | 9 | 0 | 4 | 3 | 5 | 1 | 2

a) eine möglichst große Zahl
b) die kleinste Zahl mit allen Kärtchen
c) die kleinste fünfstellige Zahl
d) eine Zahl, die möglichst nah an 20 000 liegt

Zahlen runden

ENTDECKEN

1 Aus der Zeitung

Dieses Jahr waren auf der 83. Kirmes rund 4 Millionen Besucher.
Am ersten Tag kamen etwa 125 000 Besucher.
Am Wochenende besuchten insgesamt eine Million Leute die Kirmes.

a) Wie genau sind die Zahlenangaben?
An welchen Wörtern hast du das erkannt?
b) Warum stehen in der Zeitung nicht die genauen Zahlen?
c) Besucherzahlen am Eröffnungstag:
124 511 Besucher   125 000 Besucher   130 000 Besucher
Welche Angabe ist die genaueste?
Welche Angabe ist die ungenaueste? Begründe.

2 Bei welchen Angaben ist es sinnvoll, die genaue Zahl anzugeben? Bei welchen nicht? Begründet eure Antwort.

Einwohnerzahl | Telefonnummer | Hausnummer | Lebensalter | Autokennzeichen | Schuhgröße | Länge des Schulwegs | Körpergröße | Besucherzahl

VERSTEHEN

Große Zahlen werden oft nicht genau angegeben. Sie werden gerundet. Dann kann man sie sich z. B. besser merken.

Vokabeln
→ die Rundungsstelle
→ aufrunden
→ abrunden

Merke So **rundet** man eine Zahl:
① Rundungsstelle festlegen, z. B. Zehner, Hunderter, …
② Ziffer **rechts** neben der Rundungsstelle anschauen:
③ Bei 0; 1; 2; 3 oder 4 **ab**runden:

8307 8317 8327 8337 8347
≈ 8300

Die Rundungsstelle bleibt gleich.
Die Ziffern rechts davon werden durch **Nullen** ersetzt.

Bei 5; 6; 7; 8 oder 9 **auf**runden:

8357 8367 8377 8387 8397
≈ 8400

Die Rundungsstelle plus 1.
Die Ziffern rechts davon werden durch **Nullen** ersetzt.

Beispiel 1

a) ① Runde 53 341 auf Hunderter.
② rechts davon steht: 4
③ Man muss **ab**runden:
53 341 ≈ 53 300

53 341 ist ungefähr 53 300

b) ① Runde 78 753 auf Tausender.
② rechts davon steht : 7
③ Man muss **auf**runden:
78 753 ≈ 79 000

78 753 ist ungefähr 79 000

c) 56 482
Runde auf Zehner: 56 482 ≈ 56 480
Runde auf Tausender: 56 482 ≈ 56 000
Runde auf Hunderter: 56 482 ≈ 56 500
Runde auf Zehntausender: 56 482 ≈ 60 000

ANWENDEN

1 Schreibe die Zahlen ins Heft.
Male die Rundungsstelle grün.
a) auf **Zehner**: 12; 36; 167
b) auf **Hunderter**: 5 346; 227; 5 678
c) auf **Tausender**: 12 736; 8 103; 16 475

Hinweis
Rundungsstelle
4312
Ziffer rechts

2 Runde auf Zehner.
Tipp ① Rundungsstelle anschauen
② Ziffer rechts: bei 0; 1; 2; 3; 4 abrunden
bei 5; 6; 7; 8; 9 aufrunden
a) 23 b) 69
c) 247 d) 1 673

Hinweis
Abrunden heißt: die Zahl wird ***kleiner****.*
Aufrunden heißt: die Zahl wird ***größer****.*

3 Runde auf Hunderter.
a) 342 b) 789
c) 4 732 d) 6 620
e) 88 291 f) 92 481

4 Runde auf Tausender.
a) 4 167 b) 8 653
c) 6 279 d) 2 805
e) 32 310 f) 57 543

5 Runde die Preise auf ganze Euro.
Tipp 1 € 75 ct ≈ 2 €

6 Auf welche Stelle wurde gerundet?
a) 37 ≈ 40 b) 5687 ≈ 5700
c) 149 ≈ 100 d) 8422 ≈ 8420
Lösungen: Zehner, Zehner,
Hunderter, Hunderter

7 Ist alles richtig?
Erklärt, was hier passiert ist.

a)

b)

8 Vorsicht beim Runden.
a) 99 auf Zehner b) 105 auf Zehner
c) 1 077 auf Hunderter d) 999 auf Hunderter

1 Schreibe die Zahlen ins Heft.
Male die Rundungsstelle grün.
a) auf Zehner: 38; 65; 192
b) auf Hunderter: 426; 397; 6578
c) auf Tausender: 7 136; 3 813; 47 475

2 Runde auf Zehner.
Tipp ① Rundungsstelle anschauen
② Ziffer rechts davon entscheidet
a) 29 b) 176
c) 542 d) 863
e) 8 613 f) 32 555

3 Runde auf Hunderter.
a) 234 b) 745
c) 382 d) 857
e) 8 943 f) 3 279

4 Runde auf Tausender.
a) 4 865 b) 7 295
c) 71 591 d) 23 631
e) 871 045 f) 218 710

5 Runde die Preise auf ganze Euro.

6 Auf welche Stelle wurde gerundet?
Begründe.
a) 76 ≈ 80 b) 8 799 ≈ 9 000
c) 7 643 ≈ 7 640 d) 3 874 ≈ 3 900
e) 36 853 ≈ 36 900 f) 54 823 ≈ 55 000

8 Vorsicht beim Runden.
a) 798 auf Zehner b) 100 095 auf Zehner
c) 7 974 auf Hunderter d) 9 999 auf Hunderter

9 Andreas soll auf Hunderter runden.
Finde die Fehler und berichtige sie.
a) *251 ≈ 250*
b) *672 ≈ 600*
c) *3492 ≈ 3502*

9 Pia soll auf Hunderter runden.
Finde die Fehler und berichtige sie.
a) *41921 ≈ 42000*
b) *6009 ≈ 6010*
c) *992 ≈ 100*

10 Ordne zu.
Es wurde auf Zehner gerundet.

72 88 129 951 55 296

300 70 60 90 950 130

10 Das Ergebnis beim Runden ist 3100.
Für welche Zahlen kann das sein?

3000 3145 2102 3201 3189 3114

Gib weitere Ausgangszahlen an.

11 Ergänze die Zahlen im Heft.
Tipp 5■ ≈ 60. Es passen 5; 6; 7; 8; 9.
a) 1■ ≈ 20
b) 23■ ≈ 230
c) 6■2 ≈ 690
d) 55■4 ≈ 5600
e) Vergleicht eure Ergebnisse. Gibt es immer mehrere Lösungen?

11 Ergänze die Zahlen im Heft.
Tipp 3■62 ≈ 4000. Es passen 5; 6; 7; 8; 9.
a) 5■87 ≈ 5000
b) 1 8■8 ≈ 1900
c) ■876 ≈ 9000
d) 4 20■ ≈ 4200
e) Vergleicht eure Ergebnisse. Gibt es immer mehrere Lösungen? Begründet.

→ *Sachaufgaben lösen: S. 108*

Strategie Schlüsselwörter beim Runden
Es gibt wichtige Wörter, an denen du erkennen kannst, ob eine Zahl gerundet ist, z. B. das Schlüsselwort ungefähr.

12 Welche Angaben sind gerundet, welche nicht?
An welchen Wörtern hast du das erkannt?
Tipp Das erste wichtige Wort ist schon unterstrichen.

Hinweis
Die Abkürzung ca. heißt circa.

Im Tierheim
Das Tierheim hat gerade ungefähr 250 Hunde, die auf ein neues Zuhause warten.
Auch wohnen etwa 300 Katzen und rund 30 Hasen im Tierheim.
Insgesamt kümmern sich 5 Tierpfleger um alle Tiere.
Sie machen zum Beispiel die 10 Ställe der Hasen sauber und gehen täglich 3-mal mit den Hunden.
Jeden Tag kommen ca. 10 Besucher, die ein neues Tier suchen.
Aber fast die Hälfte der Tiere findet nie ein neues Zuhause.

13 Runde die Höhen der Gebäude sinnvoll.
Tipp Überlege dir erst eine sinnvolle Rundungsstelle.

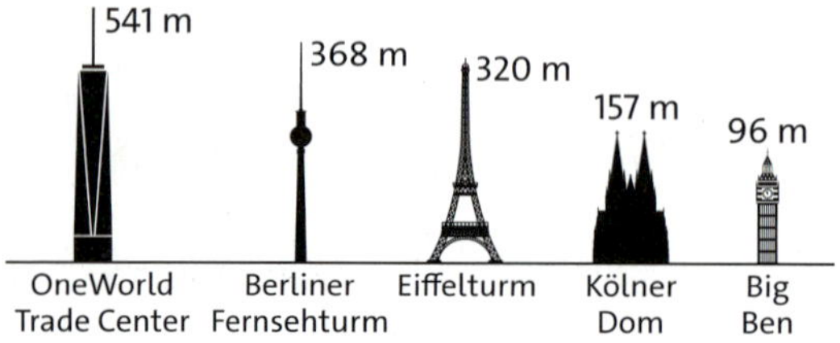

13 Bei welchen Angaben ist es sinnvoll zu runden? Bei welchen nicht?
Begründe deine Antwort.
a) Meine Heimatstadt hat 38 956 Einwohner.
b) Herr Müller wiegt 83 kg.
c) Frau Öz trägt Kleidergröße 38.
d) Linda ist 47 km mit dem Rad gefahren.
e) Die Telefonnummer von Ben ist 6 680 303.
f) Finde weitere Beispiele für Angaben, die man nicht runden sollte.

Zahlen schätzen

ENTDECKEN

1 Wie sind die Enten angeordnet?
Beschreibt die Anordnung.
a) Wie kann man die Anzahl der Enten schätzen ohne zu zählen? Beschreibt euer Vorgehen.
b) Zählt die Enten. Vergleicht mit eurem Schätzwert.

2 Wie viele Enten sind auf dem Foto?
a) Versucht die Enten zu zählen. Warum ist das nicht so einfach wie bei den Enten in Aufgabe 1?
b) Wie kann man hier die Anzahl schätzen ohne zu zählen? Beschreibt euer Vorgehen.
c) Schätzt die Anzahl der Enten. Vergleicht eure Schätzwerte untereinander.

VERSTEHEN

Wie viele Blumen sind das?

Zählen ist hier schwierig, weil die Blumen nicht geordnet sind.

Man kann aber die Anzahl ungefähr angeben. Das nennt man **schätzen**.

Vokabeln
→ schätzen
→ die Rastermethode

Merke Beim **Schätzen** versucht man, die Anzahl ungefähr anzugeben.
Bei Bildern kann die **Raster**methode beim Schätzen helfen:
Anzahl der Felder (Raster) · Anzahl in einem Feld

Beispiel 1
① Unterteile das Bild in **gleich große** Felder (Raster).
② Wie viele Felder gibt es? 15
③ Zähle die Blumen in einem Feld: 6
④ Also sind es ungefähr 15 Felder mit jeweils 6 Blumen.
Man rechnet: $15 \cdot 6 = 90$

Es sind ungefähr 90 Blumen.

ANWENDEN

1 Wie viele Nadeln sind das ungefähr?
Schätze mit der Rastermethode.

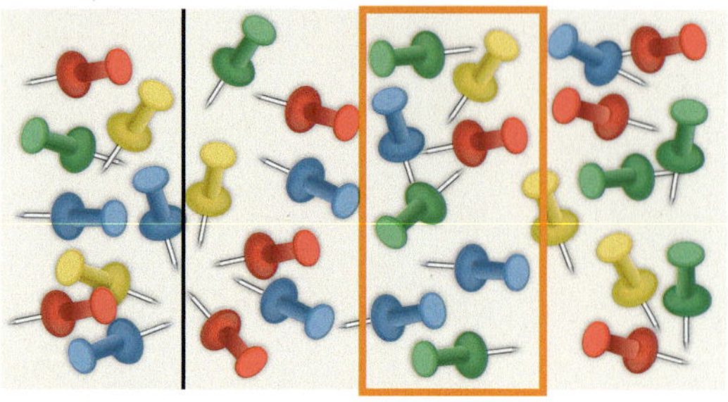

2 Wie viele Vögel sind das ungefähr?
Begründe.

Hinweis
Zeichne dein Raster auf Folie und lege es auf das Bild.

3 Maja hat das Bild in Felder eingeteilt.
Was sagst du dazu?
Schätze die Anzahl der Blumen.

4 Lukas hat das Bild in Felder eingeteilt.
Was sagst du dazu?
Wie teilst du das Bild ein? Beschreibe.

1 Wie viele Klammern sind das ungefähr?
Schätze mit der Rastermethode.

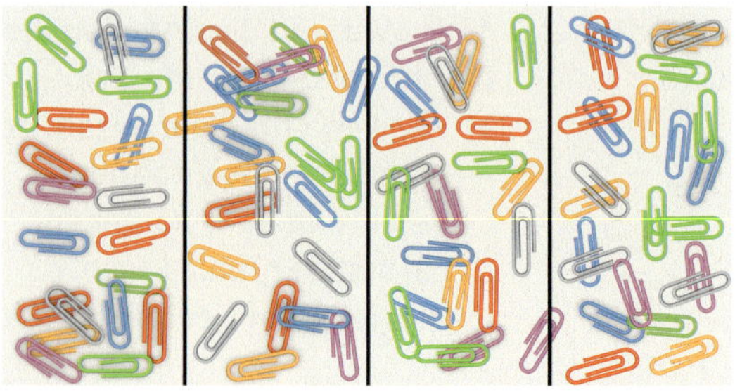

2 Wie viele Vögel sind das ungefähr?
Begründe.

3 Petro hat das Bild in Felder eingeteilt.
Was sagst du dazu?
Schätze die Anzahl der Blumen.

4 Magdalena hat das Bild in Felder eingeteilt.
Sie sagt: „Das sind ungefähr $8 \cdot 9 = 72$ Kerzen."
Was sagst du dazu?

Strategie Fermi-Aufgaben

Hinweis
Solche Aufgaben sind nach dem Physiker Enrico Fermi (1901–1954) benannt, da er gerne solche Fragen stellte.

Einige Aufgaben oder Fragen kann man nicht sofort beantworten.
Dann hilft es oft, die richtigen Fragen zu stellen.

Beispiel 1 Wie viele Schulbücher haben alle Schüler der fünften Klassen an unserer Schule zusammen?

Lösungsschritt	Beispiel
① Fragen stellen	– *Wie viele Schulbücher habe ich?* – *Wie viele Schüler sind in meiner Klasse?* – *Wie viele 5. Klassen gibt es?*
② Fragen beantworten	– *Ich habe ein Schulbuch in Mathe, eins in Deutsch, eins in Englisch, eins in Bio und eins in Erdkunde. Also habe ich fünf Schulbücher.* – *Wir sind 25 Schüler in der Klasse.* – *Es gibt die Klassen 5a, 5b und 5c. Also gibt es 3 Klassen.*
③ Rechnung	$3 \cdot 25 \cdot 5 = 375$
④ Ergebnis überprüfen	*Kann das Ergebnis wirklich stimmen? Was könnte falsch sein?*
⑤ Antwortsatz schreiben	*Alle Schüler der fünften Klassen haben zusammen ungefähr 375 Schulbücher.*

ANWENDEN

1 Wie viele Mathe-Schulhefte schreibe ich in einem Schuljahr voll?
Welche Fragen passen nicht zur Fermi-Aufgabe? Begründe.
Ⓐ Habe ich auch in Englisch ein Schulheft?
Ⓑ Wie oft brauche ich ein neues Schulheft in Mathe?
Ⓒ Welche Farbe hat das Schulheft?
Ⓓ Wie lang ist das Schuljahr?

2 Wie viele Mathebücher gibt es an deiner Schule insgesamt?
Stelle Fragen, die dir weiterhelfen.

1 Wie viele Bleistifte verbrauche ich in einem Schuljahr?
Welche Fragen passen nicht zur Fermi-Aufgabe?
Begründe.
Ⓐ Wie oft brauche ich einen neuen Bleistift?
Ⓑ Wie teuer ist ein Bleistift?
Ⓒ Wie lang ist das Schuljahr?
Ⓓ Welche Farbe hat der Bleistift?

2 Wie viele Schüler hat deine Schule insgesamt?
Stelle Fragen, die dir weiterhelfen.

3 Sucht euch eine Fermi-Aufgabe aus. Präsentiert eure Lösungen in der Klasse.
Tipp Denkt an die 5 Lösungsschritte.
a) Wie viele Schulhefte schreibe ich in einem Schuljahr voll?
b) Wie viele Stunden lade ich mein Handy im Jahr?
c) Wie viele Stunden schaue ich im Jahr Fernsehen?
d) Wie viele Äpfel hast du schon in deinem Leben gegessen?
e) Wie viele Blätter hat der Baum, der deinem Klassenzimmer am nächsten liegt?
f) Wie viel Liter Wasser verbrauche ich pro Jahr zum Zähneputzen?

Klar soweit?

→ Seite 8

Natürliche Zahlen vergleichen und ordnen

1 Auf welche Zahlen zeigen die Pfeile?

a)

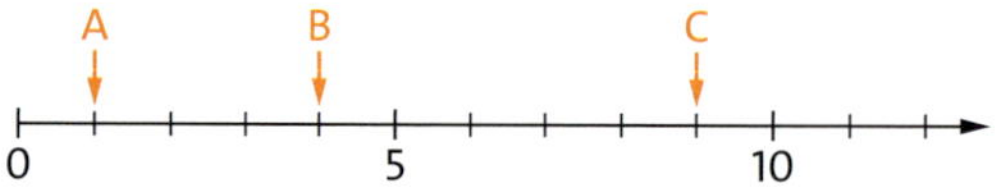

b)

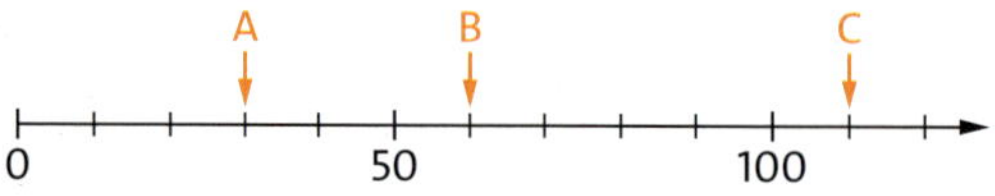

2 Zeichne einen 10 cm langen Zahlenstrahl.
Beschrifte ihn: am Anfang 0, am Ende 20.
Trage dann die Zahlen ein: 4; 8; 11; 18

3 Kleiner < oder größer > ?
a) 25 ■ 17
b) 246 ■ 264
c) 875 ■ 785
d) 1 576 ■ 1 575

1 Auf welche Zahlen zeigen die Pfeile?

a)

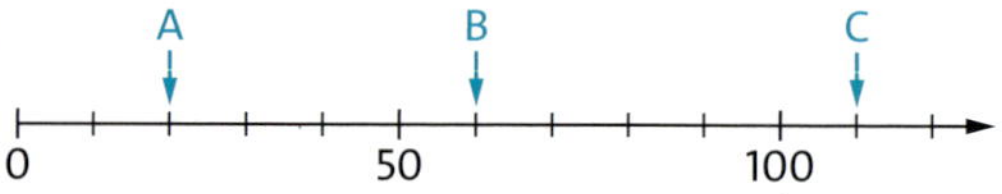

b)

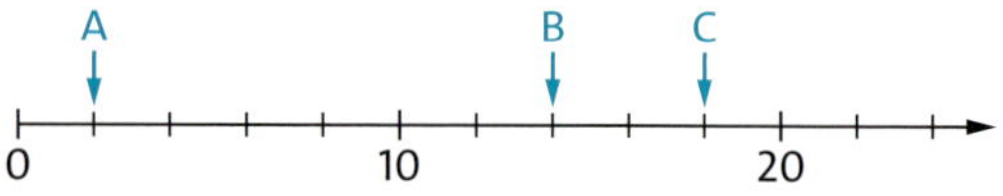

2 Zeichne einen Zahlenstrahl.
Trage dann die Zahlen ein:
3; 5; 6; 11; 16; 19

3 Ordne die Zahlen von klein nach groß.
Setze < ein.
a) 51; 34; 99; 86
b) 500; 55; 505; 5005
c) 1 746; 1 476; 4 617; 7 641; 70 004

→ Seite 11

Natürliche Zahlen im Dezimalsystem

4 Schreibe die Zahlen mit Ziffern.
Lies dann die Zahlen vor.

	M	HT	ZT	T	H	Z	E
a)				5	6	7	6
b)		8	8	0	9	9	0
c)	3	7	4	4	1	3	3

5 Zeichne eine Stellenwerttafel
bis Millionen. Trage die Zahlen ein.
a) 9 365 b) 16 306
c) 843 070 d) 6 503 765

6 Schreibe mit Ziffern.
a) 7T + 5H + 3Z + 1E
b) 4ZT + 5T + 9H + 3E
c) 6HT + 8ZT + 3H + 1E
d) 1M + 2HT + 3ZT

7 Wie viele Nullen haben die Zahlen?
a) eine Million
b) hundertfünfzig Millionen
c) zehntausendfünfhundert

4 Schreibe die Zahlen mit Ziffern.
Lies dann die Zahlen vor.

	M	HT	ZT	T	H	Z	E
a)			2	3	7	0	5
b)	1	0	0	3	3	1	3
c)	5	5	0	0	5	0	5

5 Zeichne eine Stellenwerttafel
bis Millionen. Trage die Zahlen ein.
a) 42 876 b) 706 548
c) 900 347 d) 5 004 050

6 Schreibe mit Ziffern.
a) 6ZT + 3T + 7H + 8Z + 4E
b) 8M + 5HT + 3T + 4H
c) 6M + 6ZT + 6H + 8E + 8Z
d) 7H + 9M + 3E + 7Z

7 Wie viele Nullen haben die Zahlen?
a) zwei Millionen fünfhunderttausend
b) sechzig Millionen
c) dreihundertdreitausendzwölf

→ Seite 14

Zahlen runden

8 Runde auf Zehner und Hunderter.

a) 138 b) 782
c) 5 398 d) 7520
e) 38 472 f) 145 719

9 Hier wird auf Zehner gerundet.
Was kannst du einsetzen?

a) 76■ ≈ 760
b) 745■ ≈ 7450
c) 745■ ≈ 7460
d) 74 53■ ≈ 74 540

0 1 2 3 4
5 6 7 8 9

10 Welche Zahlen passen?

4441 4487 4398 4432 4451 4344 4501

a) gerundet auf Zehner: ■ ≈ 4440
b) gerundet auf Hunderter: ■ ≈ 4400
c) gerundet auf Tausender: ■ ≈ 4000

8 Runde auf Zehner, Hunderter, Tausender.

a) 7 362 b) 51 847
c) 181 782 d) 947 250
e) 2 701 935 f) 1 309 826

9 Welche Ziffer kannst du einsetzen, damit die Rundung stimmt?

a) 2■8 ≈ 300
b) 8 7■4 ≈ 8 800
c) 7 35■ ≈ 7 350
d) 3■ 921 ≈ 31 000

10 Schreibe drei Zahlen ins Heft, die zu dem Ergebnis passen.

a) beim Runden auf Zehner: 280
b) beim Runden auf Hunderter: 6 300
c) beim Runden auf Tausender: 79 000
d) beim Runden auf Zehntausender: 500 000
e) beim Runden auf Millionen: 45 000 000

→ Seite 17

Zahlen schätzen

11 Erkläre die Einteilung des Bildes.
Wie viele Radiergummis sind das ungefähr?

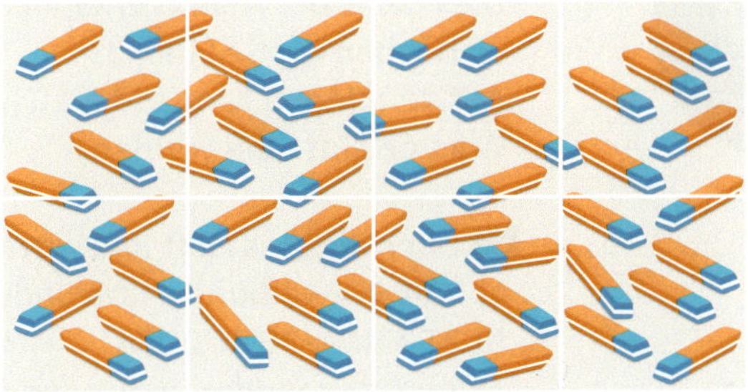

12 Wie viele Stangen Spargel sind das ungefähr? Erkläre dein Vorgehen.

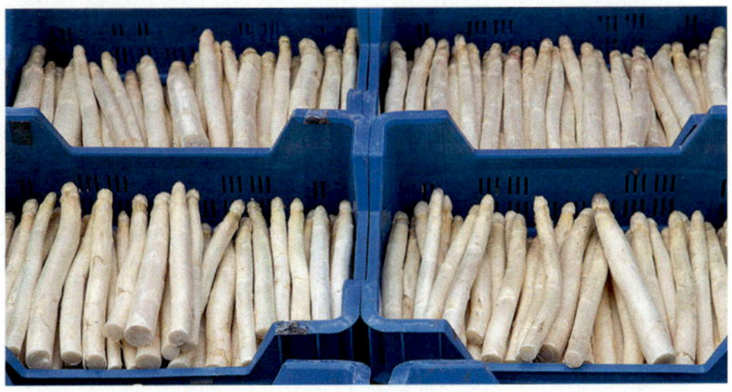

11 Erkläre die Einteilung des Bildes.
Wie viele Anspitzer sind das ungefähr?

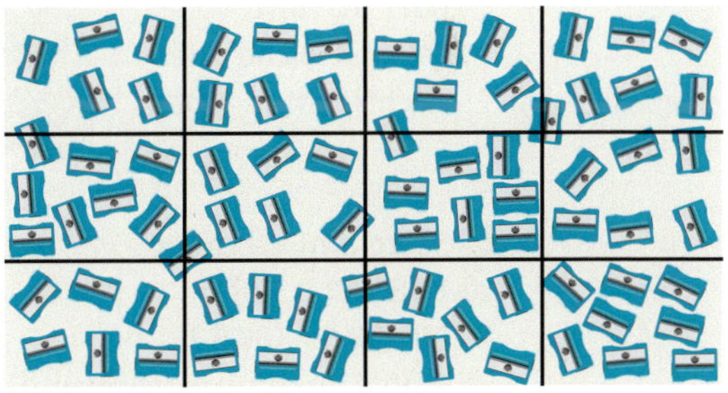

12 Wie viele Äpfel sind das ungefähr?
Erkläre dein Vorgehen.

→ Lösungen ab S. 200

Vermischte Übungen

Anwenden

1 Auf welche Zahlen zeigen die Pfeile? Beschreibe die Einteilung des Zahlenstrahls.
Tipp … ist in ■ Schritten eingeteilt.

a)
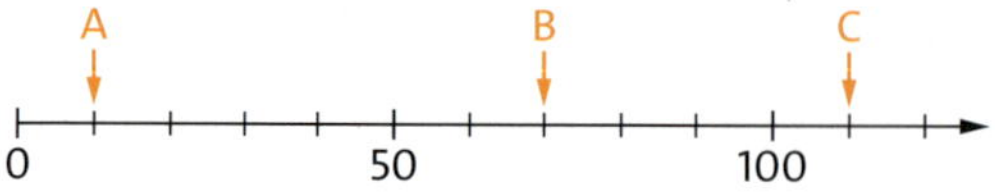

b)
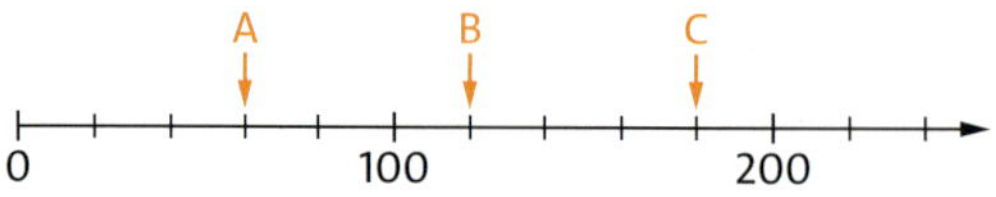

c)
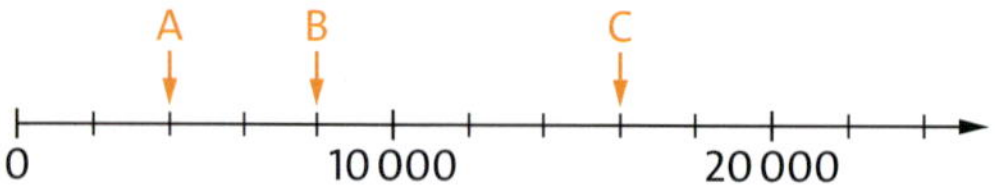

1 Auf welche Zahlen zeigen die Pfeile?
Tipp Bei c) kann man nicht immer genaue Zahlen angeben.

a)
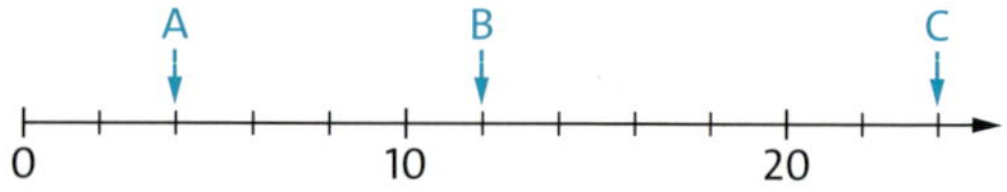

b)
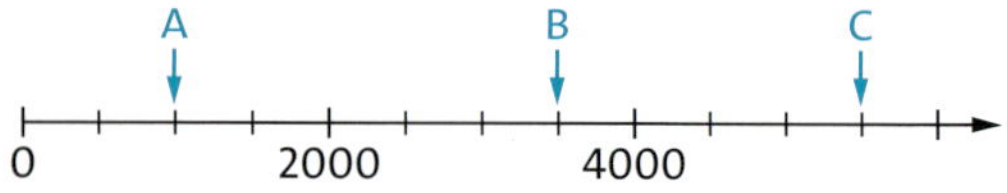

c)
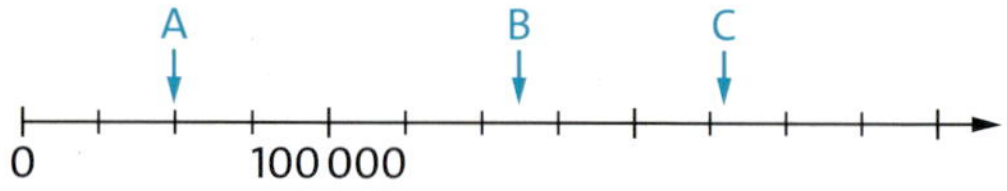

2 Runde jeweils auf Zehner, Hunderter und Tausender.
a) 13 076 b) 77 459 c) 96 548

2 Runde auf Hunderter, Tausender und Zehntausender.
a) 57 935 b) 96 937 c) 754 287

→ *Sachaufgaben lösen: S. 108*

Zum Weiterarbeiten
Suche ein Thema mit großen Zahlen aus, z. B. zur Sonne. Schreibe selbst einen Text.

Strategie Was ist wichtig?
① Lies die Frage oder Aufgabe.
② Welche Angaben brauchst du?
③ Im Buch: Schreibe wichtige Angaben ins Heft.
Auf Arbeitsblättern oder im Heft: Unterstreiche alle wichtigen Angaben.

3 Zeichne eine Stellenwerttafel und trage alle Zahlen nur zum Mond ein.
Der Mond ist dreihundertvierundachtzigtausendvierhundertdrei km von der Erde entfernt. Die Erde ist achtzehn Mal so schwer wie der Merkur.
Die Fläche des Monds entspricht etwa der vierfachen Größe Europas.
Auf dem Mond kann es bis zu hundertdreißig Grad Celsius heiß werden.

4 Setze ein: > oder <
a) 8 883 ■ 3 338
b) 50 038 ■ 300 508
c) 358 ■ dreihundertfünfundachtzig
d) fünfhundertachtunddreißig ■ 5H + 8Z + 3E
e) 8H + 5Z + 3E ■ 835

4 Übertrage ins Heft und setze ein: > oder <
a) 234 ■ zweihundertdreiundvierzig
b) 2T + 3H + 4E ■ 2 034
c) zweitausenddreiundvierzig ■ 2 340
d) Ordne alle Zahlen aus a) bis c) der Größe nach.

5 Wie viele Tiere sind das ungefähr?
a) Vergleicht eure Ergebnisse. Wie seid ihr vorgegangen?
b) In welchem Feld zählt man am besten die Tiere? Begründet eure Antwort.

6 Zeichne jeweils einen Zahlenstrahl.
Trage dann die Zahlen ein.
a) 3; 7; 10
b) 10; 20; 40
c) 100; 200; 350

6 Zeichne jeweils einen Zahlenstrahl.
Trage dann die Zahlen ein.
a) 3; 7; 12; 15
b) 20; 30; 50; 60
c) 100; 150; 250; 400

7 Ordne die Zahlen den passenden Beispielen zu.
a) Einwohnerzahl von Deutschland
b) Länge des Rheins (in km)
c) höchster Turm in Deutschland (in m)
d) Sitzplätze im Fußballstadion

1 233 | 35 000 | 26 | 368 | 80 000 000

8 Tims Schrittzähler zeigt 10 142 Schritte an.
Runde die Angabe sinnvoll.
Begründe deine Rundungsstelle.

8 Tinas Schrittzähler zeigt 18 942 Schritte an.
Runde die Angabe sinnvoll.
Begründe deine Rundungsstelle.

okabeln
- *die römische Zahl*
- *die arabische Zahl*

Thema Römische Zahlen

Zur Zeit der Römer wurden Zahlen anders geschrieben.
Noch heute stehen römische Zahlen an einigen Häusern oder Kirchen.

① 

② 

③ 

Aus diesen Zeichen werden die römischen Zahlen gebildet:

römisches Zahlzeichen	I	V	X	L	C	D	M
arabische Zahl	1	5	10	50	100	500	1000

Aus diesen römischen Zahlen werden die anderen Zahlen zusammengesetzt.
Dafür gibt es Regeln:

① Die Zeichen stehen der Größe nach von links nach rechts geordnet. Dann werden sie addiert.

② Steht das Zeichen I, X oder C vor einem größeren Zeichen, wird subtrahiert.

Beispiel 1
XVI = 10 + 5 + 1 = 16
CCC = 100 + 100 + 100 = 300

IV = 5 − 1 = 4
IX = 10 − 1 = 9
CD = 500 − 100 = 400

1 Welche Zahlen stehen oben in den Bildern?

2 Was steht hier?

a) III
b) XXV
c) XV
d) MCX
e) XC
f) CM
g) CMLX
h) MXIV

Vertiefen

9 Zahlenrätsel
a) die kleinste Zahl mit 3 Nullen
b) die größte Zahl mit 5 Stellen
c) die größte sechsstellige Zahl ohne 9
d) die Zahl, die zwischen 4372 und 4380 liegt und 4 Einer hat
e) Erfindet eigene Zahlenrätsel und tauscht sie untereinander.

Hinweis
Wenn ein Zahlenstrahl nicht bei Null beginnt, ist das ein ***Ausschnitt eines Zahlenstrahls****.*

10 Auf welche Zahlen zeigen die Pfeile? Beschreibe deinen Lösungsweg.

a)
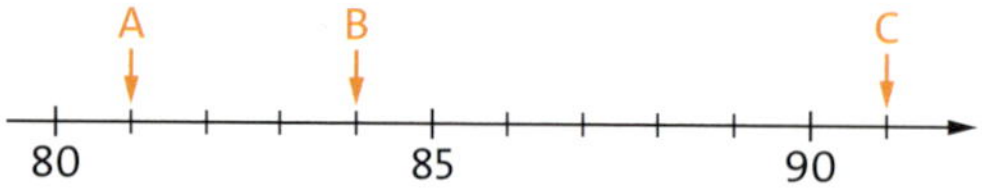

b)
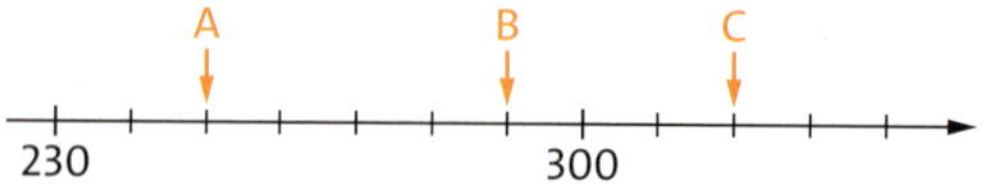

Warum beginnt der Zahlenstrahl nicht bei Null?

11 Wie viele Schokolinsen sind das ungefähr? Beschreibe dein Vorgehen.

12 Reichen 5 € für den Einkauf?
Kevin rundet dafür die Preise auf ganze Euro und sagt: „5 € reichen."
Was sagst du dazu?

Lahmacun	4,10 €
Ayran	1,29 €

9 Zahlenrätsel
a) die kleinste vierstellige Zahl
b) die größte Zahl, die zwischen 100 und 1000 liegt und 3 Zehner hat
c) die größte Zahl, die kleiner als eine Million ist und 5 Zehner hat
d) Erfindet eigene Zahlenrätsel und tauscht sie untereinander.

10 Auf welche Zahlen zeigen die Pfeile? Beschreibe deinen Lösungsweg.

a)
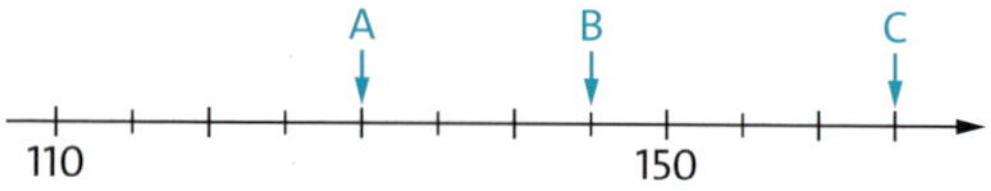

b)
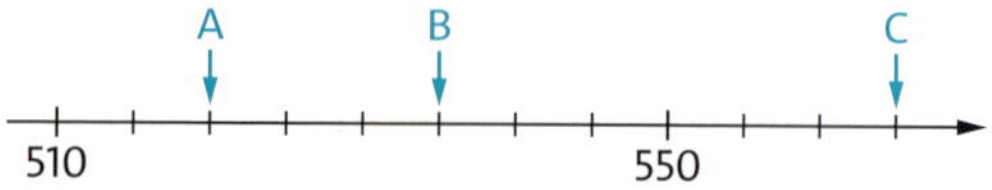

Warum beginnt der Zahlenstrahl nicht bei Null?

11 Wie viele Bälle sind das ungefähr? Beschreibe dein Vorgehen.

12 Reichen 50 € für den Einkauf?
Runde die Preise.
Begründe deine Antwort.

T-Shirt	13,45 €
Socken	5,19 €
Jeans	31,99 €

13 Rätsel
Bello ist so groß wie Alfi.
Sammy ist kleiner als Trixi.
Bello ist größer als Trixi.
Alfi ist kleiner als Luna.

Wie heißt der Hund mit der Schleife?

Weiterdenken

Aus der Zeitung

In Deutschland leben mehr als 7 Millionen Kinder.
Ungefähr 1300 Kinder im Alter von 10 bis 13 Jahren wurden gefragt, was sie gerne in ihrer Freizeit machen.
Am liebsten treffen sich die Kinder mit ihren Freunden.
Zusammen machen sie Sport, spielen draußen oder gehen ins Kino.
Kinder verbringen aber auch viel Zeit mit dem Computer, der Spielekonsole oder dem Handy.
8 von 10 Kindern haben ein eigenes Handy und ca. die Hälfte hat einen Computer oder eine Spielekonsole.

14 Schreibe alle Zahlen aus dem Text.
a) Erklärt euch, was sie bedeuten.
b) Wie viele Kinder leben in Deutschland? Schreibe die Zahl in eine Stellenwerttafel und mit Ziffern.

15 Gerundete Zahlen
a) Welche Zahlen im Text sind gerundet? Woran hast du das erkannt?
b) Schreibe Zahlen ins Heft, die gerundet die Zahlen aus dem Text ergeben. Vergleicht eure Zahlen. Wie groß ist der Unterschied? Was fällt euch auf?
c) Gib jeweils die kleinste und die größte Zahl an, die beim Runden diese Zahlen ergeben.

16 Mia hat aufgeschrieben, was sie letzte Woche nach der Schule gemacht hat.

Montag	lange am Computer gespielt
Dienstag	2 Stunden Spielplatz
Mittwoch	2 Stunden Hockeytraining
Donnerstag	3 Stunden Reiten
Freitag	kurz mit dem Handy gespielt

a) Eine Zeitung schreibt: „Kinder verbringen mehr Zeit mit dem Handy oder vor dem Computer als draußen." Stimmt das auch für Mia? Begründet eure Meinung.
b) Was hast du letzte Woche nach der Schule gemacht? Verbringst du mehr Zeit mit dem Handy oder vor dem Computer als draußen?

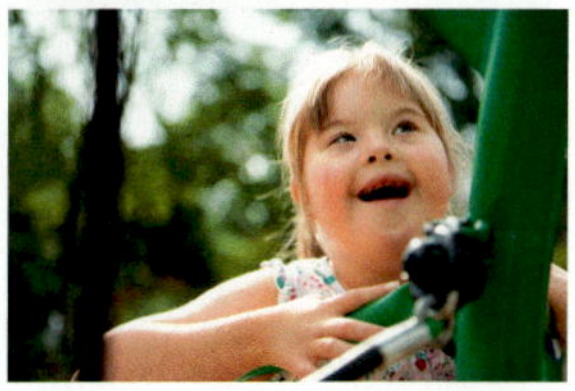

17 Sucht euch eine Frage aus und beantwortet sie. Denkt daran, auch euren Lösungsweg aufzuschreiben.
Tipp Schaut euch an, wie man Fermi-Aufgaben bearbeitet.
- Wie viele Stunden Sport machst du in einem Jahr?
- Wie viele Stunden spielst du in einem Jahr mit dem Handy?
- Wie viele Stunden in deinem Leben hast du schon Computer oder Spielekonsole gespielt?

Zusammenfassung

→ Seite 8

Natürliche Zahlen vergleichen und ordnen

0; 1; 2; 3; … heißen **natürliche Zahlen**.

Sie sind gleichmäßig auf dem **Zahlenstrahl** angeordnet:
von links **kleiner** nach rechts **größer**.

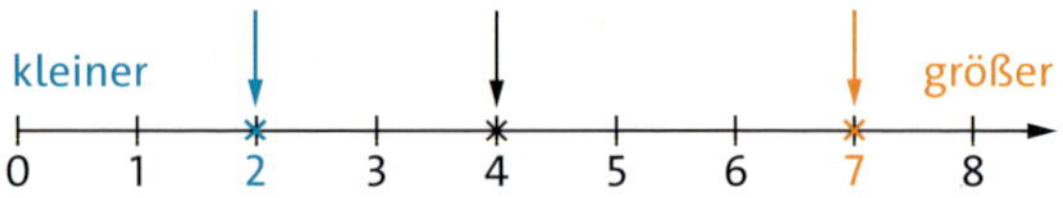

2 < 4 — 2 ist kleiner als 4

7 > 4 — 7 ist größer als 4

Die Zahlen direkt **vor** oder **nach** einer Zahl sind der **Vor**gänger und der **Nach**folger.

3 ist der Vorgänger von 4.

5 ist der Nachfolger von 4.

→ Seite 11

Natürliche Zahlen im Dezimalsystem

Zahlen kann man unterschiedlich schreiben:
- in einer **Stellenwerttafel**:

Millionen			Tausender					
HM	ZM	M	HT	ZT	T	H	Z	E
		4	8	1	1	2	5	1

- in **Stellenwerte** zerlegt: 4M + 8HT + 1ZT + 1T + 2H + 5Z + 1E
- mit Ziffern in **Dreier-Blöcken**: 4 811 251
- in **Worten**: vier Millionen achthundertelftausendzweihunderteinundfünfzig

→ Seite 14

Zahlen runden

① **Rundungsstelle** festlegen
② Ziffer **rechts** neben der Rundungsstelle anschauen:
③ Bei 0; 1; 2; 3 oder 4 **ab**runden.
Bei 5; 6; 7; 8 oder 9 **auf**runden.

Runde 56 482 …
auf Zehner: 56 482 ≈ 56 480

56 482 ist ungefähr 56 480.

auf Hunderter: 56 482 ≈ 56 500

→ Seite 17

Zahlen schätzen

Bei Bildern schätzt man die Anzahl mithilfe der **Raster**methode.

① Unterteile das Bild in gleich große Felder (Raster).
② Wie viele Felder gibt es? 15
③ Zähle die Blumen in einem Feld: 6
④ Also sind es ungefähr:
15 Felder mit jeweils 6 Blumen
Man rechnet: 15 · 6 = 90

Es sind ungefähr 90 Blumen.

Teste dich!

1 Auf welche Zahlen zeigen die Pfeile?

a)

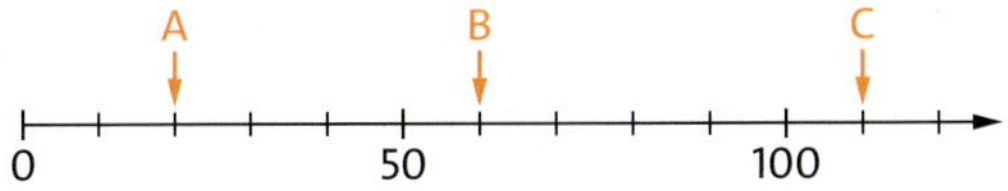

b)

c) Gib jeweils den Vorgänger und Nachfolger von A, B und C an.

2 Vergleiche die Zahlen: < oder >?

a) 340 ■ 351

b) 1284 ■ 1028

3 Zeichne einen 11 cm langen Zahlenstrahl in dein Heft.
Zeichne dann die Zahlen ein:
0; 5; 8 und 10.

4 Schreibe in eine Stellenwerttafel und dann mit Ziffern.

a) dreihundertvierzehn

b) achtzehntausendeinhundert

c) vierzehn Millionen

1 Auf welche Zahlen zeigen die Pfeile?

a)

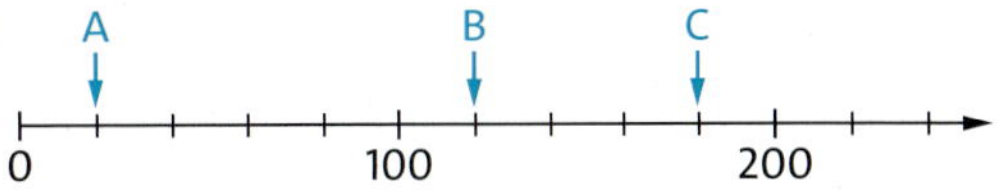

b)

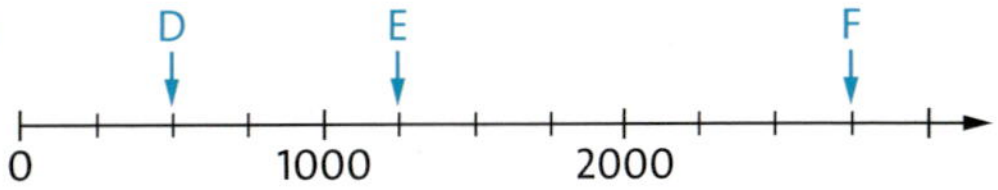

c) Gib jeweils den Vorgänger und Nachfolger von A bis F an.

2 Ordne die Zahlen von klein nach groß.

a) 397; 793; 937; 379

b) 2 570; 2 751; 2 571; 2 754

3 Zeichne jeweils einen Zahlenstrahl.
Trage die Zahlen ein.

a) 8; 11; 14; 17

b) 25; 40, 55; 70

4 Schreibe in eine Stellenwerttafel und dann mit Ziffern.

a) viertausenddreihundertzehn

b) zweihundertachttausendvier

c) sechs Millionen achttausendsieben

5 Wie viele Schirme sind das ungefähr? Schätze mit der Rastermethode.

6 Runde.

a) auf Zehner: 21; 98; 343

b) auf Hunderter: 348; 759; 893

c) auf Tausender: 7 239; 4 971; 9 209

6 Runde.

a) auf Zehner: 56; 482; 3 975

b) auf Hunderter: 348; 555; 9 821

c) auf Tausender: 4 871; 9 578; 73 098

7 Anne hat die Höhe der Berge gerundet und ein Schaubild dazu gezeichnet.

a) Was sagst du dazu?

b) An welcher Stelle hättest du die Zahlen gerundet? Begründe deine Antwort.

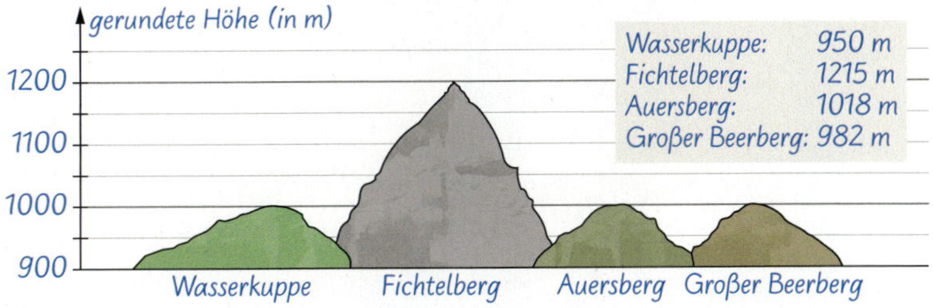

→ Lösungen ab S. 202

→ Lösungen ab S. 203

Addition und Subtraktion

In diesem Kapitel lernst du, …

→ im Kopf schnell und sicher zu rechnen.
→ durch Rechengesetze geschickt zu rechnen.
→ Aufgaben mit Klammern zu berechnen.
→ schriftlich zu addieren.
→ schriftlich zu subtrahieren.

Maike ist ein Basketball-Fan.
Bei einem Heimspiel ihrer Mannschaft sind alle Tickets verkauft worden:
1452 Tickets in der Preisgruppe A,
3162 in der Preisgruppe B und
2848 in der Preisgruppe C.
4763 Zuschauer sind Fans der Heimmannschaft.
Wie viele Fans der Gastmannschaft sind in der Halle?

Noch fit?

1 Wie heißt die Zahl?

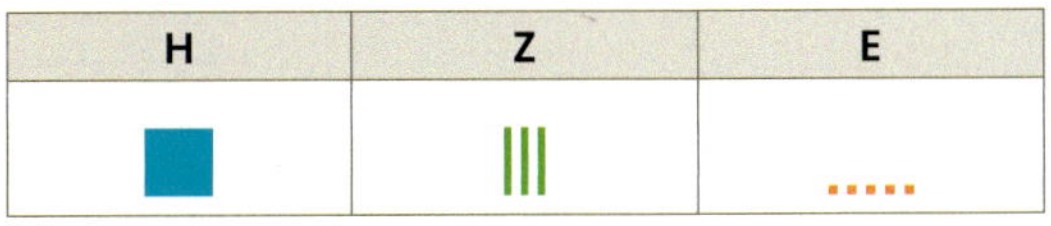

	1 H	+	3 Z	+	5 E	
=	100	+	30	+	5	= ■

a) Erkläre die Darstellung und die Zerlegung. Wofür stehen die Zeichen ■ | . ?
b) Schreibe die Zahl 428 wie oben.

1 Wie heißt die Zahl?

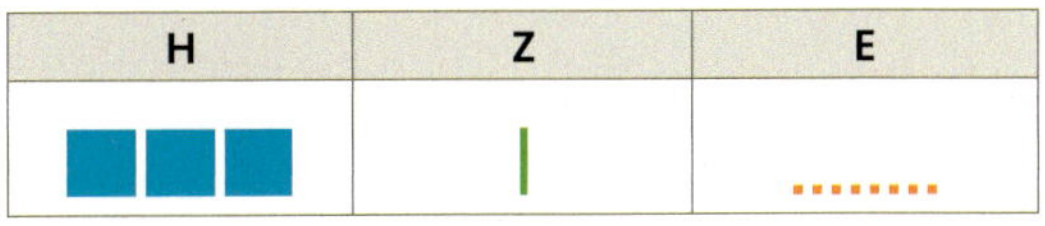

3 H + 1 Z + 8 E = 300 + 10 + 8 = ?
a) Erkläre die Darstellung und die Zerlegung.
b) Schreibe die Zahlen mit den Zeichen und zerlege sie:
① 672 ② 926 ③ 204

2 Zerlege die Zahlen und berechne.
Tipp 43 + 28 = 40 + 20 + 3 + 8
= 60 + 11 = 71
a) 72 + 26 b) 51 + 38
c) 35 + 25 d) 48 + 18

2 Zerlege die Zahlen und berechne.
Tipp 56 + 35 = 50 + 30 + 6 + 5
= 80 + 11 = 91
a) 48 + 24 b) 39 + 37
c) 65 + 28 d) 23 + 48

3 Zahlenpaare
9 15 12 7 13 5 11 8
a) Welche Zahlen ergeben zusammen 20?
Tipp 11 + 9 = 20
b) Schreibe weitere Zahlenpaare auf, die zusammen 10 ergeben.
Was fällt dir auf?

3 Zahlenpaare
3 82 6 21 47 9 14 8
a) Welche Zahlen ergeben zusammen 10, 20, 30, 40, 50 oder …?
Tipp ■ + ■ = 30
b) Schreibe weitere solcher Zahlenpaare auf.
Was fällt dir auf?

4 Erklärе die Rechnungen in Schritten. Wie wurden die Zahlen zerlegt?

① 7 + 5 = ?

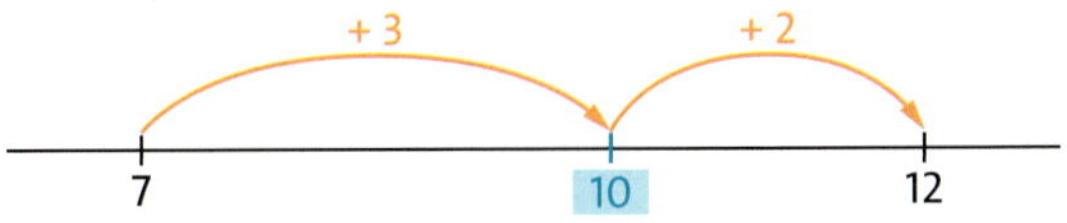

② 17 − 9 = ?

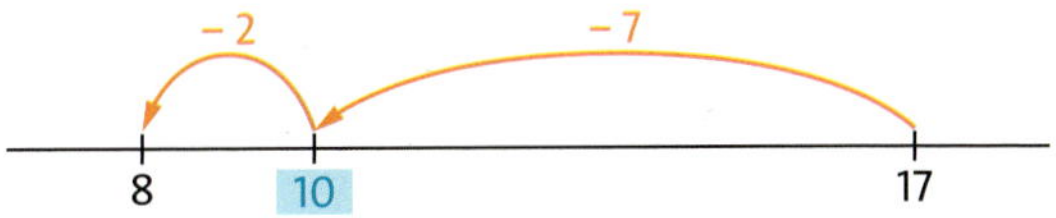

Zeichne ins Heft und berechne.
a) 7 + 6 b) 3 + 9 c) 14 − 6 d) 11 − 9 e) 7 + ■ = 11 f) 9 + ■ = 15

5 Runde auf Zehner.
a) 42 b) 78 c) 215

5 Runde auf Hunderter.
a) 311 b) 479 c) 1895

→ *Lösungen ab S. 205*

Trainingsplan

Nr.	Ich kann …	Ich muss noch trainieren:
1	Zahlen darstellen und in Stellenwerte zerlegen.	→ S. 236, Nr. 5, 6
2	Zahlen zerlegen und addieren.	→ S. 239, Nr. 16, 17
3	Zahlenpaare mit 10, 20, … erkennen.	→ S. 240, Nr. 20, 21
4	Rechnungen in Schritten mit einer Zeichnung lösen.	→ S. 240, Nr. 22
5	Zahlen runden.	→ S. 238, Nr. 14, 15

Kopfrechnen mit Strategien

ENTDECKEN

1 Welche Rechnung gehört zu den Zeichnungen?

①
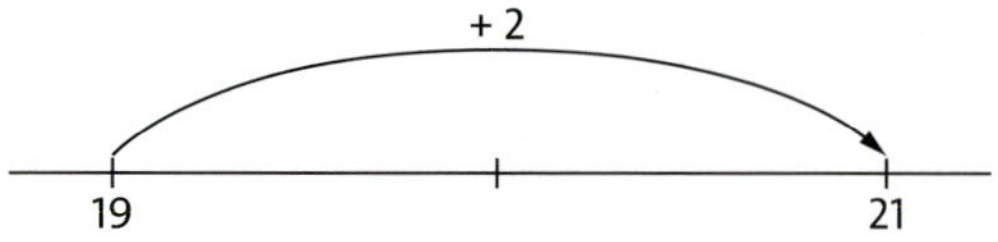

②
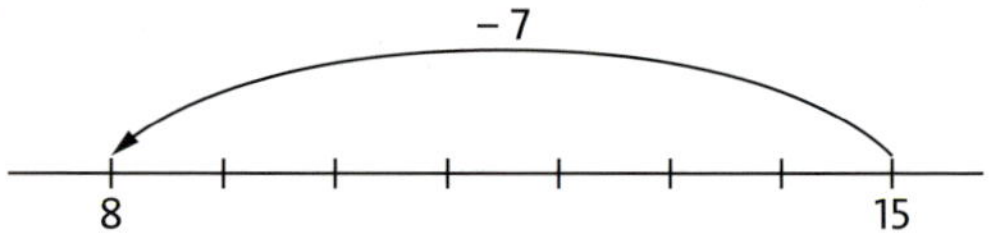

a) Welche Begriffe gehören zu welcher Zeichnung?

Addition | subtrahieren | Subtraktion | plus rechnen | minus rechnen | addieren

b) Zeichne die Rechnungen:
① 16 + 6 = 22 ② 13 − 4 = 9

2 Eine Aufgabe, verschiedene Rechenwege

a) Welcher Rechenweg gehört zur Zeichnung? Erkläre.
b) Zeichnet die anderen Rechenwege.
c) Wie rechnest du 55 + 39?
Beschreibt eure Rechenwege.

55 + 39 = 94

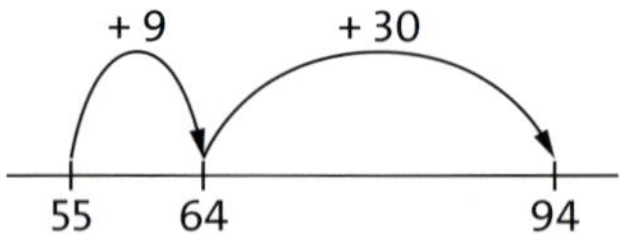

Rechenwege:
① 55 + 30 + 9
② 55 + 9 + 30
③ 50 +30 +5 +9

VERSTEHEN

Wie kann man Aufgaben schnell im Kopf rechnen?

Vokabeln
→ das Kopfrechnen
→ halbschriftlich addieren
→ halbschriftlich subtrahieren

Merke Um schnell **im Kopf** oder **halbschriftlich** zu rechnen, sind Strategien hilfreich. Häufig zerlegt man dafür Zahlen.

Beispiel 1 in Schritten addieren
24 + 19 = 43

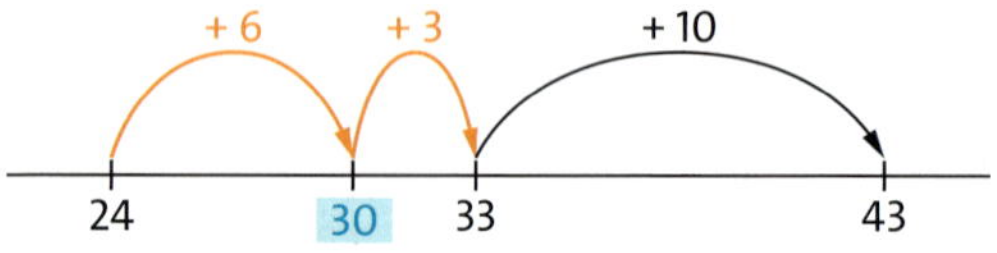

Beispiel 2 in Schritten subtrahieren
65 − 18 = 47

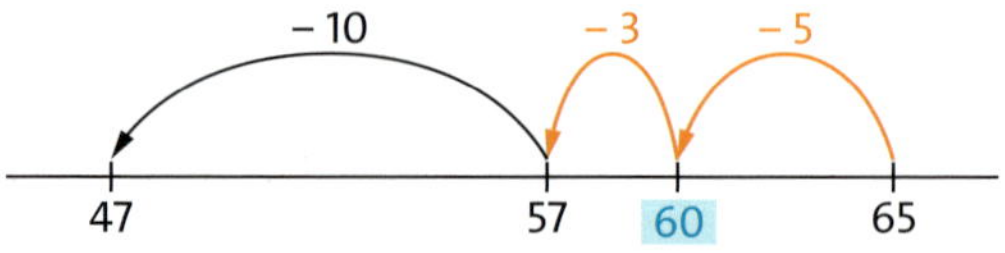

Beispiel 3 mehr addieren
127 + 99 = 226

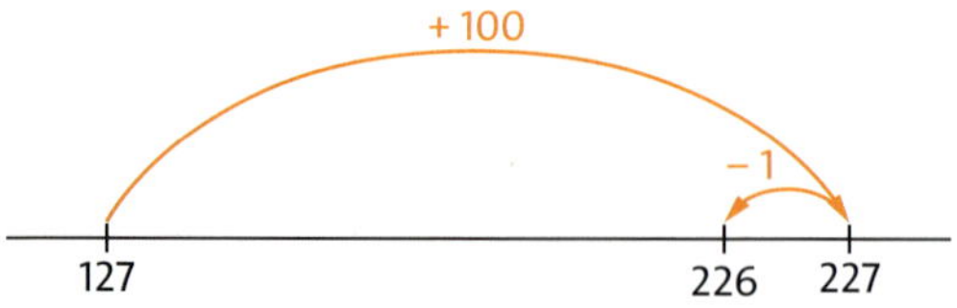

Beispiel 4 mehr subtrahieren
62 − 29 = 33

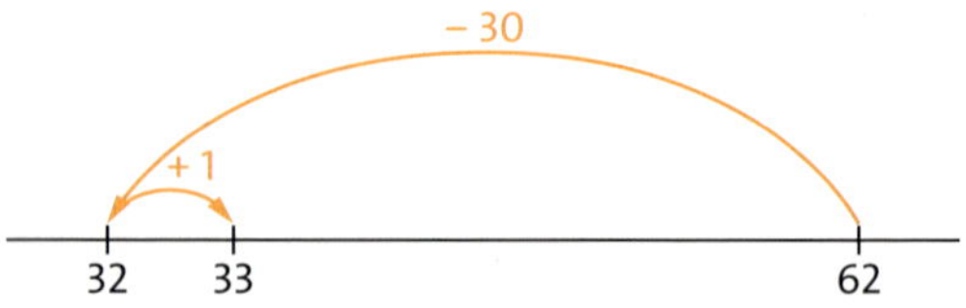

Beispiel 5 halbschriftlich addieren

2	3	6	+	2	6	=			
2	3	6	+	2	0	=	2	5	6
2	5	6	+		6	=	2	6	2

Beispiel 6 halbschriftlich subtrahieren

3	4	3	−	2	4	=			
3	4	3	−	2	0	=	3	2	3
3	2	3	−		4	=	3	1	9

ANWENDEN

1 Zeichne ins Heft. Trage die Rechnung ein.
Tipp Nutze die Strategien „In Schritten addieren und subtrahieren“.

zu a)
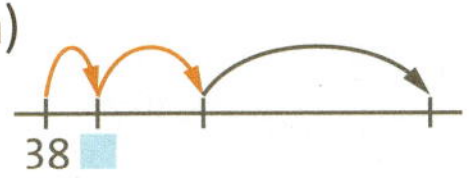

a) 38 + 17
b) 63 + 29

zu c)

c) 42 – 15
d) 94 – 28

1 Rechne im Kopf.
Tipp Nutze die Strategien „In Schritten addieren und subtrahieren“.

a) 38 + 17, 63 + 29, 55 + 26
b) 147 + 34, 236 + 48, 505 + 28
c) 42 – 15, 94 – 28, 81 – 42
d) 172 – 53, 527 – 48, 406 – 27

2 Zeichne ins Heft. Trage die Rechnung ein.
Tipp Nutze die Strategien „Mehr addieren und mehr subtrahieren“.

zu a)
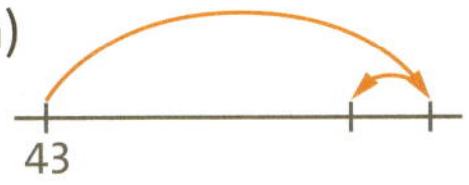

a) 43 + 99
b) 22 + 98

zu c)
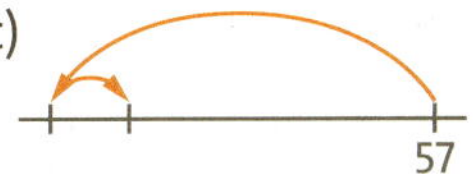

c) 57 – 99
d) 64 – 29

2 Rechne im Kopf.
Tipp Nutze die Strategien „Mehr addieren und mehr subtrahieren“.

a) 43 + 99, 86 + 29, 27 + 48
b) 222 + 98, 378 + 59, 178 + 18
c) 57 – 49, 66 – 39, 85 – 47
d) 343 – 99, 164 – 98, 786 – 69

3 Welche Aufgabe ist hier dargestellt? Welche Strategie wird genutzt?
Würdest du die Aufgaben anders lösen? Erkläre.

a)
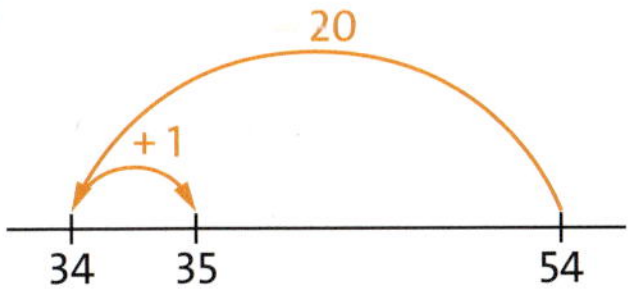

b)
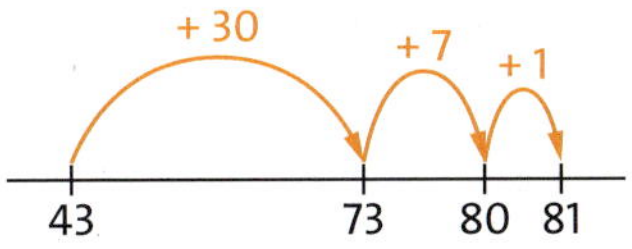

c)
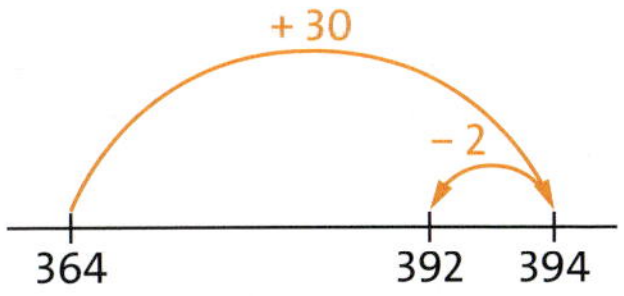

4 Übertrage die Rechenmauer ins Heft.
Addiere.

a)
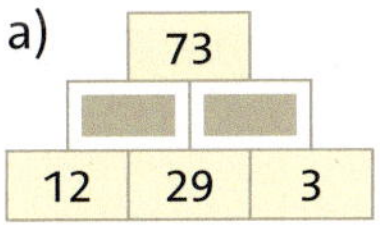

b)
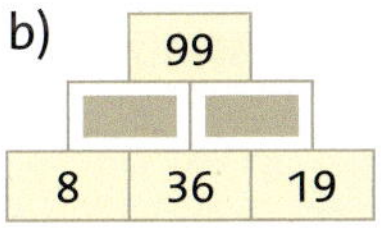

4 Übertrage die Rechenmauer und addiere.

a)
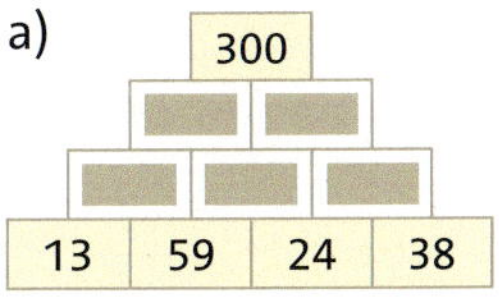

b)
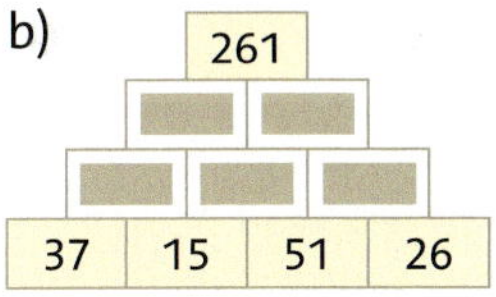

5 Addiere halbschriftlich.
Tipp
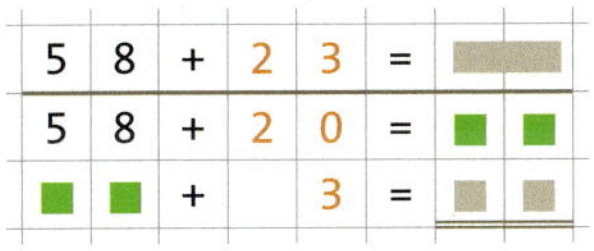

a) 58 + 23
b) 34 + 57
c) 27 + 64
d) 64 + 48
e) 46 + 85

5 Addiere.
Tipp Addiere halbschriftlich.

a) 54 + 37
b) 87 + 64
c) 158 + 23
d) 434 + 57
e) 627 + 64
f) 928 + 76
g) 156 + 123
h) 785 + 843

6 Subtrahiere halbschriftlich.
Tipp
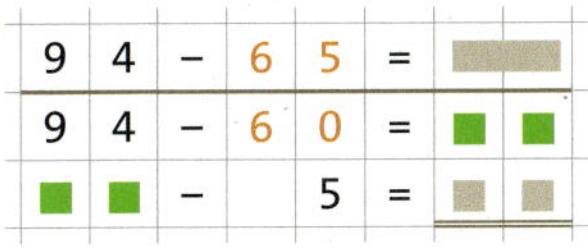

a) 94 – 65
b) 71 – 44
c) 82 – 53
d) 61 – 37
e) 76 – 48

6 Subtrahiere.
Tipp Subtrahiere halbschriftlich.

a) 76 – 39
b) 92 – 37
c) 194 – 65
d) 371 – 44
e) 582 – 53
f) 904 – 66
g) 726 – 348
h) 835 – 591

Vertauschungsgesetz

ENTDECKEN

1 Vergleiche die Rechenwege.

a) Rechne einmal wie Nora und einmal wie Dennis. Was fällt dir auf?
b) Welchen Rechenweg findest du einfacher?
c) Warum ist ein Rechenweg einfacher? Erkläre.

2 Addiere im Kopf.
Ordne die Zahlen vorher so, dass du sie einfach addieren kannst.

a) 53 + 18 + 27 b) 34 + 12 + 4 c) 19 + 17 + 13

VERSTEHEN

Beim Rechnen gibt es Regeln und Gesetze.

Aufgaben werden immer **von links nach rechts** gerechnet.

Addition

46	+	27	=	73
1. Summand	+	2. Summand	=	Summe

Subtraktion

63	–	15	=	48
Minuend	–	Subtrahend	=	Differenz

Das Vertauschungsgesetz sagt, wann man die Zahlen tauschen darf.

Vokabeln
→ der Summand
→ die Summe
→ der Minuend
→ der Subtrahend
→ die Differenz
→ das Vertauschungsgesetz
→ das Kommutativgesetz

Merke **Vertauschungsgesetz** (Kommutativgesetz): **a + b = b + a**
Bei der **Addition** dürfen die Zahlen **vertauscht** werden. Das Ergebnis bleibt gleich.

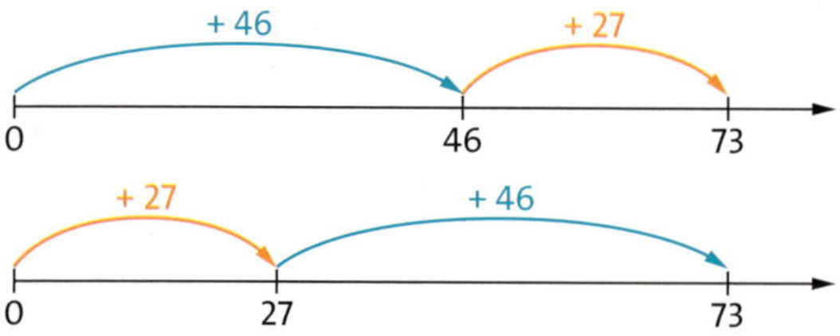

Beispiel 1

Summand + Summand = Summe
46 + 27 = 73
27 + 46 = 73
Summand + Summand = Summe

Beim Addieren von mehreren Zahlen werden die Aufgaben durch das Vertauschungsgesetz oft einfacher.

Beispiel 2

42 + 35 + 18
= 42 + 18 + 35
= 60 + 35 = 95

Aber **Vorsicht beim Subtrahieren**:
Das Vertauschungsgesetz gilt hier nicht.

Beispiel 3

5 – 4 = 1 Aber 4 – 5 ergibt nicht 1.

ANWENDEN

1 Addition und Subtraktion
a) Ordnet die Begriffe. Was gehört zusammen?
b) Ordnet den Aufgaben 17 + 2 und 19 – 5 die Begriffe zu.

addieren | die Summe | hinzufügen | plus rechnen | subtrahieren | der Minuend
wegnehmen | minus rechnen | der Subtrahend | die Differenz | der Summand

2 Rechne.
Was stellst du fest?
a) 14 + 5 und 5 + 14
b) 17 – 3 und 3 – 17

2 Rechne.
Was stellst du fest?
a) 38 + 17 und 17 + 38
b) 91 – 45 und 45 – 91

3 Mehrere Zahlen addieren
① 3 + 9 + 7
② 3 + 7 + 9
a) Wo ist der Unterschied?
b) Berechne.
c) Welche Rechnung ist einfacher? Begründe.

3 Mehrere Zahlen addieren
① 38 + 46 + 12
② 38 + 12 + 46
a) Wo ist der Unterschied?
b) Berechne.
c) Welche Rechnung ist einfacher? Begründe.

4 Rechne vorteilhaft.
Tipp 14 + 7 + 6 = 14 + 6 + 7
= 20 + 7 = 27
a) 28 + 6 + 2
b) 65 + 8 + 5
c) 51 + 15 + 9
d) 37 + 68 + 23

4 Rechne vorteilhaft.
Tipp 42 + 27 + 8 = 42 + 8 + 27
= 50 + 27 = 77
a) 63 + 54 + 37
b) 111 + 76 + 49
c) 256 + 38 + 44
d) 82 + 326 + 68

5 Rechne, wenn möglich, vorteilhaft.
Tipp Wo darf man Zahlen tauschen?
a) 16 + 8 + 54
b) 3 + 49 + 27
c) 47 – 22 – 7
d) 93 – 15 – 43

5 Rechne, wenn möglich, vorteilhaft.
Tipp Wo gilt das Vertauschungsgesetz?
a) 88 – 12 – 28
b) 374 – 39 – 124
c) 555 + 37 + 545 +23
d) 633 + 29 + 51 + 267

Hinweis
Rechenausdrücke aus Zahlen nennt man auch ***Rechenterme****.*

6 Schreibe einen Rechenterm ins Heft und rechne vorteilhaft.
In einem Glas sind 18 rote Bonbons, 6 blaue und 2 gelbe.
Wie viele Bonbons sind insgesamt in dem Glas?

6 Schreibe einen Rechenterm ins Heft und rechne vorteilhaft.
Im Streichelzoo gibt es 56 Meerschweinchen, 8 Ziegen und 24 Kaninchen.
Wie viele Tiere sind insgesamt in dem Gehege?

7 Wähle 4 Zahlen und addiere sie.
Welche Zahlen lassen sich gut addieren?

31 | 105 | 98 | 27 | 49
45 | 12 | 63 | 165

7 Wähle 5 Zahlen und addiere sie.
Welche Zahlen lassen sich gut addieren?

8 Erfinde eigene Aufgaben mit Zahlen, bei denen man vorteilhaft rechnen kann.
Stellt euch die Aufgaben gegenseitig.

Klammern und Verbindungsgesetz

ENTDECKEN

1 Rechenbäume

a) Beschreibe die beiden Rechenbäume.
Wo ist der Unterschied?
Wie heißen die Aufgaben dazu?

b) Übertrage die Rechenbäume ins Heft.
Berechne.

c) Vergleiche die Ergebnisse.
Was fällt dir auf?

d) Welcher Rechenbaum ist einfacher zu rechnen? Woran liegt das?

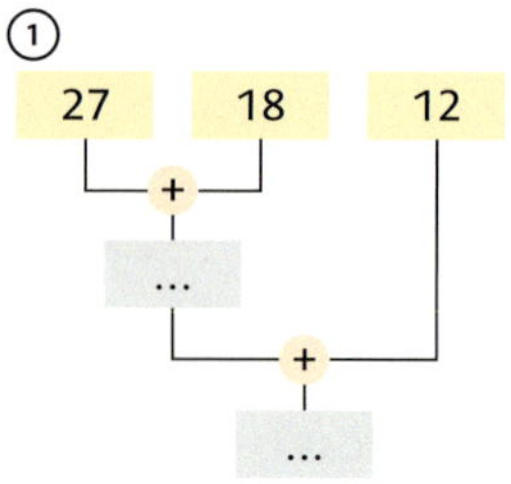

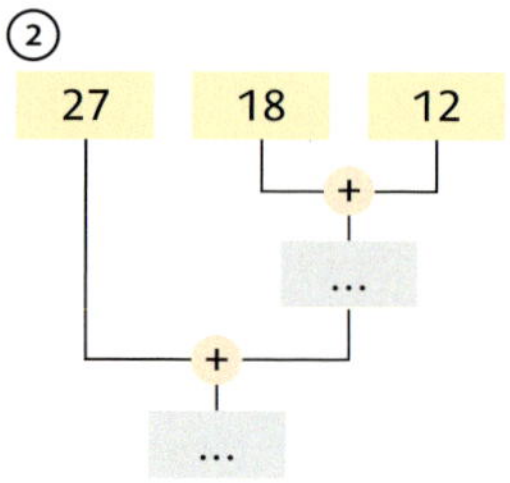

2 Larissa und Malte rechnen unterschiedlich.
Sie haben Klammern gesetzt, um zu zeigen, was sie zuerst rechnen.

Larissa rechnet so:
39 + (21 + 6)

39 + 21 + 6

Malte rechnet so:
(39 + 21) + 6

a) Rechne einmal wie Larissa und einmal wie Malte.

b) Welchen Rechenweg findest du einfacher? Erkläre.
Zeichne zu diesem Rechenweg einen Rechenbaum.

c) Kann man bei der Aufgabe 37 – 18 – 8 auch so rechnen wie Larissa und Malte?
Begründet eure Antwort.

VERSTEHEN

Was in Klammern steht, wird zuerst gerechnet.
Dann rechnet man von links nach rechts.

Das Verbindungsgesetz sagt, wo man Klammern setzen darf.

Beispiel 1

56 – (42 + 8)
= 56 – 50
= 6

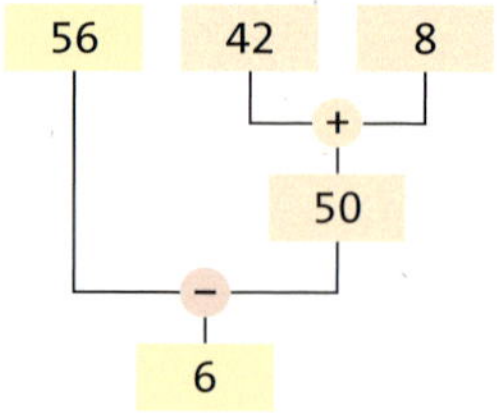

Vokabeln
→ die Klammern
→ das Verbindungsgesetz
→ das Assoziativgesetz

Merke Verbindungsgesetz
(Assoziativgesetz): **(a + b) + c = a + (b + c)**
Bei der **Addition** dürfen überall Klammern gesetzt werden.

Das Ergebnis bleibt gleich.

Beispiel 2

(55 + 89) + 11	55 + (89 + 11)
= 144 + 11	= 55 + 100
= 155	= 155

Einfacher ist es so!

Wenn man Klammern vorteilhaft setzt, können Aufgaben einfacher werden.

Aber Vorsicht:
Beim **Subtrahieren** gilt das Verbindungsgesetz nicht.

Es dürfen also keine Klammern gesetzt werden.

Beispiel 3

(12 – 8) – 2	12 – (8 – 2)
= 4 – 2	= 12 – 6
= 2	= 6

Die Ergebnisse sind nicht gleich.

ANWENDEN

1 Berechne.

Tipp Berechne zuerst die Klammern.

a) 15 – (8 – 3) b) 4 + (8 – 2)
c) (3 + 7) + 7 d) 3 + (7 + 7)
e) 12 – (6 + 4) f) (12 – 6) + 4

Lösungen: 10 | 17 | 2 | 10 | 17 | 10

2 Welche Aufgabe gehört zum Rechenbaum? Erkläre und berechne.

Tipp Achte auf die Klammern.

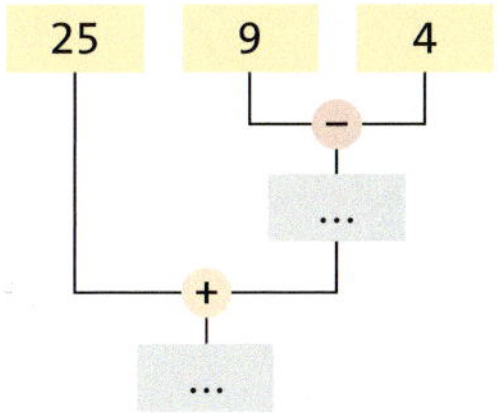

25 + 9 – 4

(25 + 9) – 4

25 + (9 – 4)

3 Berechne und vergleiche. Welche Rechnung ist einfacher?
Vergleicht eure Antworten.

a) (2 + 8) + 3 und 2 + (8 +3)
b) 16 + (4 + 7) und (16 + 4) + 7
c) (35 + 5) + 4 und 35 + (5 + 4)

4 Setze Klammern, sodass du einfach rechnen kannst. Berechne dann.

a) 7 + 3 + 3 b) 9 + 1 + 7
c) 1 + 5 + 5 d) 3 + 8 + 2
e) 11 + 9 + 4 f) 25 + 7 + 3

5 Man kann Zahlen zerlegen, um Aufgaben einfacher zu lösen.
Rechne wie im Tipp.

Tipp
5 + 6
= 5 + (5 + 1)
= (5 + 5) + 1
= 10 + 1 = 11

a) 5 + 8
b) 9 + 7
c) 18 + 6
d) 76 + 5
e) 39 + 12

6 Bei welchen Aufgaben ist das Ergebnis gleich?
Stelle erst eine Vermutung auf.
Berechne dann.

a) (6 + 2) + 3 und 6 + (2 + 3)
b) (9 – 7) – 1 und 9 – (7 – 1)
c) 10 – (5 + 5) und (10 – 5) + 5
d) 12 + (7 + 2) und (12 + 7) – 2

1 Berechne.

Tipp Berechne zuerst die Klammern.

a) 19 – (6 – 2) b) 24 + (18 – 12)
c) (73 + 7) + 20 d) (38 – 12) + 8
e) 22 + (17 – 9) f) (19 + 5) – 3

Lösungen: 15 | 21 | 30 | 30 | 34 | 100

2 Welche Aufgabe gehört zum Rechenbaum? Berechne. Erkläre dein Vorgehen.

Tipp Achte auf die Klammern.

a)
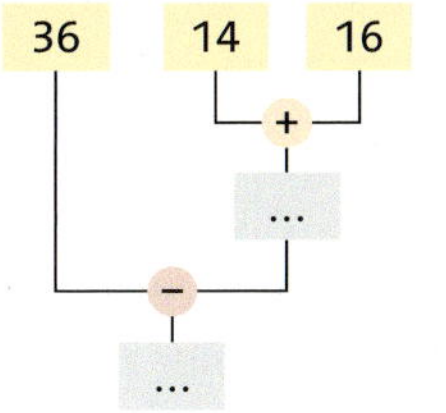

b)
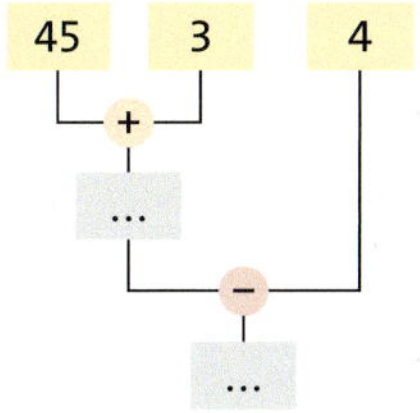

3 Berechne und vergleiche.
Was fällt dir auf?

a) (33 + 7) + 9 und 33 + (7+ 9)
b) 39 + (21 + 33) und (39 + 21) + 33
c) (74 + 16) + 14 und 74 + (16 + 14)
d) 177 + (71 + 29) und (177 + 71) + 29

4 Setze Klammern, sodass du einfach rechnen kannst. Berechne dann.

a) 12 + 57 + 3 b) 74 + 9 + 21
c) 54 + 26 + 11 d) 89 + 11 + 22
e) 35 + 238 + 32 f) 303 + 207 + 101

5 Man kann Zahlen zerlegen, um Aufgaben einfacher zu lösen.
Erkläre und berechne.

Tipp
25 + 16
= 25 + (5 + 11)
= (25 + 5) + 11
= 30 + 11 = 41

a) 64 + 28
b) 32 + 39
c) 145 + 27
d) 216 + 75
e) 423 + 158

6 Bei welchen Aufgaben ist das Ergebnis gleich?
Stelle erst eine Vermutung auf.
Berechne dann.

a) (33 + 12) + 4 und 33 + (12 + 4)
b) (55 – 25) – 15 und 55 – (25 – 15)
c) 27 – (17 + 10) und (27 – 17) + 10
d) 46 + (8 – 3) und (46 + 8) – 3

Schriftlich addieren

ENTDECKEN

1 Eine Aufgabe, verschiedene Rechenwege

a) Welche Rechenaufgabe ist hier dargestellt? Erkläre die Zeichnung.

b) Was ist hier in rot dargestellt?

c) Wie schreibst du die Rechnung auf?

d) Denke dir weitere Additionsaufgaben aus. Tauscht sie untereinander und rechnet sie mit den Zeichen: ■ | .

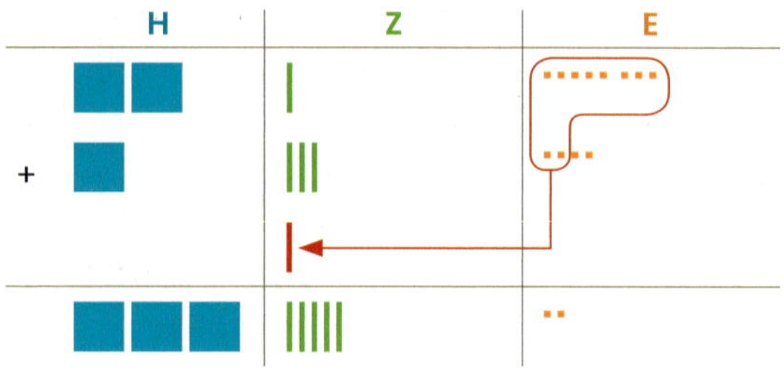

VERSTEHEN

Was kostet es zusammen?

Phillip addiert die Preise schrittweise: Einer zu Einer, Zehner zu Zehner, …

Beispiel 1 427 + 31

① **Einer**

	H	Z	E
	4	2	7
+		3	1
			8

1E + 7E = 8E

② **Zehner**

	H	Z	E
	4	2	7
+		3	1
		5	8

3Z + 2Z = 5Z

③ **Hunderter**

	H	Z	E
	4	2	7
+		3	1
	4	5	8

0H + 4H = 4H

Vokabeln
→ die schriftliche Addition
→ stellengerecht
→ der Übertrag

Merke Schriftliche Addition

① Schreibe die Zahlen **stellengerecht** untereinander: Einer unter Einer, Zehner unter Zehner, …

② Beginne bei den Einern. Addiere dann schrittweise **von rechts nach links**.

③ Manchmal entsteht dabei ein **Übertrag**. Man schreibt ihn in die nächste linke Spalte.

Beispiel 2 245 + 308

① **Einer**

	H	Z	E
	2	4	5
+	3	0	8
		1	
			3

Übertrag:
8E + 5E = 13E
= 1Z + 3E

② **Zehner**

	H	Z	E
	2	4	5
+	3	0	8
		1	
		5	3

1Z + 0Z + 4Z = 5Z

③ **Hunderter**

	H	Z	E
	2	4	5
+	3	0	8
		1	
	5	5	3

3H + 2H = 5H

Beispiel 3

a) Schreibe **stellengerecht**.

		3	1	4
+	7	2	4	5
	7	5	5	9

Einer unter Einer

b) Achte auf **Überträge**.

	4	0	8	5
+	2	6	4	7
		1	1	
	6	7	3	2

c) Noch mehr **Überträge**.

		9	6	8	3
+			4	6	7
	1	1	1	1	
	1	0	1	5	0

ANWENDEN

1 Übertrage ins Heft und addiere.

a)

	H	Z	E
	8	2	4
+		5	3

b)

	H	Z	E
	6	1	7
+		8	2

2 Übertrage ins Heft und addiere.
Tipp Achte auf den Übertrag.

a)

	H	Z	E
	6	4	8
+		3	4
		■	

b)

	H	Z	E
	4	5	2
+		9	5
	■		

1 Übertrage ins Heft und addiere.

a)

	H	Z	E
	6	1	7
+		8	2

b)

	T	H	Z	E
	8	4	0	3
+		2	7	6

2 Übertrage ins Heft und addiere.
Tipp Achte auf den Übertrag.

a)

	H	Z	E
	5	5	7
+		3	6

b)

	T	H	Z	E
	2	4	7	1
+		4	8	3

3 Hier haben sich Fehler versteckt. Erklärt die Fehler und berichtigt sie.

a) 274 + 48

	2	7	4
+	4	8	
	1		
	7	5	4

b) 366 + 488

	3	6	6
+	4	8	8
		1	
	7	5	4

c) 8642 + 1009

	8	6	4	2
+		1	0	9
				1
	8	7	4	1

d) 5258 + 1782

	5	2	5	8
+	1	7	8	2
		1	1	
	6	10	4	

4 Schreibe stellengerecht untereinander und addiere schriftlich.
Prüfe dein Ergebnis, indem du die Zahlen tauschst und addierst.

Tipp zu a)

15	168
+ 168	+ 15

a) 15 + 168
b) 276 + 82
c) 61 + 374
d) 138 + 746

4 Schreibe stellengerecht untereinander und addiere schriftlich.
Prüfe dein Ergebnis, indem du mit getauschten Zahlen addierst.

Tipp zu a)

36	257
+ 257	+ 36

a) 36 + 257
b) 635 + 73
c) 402 + 1194
d) 341 + 6298

Methode Überschlag als Probe
Mit dem Überschlag kann man abschätzen, ob ein Ergebnis stimmt.
Man rechnet mit gerundeten Zahlen.

62 + 317 = 967
≈ 60 + 320 = 380

Das Ergebnis 967 kann nicht stimmen.

5 Hat Leon alles richtig gemacht?
Prüfe mit einem Überschlag.

a) 53 + 429 = 959
b) 285 + 117 = 402
c) 804 + 16 = 964
d) 654 + 280 = 834
e) 383 + 125 = 508

6 Welches Ergebnis stimmt?
Prüfe mit einem Überschlag.

a) 521 + 139 — 660 | 650
b) 64 + 413 — 1057 | 477
c) 127 + 182 — 309 | 209

6 Welches Ergebnis stimmt?
Prüfe mit einem Überschlag.

a) 626 + 189 — 518 | 815 | 718
b) 704 + 196 — 900 | 508 | 837
c) 429 + 28 — 457 | 475 | 709

7 Wie viel muss Klara ungefähr bezahlen?
Überschlage den Gesamtpreis.

8 Addiere schriftlich.
Mache dann eine Probe.
Tipp Hier entstehen zwei Überträge.

	3	6	4
+		5	7
	1	1	
	4	2	1

a) 631 + 372 b) 493 + 258
c) 711 + 299 d) 629 + 391

9 Addiere schriftlich.
Am Samstag besuchten 412 Personen eine Kunstausstellung.
Am Sonntag waren es 593 Personen.
Wie viele Personen waren es insgesamt?

10 Addiere schriftlich.
Tipp Achte auf die Nullen.
a) 502 + 380 b) 709 + 240
c) 186 + 314 d) 608 + 392
e) 171 + 529 f) 363 + 437

7 Wie viel muss Lisa ungefähr bezahlen?
Überschlage den Gesamtpreis.

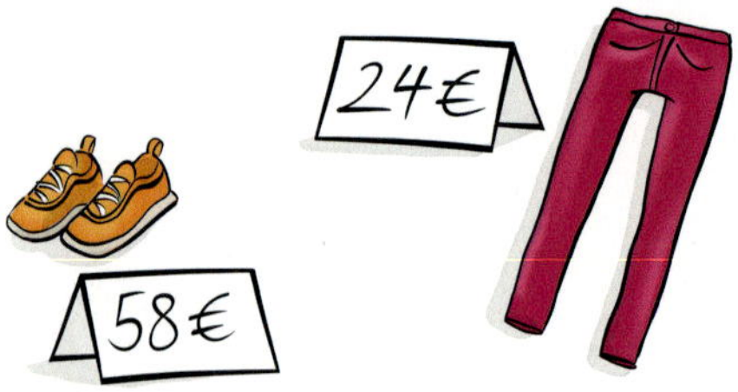

8 Addiere schriftlich.
Mache dann eine Probe.
Tipp Es entstehen mehrere Überträge.
a) 84 + 397
b) 648 + 2532
c) 775 + 3738
d) 9518 + 11 690
e) 5234 + 8176

9 Addiere schriftlich.
Bei einer Verkehrskontrolle überprüfte die Polizei 4390 Lkws und 5712 Autos.
Wie viele Fahrzeuge überprüfte die Polizei insgesamt?

10 Addiere schriftlich.
Tipp Achte auf die Nullen.
a) 502 + 380 b) 9709 + 540
c) 6186 + 3314 d) 6708 + 1392
e) 1701 + 5029 f) 3639 + 4361

11 Wie rechnet Lars? Erkläre.
Was meint Amani damit?
Ergänzt Amanis Rechnung im Heft.

35 + 120 + 84 = ?

Lars rechnet so:

35 + 120 = 155
155 + 84 = 239

Amani rechnet so:

		3	5
+	1	2	0
+		8	4

Methode **Mehrere Zahlen addieren**
Rechne genauso wie bei zwei Zahlen:
① stellengerecht untereinander schreiben
② bei den Einern beginnen
③ auf Überträge achten

12 Schreibe stellengerecht untereinander und addiere schriftlich.
a) 753 + 204 + 42
b) 516 + 53 + 470
c) 1583 + 6072 + 197
d) 754 + 2981 + 3402 + 2093

13 275 235 185 215 230 335 125 160

a) Suche 2 Zahlen, die zusammen das Ergebnis 400 ergeben.
b) Suche 3 Zahlen, die zusammen das Ergebnis 650 ergeben.
c) Vergleicht eure Ergebnisse. Gibt es mehrere Möglichkeiten?

14 Addition mit Lücken
Übertrage und ergänze im Heft.

a)

	6	■	■	■
+	■	3	2	5
	7	4	7	9

b)

	7	■	4	■
+	■	4	■	6
			1	
	9	8	6	0

13 280 340 575 130 470 225 685 115 190

a) Suche 2 Zahlen, die zusammen eine Hunderterzahl ergeben.
b) Suche 3 Zahlen, die zusammen 1000 ergeben.
c) Vergleicht eure Ergebnisse. Gibt es mehrere Möglichkeiten?

14 Addition mit Lücken
Übertrage und ergänze im Heft.

a)

	5	■	2	■
+	■	7	■	1
	8	7	8	5

b)

	2	■	■	3	■
+	■	3	4	■	8
	5	8	0	6	2

→ *Sachaufgaben lösen: S. 108*

Strategie bei Sachaufgaben
Schreibe die Angaben aus dem Text.
– Was ist **gegeben**?
– Was ist **gesucht**?
Eine **Zeichnung** kann manchmal helfen.
Schreibe den **Rechenterm** auf.
Denke an einen **Antwortsatz**.

15 Löse die Sachaufgabe.
Tipp gegeben: … gesucht: … Rechenterm: … Antwortsatz: …
Tom macht am Wochenende eine Radtour. Am ersten Tag fährt er 46 km und am zweiten Tag 37 km. Wie viele km ist er insgesamt gefahren?

16 Tatjana geht am Wochenende wandern.
Tipp Schreibe ins Heft.
gegeben: … gesucht: …
Rechnung: … Antwortsatz: …
Am Freitag wandert sie 6 km, am Samstag 19 km und am Sonntag 17 km. Wie viele km ist sie insgesamt gewandert?

16 Die Klasse 5a plant eine Klassenfahrt. Der Bus kostet 319 € und die Unterkunft 2700 €. Sie möchten noch das Schwimmbad besuchen. Der Eintritt kostet für die ganze Klasse 427 €. In der Klassenkasse sind 3500 €. Reicht das Geld? Begründe deine Antwort.

17 Britta möchte einen Hasen haben. Sie hat 120 € gespart. Wo soll Britta einkaufen gehen? Begründe deine Antwort.

Zoohandlung Müller	
Käfig	99 €
Futternapf	2 €
Tränke	6 €
Hase	16 €

Zoohandlung Wolf	
Käfig	79 €
Futternapf	8 €
Tränke	12 €
Hase	12 €

17 Marla ist am Eingang vom Park. Sie möchte als erstes zum Kletterpark. Welcher ist der kürzeste Weg? Begründe deine Antwort.

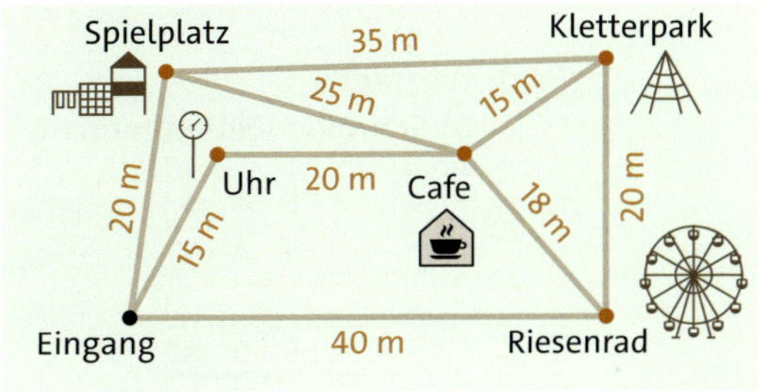

Schriftlich subtrahieren

ENTDECKEN

1 Mit Zeichen rechnen

a) Erklärt euch gegenseitig die Rechnung Schritt für Schritt.

b) Zeichne die Rechnung 333 – 116 mit den Zeichen ins Heft und löse sie. Rechne dann mit Zahlen.

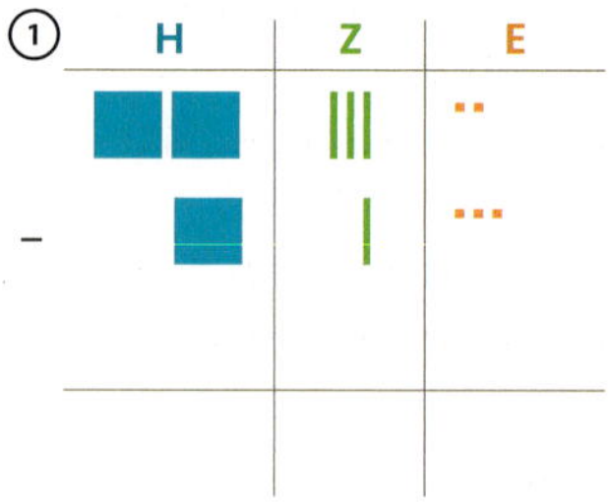

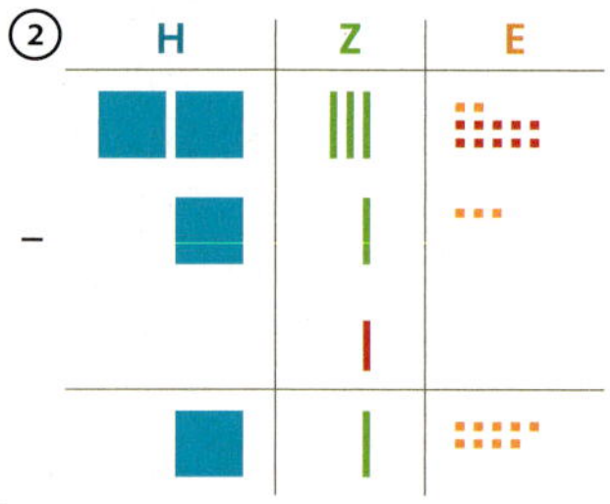

VERSTEHEN

Lara hat 175 € gespart.
Sie möchte sich ein Skateboard kaufen.
Wie viel hat sie dann noch übrig?

Lara subtrahiert schrittweise: Erst die Einer, dann die Zehner, …

Beispiel 1 175 – 62

① **Einer** — 2E bis 5E → 3E

	H	Z	E
	1	7	5
–		6	2
			3

② **Zehner** — 6Z bis 7Z → 1Z

	H	Z	E
	1	7	5
–		6	2
		1	3

③ **Hunderter** — 0H bis 1H → 1H

	H	Z	E
	1	7	5
–		6	2
	1	1	3

Vokabeln
→ *die schriftliche Subtraktion*
→ *stellengerecht*
→ *der Übertrag*

Merke Schriftliche Subtraktion

① Schreibe die Zahlen **stellengerecht** untereinander:
Einer unter Einer, Zehner unter Zehner, …

② Beginne die Rechnung bei den Einern. Ergänze **von unten nach oben**.

③ Wenn die obere Zahl kleiner als die untere ist, entsteht ein **Übertrag**.

Beispiel 2 397 – 29

① **Einer** — 9E bis 7E geht nicht
9E bis 17E → 8E
Übertrag 1

	H	Z	E
	3	9	7
–		2	9
		1	
			8

② **Zehner** — 1 + 2 = 3
3Z bis 9Z → 6Z

	H	Z	E
	3	9	7
–		2	9
		1	
		6	8

③ **Hunderter** — 0H bis 3H → 3H

	H	Z	E
	3	9	7
–		2	9
		1	
	3	6	8

Beispiel 3

a) Schreibe **stellengerecht**.

	6	8	4	5
–		3	4	1
	6	5	0	4

Einer unter Einer

b) Achte auf die **Überträge**.

	7	3	5
–	6	7	9
	1	1	
		5	6

c) Achte auf **Nullen**.

	7	0	0	0
–	1	6	4	2
	1	1	1	
	5	3	5	8

ANWENDEN

1 Übertrage ins Heft und subtrahiere.

a)

	H	Z	E
	4	5	6
–	1	2	4

b)

	H	Z	E
	7	8	9
–	4	5	6

Zum ***Weiterarbeiten***
Man kann auch anders schriftlich subtrahieren. Wie rechnest du?

2 Übertrage ins Heft und subtrahiere.
Tipp Achte auf den Übertrag.

a)

	H	Z	E
	8	4	1
–	6	2	9
		■	

b)

	H	Z	E
	7	2	3
–		8	1
	■		

1 Übertrage ins Heft und subtrahiere.

a)

	H	Z	E
	6	3	7
–	3	1	4

b)

	T	H	Z	E
	7	4	5	9
–		1	3	6

2 Übertrage ins Heft und subtrahiere.
Tipp Achte auf den Übertrag.

a)

	H	Z	E
	4	4	5
–		5	9

b)

	T	H	Z	E
	8	3	6	9
–	4	1	7	1

3 Hier haben sich Fehler versteckt. Erklärt die Fehler und berichtigt sie.

a) 583 – 44

	5	8	3
–	4	4	
	1	4	3

b) 975 – 358

	9	7	5
–	3	5	8
	6	2	7

c) 692 – 178

	6	9	2
–	1	7	8
	5	2	6

d) 841 – 642

	8	4	1
–	6	4	2
		1	
	2	0	9

4 Schreibe stellengerecht untereinander. Subtrahiere schriftlich.
a) 253 – 142 b) 75 – 61
c) 167 – 31 d) 2548 – 427
Hier haben sich die Lösungen versteckt:
136; 2436; 286; 111; 14; 2121

4 Schreibe stellengerecht untereinander. Subtrahiere schriftlich.
a) 848 – 517 b) 789 – 96
c) 893 – 68 d) 4783 – 976
Hier haben sich die Lösungen versteckt:
3807; 693; 626; 331; 825; 3078

5 Marc hat 119 €. Er kauft eine Musikbox.
a) Wie viel Geld bleibt etwa übrig? Überschlage.
Tipp Beim Überschlag rechnest du mit gerundeten Zahlen.
b) Rechne dann genau.

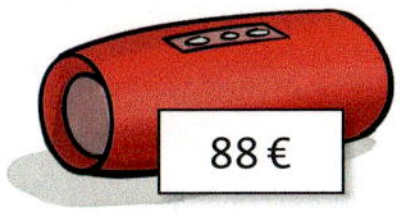

5 Lisa hat 152 €. Sie kauft eine Musikbox.
a) Wie viel Geld bleibt etwa übrig? Überschlage.
Tipp Beim Überschlag rechnest du mit gerundeten Zahlen.
b) Rechne dann genau.

Methode Umkehraufgabe als Probe
Addition und Subtraktion sind Umkehrungen voneinander.
Mit der Umkehraufgabe kann man Ergebnisse prüfen:

89 – 35 = 54 ist richtig, weil 54 + 35 = 89 ist.

6 Überprüfe die Ergebnisse.
Tipp 63 – 28 = 35 ist richtig, weil 35 + 28 = 63 ist.
46 – 17 = 39 ist falsch, weil 39 + 17 = 56 und nicht 46 ist.
a) 67 – 24 = 43 b) 55 – 42 = 13
c) 74 – 53 = 20 d) 36 + 23 = 59
e) 14 + 61 = 75 f) 56 – 9 = 47

7 Subtrahiere schriftlich.
Prüfe dein Ergebnis mit der Umkehraufgabe.

Tipp

345	→	111
− 234		+ 234
111		345 ✓

a) 682 − 341 b) 239 − 127
c) 765 − 53 d) 374 − 21
e) 859 − 139 f) 467 − 456

8 Subtrahiere schriftlich.
Überprüfe dann mit einer Probe.
Tipp Es entstehen zwei Überträge.

a) 821 − 379
b) 612 − 278
c) 435 − 159
d) 1185 − 826

zu a)

	8	2	1
−	3	7	9
	■	1	
	…	…	2

9 Vergleiche die Angebote.
Wie hoch ist der Preisunterschied?

10 Subtrahiere schriftlich.
Tipp Achte auf die Nullen.
a) 260 − 138 b) 790 − 527
c) 480 − 31 d) 890 − 732
e) 308 − 192 f) 504 − 62
g) 650 − 145 h) 830 − 26

7 Subtrahiere schriftlich.
Prüfe dein Ergebnis mit der Umkehraufgabe.
a) 396 − 215
b) 2365 − 125
c) 536 − 219
d) 4937 − 830
e) 380 − 138
f) 605 − 471

8 Subtrahiere schriftlich.
Überprüfe dann mit einer Probe.
Tipp Es entstehen mehrere Überträge.
a) 732 − 468 b) 645 − 468
c) 423 − 146 d) 568 − 269
e) 7534 − 1245 f) 3825 − 2146
g) 6550 − 1239 h) 8494 − 2836
i) 3452 − 1671 j) 5129 − 299

9 Vergleiche die Angebote.
Berechne die Preisunterschiede.

10 Subtrahiere schriftlich.
Tipp Achte auf die Nullen.
a) 370 − 249 b) 804 − 17
c) 6403 − 4152 d) 5800 − 410
e) 700 − 456 f) 900 − 213
g) 600 − 328 h) 500 − 141

11 Wie viele Tage im Jahr gehen Maxim und Larissa zur Schule?
Das Jahr hat 365 Tage.
104 Tage davon sind Wochenenden. 75 Wochentage sind schulfrei.

Maxim rechnet so:

①

	3	6	5
−	1	0	4
	2	6	1

②

	2	6	1
−		7	5
	1	1	
	1	8	6

Larissa rechnet so:

①

	1	0	4
+		7	5
	1	7	9

②

	3	6	5
−	1	7	9
		1	
	1	8	6

a) Erkläre die Rechnungen von Maxim und Larissa.
Warum addiert Larissa?
b) Mehmet sagt: „Ihr habt beide zwei Rechnungen gemacht. Ich rechne das in einem Schritt."
Was meint er damit?

Methode **Mehrere Zahlen subtrahieren**

	9	8
–	3	4
–	2	3
	4	1

Addiere die unteren Zahlen:
3E + 4E = 7E
Ergänze dann bis zur obersten Zahl: 7E bis 8E → 1E
2Z + 3Z = …

12 Übertrage ins Heft und subtrahiere.

a)

	8	6
–	4	2
–	3	2

b)

	9	1
–	4	5
–	1	4

c)

	3	7	9
–	1	3	4
–	1	2	4

13 Subtrahiere schriftlich.
a) 96 – 21 – 33
b) 85 – 43 – 31
c) 869 – 415 – 232
d) 692 – 354 – 235

Lösungen: 222 11 103 42

13 Subtrahiere schriftlich.
a) 497 – 231 – 143
b) 865 – 314 – 435
c) 748 – 342 – 236
d) 648 – 232 – 257

Lösungen: 170 116 159 123

14 Familie Wang plant eine Radtour für drei Tage. Insgesamt sind es 86 km. Am Freitag fahren sie 21 km, am Samstag 38 km. Wie viele Kilometer müssen sie dann am Sonntag fahren?

14 Die 5. Klassen wählen ihr Nachmittagsangebot. Insgesamt sind es 108 Kinder. 61 Kinder gehen zur Hausaufgabenhilfe. 32 Kinder gehen zur Fußball-AG. Wie viele Kinder haben noch nicht gewählt?

15 Welche Zahl trägt das letzte Dromedar? Beschreibe dein Vorgehen.
a) Subtrahiere immer 99.
b) Subtrahiere immer 98.
c) Subtrahiere immer 97.
d) Kannst du auch immer 115 subtrahieren?

16 Subtraktion mit Lücken
Übertrage und ergänze im Heft.
Erkläre deine Rechnung.

a)

	9	8
–	■	2
	1	■

b)

	7	4
–	3	■
	■	3

c)

	■	■
–	3	1
	3	7

16 Subtraktion mit Lücken
Übertrage und ergänze im Heft.
Erkläre deine Rechnung.

a)

	■	9	6
–	4	2	■
	1	■	2

b)

	■	3	2
–	1	■	9
		1	
	6	0	■

17 Die drei höchsten Brücken in Deutschland:

Brücke	Höhe
Moseltalbrücke	136 m
Hochmoselbrücke	158 m
Kochertalbrücke	186 m

a) Welche Brücke ist die höchste?
b) Wie viele Meter ist die höchste Brücke höher als die anderen?

17 Die drei längsten Flüsse der Welt:

Fluss	Länge
Jangtsekiang	6380 km
Nil	6650 km
Mississippi	6051 km

a) Welcher Fluss ist der längste?
b) Wie viele Kilometer ist der längste Fluss länger als die anderen?

Klar soweit?

→ Seite 30

Kopfrechnen mit Strategien

1 Rechne im Kopf.
Tipp Rechne in Schritten.
a) 26 + 15 b) 56 + 27
c) 35 – 19 d) 72 – 38
Tipp Addiere oder subtrahiere erst mehr.
e) 15 + 9 f) 28 + 19
g) 14 – 9 h) 62 – 29

2 Rechne halbschriftlich.
a) 39 + 12 b) 64 + 27
c) 125 + 36 d) 81 – 14
e) 53 – 36 f) 151 – 22

1 Rechne im Kopf.
Tipp Rechne in Schritten.
a) 46 + 18 b) 37 + 35
c) 63 – 24 d) 72 – 53
Tipp Addiere oder subtrahiere erst mehr.
e) 53 + 39 f) 64 + 18
g) 49 – 38 h) 86 – 29

2 Rechne halbschriftlich.
a) 156 + 35 b) 234 + 57
c) 378 + 62 d) 572 – 36
e) 482 – 44 f) 235 – 45

→ Seite 32

Vertauschungsgesetz

3 Vertausche die Zahlen vorteilhaft und berechne.
a) 4 + 7 + 6 b) 12 + 13 + 8
c) 29 + 8 + 11 d) 37 + 15 + 23

4 Addiere die Zahlen.
In welcher Reihenfolge rechnest du?
Begründe.

11 + 5 + 9 + 35

3 Vertausche die Zahlen vorteilhaft und berechne.
a) 56 + 13 + 4 b) 14 + 23 + 76
c) 62 + 51 + 158 d) 14 + 276 + 13

4 Addiere die Zahlen.
In welcher Reihenfolge rechnest du?
Begründe.

105 + 281 + 195 + 19

→ Seite 34

Klammern und Verbindungsgesetz

5 Welche Aufgabe gehört zum Rechenbaum?
Berechne.

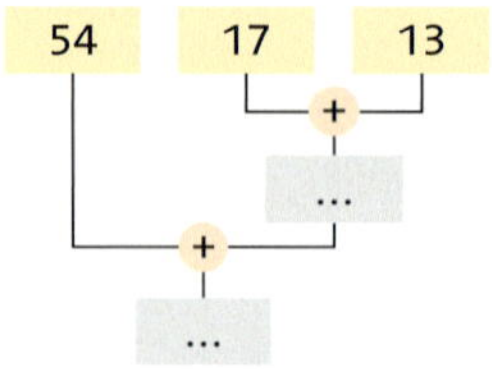

6 Rechne im Kopf.
Tipp Beachte die Klammern.
a) 24 + (6 – 5) b) 18 – (12 + 4)
c) 73 – (19 – 11) d) 89 + (16 – 8)

7 Setze die Klammern vorteilhaft und berechne.
a) 13 + 8 + 12 b) 27 + 23 + 5
c) 5 + 15 + 15 d) 39 + 11 + 8

5 Welche Aufgabe gehört zum Rechenbaum?
Berechne.

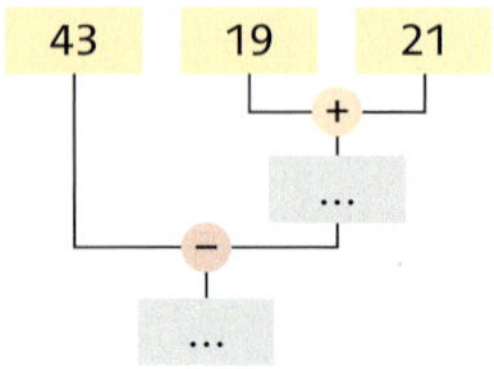

6 Rechne im Kopf.
Tipp Achte auf die Klammern.
a) 25 + (15 – 12) b) 39 – (29 + 4)
c) 20 + (18 – 9) – 10 d) (13 + 28) – (26 – 7)

7 Setze die Klammern vorteilhaft und berechne.
a) 74 + 38 + 32 b) 43 + 27 + 67
c) 155 + 14 + 86 d) 339 – 21 – 21

→ Seite 36

Schriftlich addieren

8 Schreibe stellengerecht untereinander und addiere schriftlich.

a)

	5	6	2
+	2	3	6

b) 429 + 240
c) 2387 + 414
d) 618 + 81
e) 576 + 1372

9 Welches Ergebnis stimmt?
Prüfe mit einem Überschlag.

a) 67 + 21	79	88
b) 151 + 59	200	210
c) 437 + 134	461	571

10 Juliana sammelt Spielkarten:

Wie viele Karten hat sie?
Überprüfe dein Ergebnis mit einer Probe.

8 Schreibe stellengerecht untereinander und addiere schriftlich.

a) 738 + 261 b) 425 + 76
c) 1536 + 346 d) 2839 + 18
e) 384 + 67 f) 36 + 4586
g) 6117 + 293 h) 1056 + 266

9 Welches Ergebnis stimmt?
Prüfe mit einem Überschlag.

a) 109 + 59	168	387	158
b) 221 + 378	699	609	599
c) 289 + 189	478	378	468

10 Nach dem Flohmarkt:

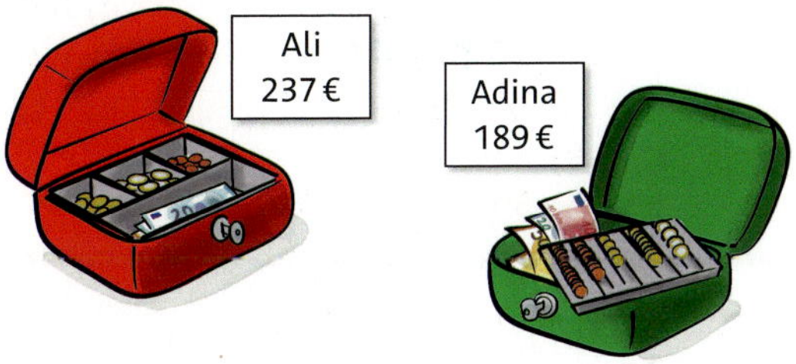

Wie viel Geld haben sie gemeinsam?
Überprüfe dein Ergebnis mit einer Probe.

→ Seite 40

Schriftlich subtrahieren

11 Schreibe stellengerecht untereinander und subtrahiere schriftlich.

a)

	6	9	4
−	5	1	3

b) 583 − 231
c) 1952 − 742
d) 469 − 38
e) 4384 − 169

12 Welches Ergebnis stimmt?
Prüfe mit der Umkehraufgabe.

a) 291 − 189	102	112
b) 576 − 348	218	228

13 Im Geschäft kostet ein Computer 542 €.
Im Internet gibt es das gleiche Modell für 429 €.
a) Wie viel Geld kann man sparen?
b) Überprüfe dein Ergebnis mit einer Probe.

11 Schreibe stellengerecht untereinander und subtrahiere schriftlich.

a) 784 − 567 b) 824 − 283
c) 653 − 92 d) 409 − 314
e) 5000 − 178 f) 341 − 53
g) 905 − 408 h) 2649 − 1047

12 Welches Ergebnis stimmt?
Prüfe mit der Umkehraufgabe.

a) 864 − 249	605	615	625
b) 919 − 591	428	328	438

13 Die Miete ist teurer geworden.
Vorher kostete sie 694 €.
Jetzt kostet die Miete 722 €.
Um wie viel Euro ist die Miete gestiegen?
Überprüfe dein Ergebnis mit einer Probe.

→ Lösungen ab S. 206

Vermischte Übungen

Anwenden

1 Rechne im Kopf oder halbschriftlich.
Tipp Diese Strategien helfen: in Schritten rechnen; erst mehr rechnen; halbschriftlich

a) 46 + 37　　b) 74 – 28
c) 283 + 99　　d) 346 – 39
e) 734 + 47　　f) 618 – 45

2 Rechne vorteilhaft.
Setze Klammern.

a) 27 + 23 + 39　　b) 38 + 29 + 21
c) 15 + 28 + 52　　d) 16 + 34 + 143

3 Rechne schriftlich.
Prüfe mit einem Überschlag.

a) 382 + 57　　b) 415 – 53
c) 94 + 263　　d) 812 – 71
e) 573 + 85　　f) 647 – 82
g) 49 + 312　　h) 258 – 77

4 Berechne im Heft.
Beschreibe dein Vorgehen.

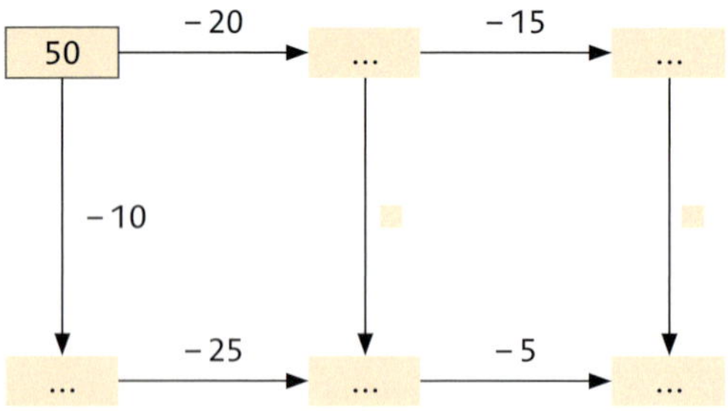

5 Berechne.
Tipp Klammern zuerst.
Ansonsten von links nach rechts.

a) 85 – (98 – 23)
b) (33 + 38) + (42 – 22)
c) (73 + 17) – (21 + 4)
d) (52 + 31) + (23 + 17)

6 Rechne vorteilhaft.
Tipp Tausche die Zahlen und fasse dann mit Klammern zusammen.

a) 48 + 23 + 17
b) 52 + 38 + 16
c) 36 + 19 + 21
d) 114 + 32 + 26
e) 27 + 132 + 33

1 Rechne im Kopf oder halbschriftlich.
Beschreibe dein Vorgehen.

a) 63 + 29　　b) 106 – 79
c) 188 + 57　　d) 294 – 76
e) 307 + 595　　f) 916 – 733
g) 6681 + 842　　h) 2438 – 819

2 Rechne vorteilhaft.
Nutze das Verbindungsgesetz.

a) 62 + 74 + 26　　b) 57 + 23 + 81
c) 208 + 31 + 69　　d) 76 + 85 + 375

3 Rechne schriftlich.
Prüfe mit einem Überschlag.

a) 219 + 954　　b) 984 – 32
c) 8407 + 1209　　d) 2567 – 319
e) 8151 + 6063　　f) 5119 – 642
g) 63 195 + 2854　　h) 79 518 – 4833

4 Berechne im Heft.
Beschreibe dein Vorgehen.

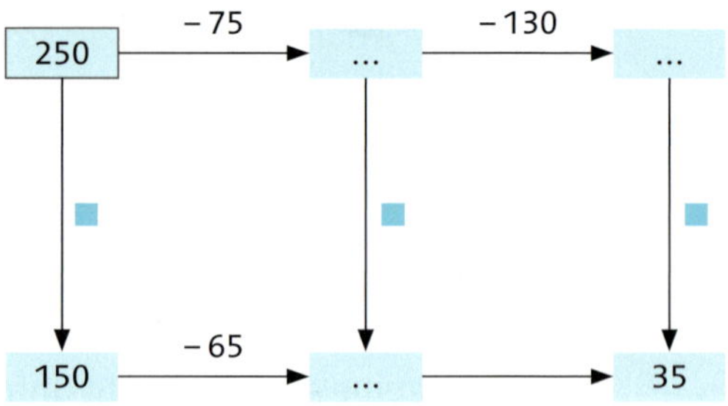

5 Berechne.
Tipp Klammern zuerst.
Ansonsten von links nach rechts.

a) 651 – (249 + 152) + (714 – 631)
b) (927 – 865) + (106 + 537) – 205
c) (722 + 109) + 100 – (393 + 217) + 79
d) (825 – 604 + 472) – 76 + (58 + 324)

6 Rechne vorteilhaft.
Tipp Nutze dazu das Vertauschungsgesetz und das Verbindungsgesetz.

a) 83 + 17 + 58
b) 46 + 34 + 79
c) 29 + 47 + 23
d) 64 + 38 + 56 + 12
e) 31 + 43 + 59 + 87

Hinweis
*Statt des Platzhalters ■ kann man auch ein x für die unbekannte Zahl schreiben. x nennt man eine **Variable**.*

7 Ergänze im Heft.

a) 421 + ■ = 500 b) 275 − ■ = 150
c) ■ + 282 = 344 d) ■ − 208 = 640
e) 703 − ■ = 513 f) 677 + ■ = 1367

7 Ergänze im Heft.

a) 869 + ■ = 1740 b) 702 − ■ = 538
c) ■ − 283 = 4025 d) ■ + 591 = 922
e) 9204 − ■ = 3683 f) 6017 + ■ = 8931

8 Übertrage und ergänze im Heft.

a)

	■	5	8
+	4	3	■
	6	9	4

b)

	■	8	4	2
−	4	■	5	■
	4	8	9	0

8 Übertrage und ergänze im Heft.

a)

	4	8	■	2	7
+		9	0	■	4
	5	■	4	1	■

b)

	■	6	9	0	2
−	1	1	5	■	2
	2	■	3	2	■

9 Schreibe als Rechenterm und berechne.

a) Rechne 47 und 38 zusammen.
b) Ziehe von 96 die Zahl 28 ab.
c) Addiere 115 und 248.
d) Berechne die Summe aus 129 und 51.
e) Subtrahiere 55 € von 100 €.
f) Berechne die Differenz von 103 und 74.

9 Schreibe als Rechenterm und berechne.

a) Addiere 468 und 374.
b) Subtrahiere 418 € von 560 €.
c) Bilde die Summe aus 956 und 1783.
d) Bilde die Differenz aus 531 und 142.
e) Der erste Summand ist 562. Der zweite Summand ist 396. Berechne die Summe.

→ Sachaufgaben lösen: S. 108

Zum Weiterarbeiten
Sammelt Schlüsselwörter zur Addition und Subtraktion. Gestaltet dazu ein Plakat und stellt es in der Klasse vor.

Strategie Schlüsselwörter

An Schlüsselwörtern kannst du erkennen, ob du addieren oder subtrahieren musst.

① Lies die Aufgabe genau.
② Suche nach Schlüsselwörtern: Addition oder Subtraktion?
③ Gib die Aufgaben mit eigenen Worten wieder.

10 Plus oder minus? Begründet.

a) Jussef hat 12 Freunde eingeladen, Susanne 7 Freunde. Wie viel sind das zusammen?
b) Emil muss 6 € bezahlen. Er gibt 10 €. Wie viel bekommt er zurück?
c) Frau Tobe und ihre Frau kaufen Obst für 9 €, Fisch für 12 € und Blumen für 11 € ein. Sie überschlagen die Gesamtkosten.

11 Addition oder Subtraktion?

a) Im Urlaub
Farid macht 46 Fotos mit der Fotokamera und 85 Fotos mit seinem Handy. Wie viele Fotos sind das zusammen?
b) Ein Sammelalbum hat Platz für 608 Fußball-Sticker. Dennis hat schon 539 Sticker. Wie viele fehlen ihm noch?

11 Addition oder Subtraktion?
Bilde einen Rechenterm. Berechne.

a) Familie Mali geht campen. Sie zahlt 189 € für den Platz und 23 € für Strom. Wie hoch ist der Gesamtpreis?
b) Das Navi schlägt zwei Strecken vor. Die eine Strecke ist 1261 km lang, die andere 1156 km. Wie viele km sind das weniger?

12 Von einem 400 cm langen Holzbalken werden 125 cm, 25 cm und 175 cm abgesägt. Wie lang ist das Reststück?
Paul sagt: „Wenn ich zuerst zusammenfasse, muss ich nur einmal subtrahieren.“ Was meint er damit?

13 Mehrere Zahlen addieren und subtrahieren

a) 372 + 139 + 20
b) 673 + 59 + 187 + 5
c) 528 − 24 − 135

13 Mehrere Zahlen addieren und subtrahieren

a) 3887 + 2214 + 87
b) 6003 − 49 − 121
c) 1423 − 277 − 61

Vertiefen

14 Welche Zeichnung und welche Rechnung gehört zu den Aufgaben? Begründe.

a) Das Fahrrad kostet 383 €.
Lousia hat 267 € gespart und bekommt noch 56 € von ihrer Oma dazu.
Wie viel Geld muss sie noch sparen?

b) Das Fahrrad kostet 383 €.
Lousia hat 267 € gespart.
Lousia möchte dazu noch ein Schloss für 56 € kaufen.
Wie viel Geld muss sie noch sparen?

① 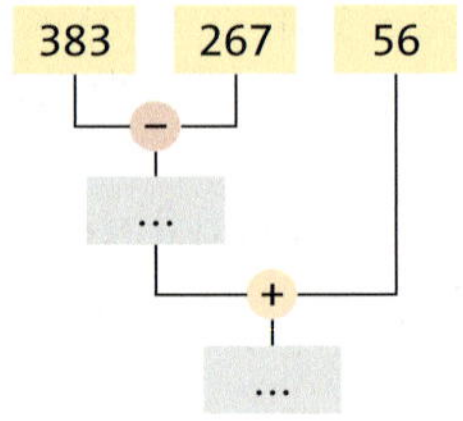

② 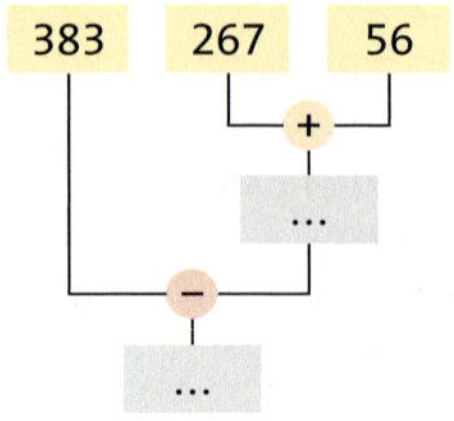

Ⓐ (383 − 267) + 56

Ⓑ 383 − (267 + 56)

15 Die Klassenkasse der 5 c

12 €	Guthaben
48 €	eingesammelt
39 €	Kosten für den Wandertag

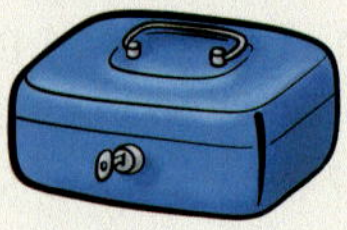

Wie viel Geld ist jetzt in der Klassenkasse?
a) Überschlage das Ergebnis.
b) Berechne genau.
c) Prüfe, ob dein Ergebnis stimmt.

15 Unterwegs mit dem Motorrad

Frau Rust ist bereits 658 km mit ihrem Motorrad gefahren. Sie plant eine Tour von 183 km. Bei einem Kilometerstand von 1000 km muss sie das Motorrad zur Werkstatt bringen.

Wie weit kann Frau Rust noch fahren?
a) Überschlage das Ergebnis.
b) Berechne genau.
c) Prüfe, ob dein Ergebnis stimmt.

16 Es fehlt eine Klammer.
Ergänze sie im Heft.
a) 15 − 8 − 4 = 9
b) 24 − 17 + 4 = 3
c) 18 − 3 + 15 + 7 = 7

16 Es fehlt eine Klammer.
Ergänze sie im Heft.
a) 76 − 26 − 18 = 68
b) 98 − 27 + 65 = 6
c) 999 − 341 + 536 − 122 = 0

17 Setze die Rechenzeichen ein.

+ −

a) 100 ■ 78 ■ 19 = 197
b) 100 ■ 78 ■ 19 = 41
c) 100 ■ 78 ■ 19 = 159
d) 100 ■ 78 ■ 19 = 3

17 Setze in die Kästchen ein:
eine Zahl, ein Rechenzeichen, eine Zahl.

355 469 911 176 341

\+ − − 158

a) ■ ■ ■ = 128
b) ■ ■ ■ = 513
c) ■ ■ ■ = 735

18 Besondere Ergebnisse

①	②
444 + 444	555 − 333
445 + 443	556 − 334
446 + 442	557 − 334
…	…

a) Berechne. Was fällt dir auf?
b) Wie heißt die nächste Aufgabe?
c) Denke dir eigene Aufgaben aus.

18 Besondere Ergebnisse

①	②
987 + 654	369 − 246
986 + 655	379 − 256
985 + 656	389 − 266
…	…

a) Berechne. Was fällt dir auf?
b) Setze die Aufgaben fort.
c) Denke dir eigene Aufgaben aus.

Weiterdenken

Schulfest

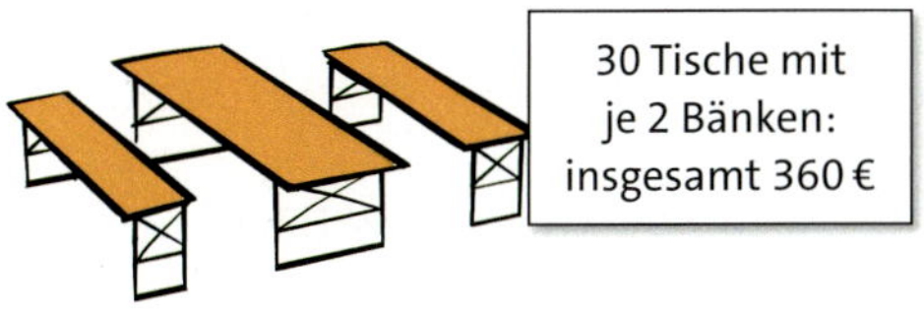

19 Taro hat noch bei einem anderen Partyverleih nachgefragt.

a) Vergleiche die Kosten. Welches Angebot ist günstiger? Schreibe für jedes Angebot einen Rechenterm.

b) Wie viel kann man sparen?

Partyverleih Lehmann: Angebot

Partyzelt	*380 €*
Hüpfburg	*375 €*
30 Tische	*150 €*
60 Bänke	*240 €*
5 Pavillons	*80 €*

20 Bogenschießen:
Gewonnen hat, wer als erstes genau 200 Punkte oder mehr Punkte erreicht. Jedes Kind darf sechs Mal schießen.

a) Heike und Alea spielen im Team. Wie viele Punkte haben sie zusammen?

b) Wie viele Punkte fehlen Peter noch? Kann er noch genau 200 Punkte erreichen? Welche Felder muss er dafür treffen? Begründe deine Antwort.

	Alea	Peter
1.	10	26
2.	35	54
3.	26	5
4.		
5.		
6.		

Heikes Ergebnis:

21 Auf der Hüpfburg

a) Darf Familie Lohmeier zusammen auf die Hüpfburg?

b) Können drei Erwachsene und drei Kinder auf die Hüpfburg? Schätze und begründe.

c) Wie viele Erwachsene würdest du höchstens auf die Hüpfburg lassen?

22 Nach dem Schulfest:
Die Klasse 5b hat Kaffee und Tee verkauft. Wie viel Gewinn hat die Klasse gemacht? Bilde einen Rechenterm. Erkläre deinen Rechenweg.

Kaffeestand der 5 b
Kosten für Kaffee: 66 €
Kosten für Zucker und Milch: 7 €
Kosten für Tee: 24 €
Wechselgeld in der Kasse: 10 €
Kassenstand nach dem Schulfest: 247 €

Zusammenfassung

→ Seite 30

Kopfrechnen mit Strategien

vorteilhaft rechnen

24 + 19
= 24 + 6 + 3 + 10
= 30 + 3 + 10 = 43

62 − 29
= 62 − 30 + 1
= 32 + 1 = 33

halbschriftlich rechnen

2	3	6	+	2	6	=			
2	3	6	+	2	0	=	2	5	6
2	5	6	+		6	=	2	6	2

3	4	3	−	2	4	=			
3	4	3	−	2	0	=	3	2	3
3	2	3	−		4	=	3	1	9

→ Seite 32

Vertauschungsgesetz

Addition

46 + 27 = 73
1. Summand + 2. Summand = Summe

Subtraktion

63 − 15 = 48
Minuend − Subtrahend = Differenz

Aber Vorsicht!
Das geht nicht bei der Subtraktion.

Vertauschungsgesetz (Kommutativgesetz):
Bei der **Addition** dürfen die Zahlen **vertauscht** werden.
Das Ergebnis bleibt gleich.

42 + 35 + 18
= 42 + 18 + 35
= 60 + 35 = 95

→ Seite 34

Klammern und Verbindungsgesetz

Was in **Klammern** steht, wird zuerst gerechnet.

56 − (42 + 8)
= 56 − 50 = 6

Aber Vorsicht!
Das geht nicht bei der Subtraktion.

Verbindungsgesetz (Assoziativgesetz):
Bei der **Addition** dürfen überall Klammern gesetzt werden.
Das Ergebnis bleibt gleich.

(55 + 89) + 11
= 144 + 11
= 155

55 + (89 + 11)
= 55 + 100
= 155

Einfacher ist es so!

→ Seite 36/37

Schriftlich addieren

① Schreibe stellengerecht untereinander.
② Beginne rechts.
Addiere schrittweise von rechts nach links.
③ Achte auf den Übertrag.

	2	8	6
+		5	2
	1		
	3	3	8

Überschlag:
286 + 52
≈ 290 + 50 = 340
Das Ergebnis kann stimmen.

→ Seite 40/41

Schriftlich subtrahieren

① Schreibe stellengerecht untereinander.
② Beginne rechts.
Ergänze schrittweise von unten nach oben.
③ Achte auf den Übertrag.

	4	9	7
−		7	9
		1	
	4	1	8

Umkehraufgabe:
497 − 79 = 418 ist richtig,
da 418 + 79 = 497 ist.

Teste dich!

1 Rechne im Kopf oder halbschriftlich.
a) 176 + 51 b) 64 – 28 c) 582 + 74 d) 395 – 49

2 Tausche Zahlen vorteilhaft und berechne.
a) 14 + 7 + 6
b) 8 + 16 + 12
c) 5 + 13 + 25

3 Setze die Klammern vorteilhaft und berechne.
a) 3 + 12 + 8
b) 21 + 9 + 4
c) 18 + 14 + 56
d) 77 – 25 – 15

4 Berechne.
Achte auf die Klammern.
a) 62 + (73 – 29)
b) (45 + 78) – (23 + 59)
c) 154 – (72 + 18) + 6

5 Addiere schriftlich.
Überprüfe dein Ergebnis.
a) 774 + 26
b) 613 + 198
c) 84 + 327
d) 56 + 408

6 Subtrahiere schriftlich.
Überprüfe dein Ergebnis.
a) 452 – 231
b) 584 – 394
c) 196 – 28
d) 320 – 121

7 In der Schiller-Schule gehen 73 Schüler in die 5. Klasse und 84 Schüler in die 6. Klasse.
a) Wie viele Schüler sind das insgesamt?
b) 5 Schüler verlassen die Klasse 5b nach den Sommerferien. Wie viele Schüler sind jetzt in der 5. Klasse?

→ Lösungen ab S. 207

2 Tausche Zahlen vorteilhaft und berechne.
a) 23 + 18 + 7
b) 592 + 37 + 118
c) 545 + 172 + 455

3 Setze die Klammern vorteilhaft und berechne.
a) 13 + 57 + 4
b) 64 + 4 + 46
c) 172 + 28 + 242
d) 97 – 63 – 13

4 Berechne.
Achte auf die Klammern.
a) (632 – 489) + 709
b) 442 – (951 – 728)
c) 853 – (572 + 142) + 27

5 Addiere schriftlich.
Überprüfe dein Ergebnis.
a) 854 + 268
b) 7556 + 544
c) 423 + 23 907
d) 7645 + 987 + 364

6 Subtrahiere schriftlich.
Überprüfe dein Ergebnis.
a) 579 – 82
b) 821 – 194
c) 3123 – 999
d) 1200 – 368 – 485

7 Eine Basketball-Arena hat Platz für 6069 Zuschauer.
Beim 1. Spiel sahen 6021 Zuschauer zu.
Beim 2. Spiel waren es 114 weniger.
a) Wie viele freie Plätze gab es noch beim 1. Spiel?
b) Wie viele Zuschauer waren bei den beiden Spielen insgesamt da?

→ Lösungen ab S. 208

Grundbegriffe der Geometrie

In diesem Kapitel lernst du, …

- → Strecke, Strahl und Geraden zu unterscheiden.
- → senkrechte und parallele Geraden zu erkennen und zu zeichnen.
- → Abstände zu messen.
- → mit dem Koordinatensystem zu arbeiten.
- → achsensymmetrische Figuren zu erkennen und zu zeichnen.

In vielen Städten findest du Fachwerkhäuser.

Die Holzbalken stützen die Hauswände und bilden dabei verschiedene Muster.

Wie stehen die Holzbalken aufeinander?
Kannst du dir vorstellen, warum einige Muster so häufig vorkommen?
Welche Muster sind das?

Noch fit?

1 Wie lang sind die Gegenstände?
Schätze zuerst und miss dann genau.

a) 

b) 

1 Wie lang sind die Gegenstände?
Schätze zuerst und miss dann genau.

a) 

b) 

2 Wie lang ist die blaue Linie?

Erkläre, wie man mit dem Geodreieck Längen misst.

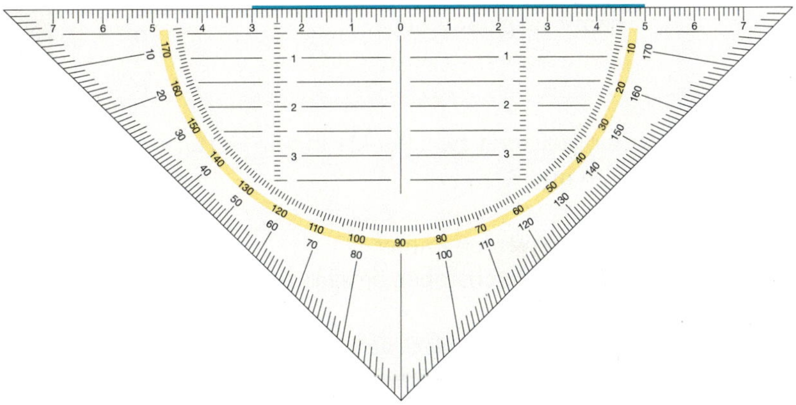

Hinweis
Der orange Bogen zeigt einen rechten Winkel.

3 Übertrage das Boot ins Heft.
Zeichne noch mehr rechte Winkel ein.

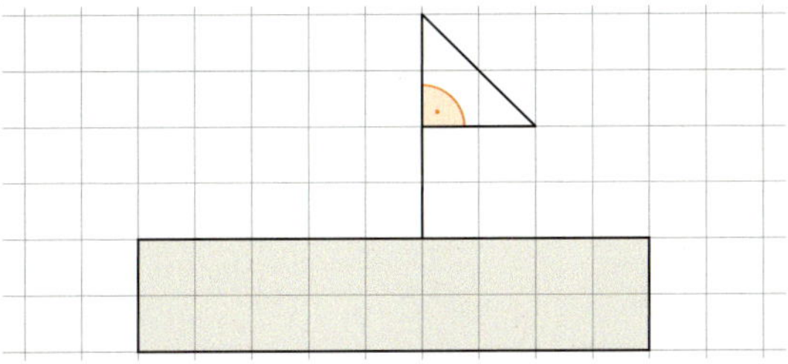

3 Übertrage das Haus ins Heft.
Zeichne noch mehr rechte Winkel ein.

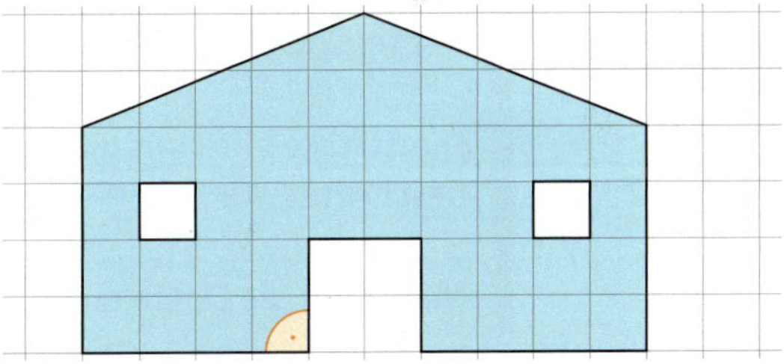

4 Zeichne einen Zahlenstrahl von 0 bis 12 ins Heft.
Trage die Zahlen ein.
a) 5; 1; 7; 10
b) 3; 12; 0; 6

4 Zeichne einen Zahlenstrahl von 0 bis 15 ins Heft. Trage die Zahlen ein.
a) 2; 7; 15; 9; 10
b) 1; 0; 8; 12; 9; 3
c) 4; 8; 12; 15; 6; 10

→ *Lösungen ab S. 210*

Trainingsplan

Nr.	Ich kann …	Ich muss noch trainieren:
1	Längen schätzen und mit dem Lineal messen.	→ S. 242/243, Nr. 24–27
2	Längen mit dem Geodreieck messen.	→ S. 242/243, Nr. 26, 27
3	Zeichnungen ins Heft übertragen und rechte Winkel erkennen.	→ S. 243/244, Nr. 28–30
4	Zahlen am Zahlenstrahl markieren.	→ S. 237, Nr. 9, 10

Strecke, Strahl, Gerade

ENTDECKEN

1 Zeichne nur mit einem Stift eine gerade Linie ins Heft.
Ist diese Linie wirklich gerade?
Welche Hilfsmittel kennst du, um gerade Linien zu zeichnen?

2 Eine Mauer muss gerade sein.
Dafür nimmt der Maurer eine Schnur.
Was macht der Maurer mit der Schnur, damit sie gerade ist?

VERSTEHEN

Tom zeichnet zwei Punkte in sein Heft:
A und B

Punkte werden immer mit Großbuchstaben beschriftet.

Mit dem Geodreieck verbindet Tom die Punkte durch eine gerade Linie.
Das ist die kürzeste Verbindung zwischen zwei Punkten.

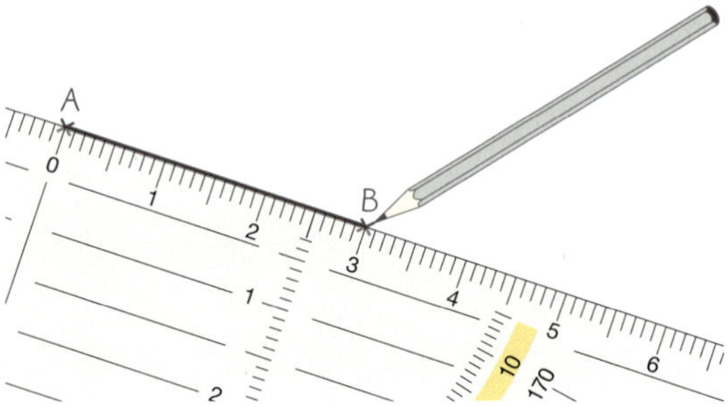

Vokabeln
→ *der Punkt*
→ *die Strecke*
→ *der Strahl*
→ *die Gerade*

Merke Eine **Strecke** hat einen Anfangs**punkt** und einen End**punkt**.

Die Strecke wird mit diesen zwei Punkten beschriftet: $\overline{AB}$

Man kann die Länge einer Strecke messen.

Beispiel 1

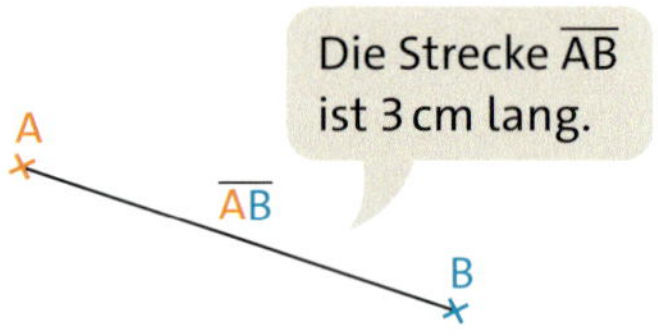

Merke Ein **Strahl** (Halbgerade) hat einen Anfangs**punkt**, aber keinen End**punkt**.

Beispiel 2

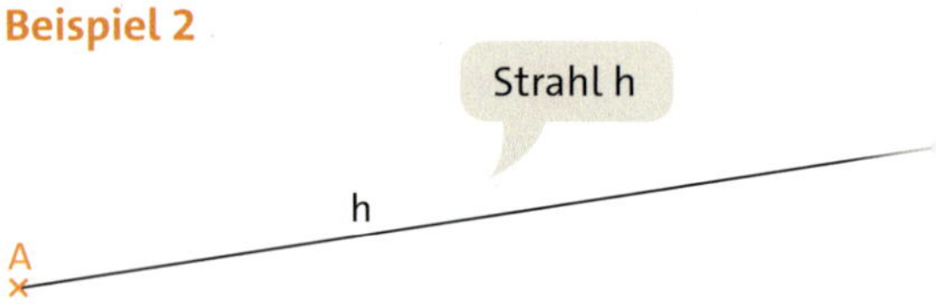

Merke Eine **Gerade** hat keinen Anfangs**punkt** und keinen End**punkt**.

Beispiel 3

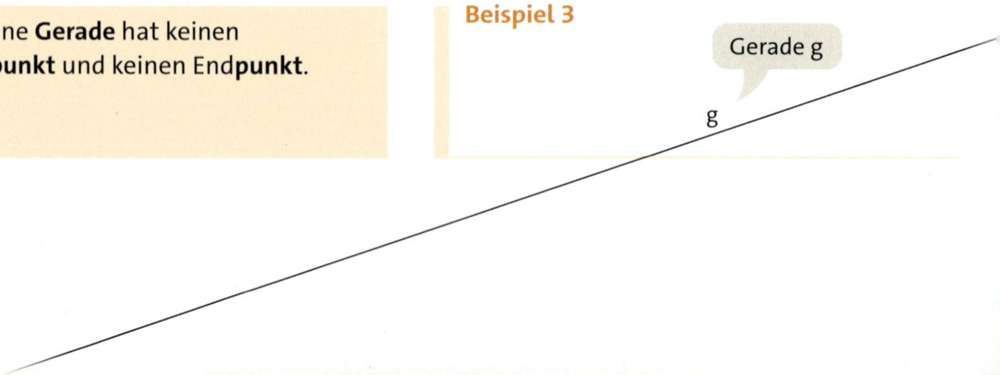

ANWENDEN

1 Welche Linien sind Strecken, welche Strahlen und welche Geraden? Begründe.
Diese Wörter helfen dir: Anfangs**punkt**, End**punkt**.

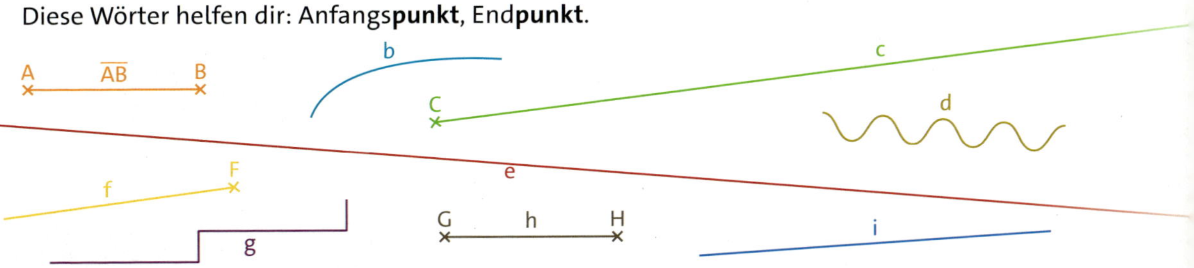

Hinweis
Strecken kann man auch mit Kleinbuchstaben beschriften.

2 Übertrage die Punkte und Strecken.
Beschrifte die Strecken.

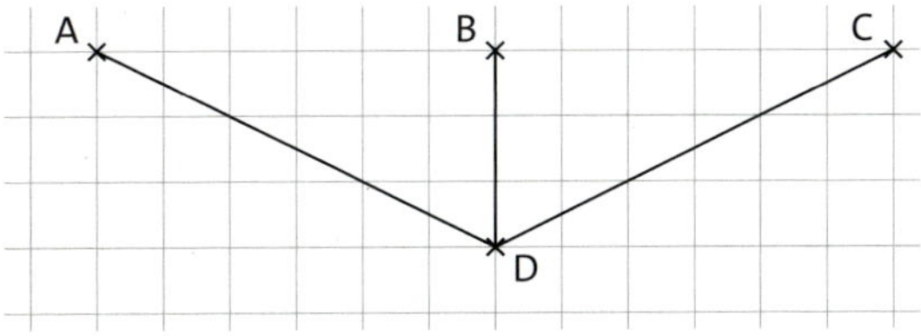

2 Übertrage die Punkte und verbinde sie.
Beschrifte die Strecken.

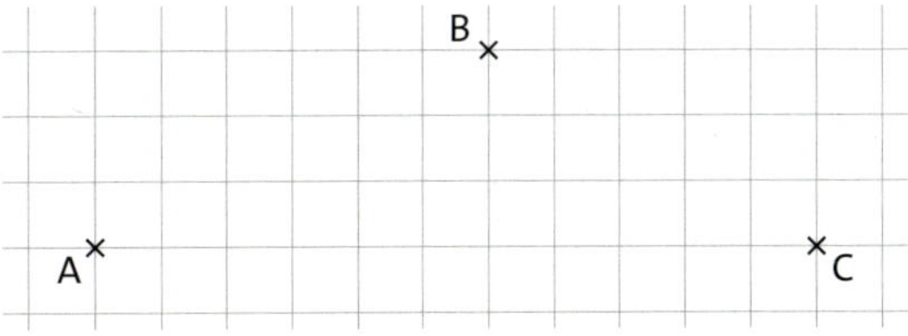

3 Zeichne ins Heft und beschrifte.
a) Strecke $\overline{AB}$
b) Strahl h
c) Gerade g

3 Zeichne ins Heft und beschrifte.
Beschreibe dein Vorgehen.
a) Strecke $\overline{AB}$, die 2 cm lang ist
b) 2 Strahlen h und i
c) Gerade g

4 Schätze die Länge.
Miss dann die Strecke.

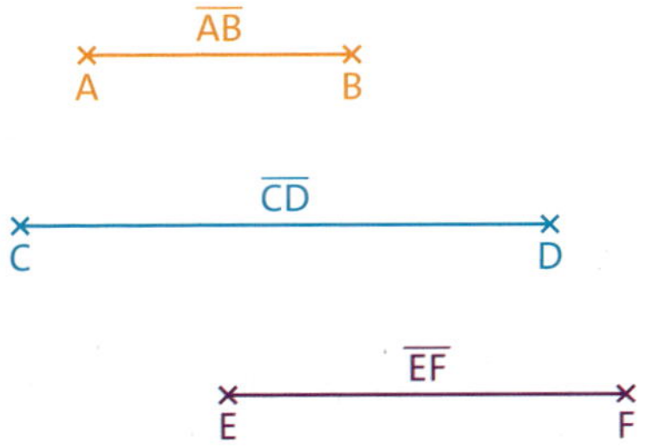

4 Schätze die Länge.
Miss dann die Strecke.

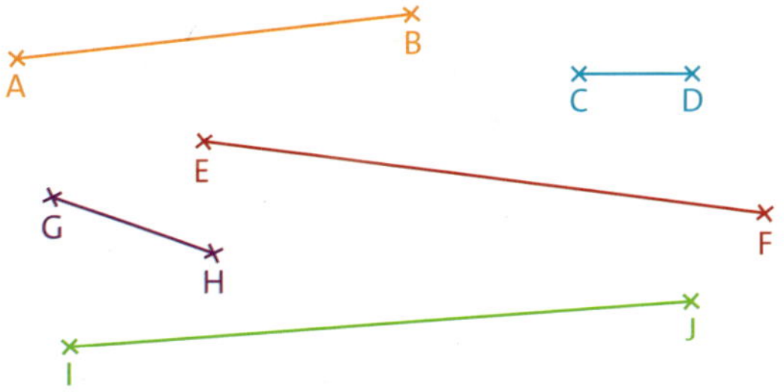

5 Zeichne die Strecken ins Heft.
a) $\overline{AB} = 2\,cm$
b) $\overline{CD} = 4\,cm$
c) $\overline{EF} = 7\,cm$

5 Zeichne die Strecken ins Heft.
a) $\overline{AB} = 1\,cm$
b) $\overline{CD} = 6{,}5\,cm$
c) $\overline{EF} = 10\,cm$

Hinweis
Die Geraden kreuzen sich. Man sagt: Die Geraden schneiden sich.

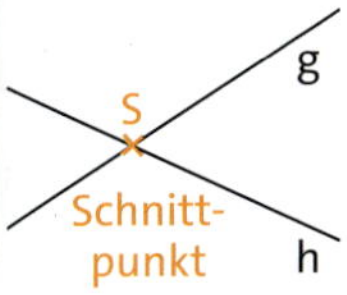

6 Übertrage die Punkte und verbinde sie.
Beschrifte die Strecken.

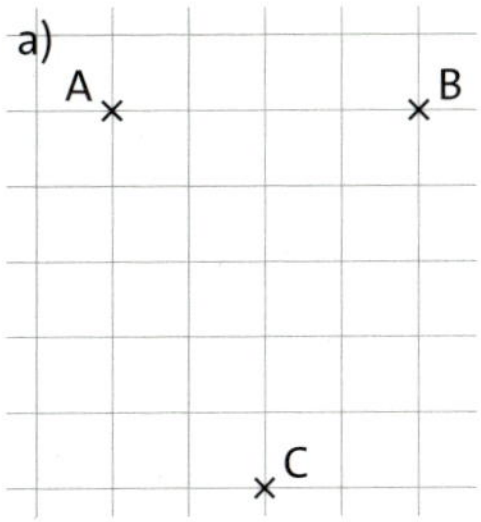

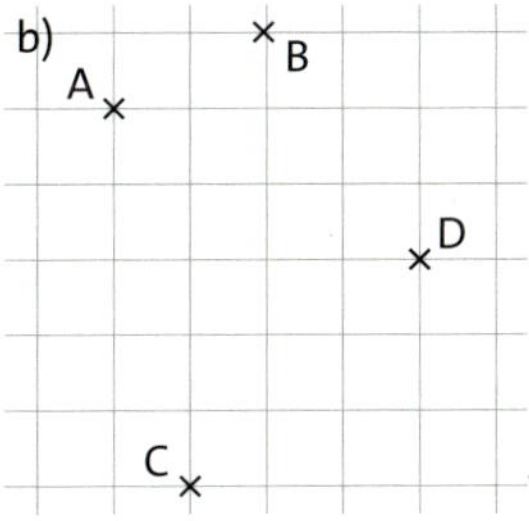

6 Übertrage die Punkte und verbinde sie.
Beschrifte den Schnittpunkt und die Strecken.

Senkrecht und parallel

ENTDECKEN

1 An der Tafel findest du besondere Ecken.
a) Beschreibe die Lage der orangen Linien zueinander.
b) Sucht in eurem Klassenraum weitere Kanten, die diese Lage haben.
c) Mit welchen weiteren Hilfsmitteln kann man die Lage überprüfen?

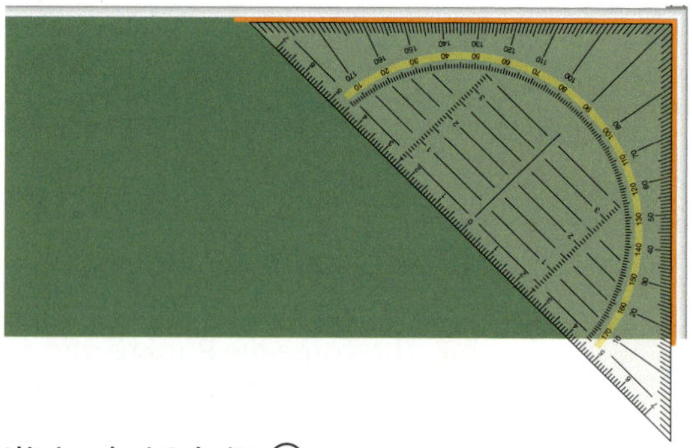

2 Falte ein Blatt Papier wie in der Anleitung.
a) Beschreibe die Lage der orangen und blauen Faltlinien bei Schritt ④.
b) Beschreibe die Lage der orangen und grünen Faltlinien bei Schritt ⑧.

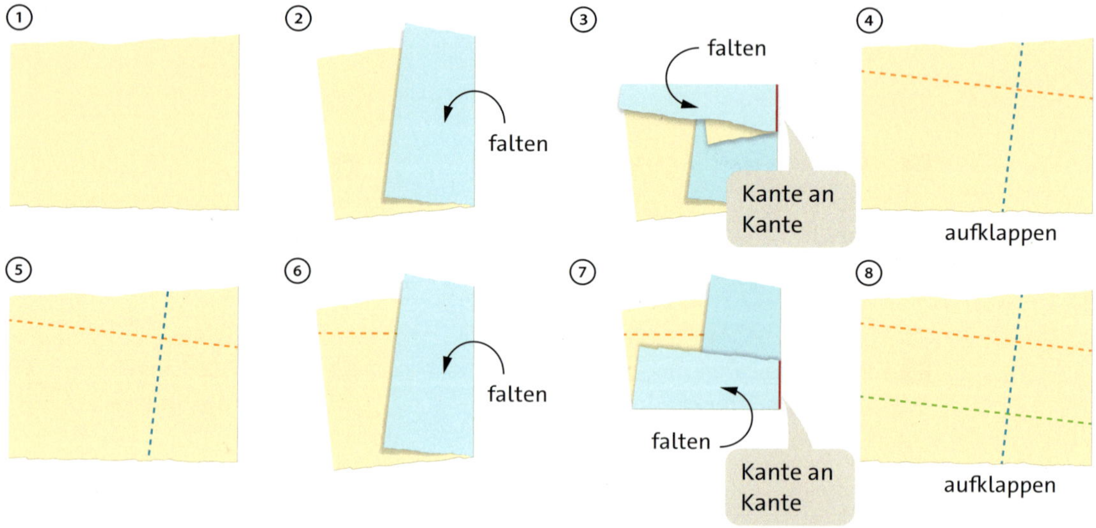

VERSTEHEN

Die beiden Schienen haben eine besondere Lage zueinander.

Sie haben überall den gleichen Abstand zueinander.

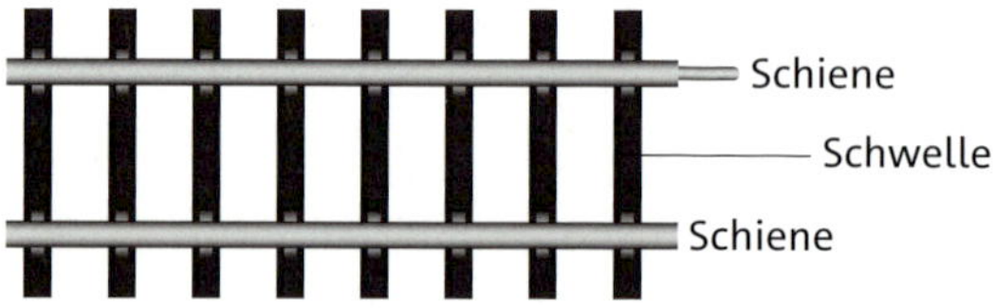

Vokabeln
→ *parallel zueinander*
→ *senkrecht zueinander*
→ *der rechte Winkel*
→ *orthogonal zueinander*

Merke
Geraden sind **parallel zueinander**, wenn sie überall den gleichen Abstand haben.
Man schreibt: $a \parallel b$

Beispiel 1

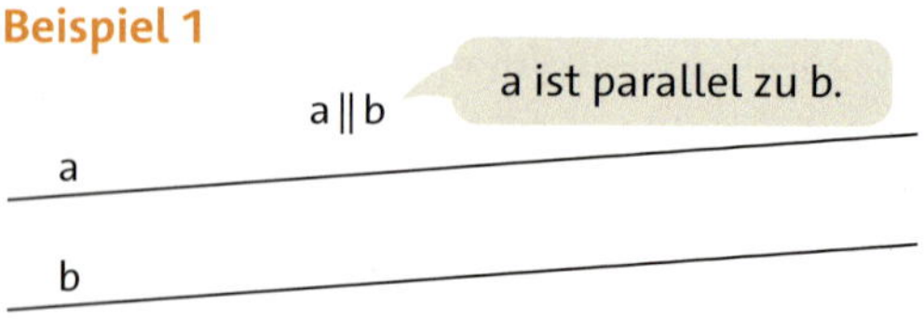

Merke
Geraden sind **senkrecht zueinander**, wenn sie einen rechten Winkel bilden.
Man schreibt: $c \perp d$
Man sagt auch: c und d sind **orthogonal zueinander.**

Beispiel 2

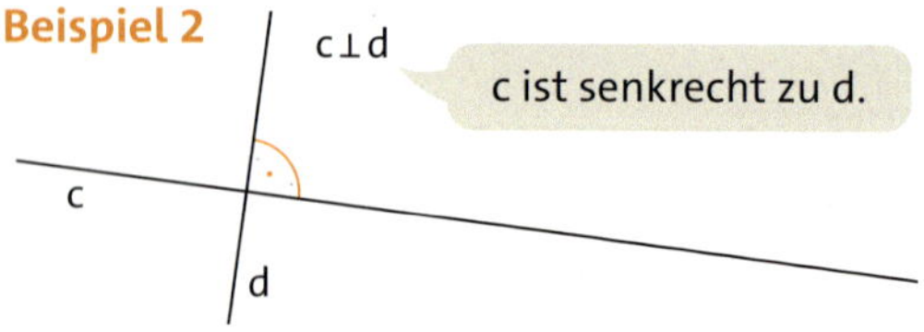

ANWENDEN

Hinweis
Mit dem Geodreieck kann man zueinander senkrechte und parallele Geraden prüfen: S. 58 und 59.

1 Welche Geraden sind parallel zueinander?
Tipp ▪ ∥ ▪

1 Welche Geraden sind parallel zueinander?
Tipp ▪ ∥ ▪

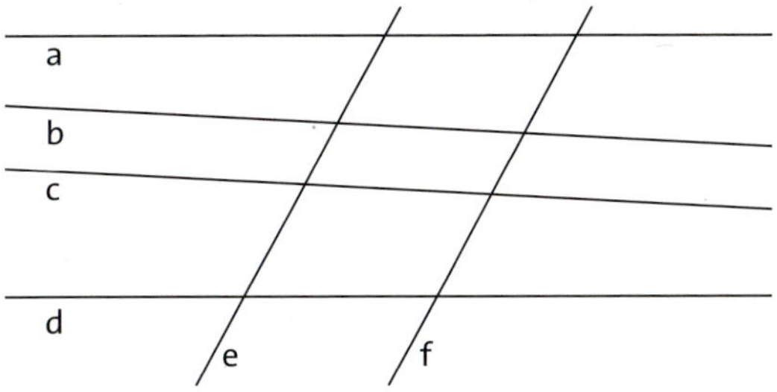

2 Welche Geraden sind senkrecht zueinander?
Tipp ▪ ⊥ ▪

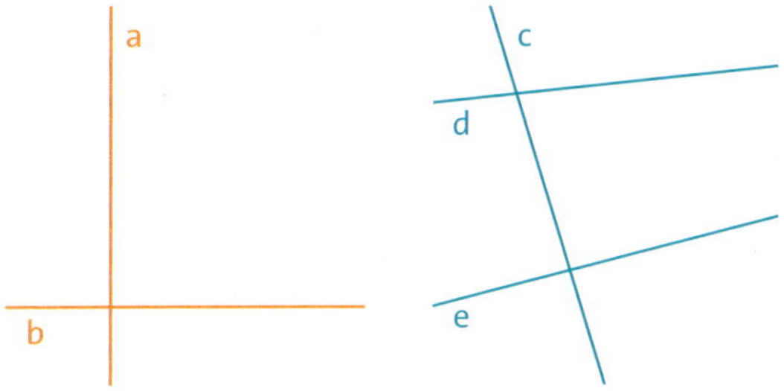

2 Welche Geraden sind senkrecht zueinander?
Tipp ▪ ⊥ ▪

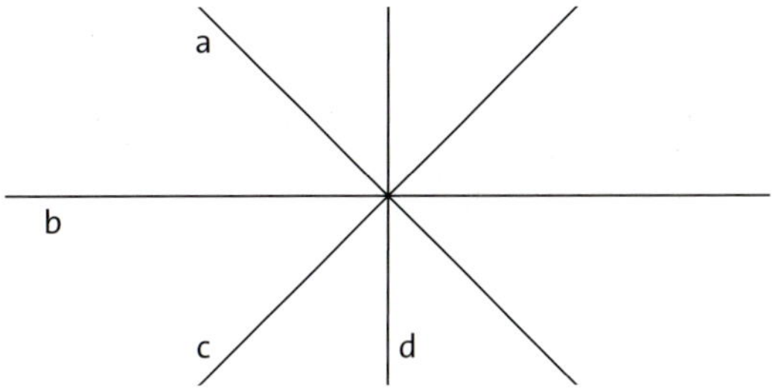

3 Welche Stifte sind parallel zueinander?
Welche sind senkrecht zueinander?

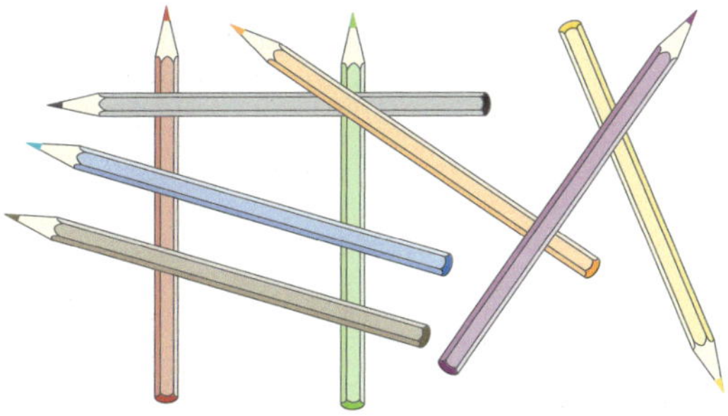

3 Welche Straßen sind parallel zueinander?
Welche sind senkrecht zueinander?

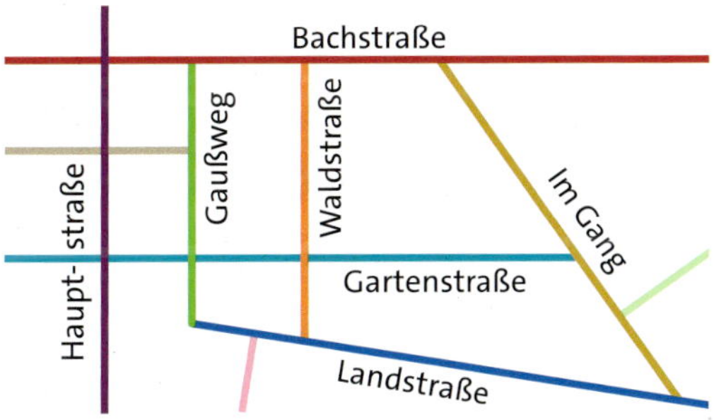

4 Haltet eure Arme oder Finger, sodass sie zueinander senkrecht und parallel sind. Findet verschiedene Möglichkeiten.

5 Falte aus einem Quadrat das Muster.

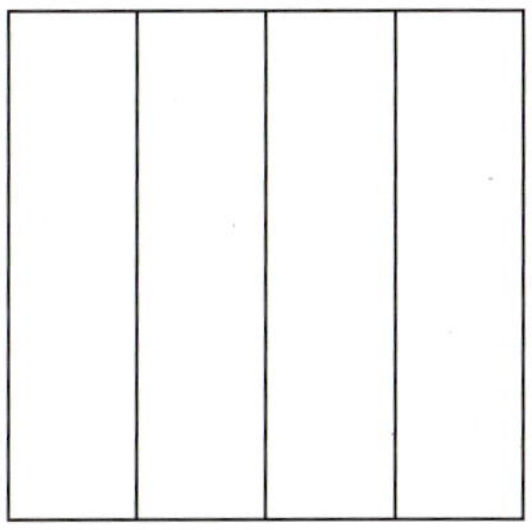

a) Zeichne parallele Linien in gleicher Farbe.
b) Beschrifte rechte Winkel mit ⦜.

5 Falte aus einem Quadrat das Muster.

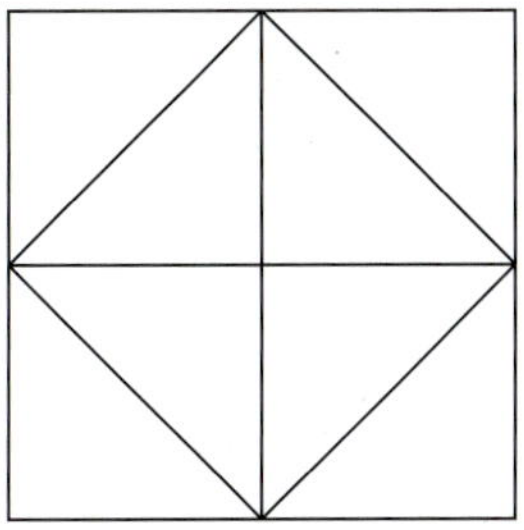

a) Zeichne parallele Linien in gleicher Farbe.
b) Beschrifte rechte Winkel mit ⦜.

Methode Mit dem Geodreieck arbeiten: Parallele und senkrechte Geraden

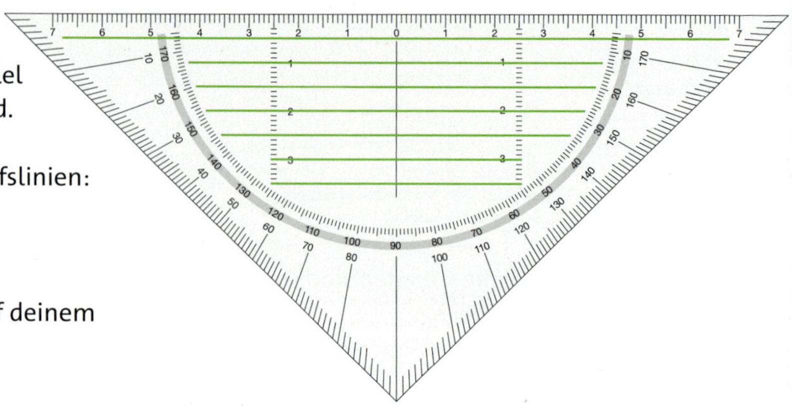

Mit dem Geodreieck kann man prüfen, ob Geraden parallel oder senkrecht zueinander sind.

Dafür hat jedes Geodreieck Hilfslinien: Die grünen Linien sind alle **parallel zueinander**.

Wie sehen diese Hilfslinien auf deinem Geodreieck aus?

Parallele Geraden prüfen:

Beispiel 1 Sind a und b parallel?

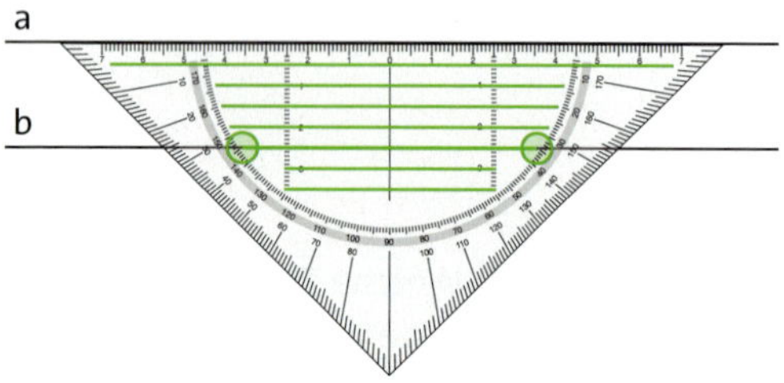

a und b sind parallel: a || b

Beispiel 2 Sind c und d parallel?

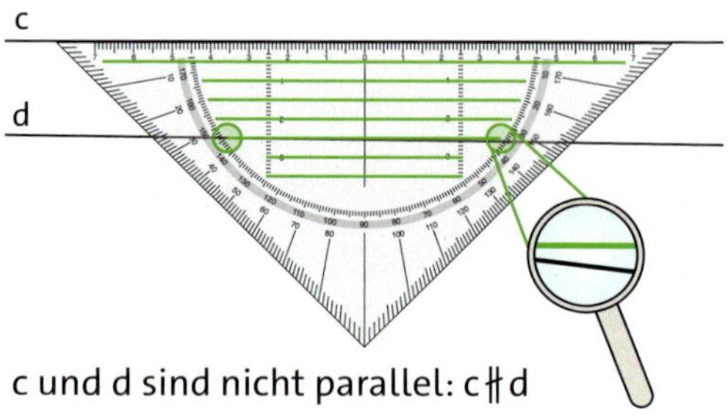

c und d sind nicht parallel: c ∦ d

Parallele Geraden zeichnen:

Beispiel 3

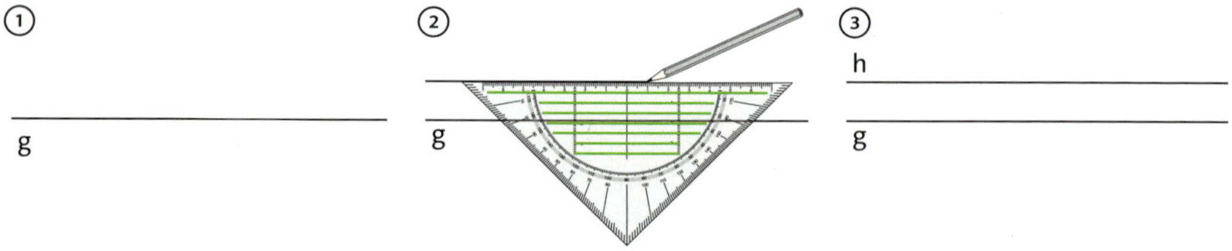

Parallele Geraden durch einen Punkt zeichnen:

Beispiel 4

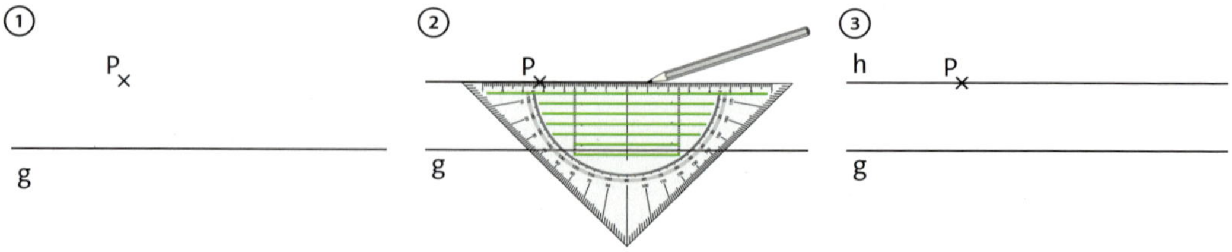

Auch für senkrechte Geraden hat das Geodreieck eine Hilfslinie:

Die lila Linie und die Kante bilden einen rechten Winkel. Sie sind **senkrecht zueinander**.

Wie sieht diese Hilfslinie auf deinem Geodreieck aus?

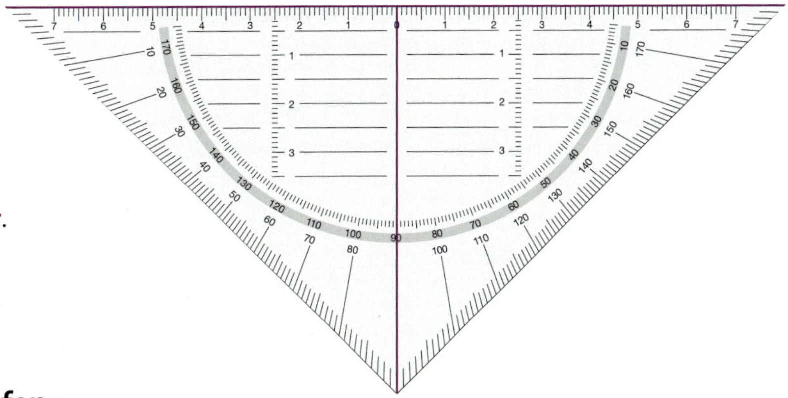

Senkrechte Geraden prüfen:

Beispiel 1 Sind a und b senkrecht?

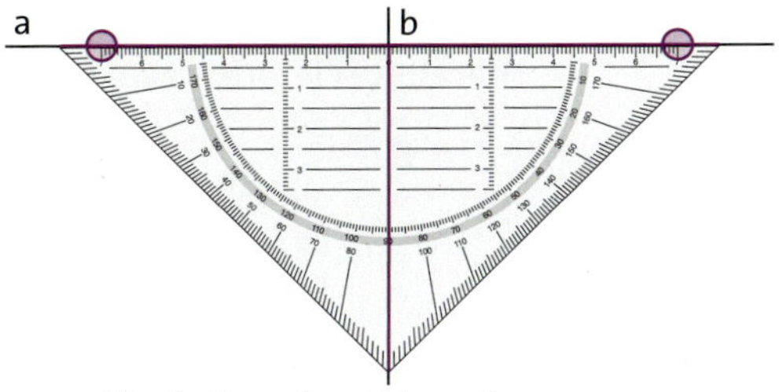

a und b sind senkrecht: $a \perp b$

Beispiel 2 Sind c und d senkrecht?

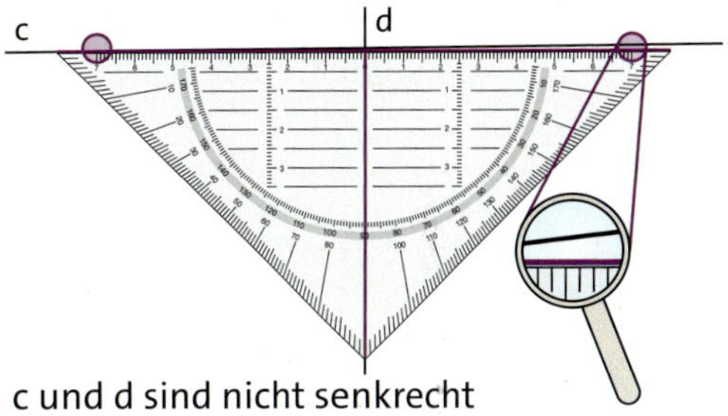

c und d sind nicht senkrecht

Senkrechte Geraden durch einen Punkt auf der Geraden zeichnen:

Beispiel 3

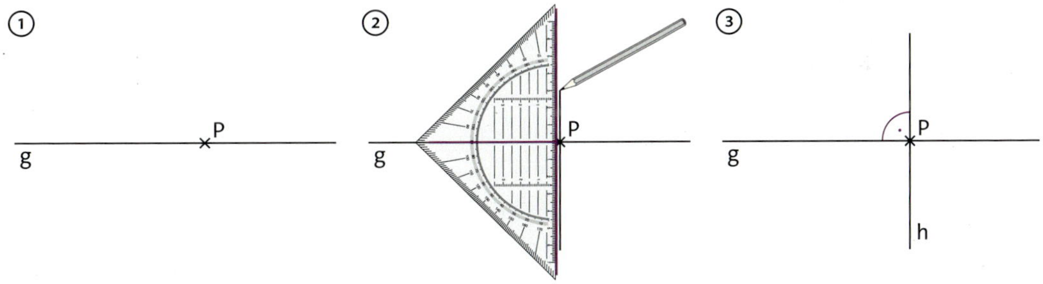

Senkrechte Geraden durch einen Punkt neben der Geraden zeichnen:

Beispiel 4

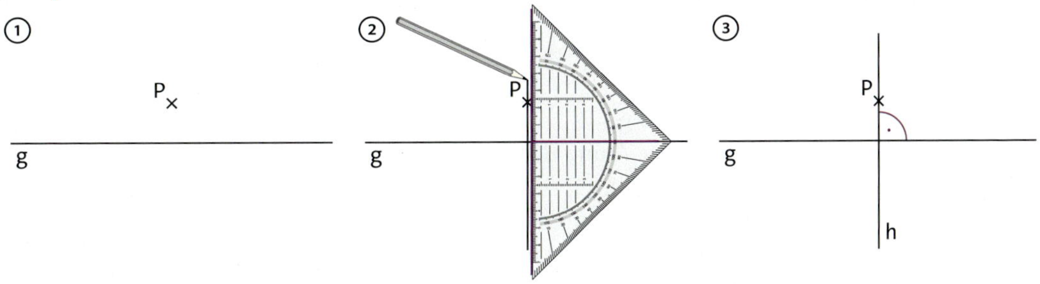

ANWENDEN

1 Welche Geraden sind parallel zueinander? Prüfe mit dem Geodreieck.

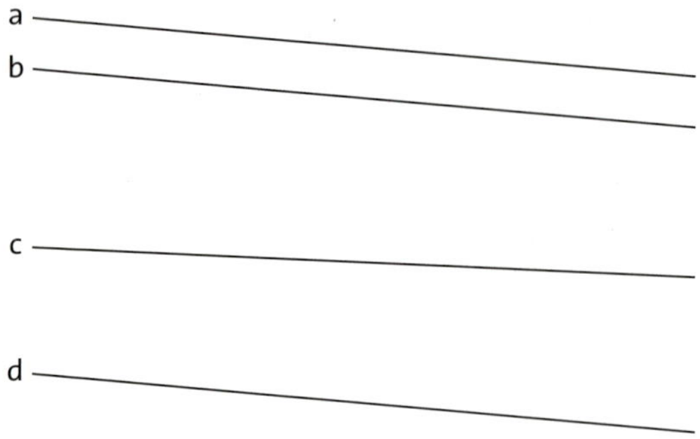

1 Welche Geraden sind parallel zueinander? Prüfe mit dem Geodreieck.

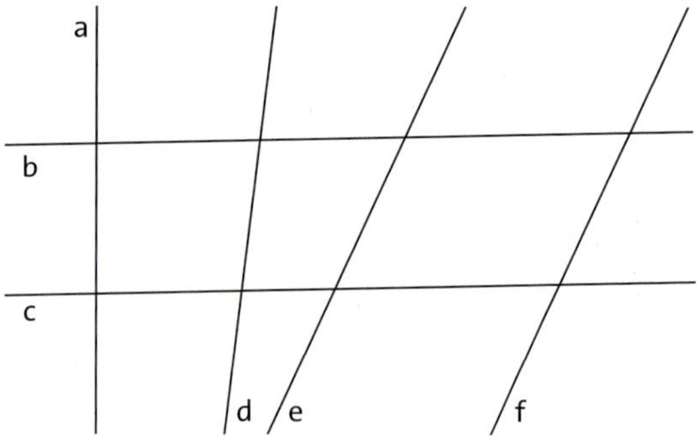

Hinweis
Beim Übertragen helfen dir die kleinen Striche.

2 Übertrage die Zeichnung ins Heft. Zeichne durch die Punkte P, Q und R parallele Geraden zu g.

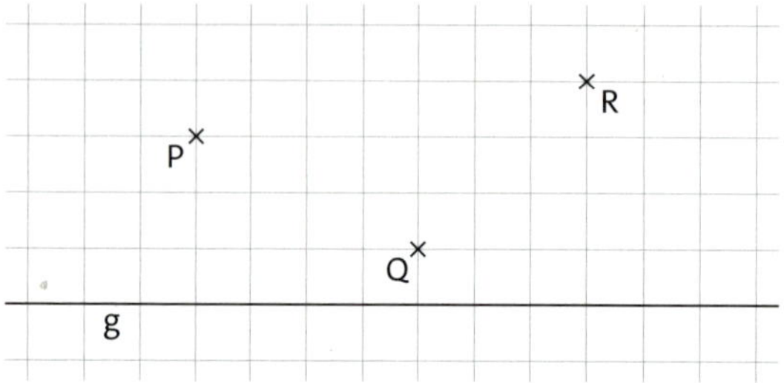

2 Übertrage die Zeichnung ins Heft. Zeichne durch die Punkte A, B und C parallele Geraden zu g.

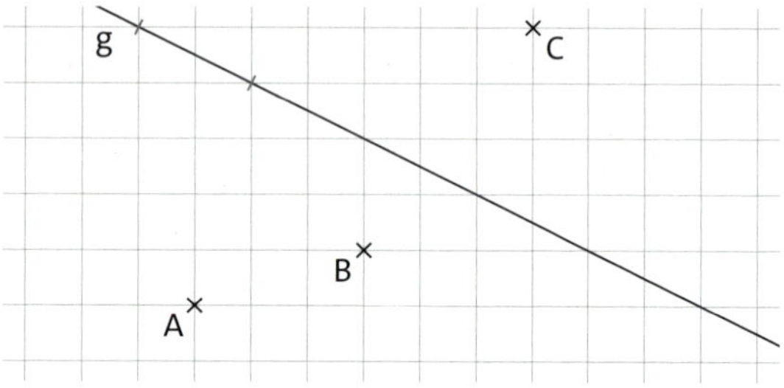

3 Welche Geraden sind senkrecht zueinander? Prüfe mit dem Geodreieck.

a)

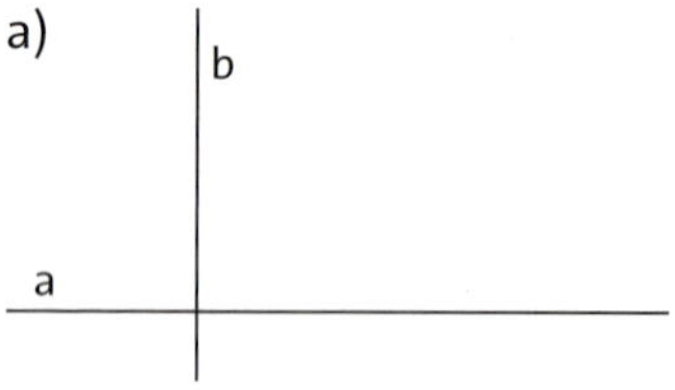

b)

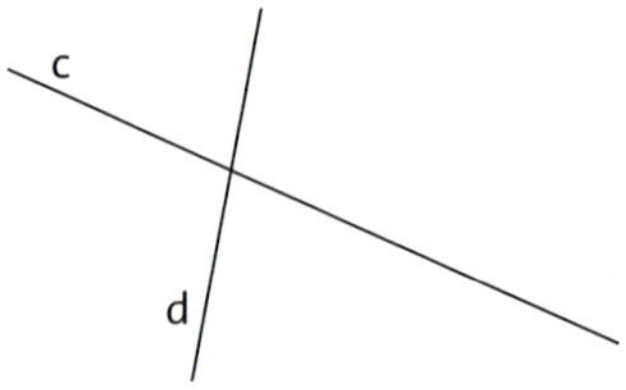

c)

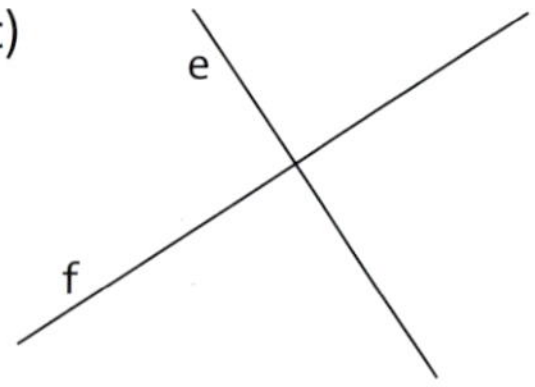

4 Übertrage die Zeichnung ins Heft. Zeichne durch die Punkte A und B senkrechte Geraden zu g.

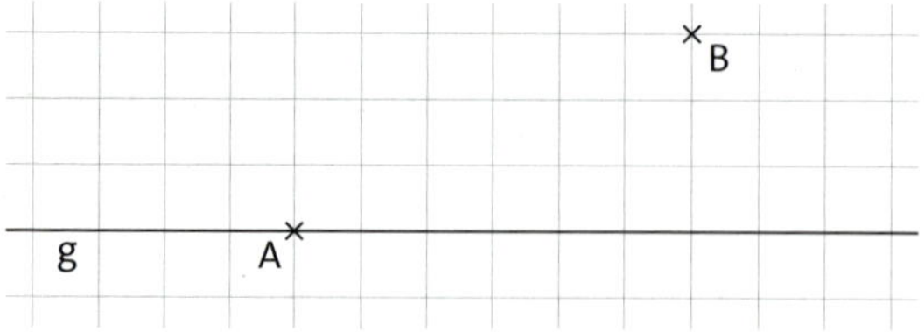

4 Übertrage die Zeichnung ins Heft. Zeichne durch die Punkte senkrechte Geraden zu g.

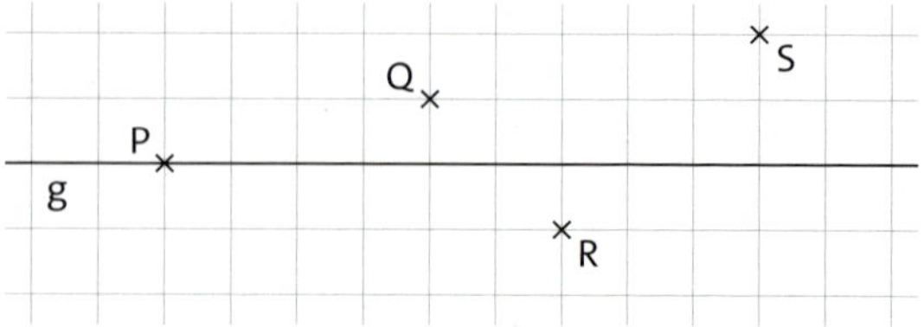

5 Zeichne eine Gerade g.
① Zeichne zwei Punkte A und B, die nicht auf der Geraden liegen.
② Zeichne durch A eine Senkrechte zu g.
③ Zeichne durch B eine Senkrechte zu g.
Was fällt dir auf?

5 Zeichne eine Gerade g.
Zeichne einen Punkt P, der nicht auf der Geraden liegt.
Zeichne durch den Punkt eine Senkrechte und eine Parallele zu g.
Was fällt dir auf?

Abstand

ENTDECKEN

1 Leon, Juan und Anna schießen alle ein Tor.
a) Beschreibe jeweils den Weg des Balls bis zur Torlinie.
b) Welcher Weg ist der kürzeste? Begründe.

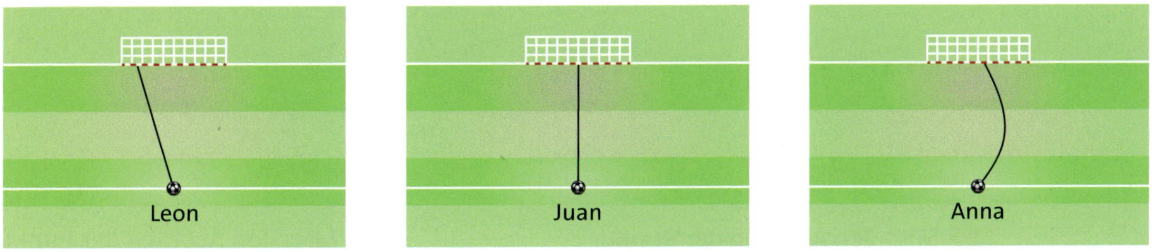

2 Welcher Weg über die Straße ist der kürzeste?
a) Übertrage die Straße ins Heft und zeichne drei Wege ein.
b) Miss nach: Welcher Weg über die Straße ist am kürzesten?
Vergleicht eure Ergebnisse.

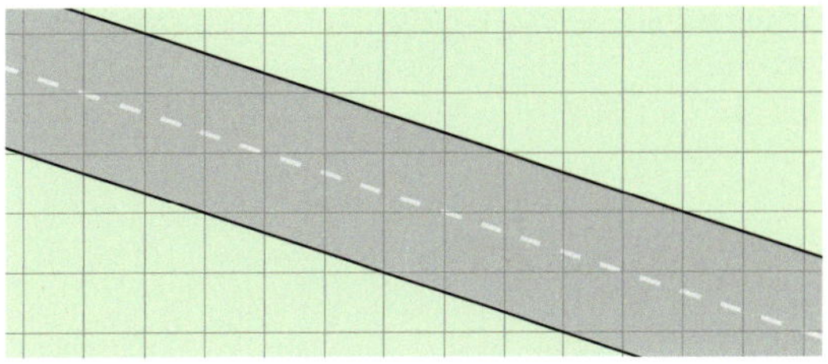

VERSTEHEN

Welcher Weg ist der kürzeste zum Steg?

Der kürzeste Weg ist die orange Strecke: Sie ist senkrecht zum Steg.

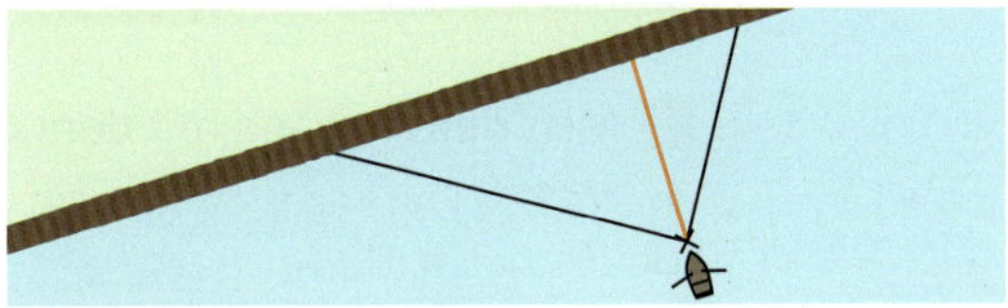

Vokabeln
→ der Abstand
→ die Skala

Merke Die kürzeste Entfernung zwischen einem Punkt und einer Geraden nennt man **Abstand**.

Diese Linie ist **senkrecht** zur Geraden.

Beispiel 1

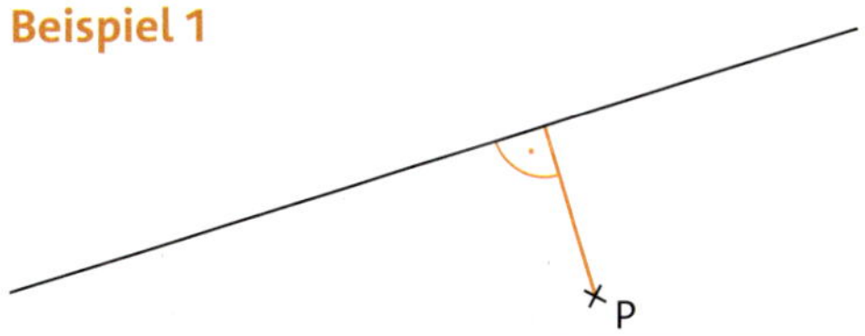

Mithilfe des Geodreiecks kannst du Abstände messen:

Hinweis
Achte auf die Hilfslinie und lies an der Skala ab.

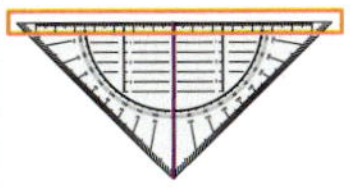

Beispiel 2
Abstand von Punkt und Gerade

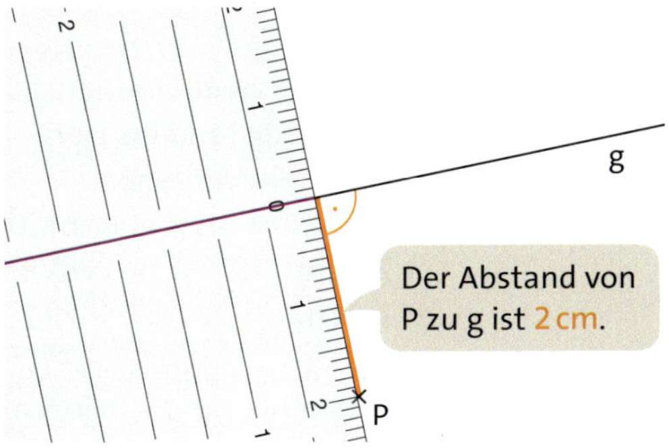

Beispiel 3
Abstand von zwei parallelen Geraden

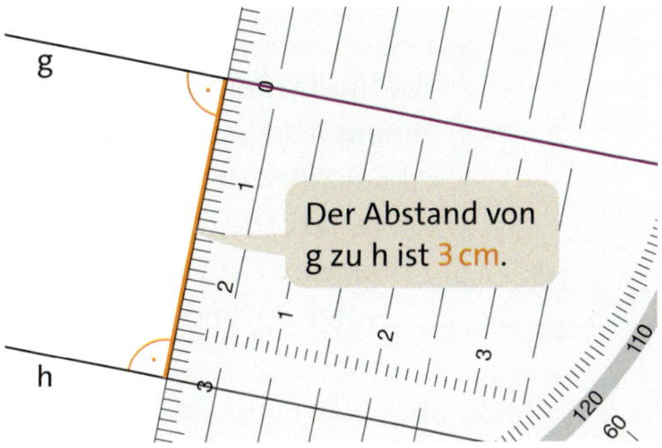

ANWENDEN

1 Kann man so den Abstand messen?
Beschreibt euch gegenseitig, welche Fehler hier gemacht werden.

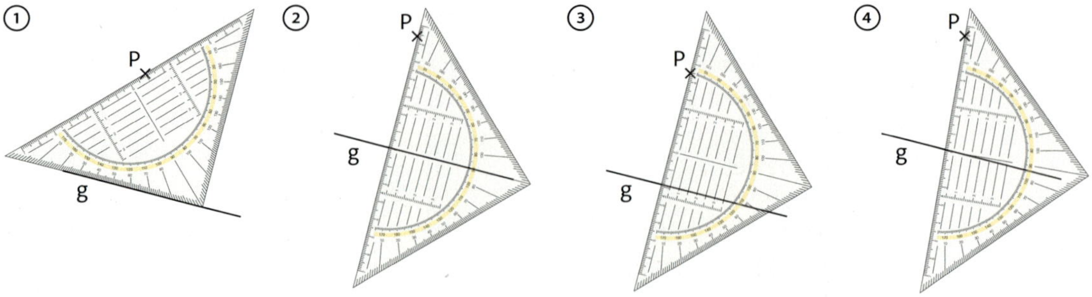

2 Miss den Abstand der Punkte zur Geraden g.

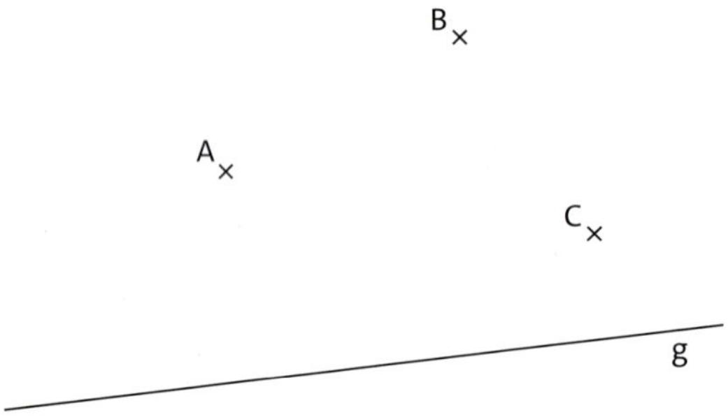

2 Miss den Abstand der Punkte zur Geraden g.

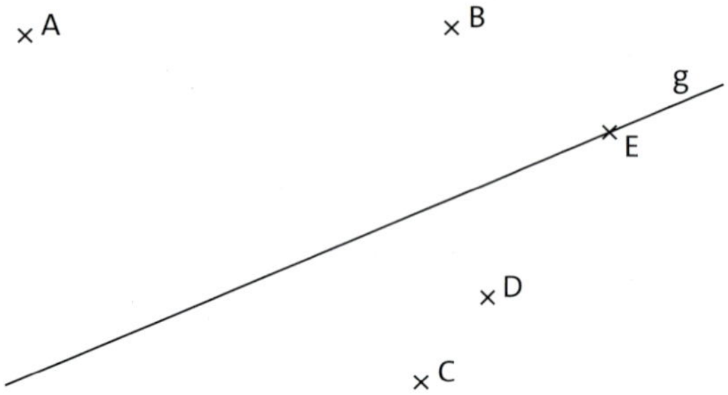

3 Miss den Abstand mit dem Geodreieck.

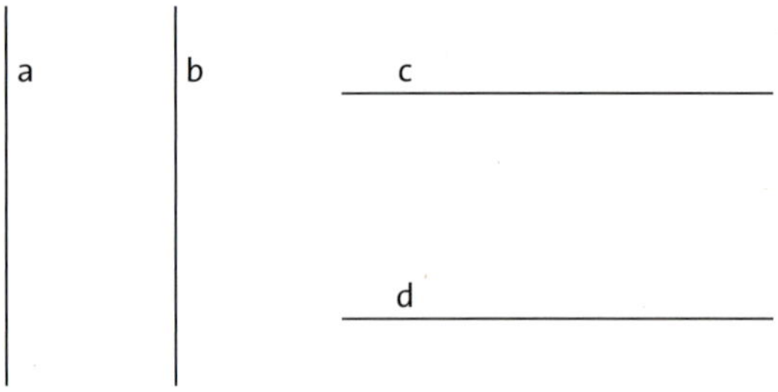

3 Miss den Abstand mit dem Geodreieck.

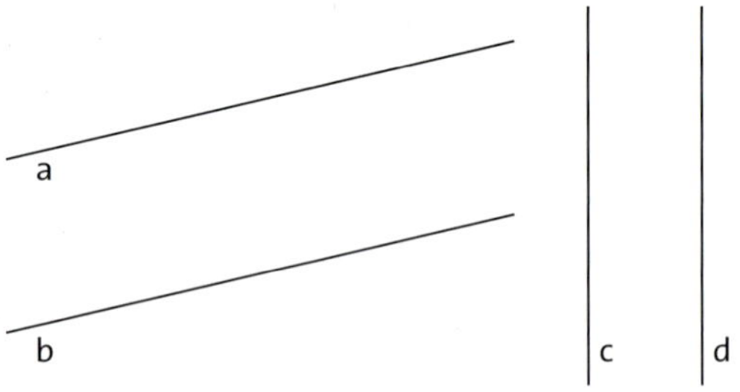

4 Zeichne eine Gerade g ins Heft.
Zeichne dann einen Punkt P mit dem Abstand.
a) 3 cm b) 2 cm
c) 5 cm d) 1 cm

4 Zeichne eine Gerade g ins Heft.
Zeichne dann einen Punkt P mit dem Abstand.
a) 2,5 cm b) 4 cm
c) 4,5 cm d) 3 cm

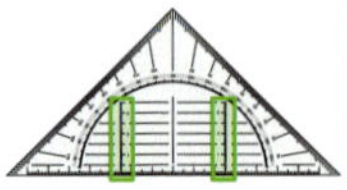

Methode Parallele Geraden mit einem Abstand zeichnen
① Zeichne zuerst eine Gerade g.
② Verschiebe dann dein Geodreieck parallel bis zum richtigen Abstand.
Nutze dafür die kleinen Skalen.

5 Zeichne zwei Geraden g und h mit dem Abstand ins Heft.
Erkläre dein Vorgehen.
a) 1 cm b) 2 cm
c) 2,5 cm d) 3,5 cm
e) 3,8 cm f) 2,2 cm

6 Zu einer Geraden g gibt es sechs parallele Geraden im Abstand von je 5 mm.
Wie groß ist der Abstand der beiden außen liegenden Geraden?

Koordinatensystem

ENTDECKEN

1 Auf Schatzsuche

a) Wo ist der Schatz versteckt? Beschreibe die Lage des Schatzes.

b) Beschreibe den Weg vom Boot zum Schatz. Beschreibe dafür die Lage von Palme, Kakteen und Knochen.

c) Was kann man auf der Insel noch entdecken? Beschreibe die Lage auf der Insel.

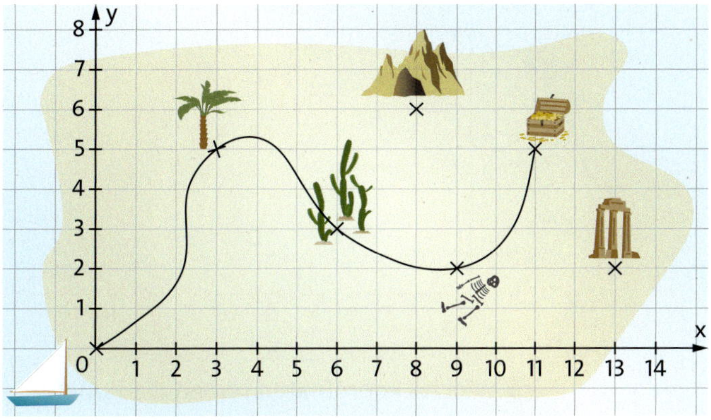

VERSTEHEN

Um die Lage von Punkten genau zu beschreiben, verwendet man ein **Koordinatensystem**.

Vokabeln
- → *das Koordinatensystem*
- → *die x-Achse*
- → *die y-Achse*
- → *der Nullpunkt*

Merke Ein **Koordinatensystem** hat zwei Achsen:
x-Achse (Rechtsachse)
und y-Achse (Hochachse).
Sie beginnen beide im Nullpunkt.

Im Koordinatensystem wird die Lage eines Punktes mit zwei Zahlen angegeben: den **Koordinaten**.

Beispiel 1

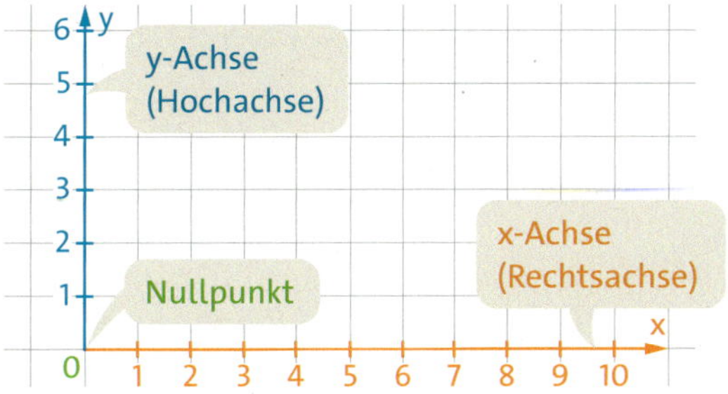

Beispiel 2

A(8|3)
Der Punkt A hat die Koordinaten:
- x = 8 und
- y = 3

Das bedeutet:
Start vom Nullpunkt (0|0)
- 8 Schritte nach rechts und
- 3 Schritte nach oben.

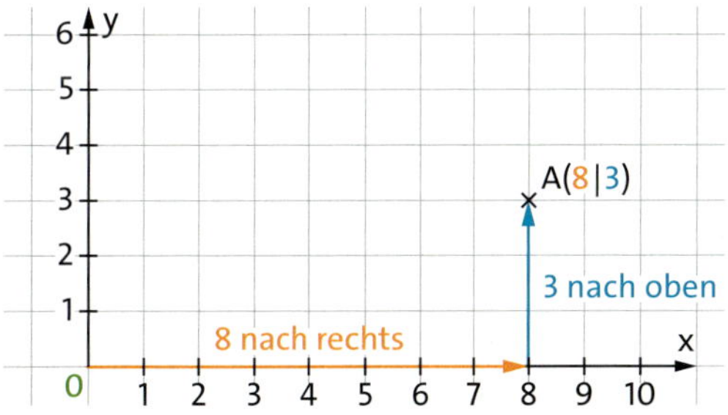

Beispiel 3

a) Achte auf die Reihenfolge.

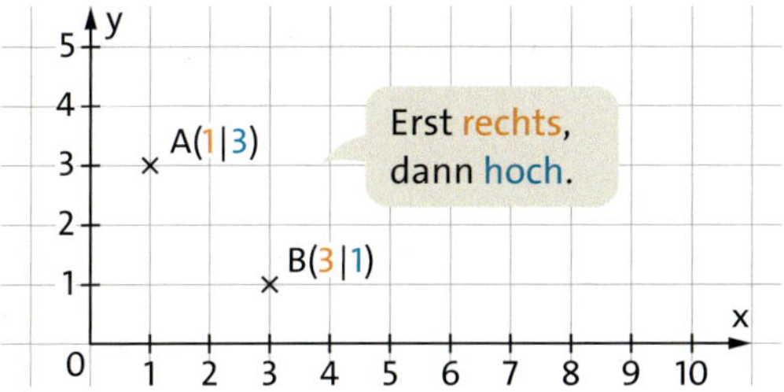

b) Punkte können auf den Achsen liegen.

ANWENDEN

1 Welcher Punkt hat diese Koordinaten?

① (7|3) ② (2|4) ③ (10|4)
④ (5|1) ⑤ (1|5) ⑥ (3|2)

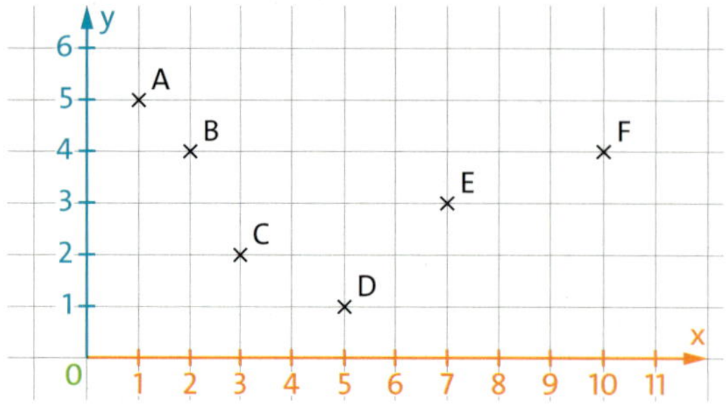

2 Welche Koordinaten haben die Punkte?

Tipp A(3|■): 3 nach rechts und ■ nach oben

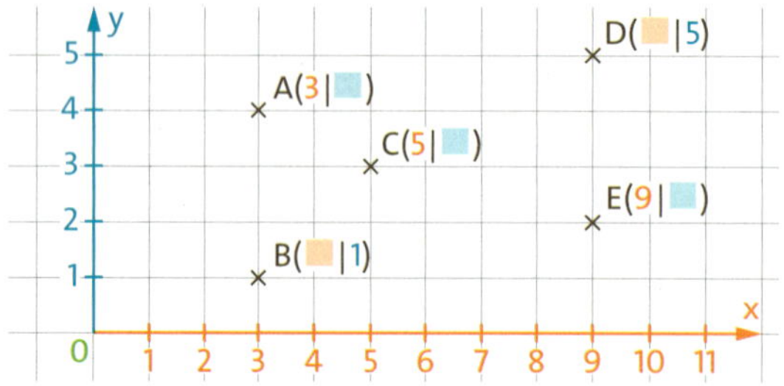

3 Gib die Koordinaten der Punkte an.

Tipp A und E liegen auf der x-Achse.

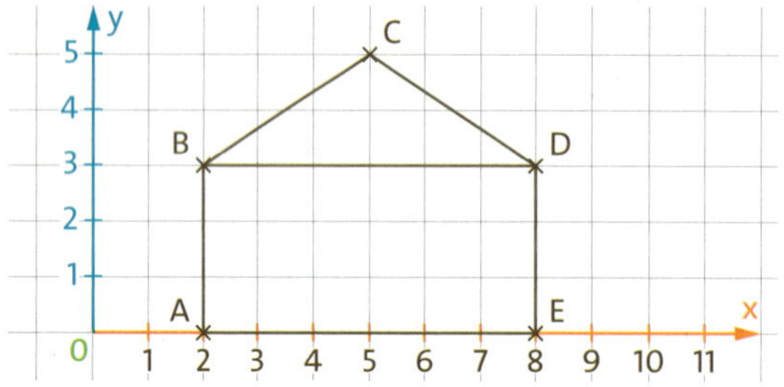

4 Übertrage das Koordinatensystem ins Heft.
Trage die Punkte ein:
A(3|2); B(2|3); C(5|3); D(4|1); E(1|1)

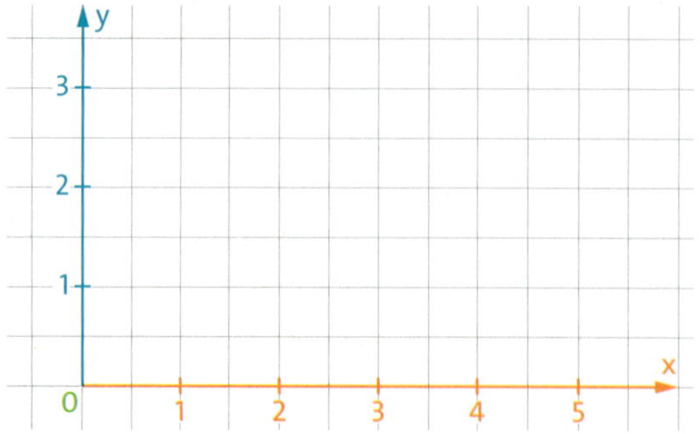

1 Welcher Punkt hat diese Koordinaten?

① (5|2) ② (1|3) ③ (10|4)
④ (3|1) ⑤ (8|5) ⑥ (2|5)

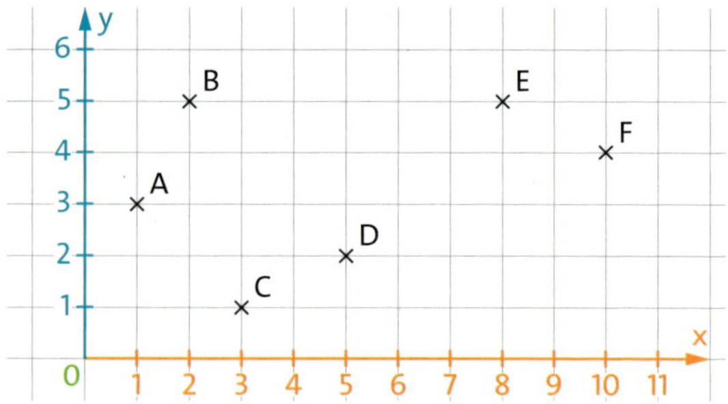

2 Welche Koordinaten haben die Punkte?

Tipp A(1|■)

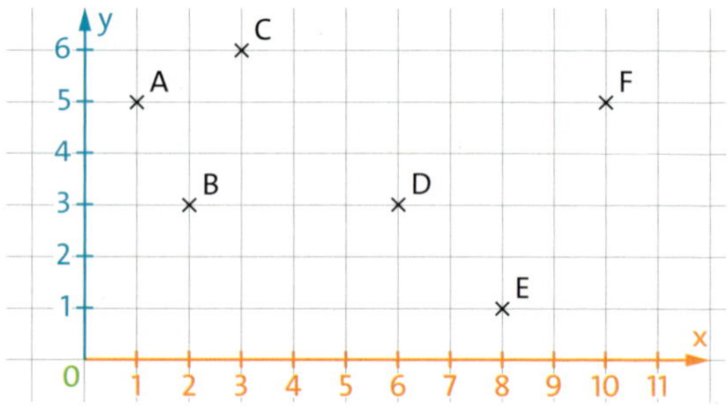

3 Gib die Koordinaten der Punkte an.

Tipp Zwei Punkte liegen auf den Achsen.

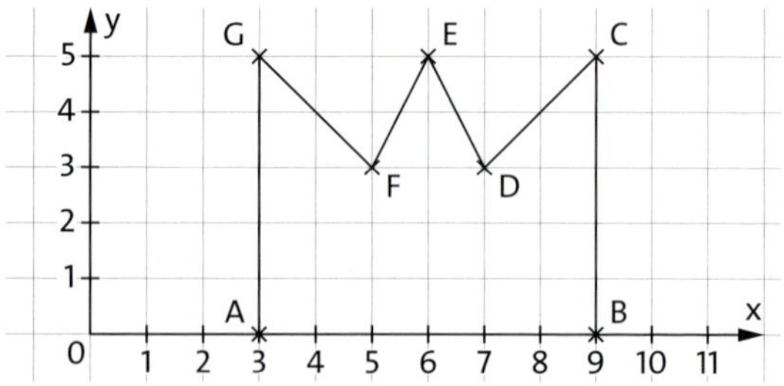

4 Übertrage das Koordinatensystem ins Heft.
Trage die Punkte ein:
A(3|2); B(4|2); C(0|3); D(2|3); E(1|1)

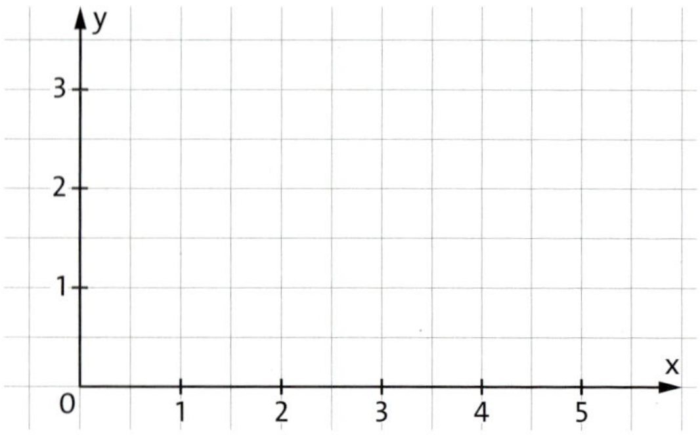

5 Welche Fehler wurden hier gemacht? Erklärt sie euch gegenseitig.

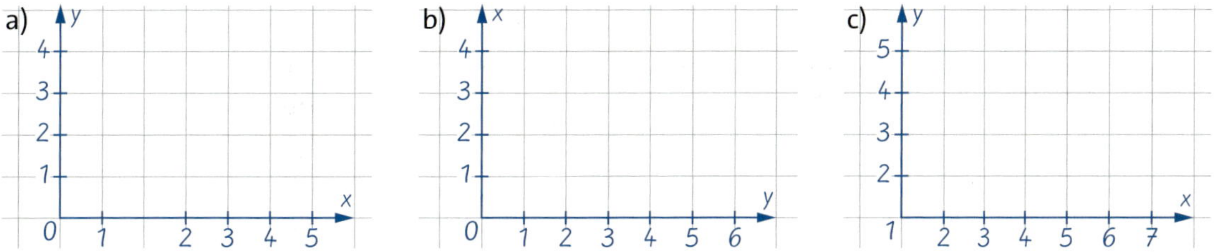

Methode Koordinatensystem zeichnen

Beachte:

- x-Achse rechts, y-Achse hoch
- die Achsen gleichmäßig einteilen
- Beschriftung bei 0 beginnen
- Kann man alle Punkte einzeichnen? Was ist der größte x-Wert? Was ist der größte y-Wert?

6 Zeichne ein Koordinatensystem und trage die Punkte ein.
A(2|8); B(5|7); C(1|3); D(6|0)

a) Wie lang muss die x-Achse mindestens sein? Wie lang die y-Achse?
b) Kannst du diese Punkte auch in das Koordinatensystem zeichnen? Begründe.
E(1|8); F(17|1); G(3|9); H(6|8)

7 Zeichne ein Koordinatensystem und trage die Punkte ein.
A(0|4); B(3|1); C(6|4); D(4|6); E(2|2)

7 Zeichne ein Koordinatensystem und trage die Punkte ein.
A(1|5); B(4|7); C(1|6); D(7|4); E(0|3)

8 Zeichne ein Koordinatensystem.
Verbinde die Punkte zu einem Drachen.
A(5|1); B(7|5); C(5|7); D(3|5)

8 Zeichne ein Koordinatensystem.
Verbinde die Punkte zu einem Segelboot.
Mast: (7|3); (7|11)
Segel: (7|4); (3|4); (7|10)
Boot: (2|0); (8|0); (12|3); (0|3)

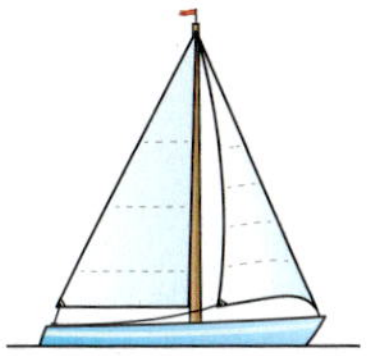

9 Die Punkte A(1|3), B(4|8) und C(4|3) bilden ein Dreieck.
Zeichne das Dreieck in ein Koordinatensystem.
Zeichne und beschrifte 2 Punkte …

a) außerhalb des Dreiecks.
b) innerhalb des Dreiecks.
c) auf einer Seite des Dreiecks.

9 Die Punkte A, B, C und D sind Eckpunkte eines Vierecks.
Zeichne das Viereck in ein Koordinatensystem.
Markiere die Mitte der Seiten und gib die Koordinaten an.

a) A(1|2); B(5|2); C(5|8); D(1|8)
b) A(6|1); B(10|1); C(12|7); D(8|7)

10 Zeichenanleitung

a) Welche Koordinaten haben die Eckpunkte?
Notiere alle Eckpunkte in der richtigen Reihenfolge. Beginne bei A.
b) Diktiert euch gegenseitig eure Eckpunkte und zeichnet. Vergleicht eure Bilder.

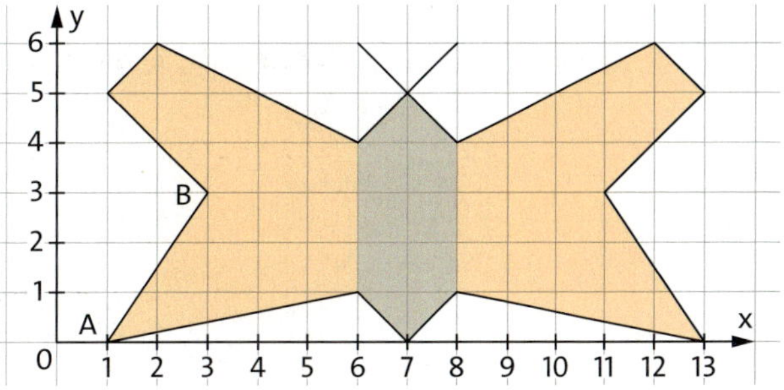

Achsensymmetrie

ENTDECKEN

1 Beschreibe, was Heike mit dem Spiegel macht.
a) Was fällt dir an der Schrift auf?
b) Geht das auch mit deinem Namen?
c) Es gibt Buchstaben, die man im Spiegel leichter lesen kann.
Warum ist das so?

2 Falte ein Blatt Papier in der Mitte und zeichne eine halbe Figur auf eine Papierhälfte.
Schneide entlang der Linie die Figur aus.
Was fällt dir an deiner Figur auf?

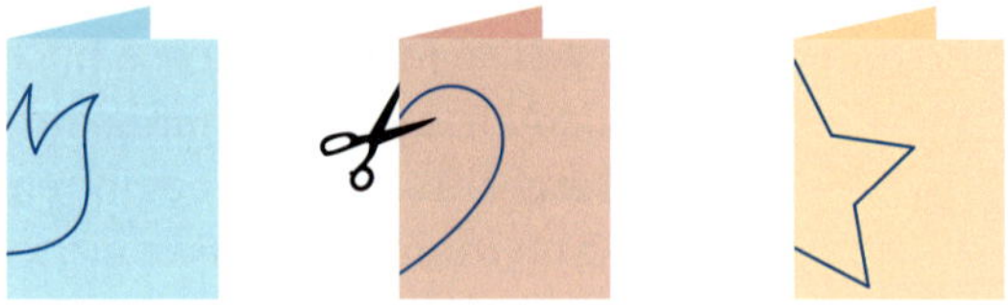

VERSTEHEN

In der Natur findet man häufig ganz bestimmte Formen.

Spiegelt man die eine Blatthälfte, passt sie genau auf die andere Blatthälfte.

Vokabeln
→ *spiegeln*
→ *achsensymmetrisch*
→ *die Symmetrieachse*
→ *der Bildpunkt*
→ *die Achsenspiegelung*

Merke Eine Figur heißt **achsensymmetrisch**, wenn sie aus zwei gespiegelten Hälften besteht. Dabei spiegelt man an einer Geraden s. Die Gerade s heißt **Symmetrieachse** oder **Spiegelachse**. Deswegen sagt man dazu auch **Achsenspiegelung**.

Beispiel 1
a) mit einer Symmetrieachse

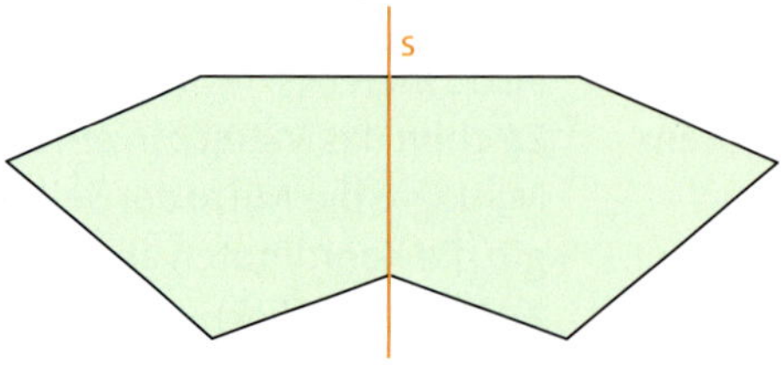

b) mit zwei Symmetrieachsen

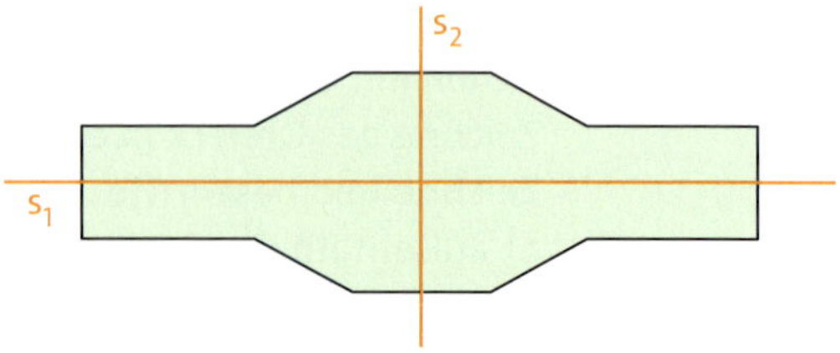

Beispiel 2 Figuren an einer Achse spiegeln

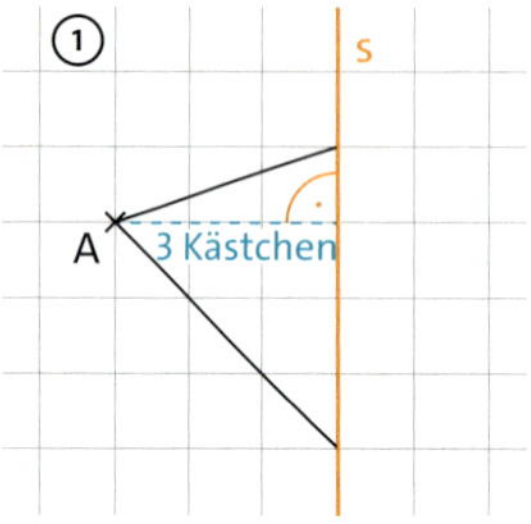

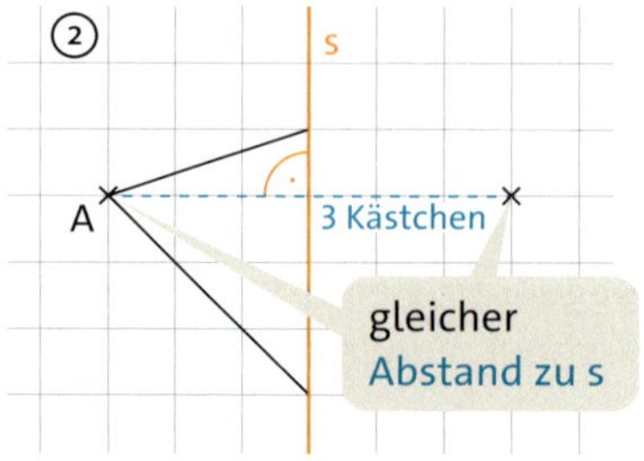

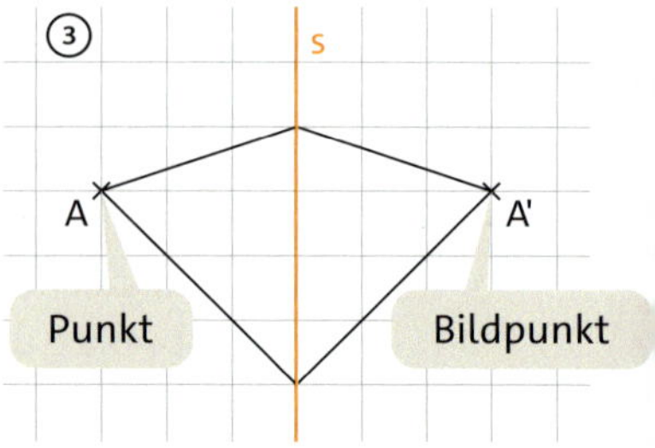

ANWENDEN

1 Sind die Werkzeuge achsensymmetrisch? Begründe deine Antwort.

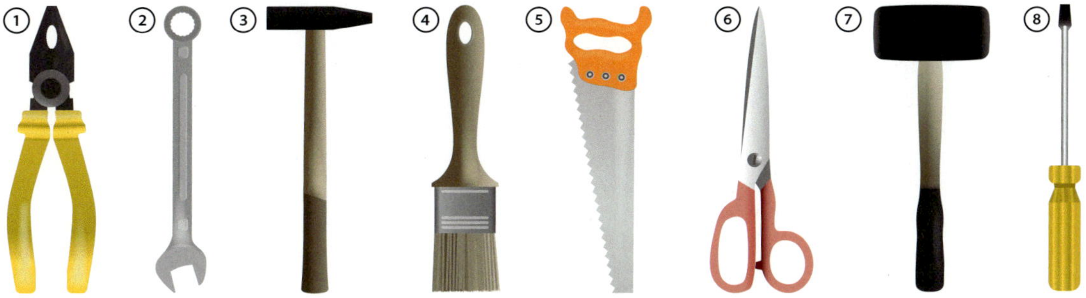

2 Die Buchstaben sind alle achsensymmetrisch.

M A T H E

Erklärt, wie man das prüfen kann.

2 Drei Buchstaben sind achsensymmetrisch. Welche sind das?

A K J O D

Erklärt, wie man das prüfen kann.

3 Übertrage ins Heft.
Zeichne die Symmetrieachsen ein.

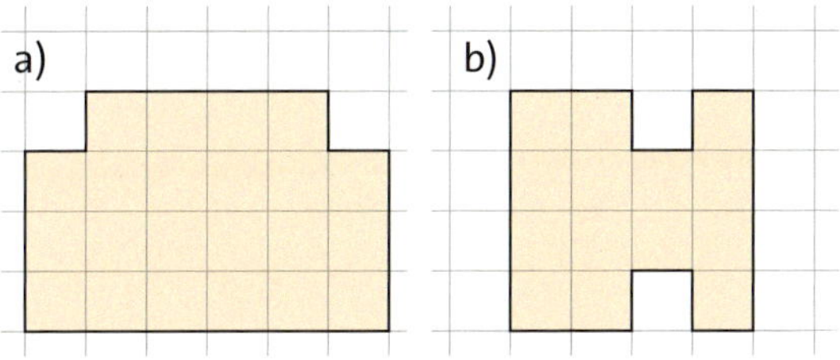

3 Übertrage ins Heft.
Zeichne die Symmetrieachsen ein.

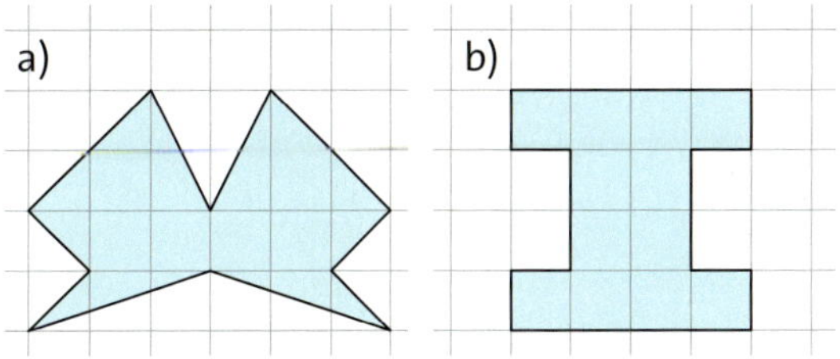

4 Sind die Figuren achsensymmetrisch?
Kontrolliere, indem du die Kästchen zählst.

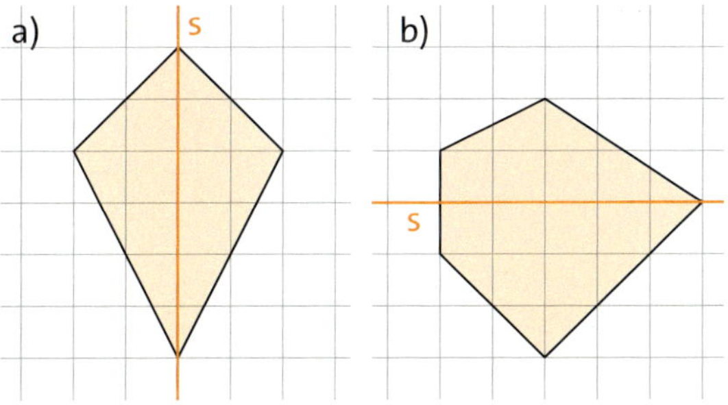

4 Sind die Figuren achsensymmetrisch?
Prüfe, indem du die Kästchen zählst.

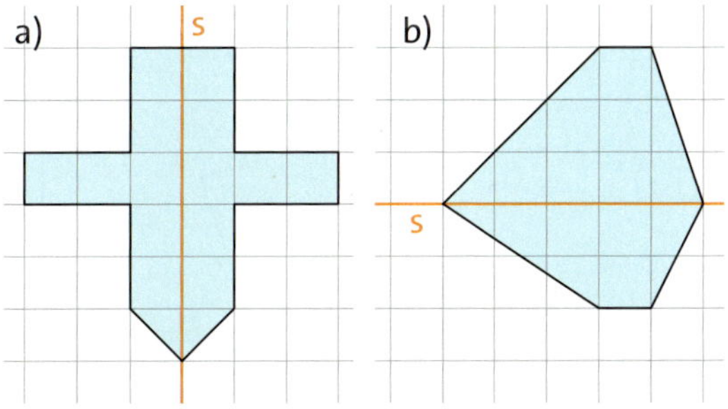

5 Übertrage ins Heft.
Spiegle die Figur an der orangen Achse s.

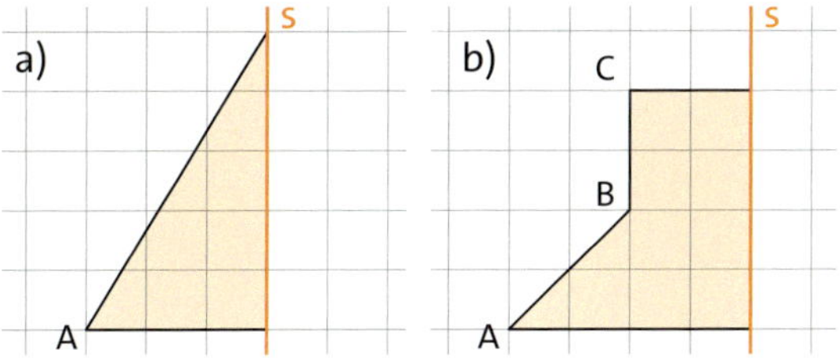

5 Übertrage ins Heft.
Spiegle die Figur an der orangen Achse s.

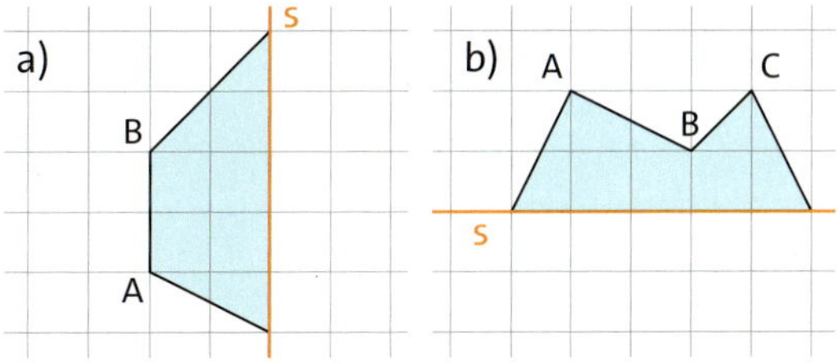

Methode Mit dem Geodreieck Achsensymmetrie prüfen

Manchmal kann man keine Kästchen zählen. Dann hilft das Geodreieck.

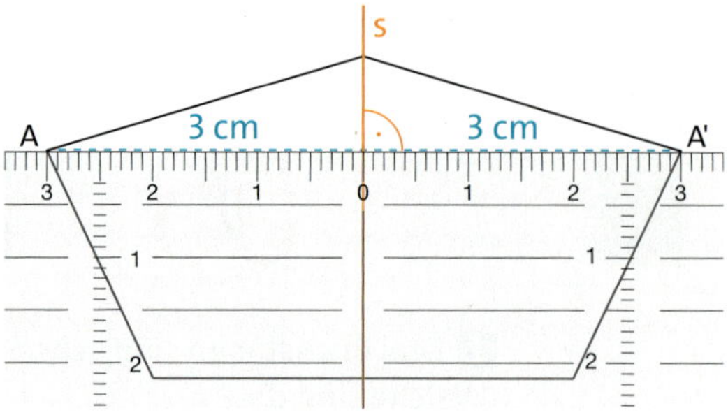

6 Ist die Figur achsensymmetrisch? Prüfe mit dem Geodreieck.

a)

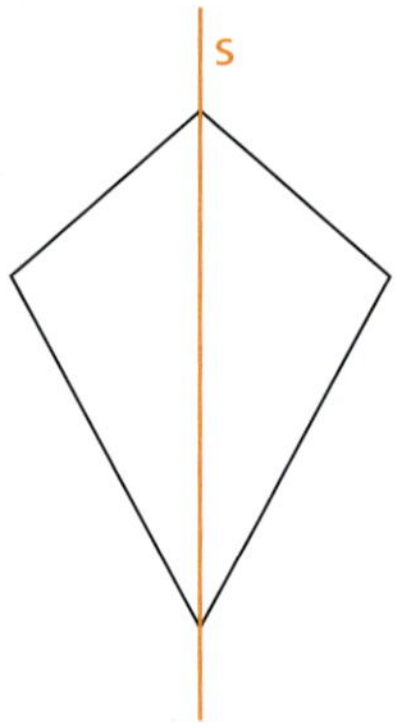

b)

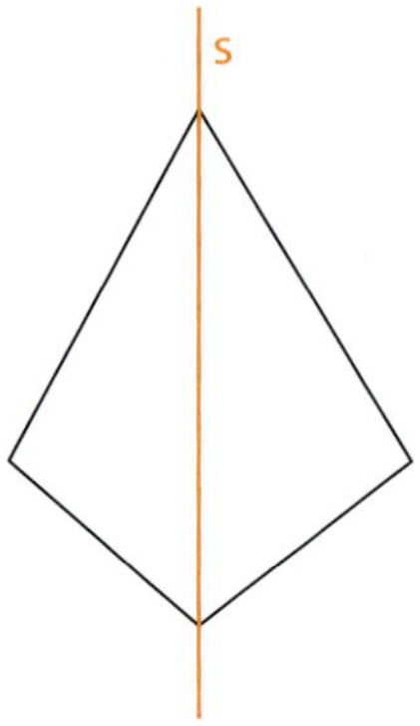

7 Ist die Figur achsensymmetrisch? Prüfe mit dem Geodreieck.

a)

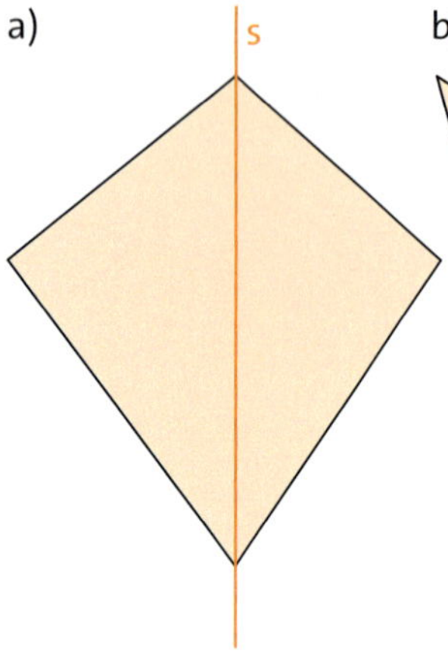

b)

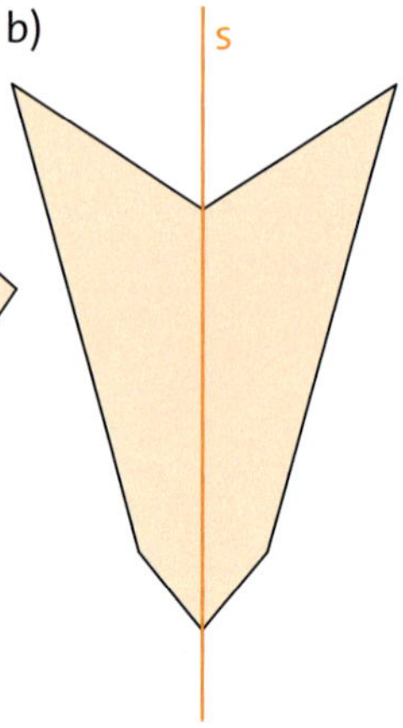

7 Ist die Figur achsensymmetrisch? Prüfe mit dem Geodreieck.

a)

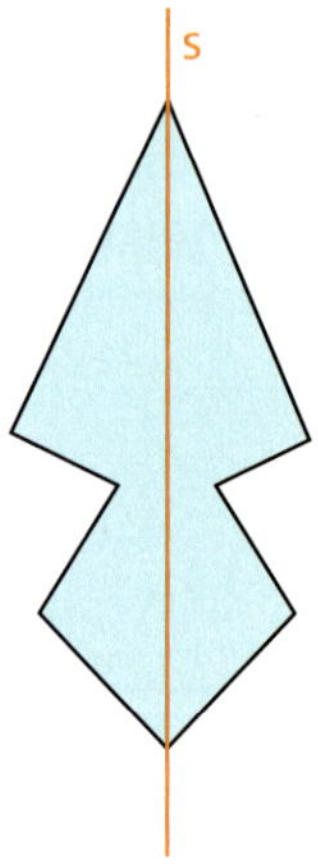

b)

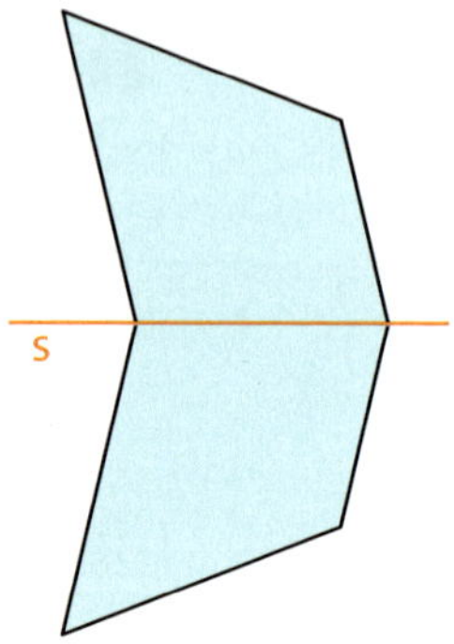

8 Spiegle die Figur an der orangen Achse s.

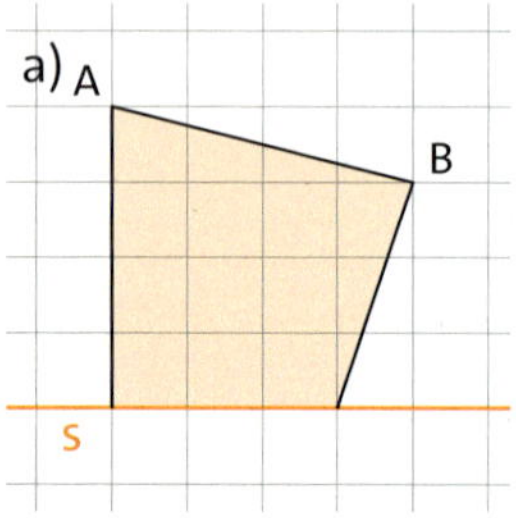

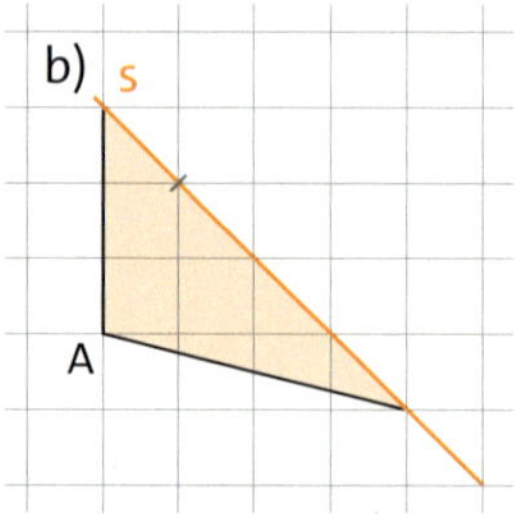

8 Spiegle die Figur an der orangen Achse s.

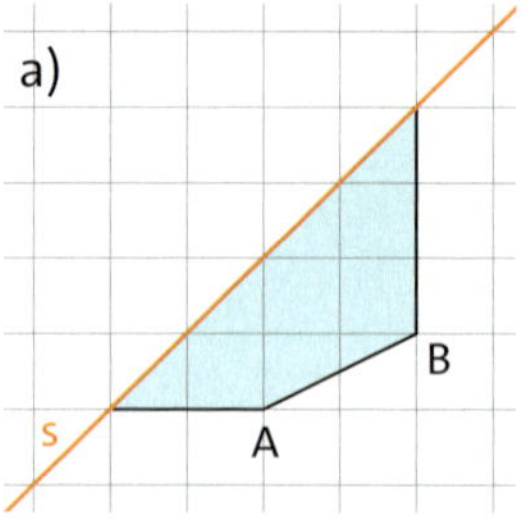

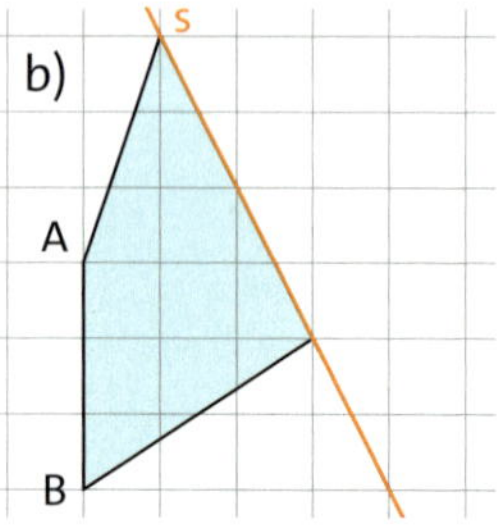

9 Spiegle die Figur an der orangen Achse s.

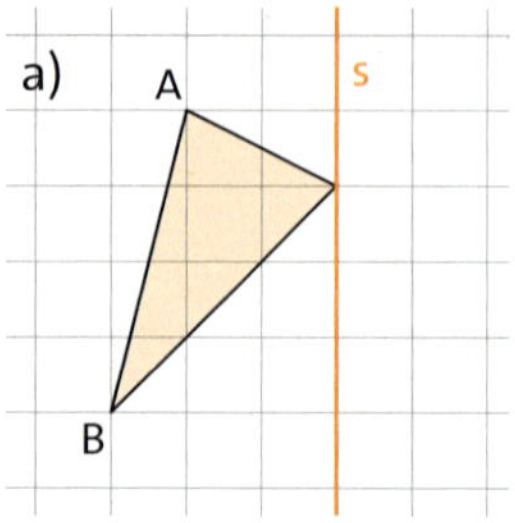

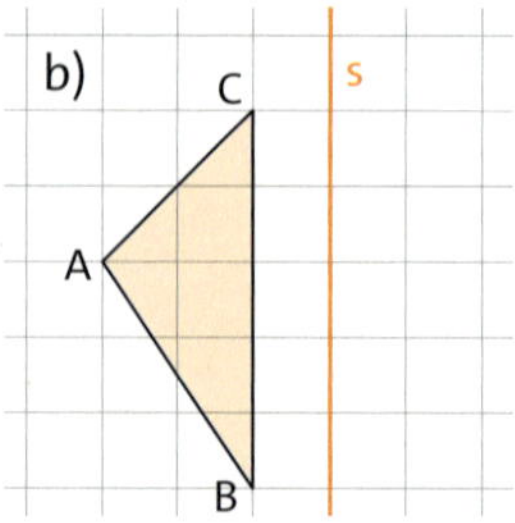

9 Spiegle die Figur an der orangen Achse s.

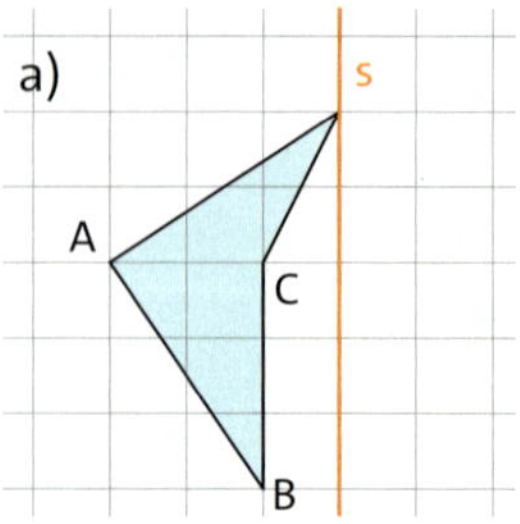

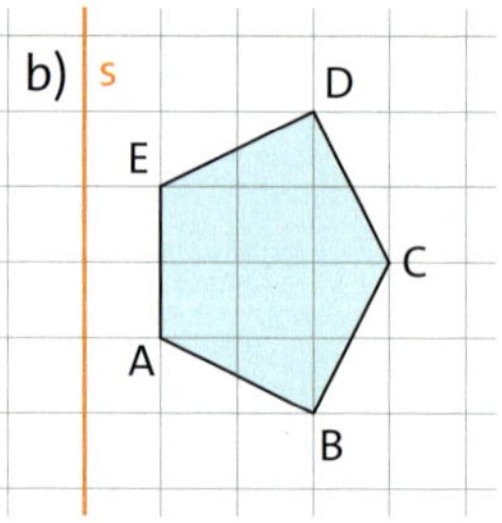

★ Thema Punktsymmetrie

Dreht man Simons Namen auf den Kopf, ändern sich einige Buchstaben dabei nicht.

Auf den Kopf gedreht:

SIMON ↻ **NOWIS**

Vokabeln
→ die Punktsymmetrie
→ die Drehung
→ punktsymmetrisch
→ das Symmetriezentrum

Eine Figur, die ihr Aussehen bei einer **halben Drehung** nicht ändert, nennt man **punktsymmetrisch**.

Verbindet man die gegenüberliegenden Ecken miteinander, treffen sich alle Linien in einem Punkt.
Um ihn wird die Figur gedreht.
Dieser Punkt heißt **Symmetriezentrum Z**.

Beispiel 1

a)

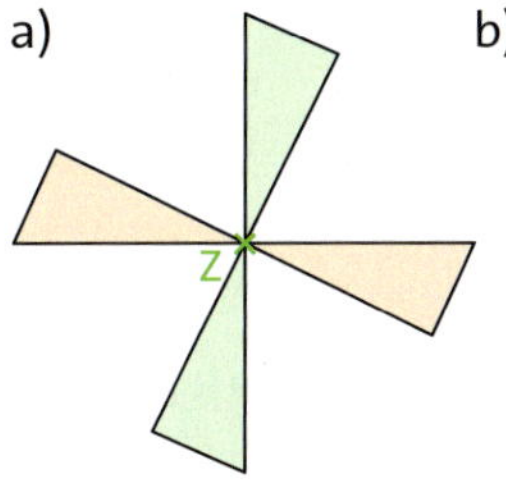

b)

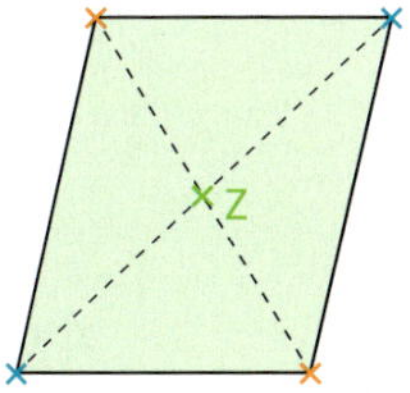

ANWENDEN

1 Sind die Figuren punktsymmetrisch?
Tipp Drehe das Buch auf den Kopf. So machst du eine **halbe Drehung**.

① 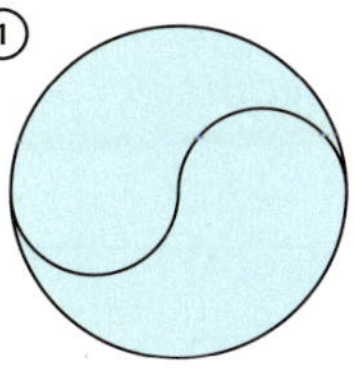
② 
③ 
④ 
⑤ 

2 Übertrage die Figur ins Heft.
Zeichne das Symmetriezentrum ein.
Tipp Verbinde gegenüberliegende Ecken miteinander.

2 Übertrage die Figur ins Heft.
Zeichne das Symmetriezentrum ein.
Tipp Verbinde gegenüberliegende Ecken miteinander.

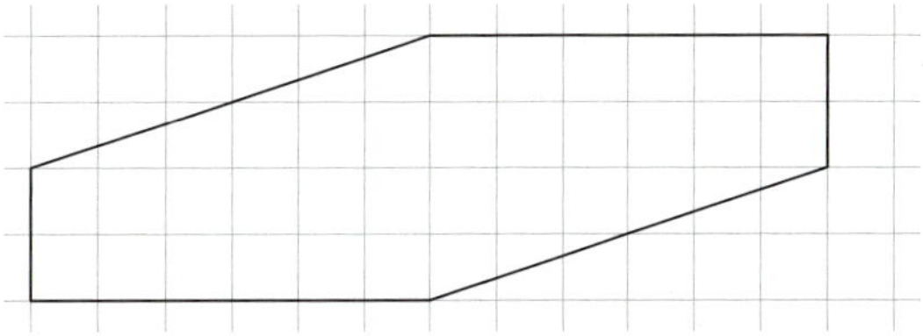

3 Übertrage und schneide die Figur zweimal aus. Lege beide Figuren so zusammen, dass eine punktsymmetrische Figur entsteht.

① 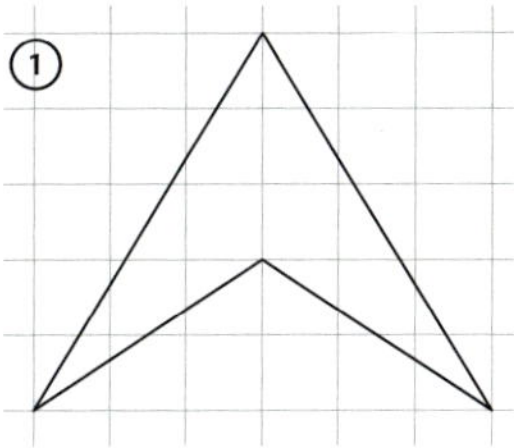
② 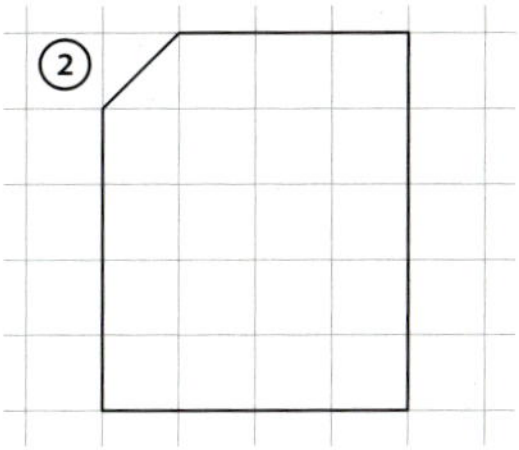

3 Übertrage und ergänze zu punktsymmetrischen Figuren. Gibt es mehrere Möglichkeiten?

① 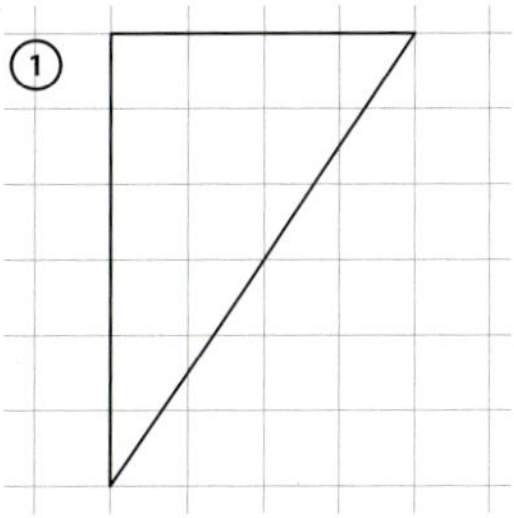
② 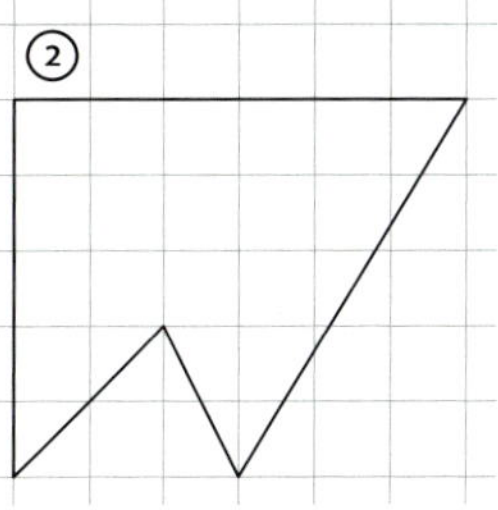

Klar soweit?

→ Seite 54

Strecke, Strahl, Gerade

1 Zeichne ins Heft. Beschrifte die Linien und Punkte.
a) Strecke $\overline{AB}$ mit 5 cm b) Strahl h c) Gerade g

2 Übertrage die Punkte und verbinde sie.

a) Beschrifte die Strecken.
b) Miss die Strecke $\overline{BC}$.

2 Übertrage die Punkte und verbinde sie.

a) Beschrifte die Strecken.
b) Miss die Strecken $\overline{AB}$ und $\overline{AC}$.

→ Seite 56
Seite 58/59

Senkrecht und parallel

3 Welche Geraden sind parallel zueinander? Welche senkrecht zueinander? Prüfe mit dem Geodreieck.

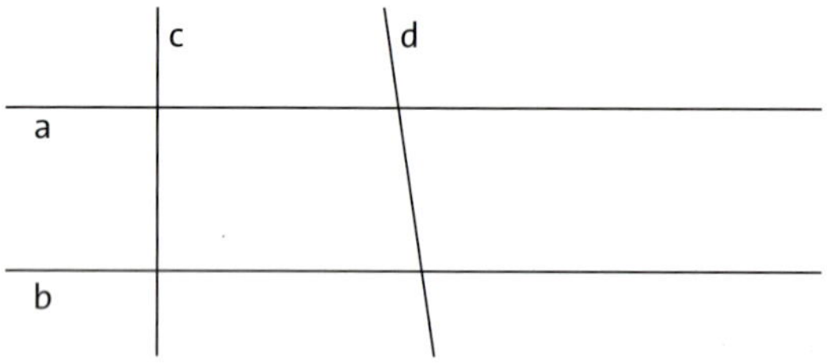

3 Welche Geraden sind parallel zueinander? Welche senkrecht zueinander? Prüfe mit dem Geodreieck.

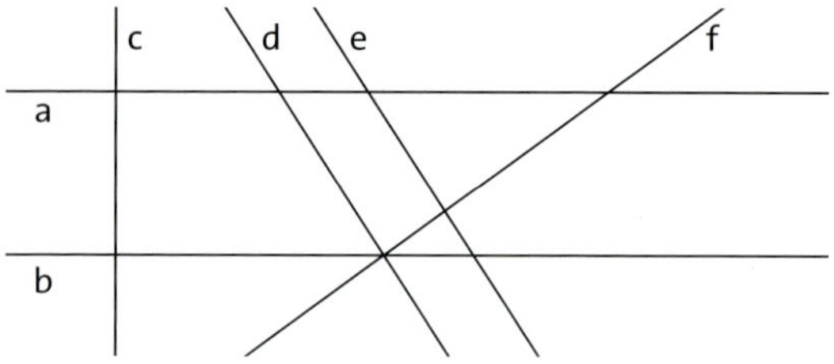

4 Zeichne zwei parallele Geraden a und b ins Heft.
Zeichne eine Gerade c, die senkrecht zu a ist. Wie ist die Lage von b und c?

→ Seite 61

Abstand

5 Miss den Abstand.

a)

b)

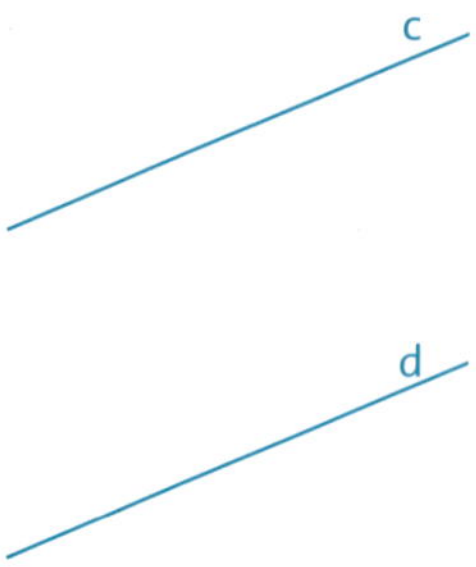

5 Miss den Abstand.

a)

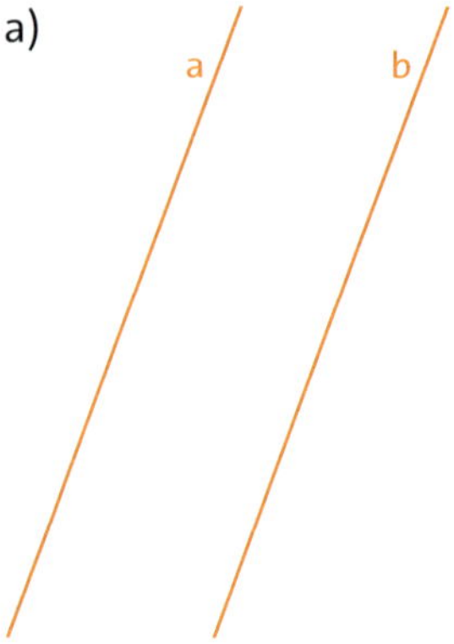

b)

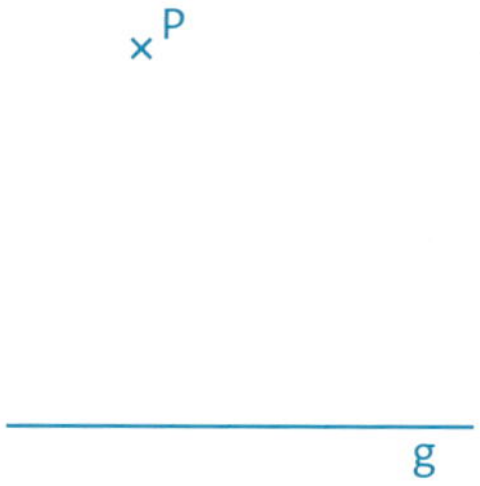

6 Zeichne eine Gerade g und einen Punkt P mit dem Abstand zu g.
a) 2 cm b) 3 cm c) 4 cm d) 5 cm

6 Zeichne eine Gerade g und einen Punkt P mit dem Abstand zu g.
a) 3 cm b) 5 cm c) 1 cm d) 4,5 cm

→ Seite 63

Koordinatensystem

7 Gib die Koordinaten der Punkte an.

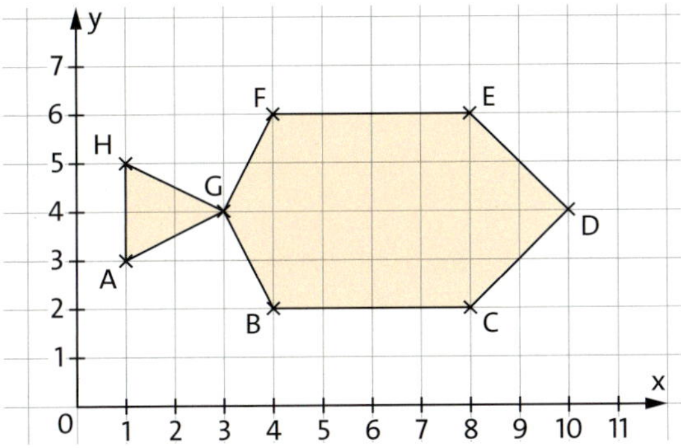

7 Gib die Koordinaten der Punkte an.

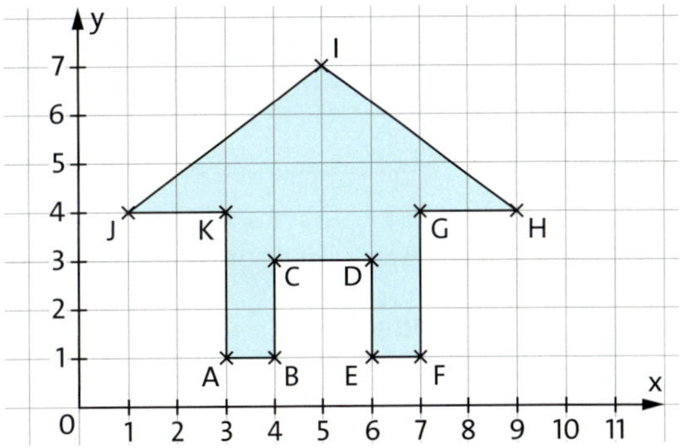

Zum Weiterarbeiten
Verschiebe die Figur um 3 Kästchen nach rechts und um 1 Kästchen nach oben.
→ Seite 75

8 Zeichne ein Koordinatensystem.
Die x-Achse und die y-Achse sollen 8 Schritte lang sein.
Trage die Punkte ein und verbinde sie in der Reihenfolge ACBD.
A(7|1); B(8|5); C(4|6); D(3|2)

8 Zeichne ein Koordinatensystem.
Die x-Achse und die y-Achse sollen 8 Schritte lang sein.
Trage die Punkte ein und verbinde sie in der Reihenfolge ACBDA.
A(7|2); B(7|5); C(5|5); D(5|2)

→ Seite 66

Achsensymmetrie

9 Wie viele Symmetrieachsen haben die Fahnen?
Sind die Fahnen auch punktsymmetrisch? Wenn ja: Wo liegt das Symmetriezentrum?

a) 
b) 
c) 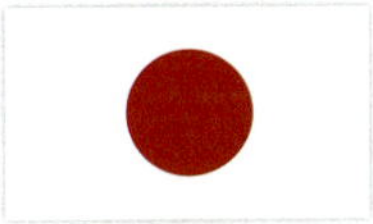
d) 

10 Übertrage ins Heft.
Spiegle die Figur an der orangen Achse s.

a) 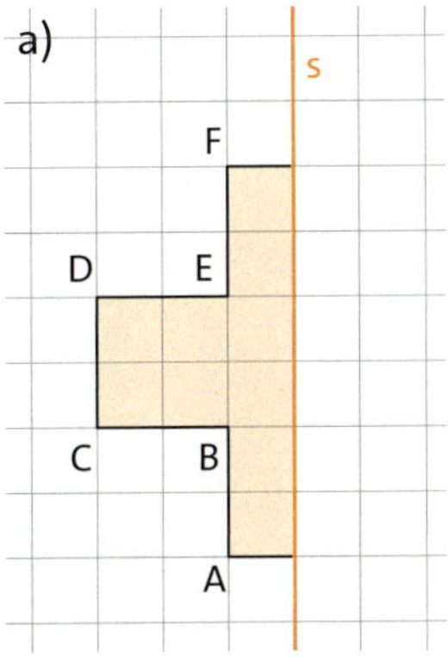

b) 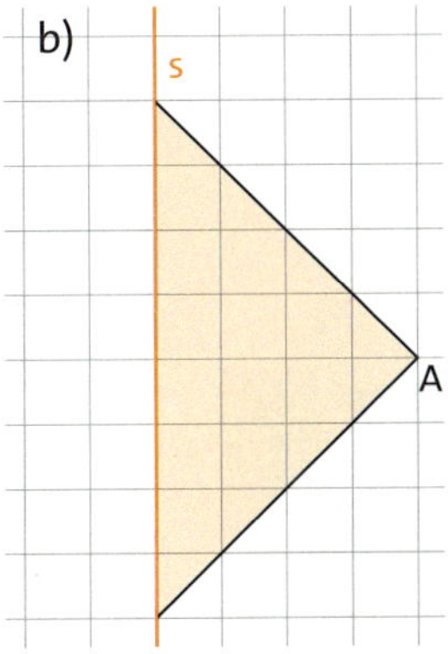

10 Übertrage ins Heft.
Spiegle die Figur an der orangen Achse s.

a) 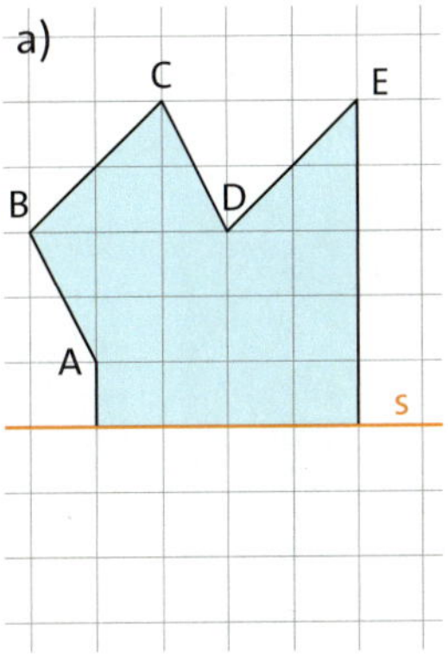

b) 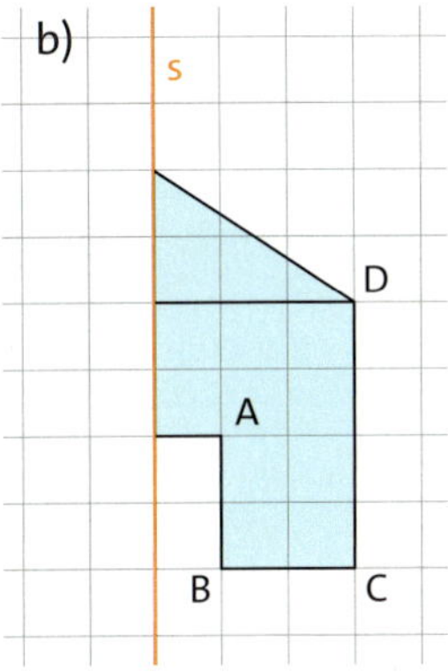

→ Lösungen ab S. 211

Vermischte Übungen

Anwenden

1 Übertrage die Figur.
Beschrifte alle Strecken.

2 Tiere im Koordinatensystem

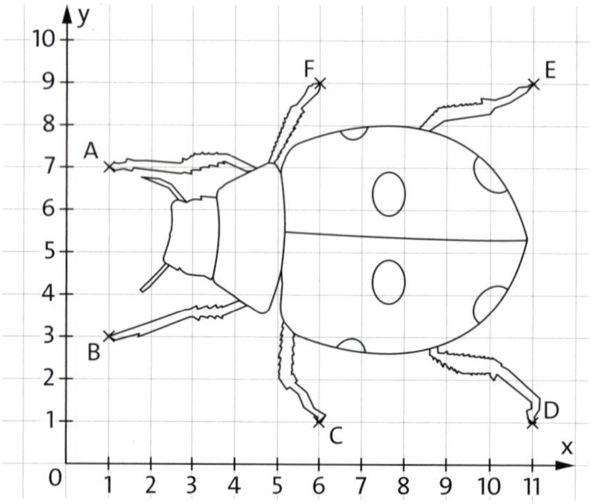

a) Gib die Koordinaten der Punkte an.
b) Gib zwei Punkte innerhalb der Figur an.
c) Gib zwei Punkte außerhalb der Figur an.

3 Zeichne eine Gerade g ins Heft.
a) Zeichne eine Gerade h, die senkrecht zu g ist.
b) Zeichne eine Gerade m, die parallel zu g ist.
c) Tauscht eure Zeichnungen und prüft sie gegenseitig.

1 Übertrage die Figur.
Beschrifte alle Strecken.

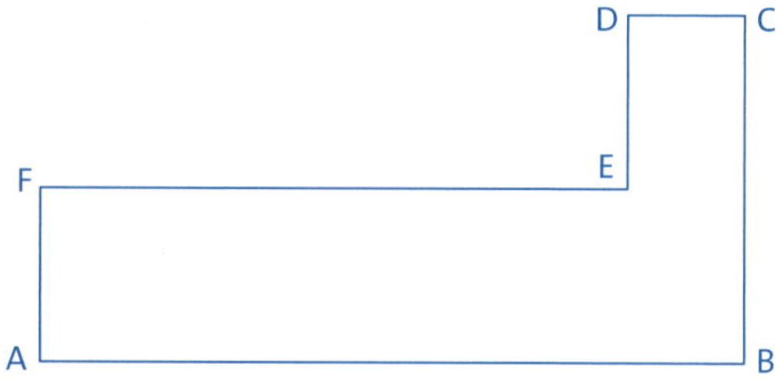

2 Tiere im Koordinatensystem

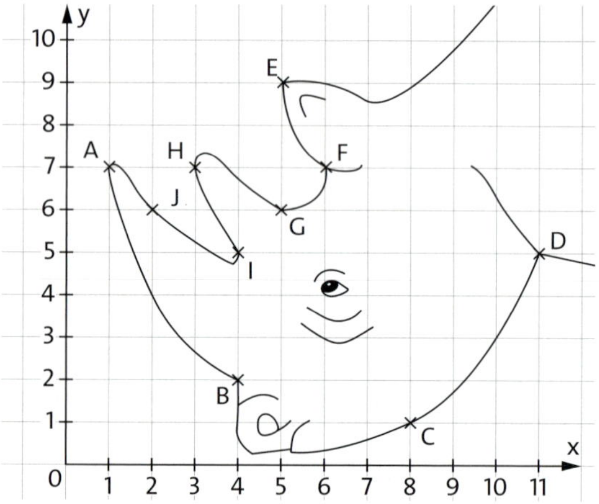

a) Gib die Koordinaten der Punkte an.
b) Gib zwei Punkte innerhalb der Figur an.
c) Gib zwei Punkte außerhalb der Figur an.

3 Zeichne eine Gerade g ins Heft.
a) Zeichne eine Gerade h, die senkrecht zu g ist.
b) Zeichne eine Gerade a, die einen Abstand von 3,5 cm zu g hat.
c) Tauscht eure Zeichnungen und prüft sie gegenseitig.

4 Sind die Bilder alle achsensymmetrisch? Begründet.

① 

② 

③ 

④ 

5 Gib die Koordinaten an.
Tipp Achte auf die Einteilung der Achsen.

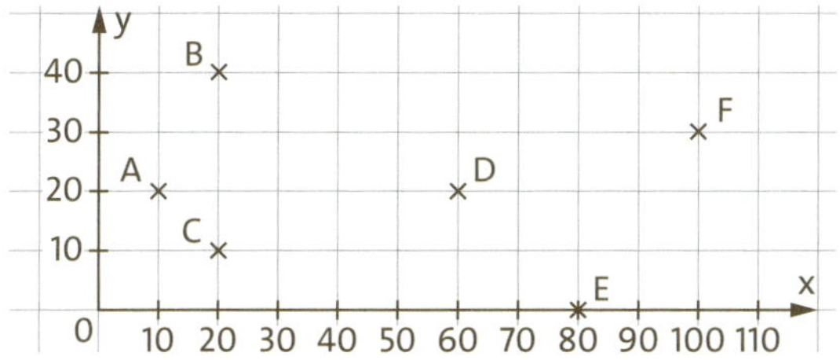

5 Gib die Koordinaten an.
Tipp Achte auf die Einteilung der Achsen.

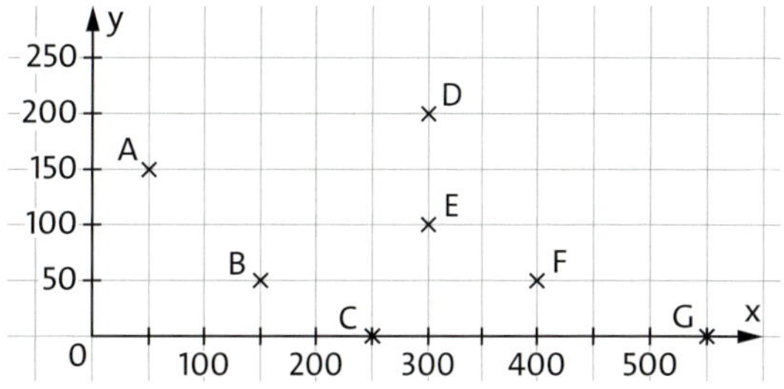

6 Hühnerrennen
Welches Huhn läuft den kürzesten Weg? Begründe.

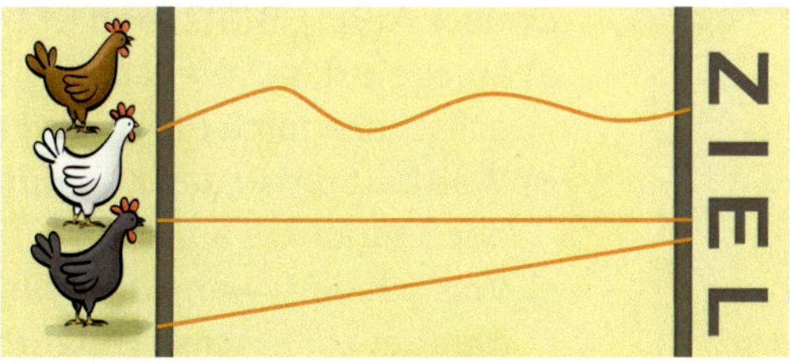

6 Melina ist beim Weitsprung schräg gesprungen.
Wie misst der Sportlehrer die Weite? Erkläre.

7 Zeichne ein Koordinatensystem mit den Punkten A(3|1), B(8|1) und C(7|4).
Verbinde die Punkte zu einem Dreieck.
Miss die Abstände …
a) zwischen A und B.
b) zwischen der Strecke $\overline{AB}$ und C.

7 Zeichne ein Koordinatensystem mit den Punkten A(1|2), B(6|2), C(9|5) und D(4|5).
Miss die Abstände …
a) zwischen A und C.
b) zwischen C und der x-Achse.
c) zwischen D und der Strecke $\overline{AB}$.

8 Welche Figuren wurden nicht richtig gespiegelt? Finde die Fehler und berichtige sie im Heft.

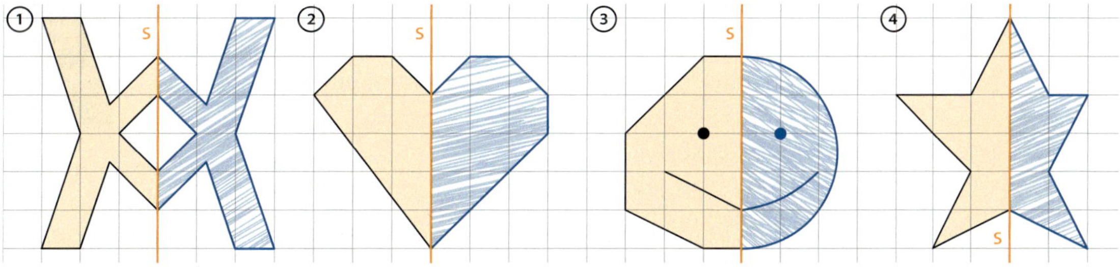

9 Symmetrie im Koordinatensystem
a) Zeichne die Punkte A(1|1), B(4|1), C(4|3), D(1|3) in ein Koordinatensystem.
b) Verbinde die Punkte in der Reihenfolge ABCDA.
c) Die Figur ist achsensymmetrisch.
Zeichne die beiden Symmetrieachsen ein.

9 Symmetrie im Koordinatensystem
a) Zeichne die Punkte A(1|0), B(3|1), C(2|3), D(0|2) in ein Koordinatensystem.
b) Verbinde die Punkte in der Reihenfolge ABCDA.
c) Die Figur ist achsensymmetrisch.
Zeichne alle Symmetrieachsen ein.

10 Begründet eure Antworten. Wie liegen die Geraden a und b, wenn …
a) a senkrecht zu c und b senkrecht zu c ist?
b) a parallel zu c und c parallel zu b ist?

Vertiefen

11 Zeichne eine Gerade g ins Heft.
a) Zeichne einen Punkt A mit einem Abstand von 3 cm zu g.
Zeichne mindestens 4 Punkte mit diesem Abstand zu g.
Vergleicht eure Lösungen. Was fällt euch auf?
c) Antonino sagt:
„Alle neuen Punkte liegen auf einer neuen Geraden."
Stimmt das?
Erklärt euch, was Antonino meint.

11 Übertrage und zeichne einen Punkt P: Er soll von g denselben Abstand wie B zu g und von h denselben Abstand wie A zu h haben. Gibt es mehrere solche Punkte?

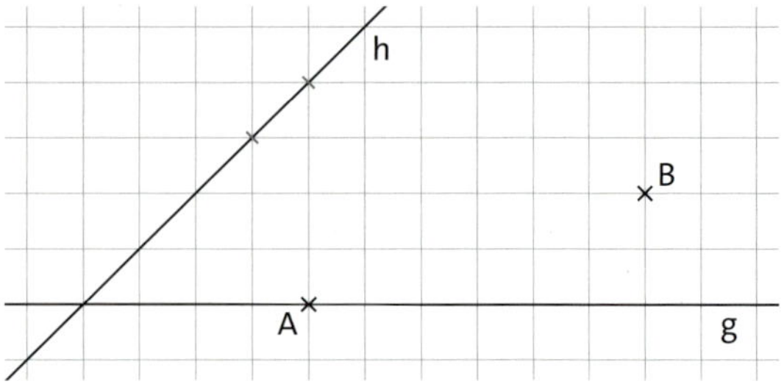

12 Zeichne ein Koordinatensystem mit den Punkten A(10|2), B(6|2) und C(8|6). Verbinde sie zu einem Dreieck.
a) Zeichne eine Symmetrieachse s durch P(5|1) und Q(5|5).
b) Spiegele an der Symmetrieachse s.
c) Schreibe die Koordinaten der Bildpunkte auf.

12 Zeichne ein Koordinatensystem mit dem Dreieck A(9|1), B(6|2) und C(2|5).
a) Spiegele das Dreieck an der Symmetrieachse, die durch P(5|1) und Q(5|5) geht.
b) Was fällt dir an den Koordinaten der Bildpunkte auf?
c) Was passiert, wenn die Spiegelachse parallel zur x-Achse verläuft?

13 Verbindet die Punkte im Kopf. Wie viele Strecken entstehen? Was passiert bei 6 Punkten?

Methode Dynamische Geometrie-Software

Geometrische Figuren kann man mit einer dynamischen Geometrie-Software (DGS) am Computer zeichnen. Figuren können dadurch schnell bewegt und verändert werden.

1 Zeichne eine Strecke $\overline{AB}$.
Das Programm kann angeben, wie lang eine Strecke ist. Probiere es aus.

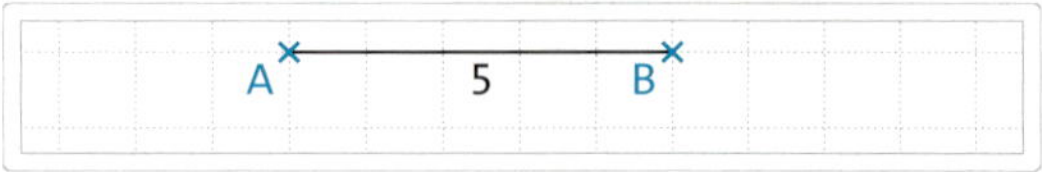

2 Zeichne mit dem Programm eine parallele und eine senkrechte Gerade.
Suche die Funktion in der Werkzeugleiste.

3 Zeichne ein Dreieck.
a) Gib alle Seitenlängen mithilfe des Programms an.
b) Zeichne eine senkrechte Gerade zur Strecke $\overline{BC}$ durch den Punkt A.
c) Verschiebe Punkt C.
Was passiert?

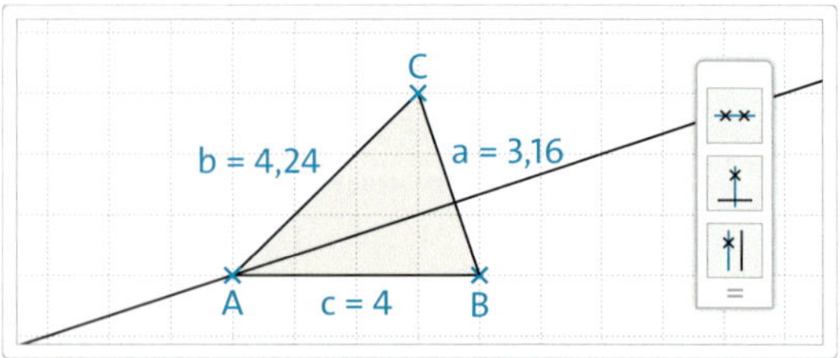

Weiterdenken

Verschiebung und Drehung

Ein **Bandornament** ist ein Muster, das sich immer wiederholt. Es besteht aus einer Grundfigur. Diese steht öfter nebeneinander. Die Grundfigur rechts wurde zweimal um vier Kästchen nach rechts verschoben.

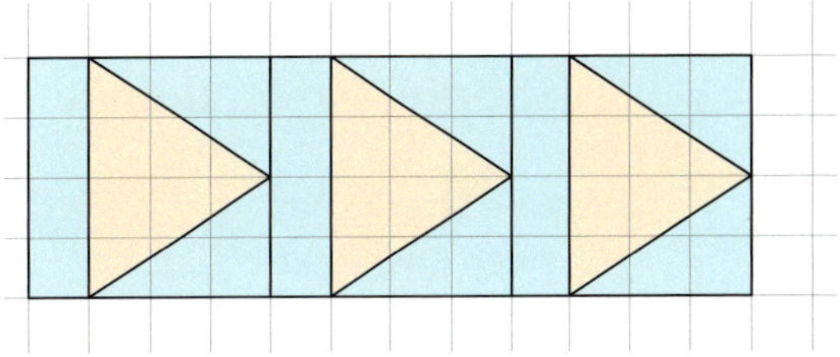

14 Zeichne das Bandornament ins Heft.

a) Ergänze das Bandornament um drei weitere Grundfiguren.

b) Zeichne ein eigenes Bandornament.

Tauscht untereinander und zeichnet das Bandornament gegenseitig nach.

Bei einer **Verschiebung** gibt es einen Verschiebungspfeil. Der Verschiebungspfeil gibt die Richtung an, in die die Eckpunkte verschoben werden. Alle Verschiebungspfeile sind gleich lang und verlaufen parallel zueinander.

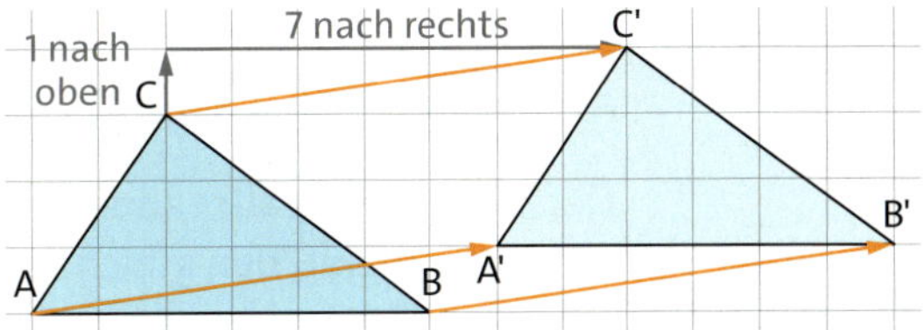

Zum Weiterarbeiten
Verschiebe und drehe die Figuren aus Aufgabe 15 und 16 mit einer dynamischen Geometrie-software (DGS).

15 Verschiebung im Koordinatensystem

a) Übertrage das Koordinatensystem und die Figur ins Heft. Verschiebe die Figur und gib die neuen Koordinaten an.

b) Zeichne ein neues Koordinatensystem mit beiden Achsen von 0 bis 11. Trage die Punkte ein und verbinde: A(8|0); B(10|1); C(10|3); D(9|4); E(7|2) Verschiebe die Figur um 6 Kästchen nach links und 4 Kästchen nach oben.

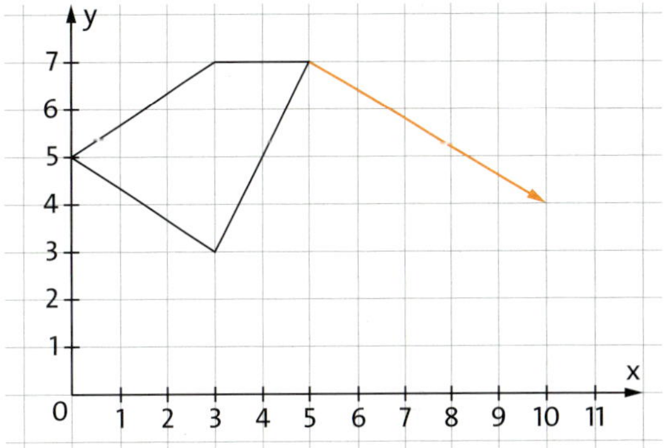

Hinweis
Diese halbe Drehung um den Punkt Z nennt man auch ***Punkt-spiegelung****.*

16 ★ Übertrage die Figur ins Heft.

a) Drehe die Figur um den Punkt Z.

b) Verschiebe die gedrehte Figur um 3 Kästchen nach rechts und 5 Kästchen nach unten.

c) Kannst du die Drehung und die Verschiebung auch in einem Schritt machen? Begründe.

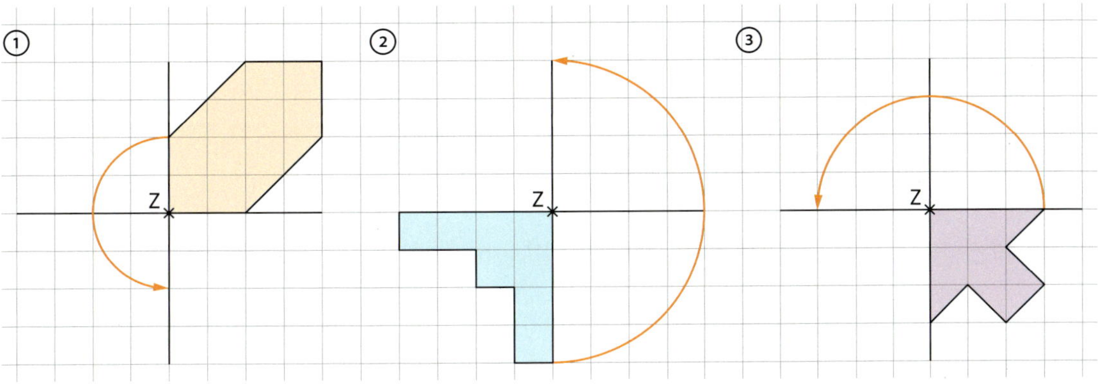

17 Denke dir eigene Figuren aus und zeichne sie mithilfe einer dynamischen Geometriesoftware. Verschiebe, drehe und spiegle die Figur. Beschreibe deine Beobachtungen.

Zusammenfassung

→ Seite 54

Strecke, Strahl, Gerade

Eine **Strecke** hat einen Anfangs**punkt** und einen End**punkt**.

Ein **Strahl** hat einen Anfangs**punkt**, aber keinen End**punkt**.

Eine **Gerade** hat keinen Anfangs**punkt** und keinen End**punkt**.

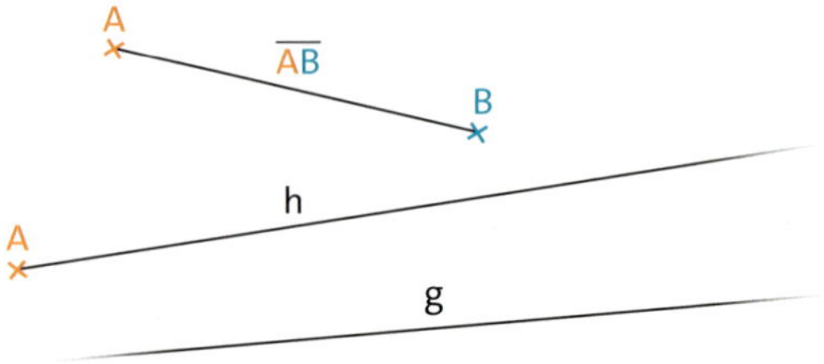

→ Seite 56
Seite 58/59

Senkrecht und parallel

Geraden sind **parallel zueinander**, wenn sie überall den gleichen Abstand haben.
Geraden sind **senkrecht zueinander**, wenn sie einen rechten Winkel bilden.

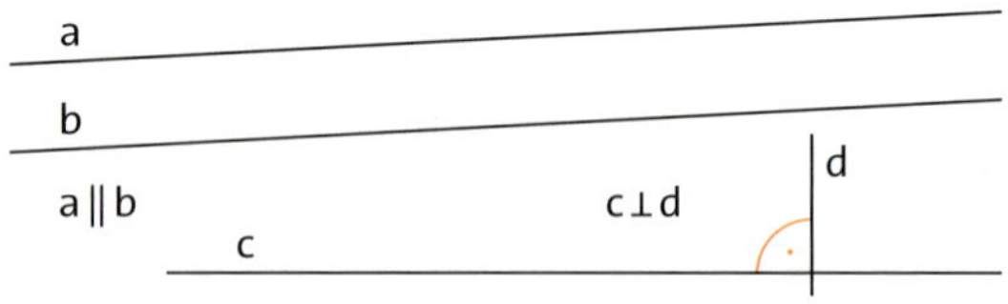

→ Seite 61

Abstand

Die kürzeste Entfernung zwischen einem Punkt und einer Geraden nennt man **Abstand**.

Diese Linie ist senkrecht zur Geraden.

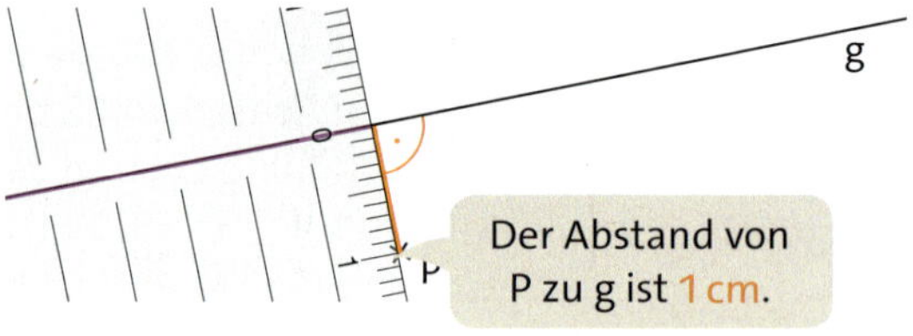

→ Seite 63

Das Koordinatensystem

Ein **Koordinatensystem** hat zwei Achsen: x-Achse und y-Achse.
Die Lage eines Punktes wird mit zwei Zahlen angegeben: den **Koordinaten**.

P(7|2) 7 Schritte nach rechts und
2 Schritte nach oben.

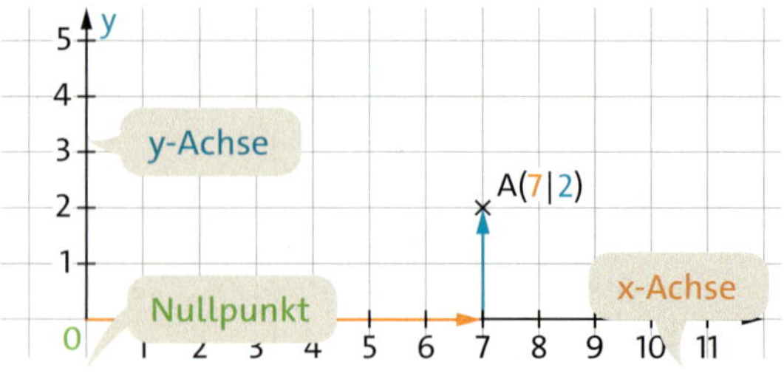

→ Seite 66, 69

Achsensymmetrie und Punktsymmetrie

Verschiebung und Drehung
→ Seite 75

Achsensymmetrie

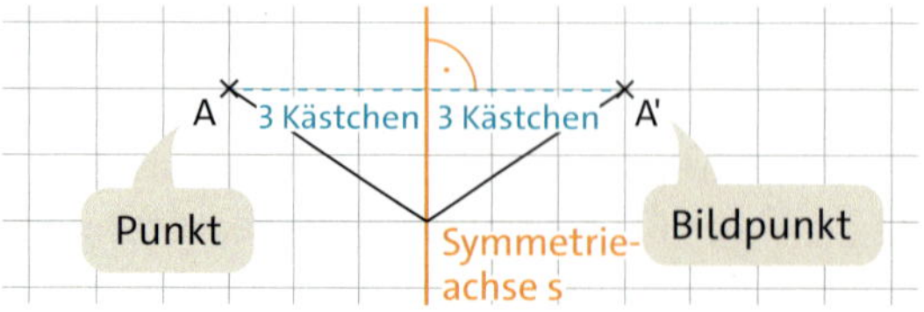

Punktsymmetrie

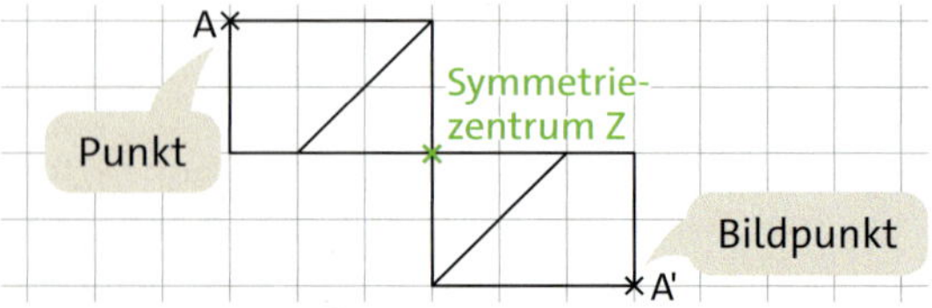

Teste dich!

1 Gib die Koordinaten der Punkte an.

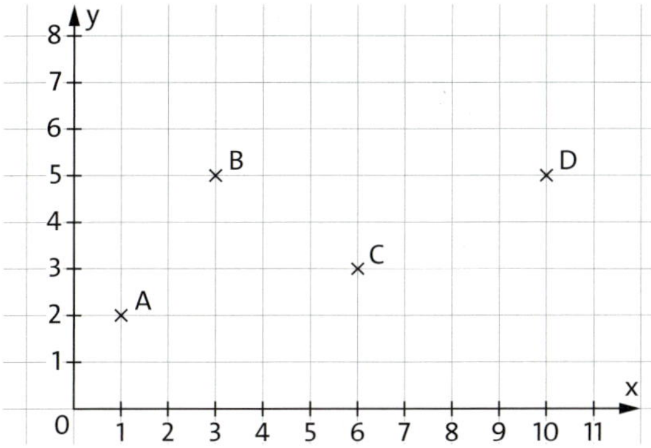

2 Zeichne ein Koordinatensystem.
Trage die Punkte ein.
A(3|5) B(5|1) C(2|3)

3 Achsensymmetrie

① 

② 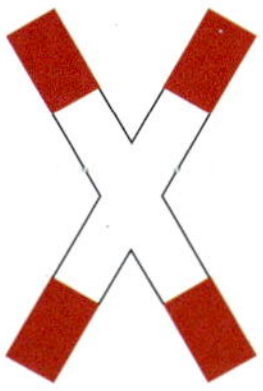

a) Sind die Schilder achsensymmetrisch?
b) Wie viele Symmetrieachsen haben die Schilder?

4 Zeichne zu einer Geraden g eine parallele Gerade h mit dem Abstand 3 cm.
Zeichne zur Geraden h eine parallele Gerade i mit dem Abstand 2 cm.
Welchen Abstand haben g und i?

5 Welche Linie ist der Abstand von C zur gegenüberliegenden Seite?
Begründe.

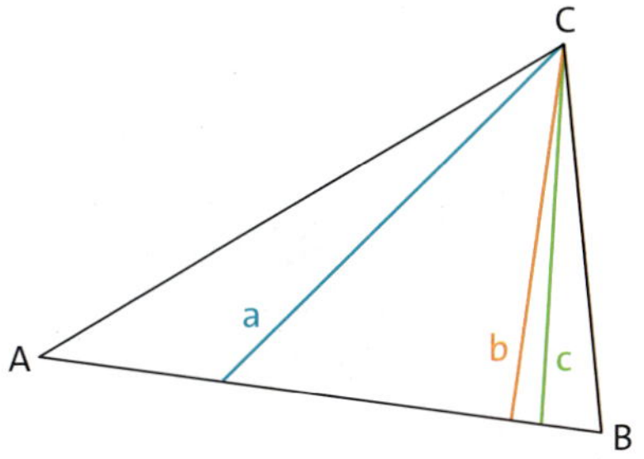

→ Lösungen ab S. 212

1 Gib die Koordinaten der Punkte an.

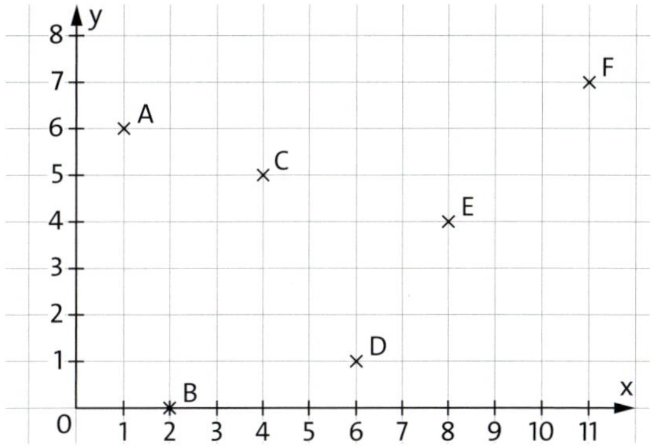

2 Zeichne ein Koordinatensystem.
Trage die Punkte ein.
A(4|3) B(2|7) C(3|4) D(7|2)

3 Achsensymmetrie

① 

② 

a) Sind die Schilder achsensymmetrisch?
b) Wie viele Symmetrieachsen haben die Schilder?

4 Zeichne zwei parallele Geraden a und b im Abstand von 2 cm.
Zeichne eine weitere Gerade c, die von a einen Abstand von 4 cm hat.
Welchen Abstand hat dann c zu b? Begründe.

5 Übertrage das Dreieck ins Heft.
Zeichne den Abstand von Punkt A und der gegenüberliegenden Seite ein.
Miss die Länge.

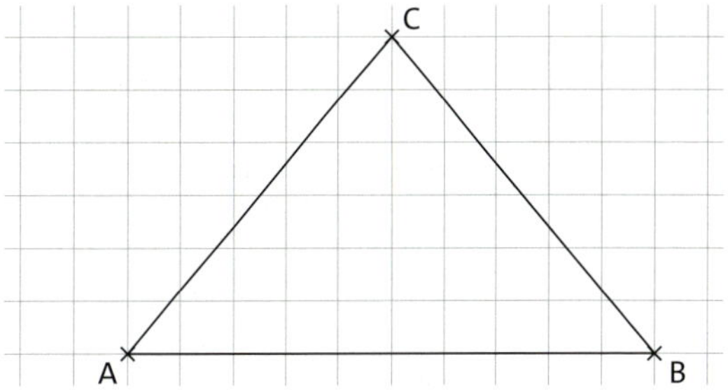

→ Lösungen ab S. 213

Multiplikation und Division

In diesem Kapitel lernst du, ...

→ im Kopf schnell und sicher zu rechnen.
→ welche Reihenfolge du beim Rechnen beachten musst.
→ durch Rechengesetze geschickt zu rechnen.
→ schriftlich zu multiplizieren.
→ schriftlich zu dividieren.

Jannick hat verschieden große Murmeln:
- sechs kleine Murmeln mit dem Wert 1,
- drei mittlere Murmeln mit dem Wert 2
- und eine große mit dem Wert 5.

Zu Beginn des Spiels werden alle Murmeln gleichmäßig an die Spieler verteilt.
Wie viele Spieler können mit Jannicks Murmeln spielen?
Welchen Wert haben Jannicks Murmeln zusammen?
Beim Murmelspiel gibt es viele unterschiedliche Regeln.
Welche kennst du?

Noch fit?

1 Erkläre die Multiplikation am Beispiel 3 · 2.

$3 \cdot 2 = \underbrace{2 + 2 + 2}_{3\ \text{mal}} = 6$

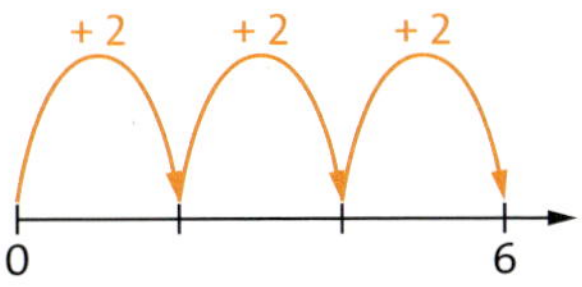

2 Teile 6 Äpfel gerecht auf 2 Kinder auf. Schreibe dazu eine Rechnung.

Tipp

3 Runde jeweils auf Zehner und Hunderter.

a) 128 b) 239
c) 3146 d) 8874

4 Übertrage ins Heft und berechne.

a)

	3	4	1
+	2	3	7

b)

	2	2	7
−		3	1

c) 635 + 26 d) 418 − 236

5 Berechne. Was fällt dir auf?

Tipp 4 · 10 = ■ 4 · 100 = ■
6 · 10 = ■ 6 · 100 = ■ …

4	6	·	10	100
300	5000	:	10	100

1 Schreibe einmal als Addition und einmal als Multiplikation. Erkläre.

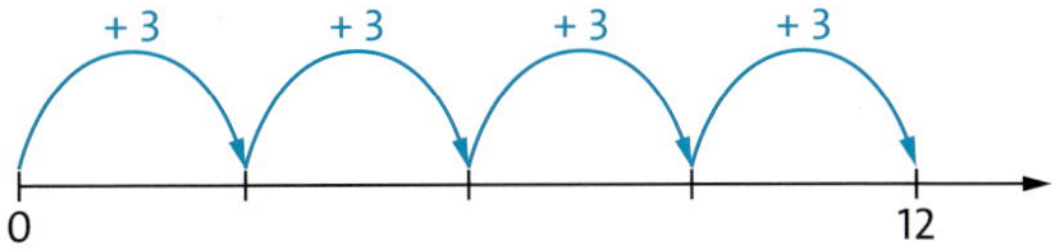

2 Teile 12 Bonbons auf 2, 3 und 6 Kinder gerecht auf. Schreibe jeweils eine Rechnung.

Tipp

3 Runde jeweils auf Zehner und Hunderter.

a) 416 b) 298
c) 10 467 d) 17 049

4 Berechne schriftlich.
Prüfe dein Ergebnis mit einem Überschlag oder der Umkehraufgabe.

a) 248 + 135 b) 55 + 916
c) 658 + 27 d) 74 + 586
e) 56 − 32 f) 168 − 24
g) 213 − 55 h) 804 − 762

5 Berechne. Was fällt dir auf?

Tipp 8 · 10 = ■ 8 · 100 = ■
18 · 10 = ■ 18 · 100 = ■ …

8	18	88	·	10	100
700	9600	3800	:	10	100

6 Welche Zahlen haben das Ergebnis 10; 100 oder 1000, wenn du sie multiplizierst?

Tipp 2 · 5 = 10

4 | 50 | 125 | 40 | 25 | 255 | 2 | 5 | 250 | 500 | 20 | 8

→ *Lösungen ab S. 214*

Trainingsplan

Nr.	Ich kann …	Ich muss noch trainieren:
1	den Zusammenhang von Addition und Multiplikation erklären.	→ S. 247, Nr. 39, 40
2	die Bedeutung der Division erklären.	→ S. 247/248, Nr. 41
3	Zahlen runden.	→ S. 238, Nr. 14, 15
4	schriftlich addieren und schriftlich subtrahieren.	→ S. 241, Nr. 20, 23
5	mit 10; 100; 1000 multiplizieren und durch 10; 100; 1000 dividieren.	→ S. 248, Nr. 42
6	Multiplikationsaufgaben mit dem Ergebnis 10; 100 und 1000 finden.	→ S. 248, Nr. 43

Kopfrechnen mit Strategien

ENTDECKEN

1 Welche Begriffe gehören zusammen?
Erklärt euch gegenseitig, wie ihr die Begriffe geordnet habt.

7 · 8 | dividieren | mal rechnen | Multiplikation
geteilt rechnen | 66 : 3 | multiplizieren | Division

2 Eine Aufgabe, verschiedene Rechenwege

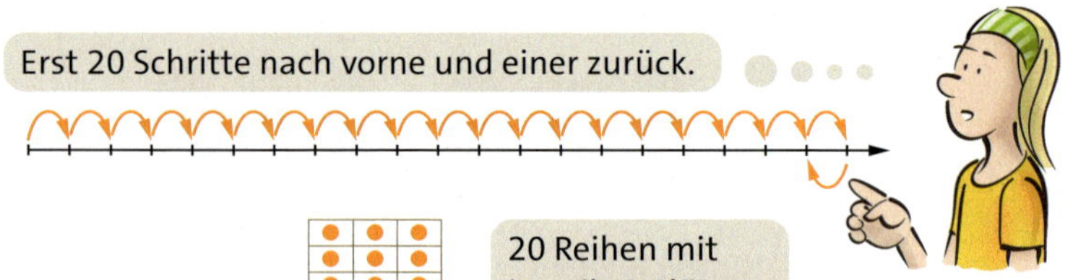

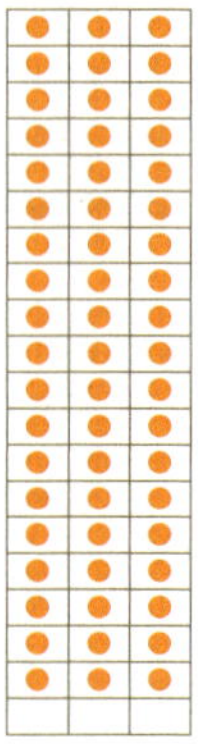

a) Erklärt euch gegenseitig die Rechnungen.
b) Wie rechnest du 29 · 5 im Kopf?

VERSTEHEN

Wie kann man Aufgaben schnell im Kopf rechnen?

Vokabeln
→ *das Kopfrechnen*
→ *halbschriftlich multiplizieren*
→ *halbschriftlich dividieren*

Merke Um schnell **im Kopf** oder **halbschriftlich** zu rechnen, sind Strategien hilfreich. Häufig zerlegt man dafür Zahlen.

Beispiel 1 halbschriftlich multiplizieren

13 = 10 + 3

	13 · 7 =	
	10 · 7 =	70
+	3 · 7 =	21
	13 · 7 =	91

70 + 21

Beispiel 2 halbschriftlich dividieren

48 = 30 + 18

	48 : 3 =	
	30 : 3 =	10
+	18 : 3 =	6
	48 : 3 =	16

10 + 6

Beispiel 3 mehr multiplizieren

29 = 30 − 1

	29 · 7 =	
	30 · 7 =	210
−	1 · 7 =	7
		1
	29 · 7 =	203

210 − 7

Beispiel 4 mehr dividieren

87 = 90 − 3

	87 : 3 =	
	90 : 3 =	30
−	3 : 3 =	1
		1
	87 : 3 =	29

30 − 1

ANWENDEN

1 Multipliziere halbschriftlich.

Tipp Zerlege eine Zahl.

	1	3	·	4	=	
	1	0	·	4	=	
+		3	·	4	=	
	1	3	·	4	=	

a) 13 · 4
b) 14 · 6
c) 25 · 3
d) 28 · 7

2 Dividiere halbschriftlich.

Tipp Zerlege vorteilhaft:

60 : 6 ist einfach zu rechnen

	8	4	:	6	=	
	6	0	:	6	=	
+	2	4	:	6	=	
	8	4	:	6	=	

a) 84 : 6
b) 39 : 3
c) 52 : 4
d) 65 : 5

3 Rechne im Kopf.

Tipp Multipliziere oder dividiere mehr.

a) 19 · 2 b) 29 · 3
c) 87 : 3 d) 76 : 4

Lösungen: 19 29 38 87

4 Rechne im Kopf oder halbschriftlich.

·	3	5	8	12	15	18
2						
5						

Info Vorsicht bei 0

0 · 8 = 0 0 : 8 = 0
8 · 0 = 0 ~~8 : 0~~

Durch 0 darf man nie teilen.

6 Multipliziere vorteilhaft.

Tipp Nullen ergänzen:
90 · 300 = 27 000

a) 40 · 600 b) 70 · 900
c) 300 · 800 d) 500 · 9000

7 Dividiere vorteilhaft.

Tipp Nullen streichen:
36 0~~00~~ : 4~~00~~ = 360 : 4 = 90

a) 3500 : 700 b) 2800 : 400
c) 480 : 60 d) 2400 : 80

1 Multipliziere halbschriftlich.

Tipp Zerlege dazu die Zahl in Zehner und Einer.

a) 23 · 4 b) 34 · 5
c) 56 · 7 d) 48 · 6
e) 76 · 8 f) 96 · 3
g) 44 · 9 h) 9 · 44

2 Dividiere halbschriftlich.

Tipp Zerlege dazu die Zahl vorteilhaft.

a) 36 : 3 b) 44 : 4
c) 78 : 6 d) 98 : 7
e) 74 : 2 f) 155 : 5

Lösungen: 31 12 14 37 13 11

3 Rechne im Kopf.

Tipp Multipliziere oder dividiere mehr.

a) 19 · 3 b) 29 · 4
c) 39 · 5 d) 49 · 6
e) 57 : 3 f) 95 : 5

4 Rechne im Kopf oder halbschriftlich.

·	8	12	15	19	21	102
2						
7						

5 Rechne im Kopf.

a) 5 · 1, 1 · 5, 0 · 5
b) 9 : 1, 9 : 9, 0 : 9
c) 1 · 13, 13 : 13, 0 · 13

6 Multipliziere vorteilhaft.

Tipp Nullen ergänzen:
90 · 300 = 27 000

a) 20 · 400 b) 300 · 70
c) 600 · 50 d) 700 · 900

7 Dividiere vorteilhaft.

Tipp Nullen streichen:
36~~00~~ : 4~~00~~ = 36 : 4 = 9

a) 2400 : 400 b) 3500 : 700
c) 5400 : 60 d) 12 000 : 400

8 Schöne Ergebnisse

Berechne und setze die Reihe fort.
Kennst du weitere Aufgaben mit schönen Ergebnissen?

a) 22 : 2, 44 : 2, 66 : 2
b) 22 : 1, 44 : 2, 66 : 3

Vorrangregeln

ENTDECKEN

1 Spiel für 2 Personen
Ihr braucht: Zahlenkarten: 12 Karten mit den Zahlen 1 bis 12
Rechenkarten: 4 Karten mit den Rechenarten

Spielanleitung:
Jeder zieht 3 Zahlenkarten und 2 Rechenkarten.
Bildet mit allen Karten eine Aufgabe mit einem möglichst großen Ergebnis.

Beispiel Tom hat diese Karten gezogen:

3	11	8	+	·

Wer das größte Ergebnis hat, bekommt einen Punkt.

2 Klara bekommt 3 einzelne Kaugummis und 2 ganze Packungen Kaugummis.
Da sind jeweils 10 Stück drin.
a) Was sagst du zum Rechenbaum?
b) Zeichne einen neuen Rechenbaum.

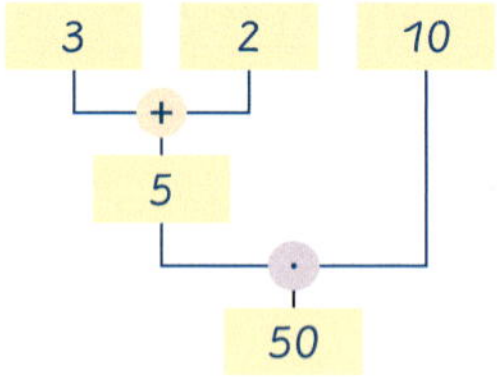

VERSTEHEN

Aufgaben werden immer **von links nach rechts** gerechnet.

Beispiel 1
a) 5 + 6 − 10
= 11 − 10
= 1

b) 5 · 6 : 10
= 30 : 10
= 3

Multiplikation

21	·	4	=	84
1. Faktor	·	2. Faktor	=	Produkt

Division

56	:	7	=	8
Dividend	:	Divisor	=	Quotient

Es gibt aber **zwei Ausnahmen**:

Vokabeln
→ der Faktor
→ das Produkt
→ der Dividend
→ der Divisor
→ der Quotient
→ die Vorrangregel
→ die Klammern
→ die Punkt-vor-Strich-Regel

Merke Vorrangregeln
① **Klammerregel:**
Was in Klammern steht, wird zuerst gerechnet.

② **Punkt-vor-Strich-Regel:**
erst mal · und geteilt :
dann plus + und minus −

Dann erst **von links nach rechts.**

Beispiel 2
① Klammern zuerst
2 · (5 + 7)
= 2 · 12
= 24

② Punkt-vor Strich-Regel
5 + 7 · 2
= 5 + 14
= 19

von links nach rechts
45 : 3 · 4
= 15 · 4
= 60

Es können auch alle Vorrangregeln in einer Aufgabe vorkommen.

Beispiel 3
6 + 10 : (5 − 3) ① Klammern zuerst
= 6 + 10 : 2 ② Punkt vor Strich
= 6 + 5 von links nach rechts
= 11

ANWENDEN

1 Berechne.
Tipp Klammern zuerst.
a) 4 · (3 + 2) b) 6 · (8 – 3)
c) 28 : (6 – 2) d) (5 + 2) · 6
e) (23 – 5) : 6 f) (12 – 5) · 3

Lösungswort: 21 D; 42 A; 7 L; 20 I; 30 R; 3 N

1 Berechne.
Tipp Klammern zuerst.
a) 5 · (6 + 3) b) 8 · (12 – 7)
c) 35 : (13 – 6) d) (5 + 3) · 7
e) (20 + 4) : 3 f) (20 – 9) · 6

Lösungswort: 66 A; 40 A; 45 K; 56 A; 8 D; 5 N

2 Welche Aufgabe gehört zum Rechenbaum? Begründe.
Berechne dann.

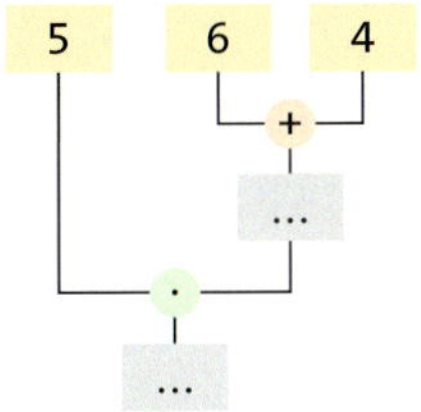

① (5 · 6) + 4
② 5 · (6 + 4)
③ 5 · 6 + 4

2 Schreibe zum Rechenbaum eine Aufgabe.
Berechne dann.
Tipp Du benötigst Klammern.

a) 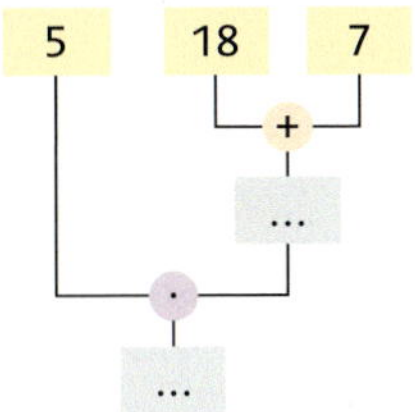

b) 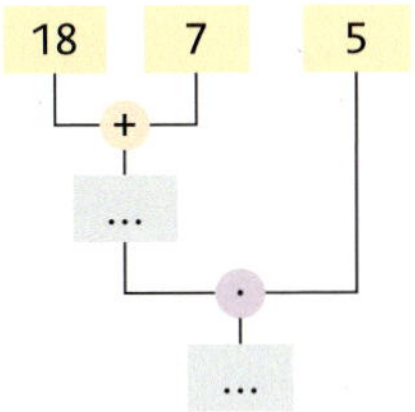

3 Ordne den Zahlen die Begriffe Faktor, Produkt, Dividend, Divisor und Quotient zu.
① 9 · 12 = 108 ② 56 : 8 = 7

4 Berechne.
Tipp Erst Punktrechnung: · und :
dann Strichrechnung: + und –
a) 2 + 4 · 3 b) 7 · 2 – 6
c) 12 + 30 : 5 d) 28 – 12 : 2
e) 9 + 3 · 8 f) 18 + 25 : 5

4 Berechne.
Tipp Punkt-vor-Strich-Regel
a) 5 + 3 · 4 b) 12 + 5 · 6
c) 81 : 9 – 4 d) 48 – 12 : 4
e) 63 – 7 · 5 f) 35 + 14 : 7
g) 36 + 7 · 4 h) 52 – 4 · 7

5 Berechne.
Tipp Zuerst Klammern, dann Punkt vor Strich, dann von links nach rechts.
a) 8 + 24 : (10 – 4)
b) 5 · (2 + 6) - 17
c) 82 – 7 · 8 + 12
d) 3 · (27 – 15) + 14 : 2

5 Berechne.
Tipp Achte auf alle Vorrangregeln:
Klammern, Punkt-vor-Strich, links nach rechts
a) 23 + 3 · (24 + 26)
b) 100 : 4 + 3 · (5 + 2)
c) 42 + 2 · (50 – 21) – 5
d) 250 : (40 : 4) + 25 · 4

6 Übertrage und ergänze den Rechenbaum.
a) 16 – 14 : 2 b) (16 – 14) : 2

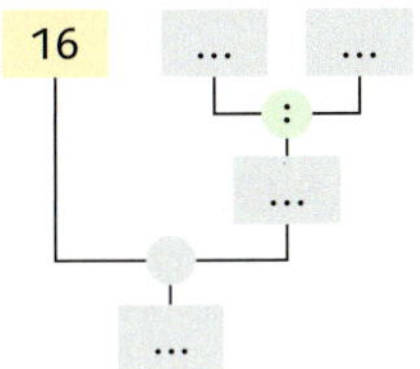

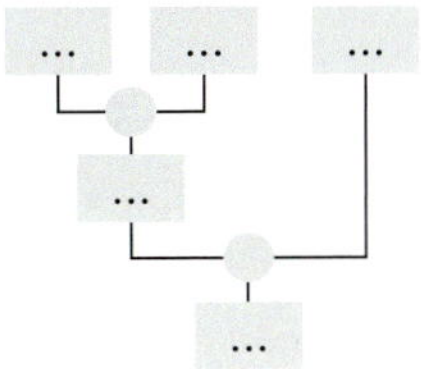

6 Zeichne einen Rechenbaum und ergänze ihn im Heft.
Erkläre die Unterschiede.
a) 6 · (3 + 18) b) 6 · 3 + 18
c) 35 – 15 : 5 d) (35 – 15) : 5
e) Suche dir eine Rechnung aus.
Erfinde dazu eine Sachaufgabe.

7 Beschreibt die Fehler und berichtigt sie im Heft.

a)
$5 + 7 \cdot 2$
$= 12 \cdot 2$
$= \underline{\underline{24}}$

b)
$183 - 12 - 10$
$= 183 - 2$
$= \underline{\underline{181}}$

c)
$2 \cdot (5 + 7)$
$= 10 + 7$
$= \underline{\underline{17}}$

d)
$(21 - 6) + (4 \cdot 8) + 2$
$= 21 - 10 \cdot 8 + 2$
$= 21 - 10 \cdot 10$
$= 21 - 100 = ?$

8 Welche Klammern sind nicht notwendig? Prüfe durch eine Rechnung.

a) $(5 + 2) \cdot 5 = 35$
b) $8 \cdot (9 - 4) = 40$
c) $14 - (4 \cdot 3) = 2$
d) $(5 \cdot 3) + 8 = 23$

8 Übertrage ins Heft und setze Klammern, damit das Ergebnis stimmt.

a) $5 + 4 \cdot 2 = 18$
b) $20 : 4 - 2 = 10$
c) $12 + 18 : 6 - 3 = 2$
d) $4 \cdot 3 + 5 - 2 = 30$

9 Berechne.

Tipp Auch in der Klammer gilt die Punkt-vor-Strich-Regel.

a) $6 + (15 - 4 \cdot 3)$
b) $(12 + 8 \cdot 2) : 4$
c) $7 \cdot (26 - 5 \cdot 4)$
d) $(30 - 2 \cdot 9) : 6$

Lösungen: 42 | 2 | 9 | 7

9 Berechne.

Tipp Auch in der Klammer gilt die Punkt-vor-Strich-Regel.

a) $(8 + 12 : 6) + 18$
b) $30 - (28 : 7 + 13)$
c) $(42 : 7 - 4) + 28$
d) $49 : (15 - 2 \cdot 4)$

10 Welcher Rechenbaum gehört zu welcher Aufgabe?

① $(12 + 28) : 2$

② $(12 + 28) \cdot 2$

a)
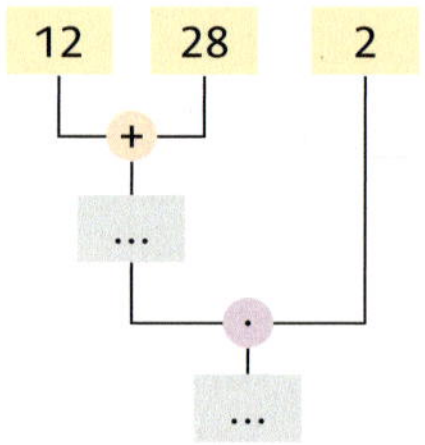

b)
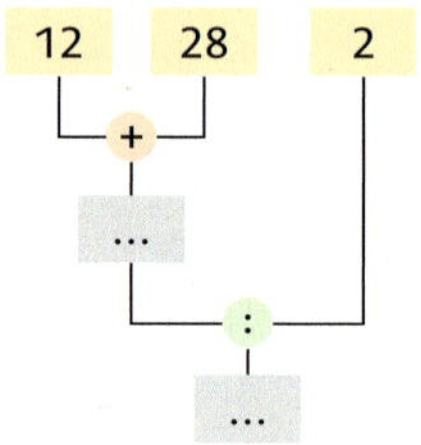

Welcher Text passt dazu?
Ein Text bleibt übrig:
Zeichne dazu einen Rechenbaum.

Ⓐ Eva kauft sich ein T-Shirt für 12 €. Dazu kauft sie eine Hose. Die Hose hat vorher 28 € gekostet. Jetzt kostet sie nur noch die Hälfte.

Ⓑ Jon und Anna verkaufen Sachen auf dem Flohmarkt. Jon nimmt 12 € ein und Anna 28 €. Sie teilen sich die Einnahmen.

Ⓒ Tim hat 12 €. Seine Oma gibt ihm 28 € dazu. Das neue Spiel kostet aber das Doppelte.

11 Olivia hat 5 Pakete mit jeweils 3 Stiften bestellt. Dazu kauft sie noch 7 Stifte. Wie viele sind das zusammen?

11 Liam hat 25 € gespart. Er bekommt im Monat 12 € Taschengeld. Wie viel Geld hat er nach 4 Monaten?

12 Welches Ergebnis gehört zur Rechnung?

$10 \cdot (14 - 7) + 32 : 2$

51 | 56 | 86

12 Welches Ergebnis gehört zur Rechnung?

a) $24 \cdot (200 : 2) - 400$
b) $(90 - 36) : 9 + 23 - 9$
c) $50 \cdot 4 + 7 \cdot 3 - 84 : 4$

20 | 200 | 2000

13 Setze das passende Rechenzeichen ein.

a) 8 + 2 ■ 6 = 20
b) 40 ■ 8 : 2 = 36
c) (5 ■ 7) · 5 = 60
d) 20 ■ (4 + 6) = 2

\+ | − | · | :

13 Setze das passende Rechenzeichen ein.

a) 6 · (20 ■ 9) = 66
b) 64 ■ 8 + 24 = 32
c) 8 ■ (9 ■ 4) = 40
d) 4 ■ (3 ■ 8) = 44

\+ | − | · | :

Rechengesetze und Rechenvorteile

ENTDECKEN

1 Welche Rechnungen gehören zu den Zeichnungen?
a) Erklärt sie euch gegenseitig.
b) Welches Rechengesetz ist das?
Stellt eine Vermutung auf und prüft sie mit anderen Zahlen.

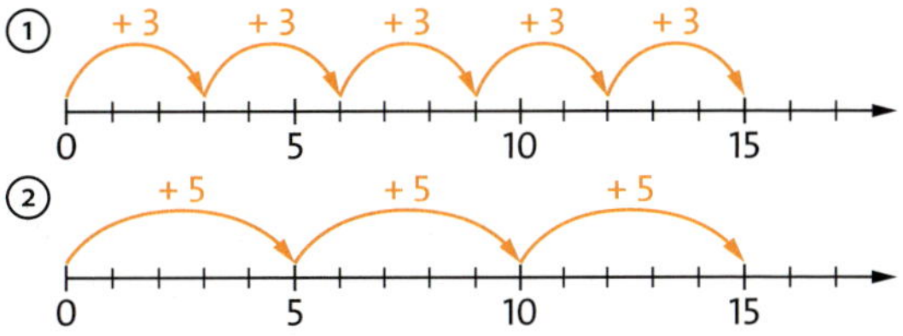

2 Können Klammern bei allen vier Grundrechenarten vertauscht werden?
a) Stellt eine Vermutung auf.
b) Prüft sie an selbst gewählten Beispielen.
c) Präsentiert eure Ergebnisse in der Klasse.

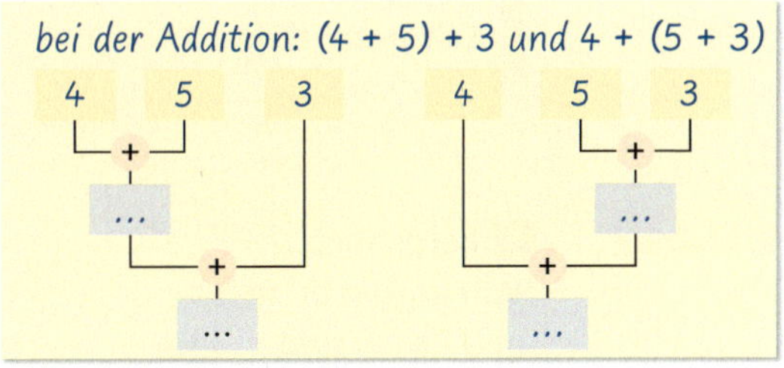

VERSTEHEN

Häufig ergeben sich **Rechenvorteile**, wenn man Gesetze anwendet.

Vokabeln
→ *das Vertauschungsgesetz*
→ *das Kommutativgesetz*
→ *das Verbindungsgesetz*
→ *das Assoziativgesetz*
→ *der Rechenvorteil*

Merke Vertauschungsgesetz
(Kommutativgesetz): $a \cdot b = b \cdot a$
Bei der **Multiplikation** dürfen die Zahlen vertauscht werden.
Das Ergebnis bleibt gleich.

Beispiel 1

a) $4 \cdot 3 = \underline{\underline{12}}$
$3 \cdot 4 = \underline{\underline{12}}$

b) $5 \cdot 9 \cdot 2 = 45 \cdot 2 = \underline{\underline{90}}$
$5 \cdot 2 \cdot 9 = 10 \cdot 9 = \underline{\underline{90}}$

Einfacher ist es so!

Merke Verbindungsgesetz
(Assoziativgesetz): $(a \cdot b) \cdot c = a \cdot (b \cdot c)$
Bei der **Multiplikation** dürfen überall Klammern gesetzt werden.
Das Ergebnis bleibt gleich.

Beispiel 2

a) $(3 \cdot 2) \cdot 5$
$= 6 \cdot 5$
$= \underline{\underline{30}}$

b) $3 \cdot (2 \cdot 5)$
$= 3 \cdot 10$
$= \underline{\underline{30}}$

Einfacher ist es so!

Häufig ergeben sich **Rechenvorteile**, wenn man beide Gesetze anwendet.

Beispiel 3

$5 \cdot 12 \cdot 2$
$= 12 \cdot 5 \cdot 2$ Vertauschungsgesetz
$= 12 \cdot (5 \cdot 2)$ Verbindungsgesetz
$= 12 \cdot 10$
$= \underline{\underline{120}}$

Aber Vorsicht:
Die beiden Gesetze gelten nicht für die Subtraktion oder Division.

Beispiel 4

a) $12 : 6 = \underline{\underline{2}}$ $6 : 12 = ?$
Die Ergebnisse sind **nicht** gleich.

b) $(20 : 10) : 2$
$= 2 : 2$
$= \underline{\underline{1}}$

$20 : (20 : 2)$
$= 20 : 5$
$= \underline{\underline{4}}$

Die Ergebnisse sind **nicht** gleich.

VERSTEHEN

Bei der Aufgabe $8 \cdot (50 + 7)$ muss man erst die Klammer berechnen: also $8 \cdot 57$
Das ist aber sehr schwer.
Es ist einfacher, wenn man die Klammer vorher **ausmultipliziert**:

Merke Verteilungsgesetz
(Distributivgesetz): $\mathbf{a \cdot (b + c) = a \cdot b + a \cdot c}$
Beim **Multiplizieren** mit einer **Summe** in Klammern darf man auch einzeln multiplizieren.
Das gilt auch, wenn in der Klammer eine **Differenz** steht.

Beispiel 5

a) $8 \cdot (50 + 7) = 8 \cdot 50 + 8 \cdot 7$
$= 400 + 56 = \underline{\underline{456}}$

b) $4 \cdot (25 - 12) = 4 \cdot 25 - 4 \cdot 12$
$= 100 - 48 = \underline{\underline{52}}$

ANWENDEN

1 Berechne.
Was stellst du fest?
a) $9 \cdot 3$ und $3 \cdot 9$
b) $7 \cdot 6$ und $6 \cdot 7$
c) $11 \cdot 2$ und $2 \cdot 11$
d) $10 : 2$ und $2 : 10$

2 Berechne vorteilhaft.
Tipp Tausche vorher zwei Zahlen.
a) $2 \cdot 8 \cdot 5$
b) $5 \cdot 12 \cdot 2$
c) $50 \cdot 7 \cdot 2$
d) $4 \cdot 8 \cdot 25$
e) $4 \cdot 3 \cdot 250$
f) $8 \cdot 11 \cdot 125$

3 Miriam bekommt zehn 5-Euro-Scheine geschenkt.
André bekommt fünf 10-Euro-Scheine.
Wer bekommt mehr?

4 Berechne.
Vergleiche die Ergebnisse.
Welche Rechnung ist einfacher?
Begründe.
a) $(2 \cdot 5) \cdot 11$ und $2 \cdot (5 \cdot 11)$
b) $(3 \cdot 4) \cdot 5$ und $3 \cdot (4 \cdot 5)$
c) $(5 \cdot 20) \cdot 8$ und $5 \cdot (20 \cdot 8)$
d) $(3 \cdot 4) \cdot 25$ und $3 \cdot (4 \cdot 25)$

5 Setze Klammern, sodass du einfach rechnen kannst.
Tipp
$9 \cdot 5 \cdot 2$
$= 9 \cdot (5 \cdot 2)$
$= 9 \cdot 10$
$= \underline{\underline{90}}$

a) $8 \cdot 2 \cdot 5$
b) $4 \cdot 25 \cdot 7$
c) $6 \cdot 500 \cdot 2$
d) $13 \cdot 4 \cdot 5$

1 Berechne.
Was stellst du fest?
a) $3 \cdot 8$ und $8 \cdot 3$
b) $11 \cdot 4$ und $4 \cdot 11$
c) $6 \cdot 15$ und $15 \cdot 6$
d) $20 : 5$ und $5 : 20$

2 Berechne vorteilhaft.
Tipp Tausche vorher zwei Zahlen.
a) $5 \cdot 13 \cdot 2$
b) $4 \cdot 8 \cdot 25$
c) $125 \cdot 6 \cdot 8$
d) $20 \cdot 9 \cdot 50$
e) $4 \cdot 7 \cdot 500$
f) $8 \cdot 11 \cdot 500$

3 Leon läuft 25 Bahnen von je 40 Metern.
Kristin läuft 40 Bahnen von jeweils 25 Metern.
Wer läuft weiter?
Begründe.

4 Berechne.
Vergleiche die Ergebnisse.
Welche Rechnung ist einfacher?
Begründe.
a) $(12 \cdot 5) \cdot 2$ und $12 \cdot (5 \cdot 2)$
b) $(5 \cdot 4) \cdot 6$ und $5 \cdot (4 \cdot 6)$
c) $(4 \cdot 25) \cdot 6$ und $4 \cdot (25 \cdot 6)$
d) $(125 \cdot 8) \cdot 10$ und $125 \cdot (8 \cdot 10)$

5 Setze Klammern, sodass du einfach rechnen kannst.
Tipp
$7 \cdot 25 \cdot 4$
$= 7 \cdot (25 \cdot 4)$
$= 7 \cdot 100$
$= \underline{\underline{700}}$

a) $37 \cdot 2 \cdot 5$
b) $4 \cdot 25 \cdot 18$
c) $9 \cdot 5 \cdot 4$
d) $125 \cdot 8 \cdot 7$

6 Vertausche die Zahlen zweimal.

Tipp
$4 \cdot 2 \cdot 12 \cdot 5$
$= 4 \cdot 2 \cdot 5 \cdot 12$
$= 4 \cdot 5 \cdot 12 \cdot 2$
$= 20 \cdot 12 \cdot 2 = \dots$

a) $2 \cdot 9 \cdot 7 \cdot 5$
b) $4 \cdot 3 \cdot 7 \cdot 25$
c) $4 \cdot 8 \cdot 5 \cdot 10$
d) $250 \cdot 6 \cdot 3 \cdot 4$

7 Vertausche und verbinde mit Klammern, sodass du einfach rechnen kannst.

Tipp
$2 \cdot 7 \cdot 5$
$= 7 \cdot 2 \cdot 5$
$= 7 \cdot (2 \cdot 5)$
$= 7 \cdot 10$
$= 70$

a) $5 \cdot 19 \cdot 2$
b) $4 \cdot 18 \cdot 25$
c) $5 \cdot 23 \cdot 2$
d) $125 \cdot 11 \cdot 8$
e) $4 \cdot 21 \cdot 5$

8 Ordne zu und berechne.

Tipp
$6 \cdot (4 + 2) = 6 \cdot 4 + 6 \cdot 2 = \dots$

a) $6 \cdot (4 + 2)$
b) $8 \cdot (20 + 3)$
c) $8 \cdot (20 - 3)$
d) $6 \cdot (4 - 2)$

① $8 \cdot 20 - 8 \cdot 3$
② $6 \cdot 4 + 6 \cdot 2$
③ $6 \cdot 4 - 6 \cdot 2$
④ $8 \cdot 20 + 8 \cdot 3$

184 12 36 136

9 Berechne vorteilhaft.
Welche Rechengesetze nutzt du dabei?

a) $7 \cdot 8 \cdot 125 \cdot 3$
b) $5 \cdot 4 \cdot 25 \cdot 3$
c) $5 \cdot (20 + 3) \cdot 2$
d) $7 \cdot (30 - 2)$

10 Zerlege und rechne dann.

Tipp
$3 \cdot 17$
$= 3 \cdot (10 + 7)$
$= 3 \cdot 10 + 3 \cdot 7$
$= 30 + 21$
$= \underline{\underline{51}}$

a) $5 \cdot 13$
b) $4 \cdot 16$
c) $7 \cdot 12$
d) $3 \cdot 23$
e) $4 \cdot 31$

11 Schreibt Multiplikationen mit dem Ergebnis 4000 auf.
Verwendet dafür diese Zahlen:

25 10 2 5 4 40 100 125 8

Es gibt mehrere Möglichkeiten.
a) Beschreibt euer Vorgehen.
b) Findet ihr auch Aufgaben mit dem Ergebnis 320 oder 25 000?

6 Vertausche vorteilhaft und berechne.

Tipp
Manchmal musst du mehrmals tauschen.
$8 \cdot 2 \cdot 12 \cdot 125$

a) $5 \cdot 7 \cdot 2 \cdot 3$
b) $6 \cdot 25 \cdot 2 \cdot 4$
c) $125 \cdot 6 \cdot 5 \cdot 8$
d) $50 \cdot 3 \cdot 8 \cdot 20$

7 Vertausche und verbinde mit Klammern, sodass du einfach rechnen kannst.

Tipp
$11 \cdot 2 \cdot 5 \cdot 6$
$= 2 \cdot 5 \cdot 11 \cdot 6$
$= (2 \cdot 5) \cdot (11 \cdot 6)$
$= 10 \cdot 66$
$= \underline{\underline{660}}$

a) $12 \cdot 5 \cdot 2 \cdot 3$
b) $31 \cdot 8 \cdot 3 \cdot 125$
c) $4 \cdot 7 \cdot 25 \cdot 50$
d) $25 \cdot 2 \cdot 5 \cdot 4$
e) $8 \cdot 6 \cdot 125 \cdot 7$

8 Multipliziere aus.

Tipp
$2 \cdot (7 + 14) = 2 \cdot 7 + 2 \cdot 14 = \dots$

a) $3 \cdot (7 + 8)$
b) $5 \cdot (90 + 6)$
c) $4 \cdot (20 - 8)$
d) $2 \cdot (50 - 2)$
e) $(14 + 8) \cdot 6$
f) $(30 - 3) \cdot 7$

Lösungen: 132 48 45 189 480 96

9 Berechne vorteilhaft.
Welche Rechengesetze nutzt du dabei?

a) $5 \cdot (30 + 4) \cdot 2$
b) $25 \cdot 7 \cdot 4 \cdot 2$
c) $5 \cdot 7 \cdot 3 \cdot 2 \cdot 15$
d) $3 \cdot (20 - 2) + 16$

10 Zerlege und rechne dann.

Tipp
$3 \cdot 26$
$= 3 \cdot (20 + 6)$
$= 3 \cdot 20 + 3 \cdot 6$
$= 60 + 18$
$= \underline{\underline{78}}$

a) $5 \cdot 23$
b) $7 \cdot 45$
c) $6 \cdot 17$
d) $3 \cdot 29$
e) $4 \cdot 99$

11 Schreibt Multiplikationen mit den Ergebnissen 6000; 60 000 oder 600 000 auf.
Verwendet dafür diese Zahlen:

25 6 10 2 5 4 40 100 125 8 3 500

Es gibt mehrere Möglichkeiten.
Beschreibt euer Vorgehen.
Welche Rechengesetze nutzt ihr dabei?

Schriftlich multiplizieren

ENTDECKEN

1 Anna multipliziert halbschriftlich:

	1	2	3	·	1	2	=			
	1	2	3	·	1	0	=	1 2 3 0		
+	1	2	3	·		2	=	2 4 6		
	1	2	3	·	1	2	=	1 4 7 6		

Nick multipliziert schriftlich:

1	2	3	·	1	2	
		1	2	3	0	
	+		2	4	6	
		1	4	7	6	

a) Erklärt euch die Rechnungen. Beschreibt Gemeinsamkeiten und Unterschiede.
b) Rechne die Aufgabe 312 · 23 einmal wie Anna und einmal wie Nick.
c) Rechne auch 236 · 5 wie Anna und Nick. Was ist hier anders?

VERSTEHEN

Die Klasse 5 b plant ein Fest.
Alle 28 Kinder zahlen je 7 €.

Wie viel Geld ist das? Christoph multipliziert:

Beispiel 1 28 · 7

① **Einer**

Z	E		
2	8	·	7
		Z	E
			6

7 · 8**E** = 56**E**
5**Z** merken!

② **Zehner**

Z	E		
2	8	·	7
		Z	E
	1	9	6

7 · 2**Z** = 14**Z**
14**Z** + 5**Z** = 19**Z**

Vokabeln
→ die schriftliche Multiplikation

Merke Schriftliche Multiplikation

① Beginne bei der zweiten Zahl an der **höchsten Stelle**. Multipliziere sie Schritt für Schritt mit der ersten Zahl.

② Multipliziere dann die nächstkleinere Stelle. Schreibe das Ergebnis **direkt darunter**.

③ **Addiere** die Teilergebnisse.

Beispiel 2 213 · 34

①

2	1	3	·	3	4
		6	3	9	0

Schreibe 90, weil es 9**Z** sind.

②

2	1	3	·	3	4
		6	3	9	0
			8	5	2

③

2	1	3	·	3	4
		6	3	9	0
	+		8	5	2
		1	1		
		7	2	4	2

Beispiel 3

a) Schreibe stellengerecht.

3	8	·	4	7
	1	5	2	
+		2	6	6
	1	7	8	6

b) Achte auf Überträge.

8	9	5	·	7	6
	6	2	6	5	
+		5	3	7	0
		1	1		
	6	8	0	2	0

c) Achte auf die Nullen.

1	2	3	·	2	0	4
	2	4	6			
	+	0	0	0		
	+		4	9	2	
		1				
	2	5	0	9	2	

ANWENDEN

1 Multipliziere schriftlich.
a) 123 · 2 b) 123 · 3
c) 543 · 4 d) 853 · 7

1 Multipliziere schriftlich.
a) 213 · 2 b) 623 · 6
c) 945 · 7 d) 735 · 8

2 Hier haben sich Fehler versteckt. Erkläre und berichtige sie.

a)
2 1 3 · 4
8 4 1 2

b)
2 1 3 · 4
6 5 7

c)
2 1 3 · 4
8 4 2

3 Multipliziere schriftlich.
Tipp Achte auf die Stellen.
a) 134 · 11 b) 155 · 45
c) 516 · 24 d) 385 · 49

Lösungen: 12 384 1474 18 865 6975

3 Multipliziere schriftlich.
Tipp Achte auf die Stellen.
a) 353 · 24 b) 256 · 48
c) 673 · 63 d) 842 · 53

Lösungen: 12 288 42 399 31 471 44 626 8472

4 Multipliziere schriftlich.
Tipp Achte auf die Überträge beim letzten Rechenschritt.
a) 241 · 21 b) 765 · 21
c) 428 · 36 d) 931 · 53
e) 918 · 17 f) 598 · 76

Lösungswort: 15 408 S 5061 M 15 606 A 45 448 U 49 343 K 16 065 O

4 Multipliziere schriftlich.
Tipp Achte auf die Überträge beim letzten Rechenschritt.
a) 314 · 44 b) 715 · 19
c) 617 · 17 d) 4371 · 52
e) 8829 · 91 f) 212 · 342

Lösungswort: 10 489 A 803 439 E 72 504 L 13 816 N 13 585 E 227 292 P

Methode Überschlag als Probe
Mit dem Überschlag kann man abschätzen, ob ein Ergebnis stimmt.
Man rechnet mit gerundeten Zahlen.

195 · 78 = *2898*
≈ 200 · 80 = 16 000

Das Ergebnis kann nicht stimmen.

5 Welcher Überschlag passt zur Aufgabe? Begründe.
a) 89 · 31 ① 200 · 40 = 8000
b) 223 · 43 ② 60 · 80 = 4800
c) 913 · 29 ③ 90 · 30 = 2700
d) 57 · 79 ④ 80 · 600 = 48 000
e) 82 · 632 ⑤ 900 · 30 = 27 000

6 Welches Ergebnis kann nicht richtig sein? Prüfe mit einem Überschlag.
Tipp 21 · 8 = 280 Das Ergebnis kann
≈ 20 · 8 = 160 nicht stimmen.
a) *29 · 71 = 219*
b) *612 · 31 = 28 972*
c) *798 · 49 = 39 102*
d) *234 · 28 = 45 520*

6 Welche Ergebnisse können nicht richtig sein? Prüfe mit einem Überschlag.
Tipp 218 · 78 = 27 004 Das Ergebnis kann
≈ 200 · 80 = 16 000 nicht stimmen.
a) *596 · 32 = 180 072*
b) *212 · 38 = 8056*
c) *723 · 42 = 2966*
d) *438 · 307 = 193 466*

7 Überschlage zuerst.
Multipliziere dann schriftlich.

395	708	·	42	79

7 Überschlage zuerst.
Multipliziere dann schriftlich.

123	491	·	597	903

8 Überschlage zuerst.
Multipliziere dann schriftlich.
Tipp Achte auf die Nullen.

a) 451 · 50 b) 692 · 800
c) 543 · 4000 d) 935 · 20

Tipp Achte auf die Nullen in der Mitte.

e) 513 · 206 f) 951 · 403
g) 204 · 317 h) 3045 · 206

18 700 | 2 172 000 | 553 600 | 22 550 | 627 270 | 105 678 | 383 253 | 64 668

8 Überschlage zuerst.
Multipliziere dann schriftlich.
Tipp Achte auf die Nullen.

a) 281 · 20 b) 735 · 30
c) 987 · 700 d) 285 · 40
e) 253 · 409 f) 454 · 901
g) 308 · 905 h) 4072 · 620

11 400 | 2 524 640 | 22 050 | 690 900 | 103 477 | 278 740 | 409 054 | 5620

9 Hier haben sich Fehler versteckt. Erklärt die Fehler und berichtigt sie.

a)

1	0	3	·	4	1
		5	4	7	0
	+		2	1	4
		5	6	8	4

b)

7	6	2	·	3	1
	2	2	8	6	0
+			7	6	2
	2	2	5	2	2

c)

4	3	2	·	6	0	5
	2	5	9	2	0	0
+		2	5	9	0	0
	2	8	5	1	2	0

d)

2	1	8	·	4	5
		8	4	2	0
	+	1	0	5	0
		9	4	7	0

10 Die Klasse 5b will einen Ausflug machen. Frau May sammelt von jedem der 28 Kinder 23 € ein.
Wie viel Geld sammelt Frau May ein?

10 An der Burgschule gibt es 672 Schüler. Für Bücher werden von jedem Schüler 21 € eingesammelt.
Wie viel Geld ist das zusammen?

11 So viel Liter Wasser verbraucht eine Person an einem Tag:

Wasserverbrauch	
pro Person und Tag in Deutschland	127 ℓ

Wie viel Liter Wasser verbraucht eine Person…

a) in einer Woche?
b) in einem Monat?
c) in einem Jahr?
d) Wie viel Wasser verbraucht Familie Müller in einem Jahr?

11 So viel Liter Wasser verbraucht eine Person am Tag:

Herkunftsland	
in Deutschland	127 ℓ
in Dubai	502 ℓ
in den USA	296 ℓ
in Indien	25 ℓ

Wie viel Liter Wasser verbraucht eine vierköpfige Familie aus diesen Ländern …

a) in einer Woche?
b) in einem Monat?
c) in einem Jahr?

12 Setzt die Zahlen ein und berechnet verschiedene Multiplikationsaufgaben.

a) Welche Aufgabe hat das größte Ergebnis?
b) Welche Aufgabe hat das kleinste Ergebnis?
c) Gibt es Aufgaben, die im Ergebnis an der letzten Stelle eine Null haben?
d) Wie kann man die Kärtchen vertauschen, sodass das Ergebnis gleich bleibt?

2 6 5 3

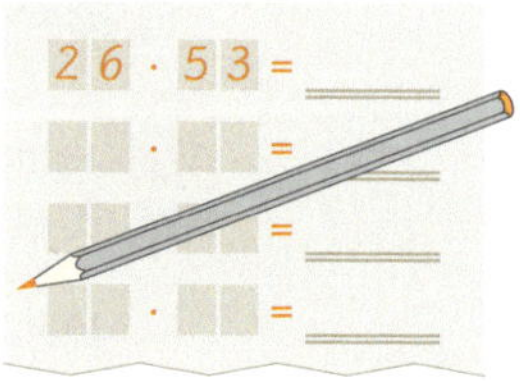

Schriftlich dividieren

ENTDECKEN

1 Adnan dividiert halbschriftlich:

	4	2	6	:	3	=		
	3	0	0	:	3	=	1	0 0
+	1	2	0	:	3	=		4 0
+			6	:	3	=		2
	4	2	6	:	3	=	1	4 2

Sophie dividiert schriftlich:

```
  4 2 6 : 3 = 1 4 2
- 3
  1 2
- 1 2
    0 6
  -   6
      0
```

a) Erklärt euch die Rechnungen. Beschreibt die Gemeinsamkeiten und Unterschiede.
b) Rechne die Aufgabe 612 : 4 einmal wie Adnan und einmal wie Sophie.
c) Rechne auch 175 : 7 wie Adnan und Sophie. Was ist hier anders?

VERSTEHEN

3 Kinder teilen 78 Murmeln gerecht auf.

Wie viele Murmeln bekommt jeder?
Janine dividiert schriftlich:

Vokabeln
→ die schriftliche Division

Merke Schriftliche Division

① **: Dividiere.** Beginne bei der höchsten Stelle.
② **· Multipliziere.** Schreibe das Ergebnis unter die Aufgabe.
③ **− Subtrahiere.**
④ **↓ nächste Ziffer** Schreibe die nächste Ziffer von oben nach unten.

Beispiel 1

① : 3 passt in 7 2-mal rein
78 : 3 = 2

② · 2 · 3 = 6
78 : 3 = 2
6

③ − 7 − 6 = 1
78 : 3 = 2
− 6
1

④ ↓ Schreibe die 8 nach unten.
78 : 3 = 2
− 6
1 8

⑤ : 3 passt in 18 6-mal rein
78 : 3 = 26
− 6
1 8

⑥ · 6 · 3 = 18
78 : 3 = 26
− 6
1 8
1 8

⑦ − 18 − 18 = 0
```
  7 8 : 3 = 2 6
- 6
  1 8
- 1 8
    0
```
Oben keine Ziffer mehr und null am Ende: Fertig!

Beispiel 2

a)
```
  3 9 2 : 7 = 5 6
- 3 5
    4 2
  - 4 2
      0
```
: 7 passt nicht in 3, darum sofort 39.

b)
```
  5 3 5 : 5 = 1 0 7
- 5
  0 3
-   0
    3 5
  - 3 5
      0
```
: Achtung bei Nullen. 5 passt nicht in 3.

ANWENDEN

1 Dividiere schriftlich im Heft.

a) 5 1 : 3 = ▢▢
− ▢
− ▢▢
▢

b) 5 2 : 4 = ▢▢
− ▢
− ▢▢
▢

1 Dividiere schriftlich.
Beschreibe dein Vorgehen: : · − ↓
Tipp Schreibe jedes Zeichen in ein einzelnes Kästchen.

a) 54 : 2 b) 64 : 4
c) 72 : 6 d) 96 : 3

2 Dividiere schriftlich im Heft.

a) 5 4 2 : 2 b) 6 8 5 : 5

2 Dividiere schriftlich.

a) 534 : 2 b) 945 : 5
c) 726 : 6 d) 889 : 7

3 Dividiere schriftlich.
Tipp 135 : 5 = 5 passt nicht in 1
Nimm sofort die zweite Ziffer hinzu: 13 : 5

a) 192 : 2 b) 282 : 3
c) 296 : 4 d) 175 : 5
e) 168 : 6 f) 344 : 8

Lösungen: 43 94 35 74 28 96

3 Dividiere schriftlich.
Tipp 135 : 5 = 5 passt nicht in 1
Nimm sofort die zweite Ziffer hinzu.

a) 292 : 4 b) 415 : 5
c) 342 : 6 d) 462 : 7
e) 624 : 8 f) 756 : 9

Lösungen: 57 66 84 73 83 78

Methode Umkehraufgabe als Probe
Multiplikation und Division sind Umkehrungen voneinander.
Mit der Umkehraufgabe kann man Ergebnisse prüfen.

28 → :7 → 4
4 → ·7 → 28

28 : 7 = 4 ist richtig, weil 4 · 7 = 28 ist.

4 Überprüfe die Ergebnisse mit der Umkehraufgabe.
Tipp zu a) Das Ergebnis 13 ist falsch, weil 13 · 6 = ▢ ist.

a) 72 : 6 = 13
b) 296 : 4 = 74
c) 434 : 7 = 82
d) 448 : 8 = 54
e) 684 : 9 = 76

5 Überprüfe die Ergebnisse von Ali mit der Umkehraufgabe.
Tipp 745 : 5 = 149
Ist das richtig?
Probe:

1 4 9 · 5
7 4 5 ✓

a) 456 : 4 = 114 b) 175 : 5 = 25
c) 324 : 6 = 64 d) 1088 : 8 = 136

5 Überprüfe die Ergebnisse von Lara mit der Umkehraufgabe.
Tipp

268 → :4 → ▢
▢ → ·4 → 268

Wenn bei der Umkehraufgabe die Zahlen zu groß sind, dann multipliziere schriftlich.

a) 268 : 4 = 67 b) 348 : 6 = 68
c) 476 : 7 = 69 d) 512 : 8 = 63

6 Hier haben sich Fehler versteckt. Erklärt die Fehler und berichtigt sie.

a)
```
  8 2 4 : 4 = 2 6
- 8
  0 2 4
  - 2 4
      0
```

b)
```
  2 7 0 : 5 = 0 5 4
- 0
  2 7
- 2 5
    2 0
  - 2 0
      0
```

c)
```
  7 3 5 : 3 = 2 5
- 6
    1 5
  - 1 5
      0
```

Nachgedacht
Luise rechnet 72 000 : 900 schriftlich. Was sagst du dazu?

7 Dividiere schriftlich.

Tipp

```
  5 3 5 : 5 = 1 0 7
– 5
  0 3
```

: 5 passt nicht in 3.
Dann nehme ich sofort 35.
Ich schreibe im Ergebnis eine 0.

a) 824 : 4 b) 1404 : 2
c) 1215 : 3 d) 7112 : 7

8 Ein Tennisverein bestellt 564 Bälle für insgesamt 1128 €.
a) Wie viel kostet ein Tennisball?
b) Die Bälle sollen gleichmäßig an 3 Mannschaften verteilt werden. Wie viele Bälle bekommt jede Mannschaft?

Methode **Überschlag als Probe**
Runde bei der Division, sodass du einfach rechnen kannst:
432 : 9 ≈ 450 : 9 = 50

10 Überschlage.
In welche Kiste gehört die Aufgabe?
Tipp Du brauchst nicht zu rechnen.

824 : 4 256 : 8 520 : 5
412 : 2 624 : 6 96 : 3

Kisten: 104 206 32

11 Dividiere schriftlich.

Tipp

```
  1 9 2 : 1 2 = 1 6
– 1 2
    7 2
```

a) 192 : 12 b) 1452 : 12
c) 7172 : 11 d) 3055 : 13

Lösungen: 652 121 16 235

7 Dividiere schriftlich.
Tipp Sieh dir noch einmal auf S. 91 Beispiel 2b) genau an.

a) 836 : 4 b) 614 : 2
c) 515 : 5 d) 9045 : 3
e) 4840 : 8 f) 7418 : 2
g) 13 854 : 6 h) 7420 : 7

Lösungswort: 3015 P 307 I 605 F 2309 R 103 L 209 N 1060 D 3709 E

8 In einer Stunde kann eine Druckmaschine 46 800 Zeitungen drucken.
a) Wie viele Zeitungen sind das in einer Minute?
b) Wie viele sind das in einer Sekunde?
c) Wie viele sind das an einem Tag?

9 Überschlage das Ergebnis.
a) 581 : 7 b) 621 : 9
c) 2740 : 4 d) 3488 : 8
e) 3914 : 19 f) 3122 : 14

10 Überschlage und ordne jeder Division ein passendes Ergebnis zu.
Tipp Du brauchst nicht zu rechnen.

8056 : 4 816 : 8 2605 : 5
1563 : 3 1224 : 12 4028 : 2

Kisten: 102 521 2014

11 Dividiere schriftlich.

Tipp

```
  1 7 0 4 : 1 2 = 1 ■ ■
– 1 2
    5 0
```

a) 1704 : 12 b) 9152 : 11
c) 6528 : 12 d) 5928 : 13

Lösungen: 456 832 142 544

12 Ergänze im Heft.

a) ☒ · 2 = 658 b) 8 · ☒ = 5584

c) ☒ : 5 = 32 d) 135: ☒ = 3

12 Ergänze im Heft.

a) ☒ · 3 = 1296 b) 16 · ☒ = 992

c) ☒ : 5 = 730 d) 945: ☒ = 15

13 Schöne Ergebnisse.

a) 2244 : 2 b) 6699 : 3

c) 13 376 : 4 d) 22 275 : 5

e) 39 930 : 6 f) 46 739 : 7

g) Erfinde eigene Aufgaben mit schönen Ergebnissen.

13 Schöne Ergebnisse

Was fällt dir auf? Setze die Reihen fort.

a) 112 : 1
224 : 2
336 : 3
…

b) 444 : 4
888 : 4
1332 : 4
…

Methode Division mit Rest

```
  2 9 5 : 3 = 9 8  Rest 1
– 2 7
    2 5
  – 2 4
      1   Es bleibt 1 übrig.
```

14 Erklärt euch das Beispiel 295 : 3.

a) Warum bleibt ein Rest bei der Division?

b) Dividiere schriftlich.
Prüft gegenseitig eure Lösungen.
① 391 : 2
② 615 : 4
③ 450 : 7

15 Dividiere schriftlich.

Tipp Es bleibt 8-mal ein Rest.

	: 2	: 3	: 5	: 6	: 8
72					
284					
1095					

15 Dividiere schriftlich.

Tipp Es bleibt 12-mal ein Rest.

	: 3	: 5	: 6	: 8	: 9
98					
108					
1978					

16 Übertrage die Tabelle ins Heft.
Sechs Aufgaben kannst du ohne Rest lösen.
Male die Felder bunt aus.

96 : 2	100 : 4	77 : 7
101 : 5	69 : 3	217 : 5
44 : 3	202 : 2	193 : 2
82 : 4	165 : 5	91 : 3

16 Bilde fünf Divisionsaufgaben ohne Rest und berechne sie.

4314, 3240, 7902, 2845 : 4, 3, 6, 5

17 Ein Bauer sammelt aus seinem Hühnerstall in einer Woche 264 Eier ein.
Er verpackt die Eier in 6er-Kartons.

Wie viele Kartons mit jeweils 6 Eiern ergibt das?
Beantworte die Frage mit einer Rechnung.

17 Ein Bauer sammelt aus seinem Hühnerstall in einer Woche 3785 Eier ein.
Zum Verkauf gibt es 6er- und 10er-Kartons.

Wie viele Kartons braucht der Bauer jeweils, wenn er sich für einen Karton entscheidet?
Begründe deine Antwort.

Strategie Ergebnisse prüfen

Kann das Ergebnis stimmen?
Die Kinder prüfen das Ergebnis auf unterschiedliche Arten:

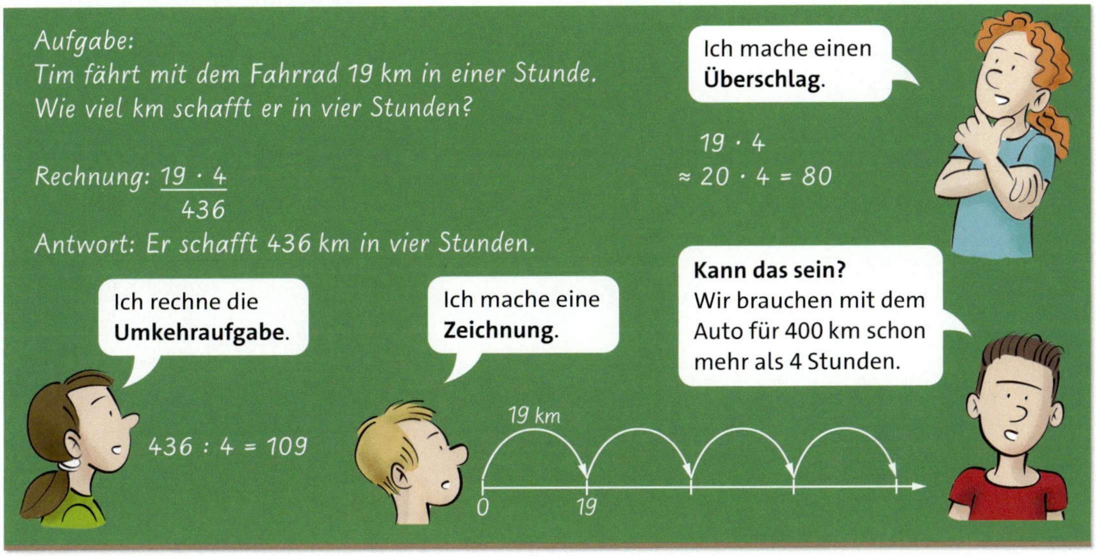

ANWENDEN

1 Prüfe mit einem Überschlag.
a) 29 + 82 = 131
b) 61 − 19 = 22
c) 59 · 21 = 1239
d) 123 : 3 = 61

2 Prüfe mit der Umkehraufgabe.
a) 47 + 38 = 85
b) 92 − 58 = 24
c) 72 · 4 = 228
d) 756 : 9 = 84

3 Prüfe mit einer Zeichnung.
Ein Zaun ist insgesamt 8 m lang.
Alle 2 m wird ein Pfosten gesetzt.
Wie viele Pfosten braucht man dafür?
8 : 2 = 4
Man braucht 4 Pfosten.

4 Kann das sein? Begründe.
Frau Müller ist 169 cm groß.
Herr Müller ist 11 cm größer als seine Frau.
Dann ist Herr Müller 279 cm groß.

1 Prüfe mit einem Überschlag.
a) 289 + 61 = 450
b) 503 − 198 = 405
c) 387 · 21 = 8127
d) 648 : 3 = 38

2 Prüfe mit der Umkehraufgabe.
a) 358 + 497 = 855
b) 524 − 231 = 393
c) 721 · 4 = 2584
d) 7326 : 9 = 814

3 Prüfe mit einer Zeichnung.
Ein Armband ist 21 cm lang.
Alle 3 cm hat es einen Anhänger.
Wie viele Anhänger hat das Armband?
21 : 3 = 7
Das Armband hat 7 Anhänger.

4 Kann das sein? Begründe.
Alex kauft sich drei Bleistifte.

Stück:
■ €

An der Kasse muss er 15 € bezahlen.

Klar soweit?

→ Seite 80

Kopfrechnen mit Strategien

1 Rechne halbschriftlich.
a) 11 · 3 b) 14 · 3
c) 23 · 5 d) 31 · 6
e) 56 : 4 f) 64 : 2

2 Rechne im Kopf.
Tipp Multipliziere oder dividiere mehr.
a) 19 · 4 b) 28 · 3
c) 57 : 3 d) 76 : 4

3 Berechne.

30	·	2	20	200
2400	:	2	20	200

1 Rechne halbschriftlich.
a) 23 · 5 b) 35 · 4
c) 51 · 6 d) 5 · 48
e) 85 : 5 f) 94 : 2

2 Rechne im Kopf.
Tipp Multipliziere oder dividiere mehr.
a) 39 · 4 b) 69 · 3
c) 72 : 4 d) 111 : 3

3 Berechne.

5	30	·	30	500	7000
2400	56 000	:	2	40	800

→ Seite 82

Vorrangregeln

4 Berechne. Achte auf die Klammern.
a) 5 · (12 – 7)
b) 54 : (5 + 4)
c) (8 + 2) · 6
d) Zeichne zu c) einen Rechenbaum.

5 Berechne. Achte auf Punkt vor Strich.
a) 3 + 5 · 4
b) 20 – 2 · 6
c) 12 + 8 · 4

4 Berechne.
a) 7 · (3 + 9)
b) (326 – 6) : 2
c) (19 – 4) · 8
d) Zeichne zu c) einen Rechenbaum.

5 Berechne.
a) 5 + 7 · 6
b) 4 · 25 + 5
c) 2 · 40 – 8 : 2

→ Seite 85/86

Rechengesetze und Rechenvorteile

6 Setze Klammern, sodass du einfach rechnen kannst. Berechne dann.
a) 11 · 2 · 5
b) 5 · 25 · 4

7 Tausche Zahlen vorteilhaft und berechne.
a) 5 · 9 · 20
b) 25 · 3 · 4 · 7
c) 5 · 11 · 5 · 4

8 Multipliziere aus.
a) 3 · (10 + 8)
b) 5 · (30 – 7)

6 Setze Klammern, sodass du einfach rechnen kannst. Berechne dann.
a) 27 · 4 · 25
b) 8 · 125 · 9

7 Berechne vorteilhaft.
a) 20 · 16 · 5
b) 25 · 20 · 4 · 12
c) 8 · 7 · 3 · 125

8 Multipliziere aus.
a) 4 · (20 + 7)
b) 6 · (40 – 3)

→ Seite 88

Schriftlich multiplizieren

9 Multipliziere schriftlich.
a) 328 · 4 b) 623 · 7
c) 415 · 36 d) 131 · 234

10 Prüfe mit einem Überschlag.
a) 413 · 439 = 18137
b) 695 · 21 = 14595
c) 203 · 198 = 400194

11 Multipliziere schriftlich.
Tipp Achte auf die Nullen.
a) 203 · 6
b) 418 · 40
c) 605 · 73
d) 740 · 802

12 Am Strand stehen 11 Reihen mit Sonnenschirmen.
In jeder Reihe stehen 21 Schirme.
Wie viele Sonnenschirme sind das?

9 Multipliziere schriftlich.
a) 573 · 6 b) 345 · 9
c) 847 · 39 d) 213 · 456

10 Prüfe mit einem Überschlag.
a) 523 · 41 = 21443
b) 398 · 83 = 3334
c) 904 · 687 = 6210048

11 Multipliziere schriftlich.
Tipp Achte auf die Nullen.
a) 604 · 5
b) 317 · 80
c) 467 · 506
d) 9980 · 665

12 Ein Kino hat 367 Plätze.
Eine Kinokarte kostet 9 €.
Wie hoch sind die Einnahmen, wenn alle Karten verkauft werden?

→ Seite 91

Schriftlich dividieren

13 Dividiere schriftlich.
Prüfe mit der Umkehraufgabe.
a) 456 : 3 b) 576 : 4
c) 680 : 5 d) 564 : 6
e) 581 : 7 f) 1008 : 8

14 Prüfe mit einem Überschlag.
a) 2322 : 9 = 528
b) 4158 : 11 = 3078
c) 6552 : 12 = 546

15 1845 Paprika werden verpackt.
In jede Verpackung kommen 3 Paprika.
Berechne:
Wie viele Verpackungen braucht man dafür?

13 Dividiere schriftlich.
Prüfe mit der Umkehraufgabe.
a) 592 : 4 b) 861 : 7
c) 7686 : 3 d) 2556 : 6
e) 4990 : 5 f) 1089 : 9

14 Prüfe mit einem Überschlag.
a) 6156 : 9 = 864
b) 1392 : 12 = 116
c) 3857 : 19 = 23

15 5082 Pralinen werden verpackt.
In jede Schachtel kommen 6 Pralinen.
Berechne die Anzahl der Schachteln.
Bleiben Pralinen übrig?

→ Lösungen ab S. 215

Vermischte Übungen

Anwenden

1 Berechne im Kopf.

Lösungen: 15 | 24 | 21 | 21 | 57 | 1200

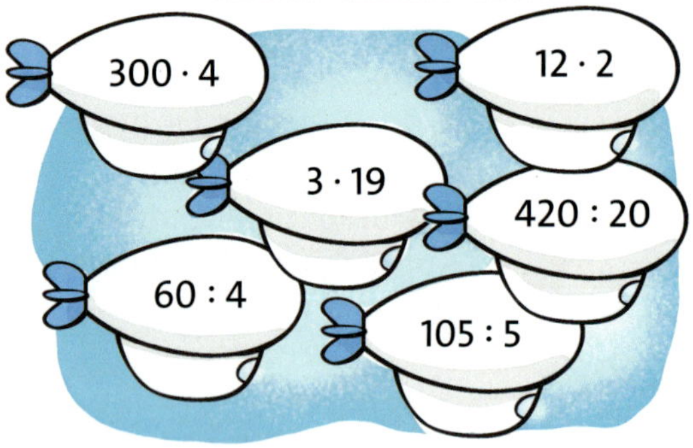

2 Berechne halbschriftlich oder schriftlich.

a) 26 · 3　b) 31 · 4
c) 68 · 19　d) 25 · 31
e) 78 : 2　f) 60 : 4
g) 630 : 6　h) 675 : 5

3 Berechne.

a) 7 · (6 + 5)　b) 40 + 20 : (5 − 3)
c) 24 − 4 · 2 + 2　d) 5 · 6 − 2 · 3

4 Ergänze im Heft.

a) X · 2 = 94　b) X : 8 = 9
c) 12 · X = 156　d) X : 13 = 11
e) X · 7 = 336　f) 2170 : X = 62

Nachgedacht
Was passiert, wenn du bei a) im ersten Schritt mit null multiplizierst?

5 Ab wann rechnest du schriftlich?

a) 15 $\xrightarrow{\cdot 2}$ ☐ $\xrightarrow{\cdot 3}$ ☐ $\xrightarrow{\cdot 4}$ ☐ $\xrightarrow{\cdot 5}$ ☐

b) 2880 $\xrightarrow{: 5}$ ☐ $\xrightarrow{: 4}$ ☐ $\xrightarrow{: 3}$ ☐ $\xrightarrow{: 2}$ ☐

c) ☐ $\xrightarrow{\cdot 2}$ ☐ $\xrightarrow{\cdot 2}$ 512 $\xrightarrow{\cdot 2}$ ☐ $\xrightarrow{\cdot 2}$ ☐

6 Große Zahlen multiplizieren

a) 394 · 240　b) 704 · 503
c) 982 · 527　d) 676 · 887

7 Große Zahlen dividieren

Tipp Achte bei e) und f) auf die Nullen.

a) 476 : 2　b) 475 : 5
c) 4816 : 8　d) 6840 : 9
e) 2680 : 40　f) 98 240 : 80

1 Berechne im Kopf.

Lösungen: 220 | 62 | 1200 | 4500 | 90 | 87

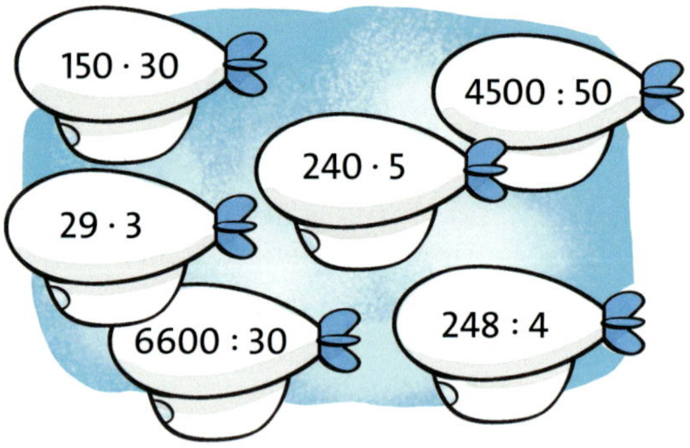

2 Berechne halbschriftlich oder schriftlich.

a) 89 · 4　b) 564 · 87
c) 230 · 99　d) 250 · 6
e) 192 : 3　f) 378 : 6
g) 4088 : 7　h) 260 : 5

3 Berechne.

a) 3 · 21 + 12　b) 35 + 5 · 7 − 10
c) 72 : 8 + 3 · 5　d) 23 + 8 · (3 + 7)

4 Ergänze im Heft.

a) X · 3 = 375　b) X : 41 = 15
c) 8 · X = 848　d) 126 : X = 14
e) X · 11 = 308　f) X : 28 = 26

5 Ab wann rechnest du schriftlich?

a) 7 $\xrightarrow{\cdot 6}$ ☐ $\xrightarrow{\cdot 5}$ ☐ $\xrightarrow{\cdot 4}$ ☐ $\xrightarrow{\cdot 3}$ ☐ $\xrightarrow{\cdot 2}$ ☐

b) 58 368 $\xrightarrow{: 8}$ ☐ $\xrightarrow{: 6}$ ☐ $\xrightarrow{: 4}$ ☐ $\xrightarrow{: 2}$ ☐

c) ☐ $\xrightarrow{\cdot 6}$ ☐ $\xrightarrow{: 7}$ 54 $\xrightarrow{\cdot 8}$ ☐ $\xrightarrow{: 9}$ ☐

6 Große Zahlen multiplizieren

a) 309 · 420　b) 7401 · 538
c) 5117 · 9976　d) 8897 · 2354

7 Große Zahlen dividieren

Tipp Achte bei e) und f) auf die Nullen.

a) 31 416 : 6　b) 96 135 : 3
c) 989 506 : 7　d) 297 668 : 9
e) 32 680 : 40　f) 35 200 : 50

8 Übertrage und ergänze im Heft.

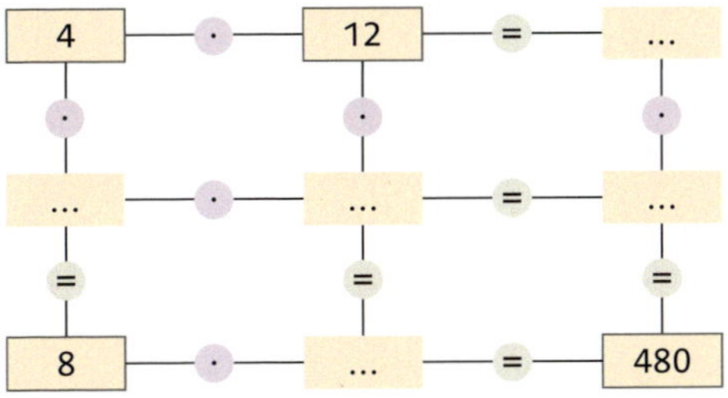

8 Übertrage und ergänze im Heft.

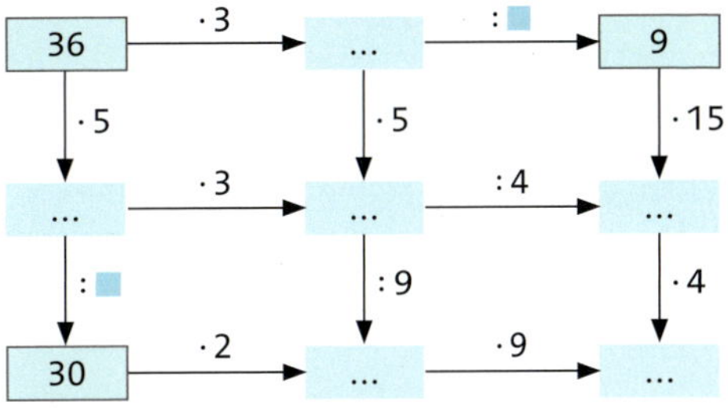

9 Berechne einmal mit dem Verteilungsgesetz und einmal erst die Klammer.
Welcher Weg ist jeweils einfacher? Begründe.
a) $6 \cdot (11 + 5)$ b) $4 \cdot (17 + 3)$

9 Berechne vorteilhaft.
Tipp Entscheide zuerst:
Erst die Klammer oder ausmultiplizieren?
a) $7 \cdot (12 + 8)$ b) $5 \cdot (40 + 8)$

10 Schreibe als Rechenterm und berechne.
Tipp + · · · : :
Bei e) brauchst du Klammern.
a) Berechne das 6-fache von 8.
b) Teile 48 gleichmäßig durch 4.
c) Multipliziere 8 mit 11.
d) Dividiere 81 durch 9.
e) Addiere 2 und 3 und multipliziere das Ergebnis mit 4.

10 Schreibe als Rechenterm und berechne.
Tipp Du brauchst manchmal Klammern.
a) Multipliziere: Der erste Faktor ist 15 und der zweite 5.
b) Dividiere 108 durch 9.
c) Addiere 5 und 2 und multipliziere das Ergebnis mit 8.
d) Bilde das Produkt aus 7 und der Summe aus 4 und 5.

→ *Sachaufgaben lösen: S. 108*

Zum Weiterarbeiten
Sammelt Schlüsselwörter zur Multiplikation und Division. Gestaltet dazu ein Plakat und stellt es in der Klasse vor.

Strategie Schlüsselwörter
An Schlüsselwörtern kannst du erkennen, ob du multiplizieren oder dividieren musst.
① Lies die Aufgabe genau.
② Suche nach Schlüsselwörtern: Multiplikation oder Division?
③ Gib die Aufgaben mit eigenen Worten wieder.

11 Mal oder geteilt? Begründet.
a) Jo ist 7 Jahre alt.
Sein Vater ist 6-mal so alt.
b) Mia verteilt 64 Karten an 8 Spieler.
c) Luke ist 6 Jahre alt.
Theresa ist doppelt so alt.
d) Der Pullover kostet 48 €.
Chiara zahlt im Angebot nur den halben Preis.

12 Ein Kartenspiel besteht aus 32 Karten.
a) Jan nimmt 6-mal so ein Kartenspiel und mischt die Karten.
Wie viele Karten sind das?
b) Sina verteilt 117 Karten auf 3 Stapel.
Wie viele Karten sind das?

12 Ayse feiert ihren Geburtstag.
Sie sind insgesamt 8 Personen.
a) Pro Person plant sie 2 Stück Kuchen ein.
Wie viele Stücke Kuchen gibt es?
b) Sie teilen sich 48 Mini-Pizzen.
Wie viele Mini-Pizzen bekommt jeder?

13 Zahlenrätsel
Multiplizieren oder dividieren?
An welchen Wörtern hast du es erkannt?
a) Timo ist 2 Jahre alt. Kira ist 3-mal so alt.
b) Hannah ist 5 Jahre alt.
Jeremy ist doppelt so alt.

13 Das Schlüsselwort ist dasselbe.
Musst du auch dasselbe rechnen? Erkläre.
a) Sechs Freunde essen Eis.
Jeder isst drei Kugeln.
b) Vier Freunde teilen sich 12 €.
Was bekommt jeder?

Vertiefen

Zum Weiterarbeiten
Finde selbst Waagen, die im Gleichgewicht sind.

14 Sind die Waagen im Gleichgewicht? Begründe.

a) $(2 + 3) \cdot 10$ | $2 \cdot 10 + 3 \cdot 10$

b) $15 : 3 + 2$ | $15 : (3 + 2)$

c) $20 : (2 \cdot 2)$ | $20 : 2 \cdot 2$

14 Sind die Waagen im Gleichgewicht? Begründe.

a) $4 \cdot 25 + 3 \cdot 25$ | $(4 + 3) \cdot 25$

b) $(6 + 12) : 6$ | $6 + (12 : 6)$

c) $(10 + 4 \cdot 3) - 2$ | $10 + (4 \cdot 3 - 2)$

15 Welche Zahl fehlt?

a) $(8 + ☒) \cdot 5 = 50$
b) $18 : ☒ + 2 = 8$
c) $(16 - ☒) \cdot 5 = 65$
d) $(☒ - 3) : 4 = 8$

2 3 3 35

15 Welche Zahl fehlt?

a) $(32 + ☒) \cdot 5 = 200$
b) $28 + 11 \cdot ☒ = 72$
c) $180 : (28 - ☒) = 9$
d) $72 : ☒ + 6 = 12$

16 Wo sind mehr Bonbons drin?

16 Welches Angebot ist günstiger?

17 Eine Gärtnerei hat 3516 Rosen. Es werden immer 6 als Set zusammen für 2 € verkauft. Alle Rosen werden verkauft. Wie viel Euro nimmt die Gärtnerei ein?
Tipp Wie viele Sets können verpackt werden?

17 Aya verteilt jede Woche Zeitungen und Prospekte an 142 Adressen. Eine Zeitung wiegt 326 g und ein Prospekt 280 g. Wie schwer sind die Zeitungen und Prospekte zusammen, die Aya ausliefern muss?

Hinweis
Ein Schuljahr hat ungefähr 40 Unterrichtswochen.

18 Bea braucht alle zwei Wochen eine neue Patrone für ihren Füller. Wie viele Tintenpatronen braucht sie in einem Schuljahr?

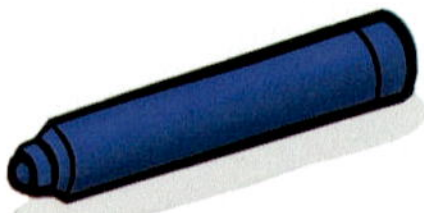

18 Thomas braucht alle 10 Schultage 2 neue Patronen für seinen Füller. Wie viele Tintenpatronen braucht er in einem Schuljahr?

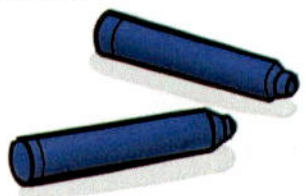

19 Übertragt und ergänzt die Tabelle im Heft. Beschreibt euer Vorgehen. Was fällt euch auf?

Kann man die Zahl ohne Rest teilen?	2	3	5	6	10
315	X	✓			
1245					
4518					
5480					

Weiterdenken

Pflanzen aller Art

Klee hat meistens drei Blätter.
Eine Pflanze mit 1 Stängel hat $3 \cdot 1 = 3$ Blätter.
Eine Pflanze mit 2 Stängeln hat $3 \cdot 2 = 6$ Blätter.
Eine Pflanze mit 3 Stängeln hat $3 \cdot 3 = 9$ Blätter.
Eine Pflanze mit 4 Stängeln hat $3 \cdot 4 = 12$ Blätter.
...
Eine Pflanze mit x Stängeln hat $3 \cdot x$ Blätter.

Im Rechenterm verändert sich immer die zweite Zahl.
Größen, die sich verändern können oder die unbekannt sind, nennt man **Variable**.
Für Variable schreibt man meist kleine Buchstaben, z. B. x, y, a, b, ...
$3 \cdot x$ nennt man einen **Term**. Terme bestehen aus Variablen, Zahlen und Rechenzeichen.

Eine Klee-Pflanze hat 9 Stängel.
Wenn man in den Term $3 \cdot x$ für x die Zahl 9 einsetzt, dann erhält man den **Wert des Terms**.
Für $x = 9$ ist $3 \cdot x = 3 \cdot 9 = 27$.
Eine Klee-Pflanze mit 9 Stängeln hat 27 Blätter.

20 Eine Sonnenblume hat durchschnittlich 5 Blüten. Im Garten stehen mehrere Sonnenblumen.
a) Übertrage ins Heft. Ergänze die nächsten drei Zeilen.
1 Sonnenblume hat $5 \cdot 1 = 5$ Blüten.
2 Sonnenblumen haben $5 \cdot 2 = 10$ Blüten.
3 Sonnenblumen haben ...
b) Schreibe einen Term für die Anzahl der Blüten auf.
c) Wie viele Sonnenblumen haben zusammen 55 Blüten?
Tipp Welche Zahl musst du einsetzen, damit gilt $5 \cdot x = 55$?

21 Ein Gemüse-Beet wird jedes Jahr erweitert.
a) Wie viele Köpfe Blumenkohl wachsen im 4. Jahr?
b) Welcher Term passt?

$2 \cdot x - 1$ $2 \cdot x + 1$ $3 \cdot x$

c) In welchem Jahr wachsen 36 Köpfe Blumenkohl?
d) Wie viele Kürbisse wachsen im 5. Jahr?
e) In welchem Jahr wachsen 49 Kürbisse?
f) Findet einen Term für die Kürbisse.

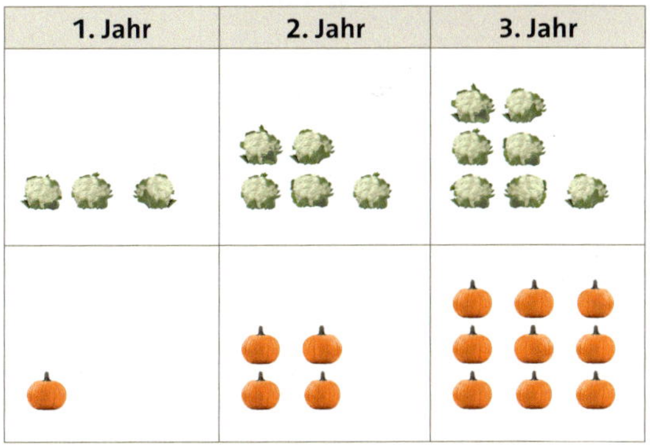

Hinweis
Die Zahlen 1; 4; 9; 16, ... heißen ***Quadratzahlen****.*

22 Beschreibe, wie der Baum wächst.
a) Wie viele Blüten hat der Baum im 4. Jahr? Skizziere den Baum.
b) Schätze: Wann hat der Baum 81 Blüten?

Zusammenfassung

→ Seite 80

Kopfrechnen mit Strategien

vorteilhaft rechnen

	2	9	·	7	=			
	3	0	·	7	=	2	1	0
−		1	·	7	=			7
	2	9	·	7	=	2	0	3

halbschriftlich multiplizieren

	1	3	·	7	=		
	1	0	·	7	=	7	0
+		3	·	7	=	2	1
	1	3	·	7	=	9	1

halbschriftlich dividieren

	4	8	:	3	=		
	3	0	:	3	=	1	0
+	1	8	:	3	=		6
	4	8	:	3	=	1	6

→ Seite 82

Vorrangregeln

Multiplikation 21 · 4 = 84
1. Faktor · 2. Faktor = Produkt

Division 56 : 7 = 8
Dividend : Divisor = Quotient

Vorrangregeln

① **Klammerregel:** Klammern zuerst
② **Punkt-vor-Strich-Regel:**
erst mal · und geteilt :
dann plus + und minus −

6 + 10 : (5 − 3)
= 6 + 10 : 2
= 6 + 5
= 11

① Klammern zuerst
② Punkt vor Strich
von links nach rechts

→ Seite 85

Rechengesetze und Rechenvorteile

Aber Vorsicht!
Das geht nicht bei der Subtraktion oder Division.

Vertauschungsgesetz (Kommutativgesetz):
Bei der **Multiplikation** dürfen die Zahlen vertauscht werden.
Das Ergebnis bleibt gleich.

5 · 9 · 2
= 5 · 2 · 9
= 10 · 9 = 90

Verbindungsgesetz (Assoziativgesetz):
Bei der **Multiplikation** dürfen überall Klammern gesetzt werden.
Das Ergebnis bleibt gleich.

a) (3 · 2) · 5
= 6 · 5
= 30

b) 3 · (2 · 5)
= 3 · 10
= 30

Einfacher ist es so!

→ Seite 88

Schriftlich multiplizieren

① Beginne bei der höchsten Stelle.
② Multipliziere schrittweise.
③ Addiere die Teilergebnisse.

	2	9	3	·	3	1
		8	7	9	0	
	+		2	9	3	
		1	1			
		9	0	8	3	

9 · 3**Z** = 27**Z**
2**H** merken!

Überschlag:
293 · 31
≈ 300 · 30 = 9000
Das Ergebnis kann stimmen.

→ Seite 91

Schriftlich dividieren

① : **Dividiere.**
② · **Multipliziere.**
③ − **Subtrahiere.**
④ ↓ **nächste Zahl**

	3	9	2	:	7	=	5	6
−	3	5						
		4	2					
	−	4	2					
			0					

Umkehraufgabe:
392 : 7 = 56 ist richtig, da 56 · 7 = 392 ist.

Teste dich!

1 Berechne im Kopf oder halbschriftlich.
a) 36 · 4 b) 5 · 29 c) 96 : 8 d) 171 : 9

2 Berechne.
Achte auf die Vorrangregeln.
a) (13 + 7) · 3
b) 13 + 7 · 3
c) 3 + 28 : 4
d) 5 · 6 – 2 · 3

3 Tausche vorteilhaft und berechne.
a) 2 · 13 · 5 b) 5 · 7 · 4
Setze die Klammern vorteilhaft und berechne.
c) 17 · 20 · 5 d) 8 · 125 · 601

4 Multipliziere schriftlich.
Prüfe dein Ergebnis durch einen Überschlag.
a) 423 · 5 b) 235 · 27
c) 356 · 205 d) 479 · 513

5 Dividiere schriftlich.
Prüfe dein Ergebnis mit der Umkehraufgabe.
a) 897 : 3 b) 692 : 4
c) 688 : 8 d) 581 : 7

2 Berechne.
Achte auf die Vorrangregeln.
a) (47 – 36) · 8
b) 78 – 64 : 8
c) 7 + 9 · 4 – 5
d) (14 – 12 : 3) · 13

3 Rechne vorteilhaft.
a) 5 · 17 · 2
b) 4 · 15 · 25
c) 131 · 8 · 125
d) 50 · 20 · 708

4 Multipliziere schriftlich.
Prüfe dein Ergebnis durch einen Überschlag.
a) 498 · 651 b) 504 · 607
c) 360 · 740 d) 5243 · 85

5 Dividiere schriftlich.
Prüfe dein Ergebnis mit der Umkehraufgabe.
a) 4911 : 3 b) 6280 : 5
c) 5744 : 8 d) 8646 : 11

6 Übertrage und ergänze im Heft.

a)

6	2	3	·	■
	■	7	3	8

b)

1	7	5	·	2	■
		3	5	■	■
	+		5	■	5
		■			
		■	0	2	■

c)

■	2	3	·	■	5
		■	■	2	■
	+		6	■	5
		■			
		5	■	■	■

7 138 Kinder fahren auf Klassenfahrt.
Jedes muss 208 € bezahlen.
a) Was kostet die Klassenfahrt insgesamt?
b) In der Jugendherberge gibt es Zimmer mit 6 Betten. Wie viele Zimmer müssen gebucht werden?

→ Lösungen ab S. 216

7 Bei der Aufführung der Tanz-AG wurden alle Karten verkauft.
Es gibt 23 Reihen mit jeweils 48 Plätzen.
a) Wie viele Zuschauer waren da?
b) Die Tanz-AG hat 4416 € eingenommen. Wie viel hat eine Eintrittskarte gekostet?

→ Lösungen ab S. 217

Größen im Alltag

In diesem Kapitel lernst du, …

→ mit Euro und Cent zu rechnen.
→ Längen mit passenden Einheiten anzugeben und umzurechnen.
→ Gewichte zu vergleichen und umzurechnen.
→ Zeitspannen zu bestimmen und umzurechnen.

Ole wünscht sich ein Haustier.
Er fragt sich:
- Was kostet ein Haustier?
- Wie groß ist es am Anfang und wie viel wächst es noch?
- Kann ich es tragen, wenn es mal zum Tierarzt muss?
- Werden kleine Hunde älter als große Hunde?

Noch fit?

1 Welche Größen kann man hiermit bestimmen? Kennst du noch weitere Messgeräte?

① 
② 
③ 
④ 

Schreibe jeweils einen Satz mit Zahlen und den Wörtern: kosten, wiegen, dauern, ist lang

2 Es gibt in Deutschland 6 verschiedene Cent-Münzen, 2 verschiedene Euro-Münzen und 6 verschiedene Euro-Scheine. Welchen Wert haben sie jeweils?

2 Welche Euro-Scheine gibt es in Deutschland zum Bezahlen? Welche Euro-Münzen? Welche Cent-Münzen?

3 Schreibe jeweils Sätze mit Zahlen und mit den Wörtern **lang**, **breit**, **hoch**.

3 Schreibe jeweils Sätze mit Zahlen und mit den Wörtern **lang**, **breit**, **tief** und **hoch**.

4 Ordne die Tiere nach ihrem Gewicht. Beginne bei dem leichtesten.

Hinweis
3.00 Uhr und 15.00 Uhr kannst du auf einer Uhr mit Zeigern nicht unterscheiden.

5 Wie spät ist es?
Tipp Es ist ■.■ Uhr.

a) 
b) 

5 Wie spät ist es?
Tipp Es ist ■.■ Uhr.

a) 
b) 

6 Berechne. Was fällt dir auf?
a) $6 \cdot 10$ $6 \cdot 100$ $6 \cdot 1000$
b) $30\,000 : 10$ $30\,000 : 100$ $30\,000 : 1000$

6 Berechne. Was fällt dir auf?
a) $16 \cdot 10$ $16 \cdot 100$ $16 \cdot 1000$
b) $70\,000 : 10$ $70\,000 : 100$ $70\,000 : 1000$

→ *Lösungen ab S. 219*

Trainingsplan

Nr.	Ich kann …	Ich muss noch trainieren:
1	Messgeräte erklären.	→ S. 250, Nr. 47
2	Euro-Scheine und Euro-Münzen nennen.	→ S. 250, Nr. 48, 49
3	Sätze mit Zahlen und Wörtern zum Thema Längen schreiben.	→ S. 251, Nr. 50, 51
4	nach Gewicht ordnen.	→ S. 251, Nr. 52
5	die Uhr lesen.	→ S. 252, Nr. 53, 54
6	mit Zehner-Zahlen multiplizieren und dividieren.	→ S. 248, Nr. 42

Geld

ENTDECKEN

1 Euro-Scheine und Münzen

a) Ordne die Münzen und Scheine der Größe nach. Beginne bei dem kleinsten Wert.
b) Warum sind der 50er-Schein und die 50er-Münze nicht gleich viel wert?
c) In welchen Ländern kann man damit bezahlen?
d) Welche anderen Währungen kennt ihr?

2 Nenne Beispiele, was du für das Geld kaufen kannst.

50 Cent | 1 Euro | 5 Euro | 15 Euro | 250 Euro | 10 000 Euro

VERSTEHEN

Geld ist eine Größe.
Man kann mit Euro und Cent angeben, wie viel etwas kostet.

Zu einer Größe gehört immer eine **Einheit**.

Beispiel 1

1 € → Maßzahl: 1, Einheit: €

30 ct → Maßzahl: 30, Einheit: ct

Vokabeln
→ *das Geld*
→ *der Euro*
→ *der Cent*
→ *die Maßzahl*
→ *die Einheit*
→ *das Komma*

Merke Geld:
Für die Umrechnung gilt:
1 € = 100 ct (1 Euro sind 100 Cent.)

Bei Geld ist die Umrechnungszahl 100.

Beispiel 2

von € in ct umrechnen: · 100

8 € = 800 ct

von ct in € umrechnen: : 100

Häufig verwendet man die **Komma**-Schreibweise:
Vor dem Komma steht der Euro-Betrag. Hinter dem Komma steht der Cent-Betrag.

Beispiel 3

a) 1,10 € = 1 € 10 ct (ein Euro zehn)
b) 10 € 79 ct = 10,79 €

Achte auf die Nullen:
c) 8 € = 8,00 €
d) 80 ct = 0,80 €
e) 5 ct = 0,05 €

ANWENDEN

1 Welche Beträge gehören zusammen?

5 € | 1000 ct | 800 ct | 10 € | 4 € | 500 ct | 80 € | 8 € | 400 ct | 8000 ct

1 Rechne die Beträge um.

a) von Euro in Cent

56 € | 100 € | 4 € | 12 € | 32 € | 1,20 €

b) von Cent in Euro

1000 ct | 255 ct | 300 ct | 800 ct | 120 ct

2 Rechne um.

Tipp Achte bei c) bis f) auf das Komma.

a) 7,50 € = ■ € ■ ct
b) 12,49 € = ■ € ■ ct
c) 250 ct = ■,■ €
d) 60 ct = ■,■ €
e) 4 ct = ■,■ €
f) 56 € 59 ct = ■,■ €

2 Schreibe mit Komma.

Tipp → Verstehen, Beispiel 3

a) 150 ct
b) 1020 ct
c) 14 000 ct
d) 4 € 70 ct
e) 200 € 99 ct
f) 5012 € 3 ct

3 Zahle passend mit möglichst wenigen Scheinen und Münzen.

a) 3 €
b) 22 €
c) 130 €
d) 4,50 €
e) 2,70 €
f) 13,25 €

3 Zahle passend mit möglichst wenigen Scheinen und Münzen.

a) 9 € 80 ct
b) 7 € 95 ct
c) 12 € 78 ct
d) 75,56 €
e) 110,42 €
f) 54,67 €

4 Ordne die Geldbeträge von klein nach groß.

Tipp Rechne erst alles in Cent um.

a) 35,50 € | 20 € | 10 ct | 12 € 40 ct

b) 39,40 € | 9,99 € | 3300 ct | 1 € | 15,99 €

4 Ordne die Geldbeträge von klein nach groß.

Tipp Rechne erst in eine Einheit um.

a) 24 € | 34,50 € | 40 ct | 1 € 40 ct

b) 31,40 € | 9,99 € | 3200 ct | 0,33 €

5 Erik kauft ein.

Was muss er ungefähr bezahlen? Überschlage die einzelnen Preise und berechne.

Methode Geld addieren und subtrahieren

① Schreibe Komma unter Komma.
② Rechne schrittweise.
③ Ergänze im Ergebnis das Komma.

6 Erklärt, wie hier gerechnet wurde.

a)

	1	6,	0	0	€
+		3,	5	0	€
	1	9,	5	0	€

b)

	2	5,	9	9	€
−		6,	7	9	€
	1				
	1	9,	2	0	€

7 Übertrage und berechne im Heft.

a)

	2,	5	0	€
+	1,	4	0	€

b)

	2	4,	9	2	€
−		8,	8	0	€

c) 4,40 € + 12,32 €
d) 12,49 € − 6,27 €

7 Übertrage und berechne im Heft.

a)

	3	2,	9	0	€
+		1,	7	8	€

b)

	2	3,	1	6	€
−		9,	9	4	€

c) 838,45 € + 12,86 €
d) 67,45 € − 4,69 €

Strategie Sachaufgaben lösen

Viele Fragen und Aufgaben aus dem Alltag können mithilfe der Mathematik gelöst werden. Dafür übersetzt man die Sprache in eine mathematische Sprache und wieder zurück.

Beispiel 1 Familie Becker möchte zwei Wochen Urlaub an der Nordsee machen.
Sie findet dieses Angebot:
Das Ferienhaus kostet pro Woche 610 €.
Die Endreinigung kostet zusätzlich 52,50 €.
Wie viel kostet das Ferienhaus insgesamt?

Diese fünf Schritte helfen dir beim Lösen der Aufgabe.

	Das kann dir helfen	**Beispiel**
① **Text genau lesen**	Was ist wichtig? Unterstreiche Wichtiges oder schreibe es ins Heft. Gib die Aufgabe mit eigenen Worten wieder.	Familie Becker möchte zwei Wochen Urlaub an der Nordsee machen. Sie findet dieses Angebot: Das Ferienhaus kostet pro Woche 610 €. Die Endreinigung kostet zusätzlich 52,50 €. Wie viel kostet das Ferienhaus insgesamt?
② **sich einen Überblick verschaffen**	Was ist gegeben? Was ist gesucht?	*gegeben: 2 Wochen Urlaub* *pro Woche 610 €* *zusätzlich 52,50 €* *gesucht: Kosten für das Ferienhaus insgesamt?*
③ **Rechenterm aufstellen und lösen**	Achte auf Hinweise und Schlüsselwörter im Text.  Zeichnungen oder Skizzen können dir auch helfen: – Tabelle – Rechenbaum – Grundriss – …	*pro Woche bedeutet Multiplikation: ·* *zusätzlich bedeutet Addition: +* 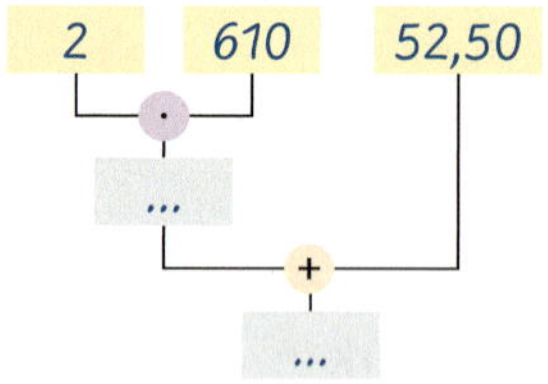 *Rechenterm:* $2 \cdot 610 + 52{,}50$ $= 1220 + 52{,}50$ $= \underline{\underline{1272{,}50}}$
④ **Ergebnis überprüfen**	Hierfür gibt es verschiedene Möglichkeiten: – Ergebnis überschlagen – Umkehraufgabe rechnen – …	*Überschlag:* $2 \cdot 610 + 52{,}50$ $\approx 2 \cdot 600 + 50 = 1250$ *Das stimmt ungefähr mit meinem Ergebnis von 1272,50 € überein.*
⑤ **Antwortsatz schreiben**	Überprüfe, ob deine Antwort zur Frage passt. Denke an die Einheit, wenn nach einer Größe gefragt wird.	*Frage: Wie viel kostet das Ferienhaus?* *Antwort: Das Ferienhaus kostet 1272,50 €.*

Hinweis
Eine Skizze ist eine Zeichnung, die nicht so genau sein muss.

ANWENDEN

1 Lukas hat Wichtiges unterstrichen. Was sagst du dazu?
Die Klasse 5 b bestellt Pizza.
Alle 23 Kinder und die beiden Lehrerinnen bekommen ein Stück Pizza für 3 € und ein Getränk für 1 €.
Wie viel müssen sie bezahlen?

2 Was ist gegeben? Und was ist gesucht?
Das Klassenzimmer der 5 a ist im 2. Stock.
Der Klassenlehrer heißt Herr Müller.
Er ist 42 Jahre alt.
Im Klassenzimmer gibt es 5 Fenster, 4 Gruppentische und 24 Stühle.
Wie viele Stühle passen an einen Gruppentisch?

2 Was ist gegeben? Und was ist gesucht?
Frau Friedrichs plant am 21.10. für den Verein „Grün-Weiss 1968 e. V." ein Sportfest.
14 Erwachsene und 11 Kinder haben sich angemeldet.
Frau Friedrichs kauft für jeden Erwachsenen 3 Würstchen und für jedes Kind 2 Würstchen.
Wie viele Würstchen sind das insgesamt?

3 Emil bekommt jeden Monat 20 € Taschengeld. Zusätzlich mäht er den Rasen. Dafür bekommt er jede Woche 8 €.
Wie viel Geld bekommt Emil jeden Monat?

①

Taschengeld	20 €
Rasen mähen	4 · 8 €
insgesamt	52 €

②

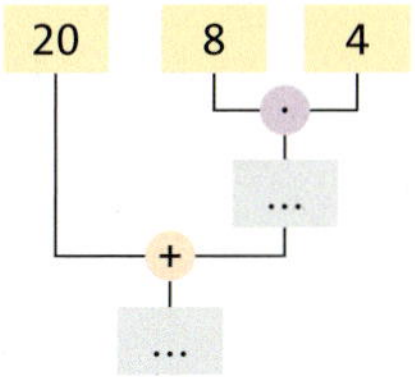

③

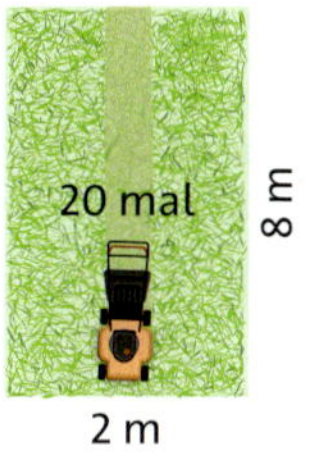

a) Erkläre die drei Darstellungen.
b) Welche Darstellung gehört zur Aufgabe? Begründe deine Antwort. Welche Wörter haben dir dabei geholfen?
c) Erfinde eigene Sachaufgaben zu den restlichen Darstellungen.

4 Mira bekommt Taschengeld: je Monat 15 €. Zusätzlich bekommt sie 40 € zum Zuckerfest.
Wie viel bekommt sie im Jahr?

12 · 40 + 15   12 · 15 + 40   12 + 15 · 40

Welcher Rechenterm gehört zur Aufgabe?

4 Herr Li kauft 4 einzelne Flaschen Wasser und 3 Kisten mit je 12 Flaschen.
Jede Flasche kostet 1 €.

(4 + 3) · 12   3 + 4 · 12   4 + 3 · 12

Welcher Rechenterm gehört zur Aufgabe? Begründe deine Antwort.

5 Ein Kino verkauft 15 Karten zu 10 € und 20 Karten zu 8 €.
Wie viel Geld ist in der Kasse?
Rechenterm: 15 + 20 = 35 Karten
10 € + 8 € = 18 €
35 · 18 € = 630 €
Prüfe das Ergebnis.

5 Ein Kino überprüft die Tageseinnahmen. Es wurden 70 Karten zu 9 € verkauft. Außerdem waren noch 25 € Wechselgeld in der Kasse.
Rechenterm: 70 · 9 – 25 = 605
Prüfe das Ergebnis und schreibe einen Antwortsatz.

6 Familie Müller möchte in Paris Urlaub machen.
Sie wollen 3 Tage dort verbringen.
Die Ferienwohnung kostet pro Tag 110 €.
Die Endreinigung kostet 85 €.
Wie viel Euro kostet die Ferienwohnung insgesamt?

6 Familie Müller möchte ein Wochenende Urlaub in Hamburg machen.
Für zwei Übernachtungen zahlt die Familie 65 € pro Person.
Eine Eintrittskarte für ein Musical kostet 45 €.
Wie viel kostet das zusammen?

Länge

ENTDECKEN

1 Mit Körperteilen messen

a) Miss die Länge eines Tisches mit Spanne und Elle.
Vergleicht eure Ergebnisse.

b) Miss die Längen weiterer Gegenstände.

c) Welche Probleme entstehen, wenn man Längen mit Körperteilen misst?

d) Gebt weitere Möglichkeiten an, Länge oder Entfernung anzugeben.

Spanne

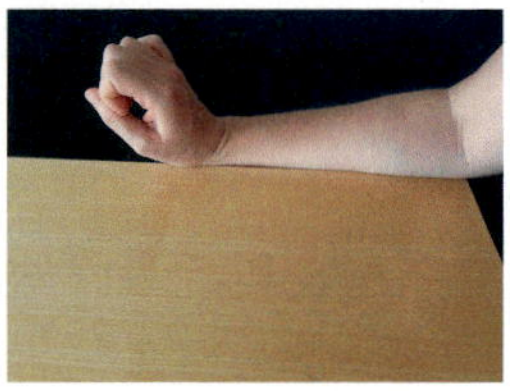
Elle

Hinweis
Kilo = Tausend
Dezi = Zehntel
Zenti = Hundertstel
Milli = Tausendstel
*Wenn man 1 Meter in **tausend** Teile zerlegt, dann bekommt man 1 **Milli**meter.*

2 Ordne die Längen den Bildern zu.
Schreibe zu jedem Bild einen Satz mit der Längenangabe.

1 Kilometer | 1 Meter | 1 Dezimeter | 1 Zentimeter | 1 Millimeter

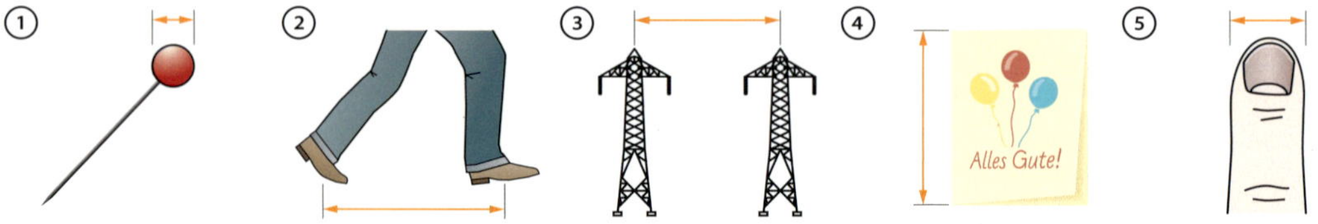

VERSTEHEN

Mesut fährt jeden Tag mit dem Fahrrad zur Schule.
Hin und zurück sind es 2 · 4 km = 8 km.

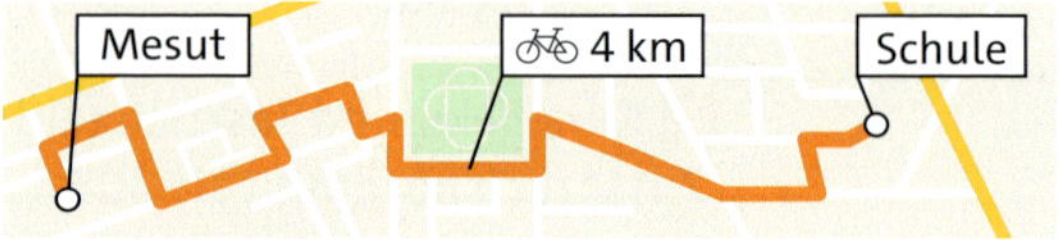

Die **Länge** ist eine Größe:
Sie gibt an, wie kurz oder lang etwas ist.

Beispiel 1

6 km → 6: Maßzahl, km: Einheit

4,70 m → 4,70: Maßzahl, m: Einheit

Vokabeln
→ die Länge
→ der Kilometer
→ der Meter
→ der Dezimeter
→ der Zentimeter
→ der Millimeter

Merke Für **Längen** gibt es diese Einheiten:

Kilometer	km	1 km = 1000 m
Meter	m	1 m = 10 dm
Dezimeter	dm	1 dm = 10 cm
Zentimeter	cm	1 cm = 10 mm
Millimeter	mm	1 mm

größte Einheit ↑ / ↓ kleinste Einheit

Bei Längen ist die Umrechnungszahl 10.

Ausnahme:
Bei der Umrechnung von km in m und von m in km ist die Umrechnungszahl 1000.

Beispiel 2 in die nächstkleinere Einheit:

· 10
2 m = ■ dm
2 m = 20 dm

mit der Umrechnungszahl multiplizieren

Beispiel 3 in die nächstgrößere Einheit:

: 10
50 cm = ■ dm
50 cm = 5 dm

durch die Umrechnungszahl dividieren

ANWENDEN

Zum Weiterarbeiten
Messt in eurem Klassenzimmer verschiedene Gegenstände, z.B. Buch, Tisch, …

1 Ordne den Fahrzeugen die richtige Länge zu. Schreibe passende Sätze ins Heft.

5 dm | 14 m | 6 m | 40 mm | 300 m | 19 cm | 80 cm

2 Rechne in die nächstkleinere Einheit um.
Tipp mit der Umrechnungszahl multiplizieren   · 10: 2 m = ■ dm

a) 7 cm = ■ mm   b) 3 m = ■ dm
c) 4 dm = ■ cm   d) 21 cm = ■ mm
e) 30 dm = ■ cm   f) 800 m = ■ dm

2 Rechne in die nächstkleinere Einheit um.
Tipp mit der Umrechnungszahl multiplizieren

a) 7 cm = ■ mm   b) 3 m = ■ dm
c) 3 km = ■ m   d) 40 dm = ■ cm
e) 12 cm = ■ mm   f) 34 m = ■ dm

Nachgedacht
Tom sagt: „Ich ergänze oder streiche einfach eine Null." Was meint er damit?

3 Rechne in die nächstgrößere Einheit um.
Tipp durch die Umrechnungszahl dividieren   : 10: 50 cm = ■ dm

a) 90 cm = ■ dm   b) 50 dm = ■ m
c) 60 mm = ■ cm   d) 800 cm = ■ dm
e) 1010 dm = ■ m   f) 30 000 mm = ■ cm

3 Wie heißt die nächstgrößere Einheit? Rechne die Längen in diese Einheit um.
Tipp durch die Umrechnungszahl dividieren

a) 90 cm   b) 80 mm
c) 60 mm   d) 30 dm

4 Ist das die nächstgrößere oder nächstkleinere Einheit? Rechne dann um.

a) 8 m = ■ dm   b) 20 mm = ■ cm
c) 5 cm = ■ mm   d) 4 m = ■ dm
e) 70 dm = ■ m   f) 10 mm = ■ cm

4 Rechne in die angegebene Einheit um.
Tipp Multiplizieren oder dividieren?

a) 8 m = ■ dm   b) 40 mm = ■ cm
c) 12 cm = ■ mm   d) 54 m = ■ dm
e) 50 dm = ■ m   f) 610 mm = ■ cm

5 Rechne km in m oder m in km um.
Tipp Achte auf die Umrechnungszahl.

· 1000 ↓ ↑ : 1000

2 km	5 km	■	■
■	■	3000 m	8000 m

5 Rechne km in m bzw. m in km um.
Tipp Achte auf die Umrechnungszahl.

· ↓ ↑ :

1 km	4 km	■	■
■	■	2000 m	90 000 m

6 Rechne die Länge immer in die nächstkleinere Einheit um.
Tipp Achte auf die Reihenfolge der Einheiten und auf die Umrechnungszahlen.

a) 14 dm = ■ cm = ■ mm
b) 2 m = ■ dm = ■ cm = ■ mm
c) 83 dm = … = ■ mm
d) 3500 dm = … = ■ mm

6 Rechne die Längen immer in die nächsten Einheiten um. Beginne bei der Startzahl.
Tipp Startzahl 5 m
5 m = 50 dm = 500 cm = 5000 mm

a) in kleinere Einheiten:
Startzahl: ① 15 cm ② 2 m
b) in größere Einheiten:
Startzahl: ① 300 cm ② 6000 mm

Methode Schrittweise umrechnen
Sind die Einheiten nicht benachbart, kannst du schrittweise umrechnen:

km →(· 1000) m →(· 10) dm →(· 10) cm →(· 10) mm
km ←(: 1000) m ←(: 10) dm ←(: 10) cm ←(: 10) mm

7 Rechne schrittweise in die angegebene Einheit um.
Tipp 8 km = ■ m = ■ dm = ■ cm = ■ mm

a) 8 km = ■ mm   b) 12 m = ■ mm
c) 3000 mm = ■ m   d) 18 000 dm = ■ km

8 Berechne schrittweise.

	m	dm	cm	mm
Tipp	1	10	100	1000
a)	3			3000
b)	15			
c)				70 000

8 Berechne schrittweise.

	km	m	dm	cm	mm
a)	4				
b)			90 000		
c)				600 000	
d)		80 000			

Info Komma-Schreibweise bei Längen
2,5 m bedeutet 2 m und 5 dm
2,5 dm = 2 dm 5 cm
2,5 cm = 2 cm 5 mm

9 Schreibe ohne Komma.
a) 6,5 cm b) 11,2 m
c) 30,5 m d) 40,9 dm
e) 2,5 km f) 0,5 cm

10 Schreibe ohne Komma und rechne in die nächstkleinere Einheit um.
Tipp 2,5 cm = 2 cm 5 mm = 25 mm
a) 3,5 cm b) 4,5 dm
c) 7,2 m d) 3,545 km

10 Schreibe ohne Komma und rechne in die nächstkleinere Einheit um.
Tipp 2,5 cm = 2 cm 5 mm = 25 mm
a) 3,7 cm b) 5,5 dm
c) 8,4 m d) 3,905 km

Erinnere dich
Das Krokodil frisst immer die größere Zahl.

Methode Längen vergleichen
Wenn man zwei Längen vergleicht, müssen die beiden Einheiten gleich sein. Rechne dafür am besten in die kleinere Einheit um.

11 Vergleiche die Längen. Setze ein: < oder >.
a) 34 cm ■ 345 mm
b) 706 dm ■ 7006 cm
c) 6700 dm ■ 67 m
d) 12 mm ■ 1,1 cm

12 Ordne die Längen von kurz nach lang.
Tipp Rechne erst alle Längen in die kleinste Einheit um.
a) 34 dm 30 mm 12 cm
b) 40 cm 120 mm 1 m 3 dm
c) 5 m 1500 cm 500 dm 15 000 mm

12 Ordne die Längen von kurz nach lang.
Tipp Rechne erst alle Längen in die kleinste Einheit um.
a) 8100 dm 1080 cm 81 000 mm 18 m
b) 1500 cm 5 m 5,5 m 155 dm
c) 4,1 m 38,5 dm 390 mm 82 cm

13 Cem und Clara machen eine 15 km lange Fahrradtour.
Sie sind schon 7 km gefahren.
Wie viele km müssen sie noch fahren?

13 Auf jedem Stoffballen sind 12 m Stoff.
a) Vom gelben Stoff wurden 7 m verkauft. Wie viel m sind noch übrig?
b) Vom blauen Stoff sind noch 1,5 m da. Wie viel wurde schon verkauft?

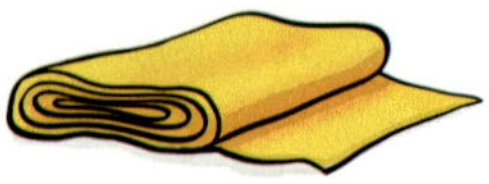

Methode Längen addieren und subtrahieren
Wenn man Längen addiert oder subtrahiert, müssen die Einheiten gleich sein.

14 Berechne.
a) 7 cm + 6 mm
b) 15,5 m + 23 dm
c) 23 mm + 25,1 cm
d) 18,3 cm + 24,5 dm + 100 mm

Strategie Schätzen mit Vergleichsgrößen

Nicht immer ist es möglich, eine Länge genau anzugeben oder zu messen. Dann muss man die Länge schätzen. Dazu braucht man eine **Vergleichsgröße**.

Beispiel 1 Wie groß ist der Leuchtturm?

① **Vergleichsgröße suchen:**
Ist die Fahnenstange eine gute Vergleichsgröße?
Nein. Fahnenstangen können unterschiedlich groß sein.
Ist der Mann eine gute Vergleichsgröße?
Ja. Man kann gut schätzen, wie groß der Mann ist.

② **Vergleichsgröße schätzen:**
Der Mann ist vermutlich etwa 1,80 m groß.

③ **Berechnung:**
Der Leuchtturm ist ungefähr 3-mal so groß wie der Mann.
Also: $3 \cdot 1{,}80\,\text{m} = 3 \cdot 180\,\text{cm} = 540\,\text{cm}$

④ **Antwortsatz:**
Der Leuchtturm ist ungefähr 5,40 m groß.

Hinweis
Beim Multiplizieren rechne nur mit den Zahlen und ergänze die Einheit.

ANWENDEN

1 Welche Vergleichsgröße ist besser? Begründe deine Antwort.

1 Welche Vergleichsgröße ist besser? Begründe deine Antwort.

2 In welcher Höhe arbeitet der Kameramann? Schätze mit einer Vergleichsgröße.

2 In welcher Höhe arbeiten die Männer?

3 Schätzt gemeinsam: Wie hoch ist euer Schulgebäude? Begründet eure Schätzung.
Tipp Schätzt zuerst die Höhe eures Klassenraums.

Gewicht

ENTDECKEN

Hinweis
In den Naturwissenschaften sagt man zu Gewicht auch Masse.

1 Erklärt euch gegenseitig die Bilder.

1 Tonne (1 t)

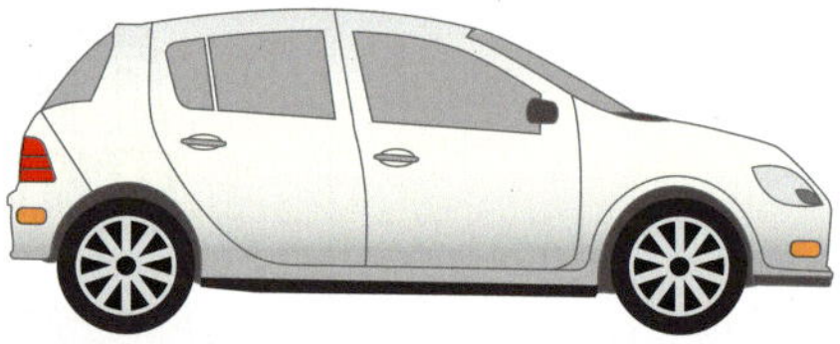

1 Kilogramm (1 kg)

1 Gramm (1 g)

Schätzt das Gewicht von anderen Gegenständen.
Tipp Ein Sack Kartoffeln ist ungefähr doppelt so schwer wie Milch. Also ist er 2 kg schwer.

2 Schätzt das Gewicht der Tiere.
Vergleicht eure Schätzung mit Angaben aus dem Lexikon oder Internet.

VERSTEHEN

Sonja wiegt ihr Meerschweinchen in einer Schale.
860 g – 260 g = 600 g

Das Meerschweinchen wiegt 600 g.

Das **Gewicht** ist eine Größe:
Sie gibt an, wie schwer oder leicht etwas ist.

Beispiel 1
2 kg → Maßzahl: 2, Einheit: kg
400 g → Maßzahl: 400, Einheit: g

Vokabeln
→ das Gewicht
→ die Masse
→ die Tonne
→ das Kilogramm
→ das Gramm

Merke Für **Gewicht** gibt es diese Einheiten:

Tonne	t	1 t = 1000 kg
Kilogramm	kg	1 kg = 1000 g
Gramm	g	1 g

↓ größte Einheit … kleinste Einheit ↑

Bei Gewichten ist die Umrechnungszahl 1000.

Beispiel 2 in die nächstkleinere Einheit:
· 1000
6 t = ▢ kg
6 t = 6000 kg
mit der Umrechnungszahl multiplizieren

Beispiel 3 in die nächstgrößere Einheit:
: 1000
9000 g = ▢ kg
9000 g = 9 kg
durch die Umrechnungszahl dividieren

ANWENDEN

Zum Weiterarbeiten
Es gibt auch noch die Einheit Milligramm (mg). Recheriere im Internet: Was bedeutet die Einheit? Was wiegt etwa 10 mg und 100 mg?

1 Wie schwer sind die Tiere? Ordne die Gewichte zu.

300 kg | 5 t | 25 g | 1 g | 6 kg

2 Rechne die Gewichte um.

a) in die nächstkleinere Einheit:

Tipp · 1000
9 t = ▢ kg

① 4 t = ▢ kg ② 7 kg = ▢ g
③ 12 t = ▢ kg ④ 16 kg = ▢ g

b) in die nächstgrößere Einheit:

Tipp : 1000
3000 g = ▢ kg

① 4000 g = ▢ kg ② 6000 kg = ▢ t
③ 18 000 g = ▢ kg ④ 50 000 kg = ▢ t

3 Welche Angabe ist richtig?

a) 5 kg = ▢ 5000 g oder 50 g
b) 2 kg = ▢ 20 g oder 2000 g
c) 5 t = ▢ 5000 kg oder 5000 g
d) 120 kg = ▢ 120 000 t oder 120 000 g

4 Rechne in die angegebene Einheit um.

Tipp Bei e) und f) musst du schrittweise umrechnen.

a) 67 t (kg)
b) 85 000 kg (t)
c) 123 kg (g)
d) 45 000 g (kg)
e) 79 000 000 g (t)
f) 8 t (g)

5 Übertrage die Tabelle ins Heft. Berechne schrittweise.

	t	kg	g
a)	8		
b)	15		
c)			9 000 000
d)			22 000 000

2 Rechne die Gewichte um.

Tipp · 1000
5 t = 5000 kg
: 1000

a) in die nächstkleinere Einheit:
① 6 kg ② 14 t
③ 450 kg ④ 100 t

b) in die nächstgrößere Einheit:
① 3000 kg ② 5000 g
③ 14 000 kg ④ 120 000 g

3 Welche Angaben passen zusammen? Zwei Angaben bleiben übrig.

0,5 t | 6 000 000 g | 5 kg | 15 000 g | 500 g | 6000 kg | 5000 g | 6 t | 150 000 g | 150 kg | 500 kg

4 Rechne in die angegebene Einheit um.

Tipp Bei e) und f) musst du schrittweise umrechnen.

a) 308 t (kg)
b) 3 080 000 kg (t)
c) 100 kg (g)
d) 1000 g (kg)
e) 22 000 000 g (t)
f) 2020 t (g)

5 Übertrage die Tabelle ins Heft. Berechne schrittweise.

	t	kg	g
a)	9		
b)			27 000 000
c)		5000	
d)	12,5		

6 Rechne um.
a) 1 kg 500 g = ■ g
b) 5 t 200 kg = ■ kg
c) 2 kg 300 g = ■ g
d) 6 t 400 kg = ■ kg

6 Rechne in die kleinere der beiden Einheiten um.
a) 4 kg 400 g
b) 8 t 750 kg
c) 14 kg 800 g
d) 20 kg 420 g
e) 33 kg 333 g
f) 19 t 125 kg

7 Vergleiche. Setze ein: < oder >.
Tipp Rechne erst in die kleinere der beiden Einheiten um.
a) 35 kg ■ 53 000 g
b) 8000 g ■ 9 kg
c) 17 t ■ 16 000 kg
d) 56 000 g ■ 65 kg

7 Vergleiche. Setze ein: < oder >.
Tipp Denke daran, erst in eine Einheit umzurechnen.
a) 45 kg ■ 54 000 g
b) 12 000 g ■ 13 kg
c) 3 t ■ 30 000 kg
d) 45 kg 600 g ■ 45,5 kg

Methode Mit Gewichten rechnen
Achte bei Addition und Subtraktion darauf, dass alle Einheiten gleich sind.
Beim Multiplizieren oder Dividieren rechne nur mit den Zahlen und ergänze die Einheit.

8 Hat Antje alles richtig gemacht? Erkläre und verbessere die Fehler im Heft.
a) *6 kg + 500 g = 506 g*
b) *2 kg − 600 g = 1 kg 400 g*
c) *5 · 150 g = (5 · 150) g = 750 g*
d) *600 t : 30 = (600 : 30) t = 20 kg*

9 Berechne.
a) 400 g + 150 g
b) 500 g − 250 g
c) 555 g + 3 kg
d) 7 t − 610 kg
e) 3 · 250 kg
f) 750 g : 3

9 Berechne.
a) 1508 g + 50 g
b) 270 kg − 90 kg
c) 232 kg + 6 g
d) 655 t + 75 kg
e) 24 · 8 t
f) 156 kg : 12

10 Eine Schale Weintrauben wiegt 500 g.

Anzahl	Gesamtgewicht
2	
3	
7	

10 Ein Sack Nüsse wiegt 1500 g.

Anzahl	Gesamtgewicht
4	
10	
	12 kg

11 Wie schwer ist das Obst?
a)
b)

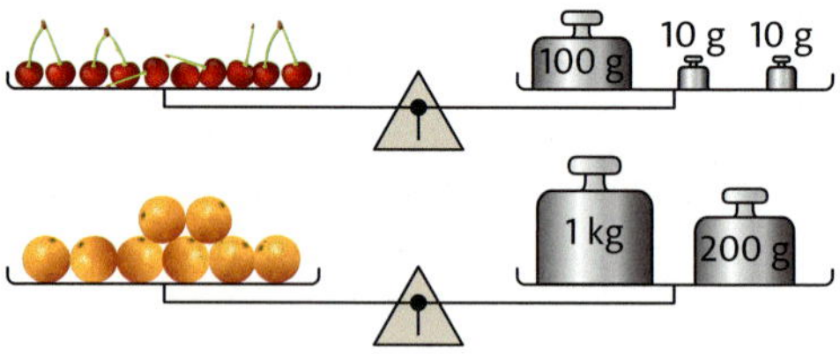

11 Wie schwer ist das Obst?
a)
b)

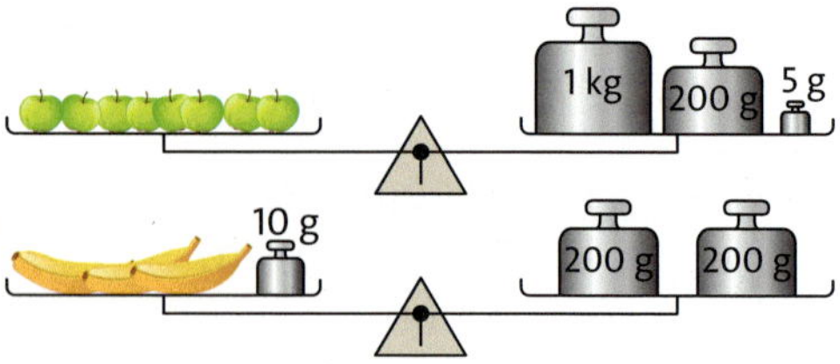

12 Wie schwer ist der Einkauf?

Einkaufsliste
2 kg Kartoffeln *500 g Möhren*
250 g Tomaten *100 g Käse*
1 kg 500 g Zwiebeln

12 Wie viel wiegt alles zusammen?

Kartoffelpuffer für 4 Personen
1,2 kg Kartoffeln *150 g Zwiebeln*
60 g Mehl *2 Eier (je ca. 50 g)*
je 1 Teelöffel Salz und Pfeffer (je ca. 5 g)

Zeit

ENTDECKEN

1 Fußball-Fan Stefanie freut sich auf die Spiele ihrer Mannschaft.
Das erste Spiel war bereits am 19. September um 21.00 Uhr.
Der Schiedsrichter ließ 5 Minuten nachspielen.
Drei Tage danach ist das 2. Spiel: Es beginnt um 15.30 Uhr.
Eine Halbzeit dauert 45 Minuten.
Die Halbzeitpause ist 15 Minuten lang.

→ Sachaufgaben lösen: S. 108, Schritt ① und ②

a) Welche Zeitangaben stehen im Text? Schreibe sie heraus.
b) Einige Zeiten beschreiben einen genauen Zeitpunkt. Einige beschreiben, wie lange etwas dauert. Ordnet die Zeitangaben zu.
c) Vergleicht eure Ergebnisse.

2 Wie lange dauert das?
Tipp Manchmal müsst ihr schätzen.

a) eine Schulstunde
b) ein Fußballspiel
c) ein Schuljahr
d) ein Herzschlag
e) ein 400-m-Lauf
f) Zähne putzen
g) eine Autofahrt nach Rom
h) eine Raumfahrt zum Mond

VERSTEHEN

Wann beginnt Merves Unterricht heute?
Und wie lange hat sie heute Sport?

Ein **Zeitpunkt** ist eine genaue Uhrzeit oder ein Termin, z. B. heute 8.00 Uhr

Die **Zeitspanne** ist eine Größe:
Sie gibt an, wie lange oder kurz etwas dauert.

Beispiel 1
45 min → Maßzahl: 45, Einheit: min
7 Tage → Maßzahl: 7, Einheit: Tage

Vokabeln
→ die Zeit
→ die Zeitspanne
→ der Zeitpunkt
→ die Stunde
→ die Minute
→ die Sekunde

Merke Für **große Zeitspannen** gibt es diese Einheiten: Jahre, Monate, Wochen, Tage.

Jahr 1 Jahr = 365 Tage
Tag 1 Tag = 24 Stunden

Für **kleine Zeitspannen** gibt es diese Einheiten:

Stunde	h	1 h = 60 min
Minute	min	1 min = 60 s
Sekunde	s	1 s

größte Einheit ↑ … ↓ kleinste Einheit

Beispiel 2 in die nächstkleinere Einheit:
· 60
2 h = ▢ min
2 h = 120 min
mit der Umrechnungszahl multiplizieren

Beispiel 3 in die nächstgrößere Einheit:
: 60
360 s = ▢ min
360 s = 6 min
durch die Umrechnungszahl dividieren

ANWENDEN

1 In welcher Einheit gibst du die Zeitspannen an? Begründe deine Antwort.

a) Dauer einer Englisch-Stunde
b) Zugfahrt nach Österreich
c) ein Herzschlag
d) dein Lieblingslied
e) ein Basketballspiel
f) eine Erdumdrehung

2 Rechne die Zeitspannen um.

a) in die nächstkleinere Einheit:

Tipp ·60
4 h = ■ min

① 6 h = ■ min ② 12 h = ■ min
③ 7 min = ■ s ④ 30 min = ■ s

b) in die nächstgrößere Einheit:

Tipp : 60
120 s = ■ min

① 300 s = ■ min ② 720 s = ■ min
③ 240 min = ■ h ④ 1200 min = ■ h

2 Rechne die Zeitspannen um.

Tipp ·60
8 min = 480 s
: 60

a) in die nächstkleinere Einheit:
① 6 min ② 12 min
③ 30 h ④ 18 h

b) in die nächstgrößere Einheit:
① 480 s ② 1200 s
③ 240 min ④ 3000 min

3 Ergänze die Tabelle im Heft.

Tage	2	3	4	5
Stunden	■	■	■	■

3 Ergänze die Tabelle im Heft.

Tage	3	7	■	■
Stunden	■	■	240	12

4 Rechne in die angegebene Einheit um.

Tipp Bei f) musst du schrittweise umrechnen.

a) 48 h (Tage) b) 10 min (s)
c) 180 s (min) d) 5 h (min)
e) 730 Tage (Jahre) f) 3 h (s)

4 Rechne in die angegebene Einheit um.

Tipp Manchmal musst du schrittweise umrechnen.

a) 2 h (min) b) 4 Tage (h)
c) 120 min (h) d) 3600 s (h)
e) 1 Jahr (h) f) 1440 min (Tage)

5 Immer 2 Zeitspannen gehören zusammen.

90 min | 1 h 30 min | 300 s | 5 min | 3 min 20 s | 120 s | 24 h | 2 min | 200 s | 1 Tag

5 Immer 2 Zeitspannen gehören zusammen.

150 min | 8 min 20 s | 1 Tag 1 h | 25 h | 2 h 30 min | 150 s | 500 s | 2 min 30 s | 5 min 15 s | 315 s

6 Was dauert länger?
Begründe deine Antwort.

a) 48 h oder 3 Tage
b) 5 min oder 240 s
c) 150 min oder 2 h
d) 110 min oder 1 h und 10 min?

6 Vergleiche. Setze ein: < oder >.

a) 330 min ■ 3 h 20 min
b) 180 s ■ 4 min
c) 3 Tage ■ 50 h
d) 2 min 30 s ■ 240 s
e) 4 h 30 min ■ 280 min

7 Addiere.

a) 1 h 10 min + 35 min
b) 2 h 18 min + 5 h
c) 1 min + 30 s + 50 s

7 Addiere.

a) 3 h 27 min + 1 h 9 min
b) 8 min + 26 s + 17 s
c) 2 min 30 s + 2 min 50 s

8 Wie viel Zeit liegt dazwischen?

Tipp Erst die Minuten, dann die Stunden.

von

bis

8 Wie viel Zeit liegt dazwischen?
Erkläre, wie du vorgehst.

von

bis

9 Ergänze den Fahrplan im Heft.

	Abfahrt	Fahrzeit	Ankunft
a)	6.35 Uhr	15 min	
b)	14.12 Uhr	45 min	
c)	10.10 Uhr	2 h 40 min	
d)	8.21 Uhr	3 h 25 min	
e)	7.30 Uhr	40 min	
f)	23.04 Uhr	1 h 59 min	

9 Ergänze den Fahrplan im Heft.

	Abfahrt	Fahrzeit	Ankunft
a)	12.12 Uhr	1 h 39 min	
b)	7.45 Uhr		9.35 Uhr
c)		2 h 20 min	12.30 Uhr
d)	14.50 Uhr		16.23 Uhr
e)		5 h 55 min	17.19 Uhr
f)	23.25 Uhr	1 h 15 min	

10 Katarina kommt um 11.10 Uhr am Hauptbahnhof an.
Dann benötigt sie noch 45 Minuten mit der Straßenbahn zum Schwimmbad. Dort zieht sie sich um. Das dauert 15 Minuten.
Wann kann sie ins Wasser?

10 Niklas ist mit Lisa um 12 Uhr verabredet. Lisa kommt um 11.10 Uhr am Bahnhof an. Dann braucht sie noch 45 Minuten mit der Straßenbahn. Von dort aus muss sie noch sieben Minuten laufen.
Schafft sie es rechtzeitig?

11 Kann das sein?
Begründe deine Antwort.
a) Leas Bruder ist 730 Tage auf der Welt.
b) Ein Wellensittich wird etwa 2190 Tage alt.
c) Familie Pachter ist 168 Stunden im Urlaub.

11 Kann das sein?
Begründe deine Antwort.
a) Ein Hund wird etwa 2920 Tage alt.
b) Kevins großer Bruder ist 5475 Tage alt.
c) Eine Eintagsfliege ist 86 400 s alt.

12 Im Ferienlager gibt es verschiedene Kurse.

THEATERSCHMINKEN

Beginn: 16 Uhr
Dauer: 45 Minuten

AKROBATIK

Bitte seid 10 min früher da, um euch umzuziehen.

Beginn: 14.50 Uhr
Ende: 15.20 Uhr

BOGENSCHIEßEN

13 - 17 Uhr / jede volle Stunde
Dauer: 50 Minuten

GRAFFITI

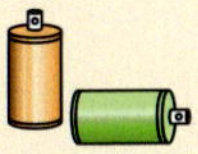

Beginn: 14 Uhr
Dauer: 30 Minuten

Zum Weiterarbeiten
Karl möchte gerne bei allen Kursen mitmachen. Geht das?

a) Laurin hat beim Theaterschminken mitgemacht. Jetzt möchte er zum Bogenschießen. Schafft er es rechtzeitig?
b) Gülsen hat beim Graffiti mitgemacht. Jetzt möchte sie zum Akrobatik-Kurs. Schafft sie es rechtzeitig?
c) Pia ist am Schießstand. Sie möchte zum Graffiti. Wann soll sie losgehen?

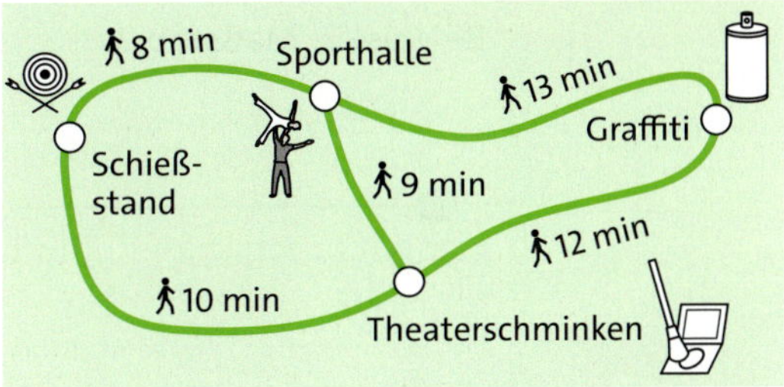

Thema Maßstab

Kleines wird oft **vergrößert** abgebildet. Großes wird oft **verkleinert** abgebildet.
Kannst du dir vorstellen, warum man das macht?

Verkleinerung	in Wirklichkeit	Vergrößerung

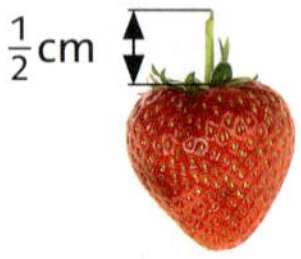

in halber Größe	in Originalgröße	in doppelter Größe

Vokabeln
→ der Maßstab
→ die Verkleinerung
→ die Vergrößerung

Für Verkleinerungen und Vergrößerungen wird ein **Maßstab** benutzt.

1 zu 100

Der Maßstab 1 : 100 bedeutet:
1 cm im Bild entspricht 100 cm in Wirklichkeit. Es ist also eine **Verkleinerung**.

2 zu 1

Der Maßstab 2 : 1 bedeutet:
2 cm im Bild entspricht 1 cm in Wirklichkeit. Es ist also eine **Vergrößerung**.

Beispiel 1 Maßstab 1 : 100

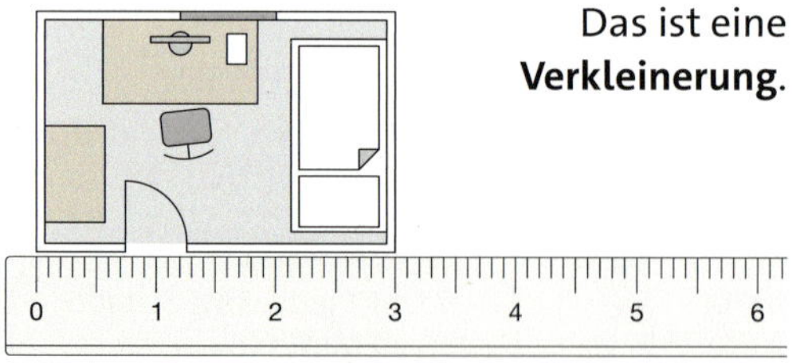

Das ist eine **Verkleinerung**.

Erik misst im Grundriss: 3 cm.
Der Maßstab ist 1 : 100.

Rechnung: 3 cm · 100 = 300 cm

Sein Zimmer ist also in Wirklichkeit 300 cm = 3 m lang.

Beispiel 2 Maßstab 2 : 1

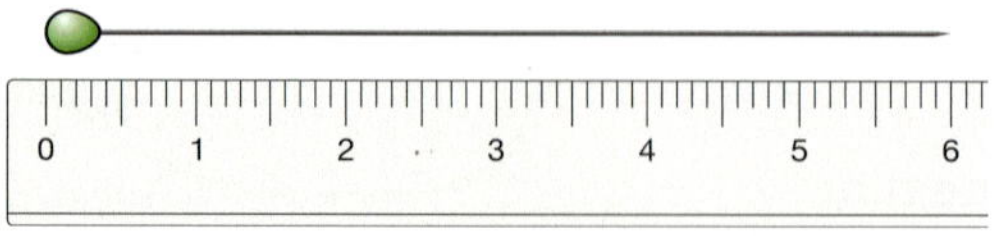

Das ist eine **Vergrößerung**.

Erik misst die vergrößerte Nadel: 6 cm.
Der Maßstab ist 2 : 1.

Rechnung: 6 cm : 2 = 3 cm

Die Nadel ist also in Wirklichkeit 3 cm lang.

ANWENDEN

1 Sind die Tiere in Originalgröße abgebildet?
Oder sind sie verkleinert oder vergrößert worden?
Begründe.

2 Ergänze den Text im Heft.
Die Küche ist ■ cm lang.
Der Maßstab ist 1 : 100.
Rechnung:
■ cm · 100 = ■ cm
Das Zimmer ist also in
Wirklichkeit ■ cm = ■ m lang.

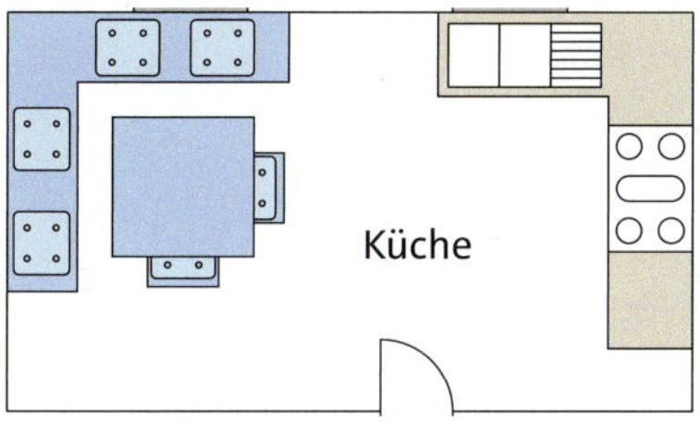

2 Miss die Länge und Breite im Grundriss.
Der Maßstab ist 1 : 100.
Berechne die Länge und Breite in Wirklichkeit.

3 Ergänze den Text im Heft.
Der Käfer ist ■ cm lang.
Der Maßstab ist 2 : 1.
Rechnung:
■ cm : 2 = ■ cm
Der Käfer ist also
in Wirklichkeit ■ cm lang.

3 Miss die Länge des Käfers.
Der Maßstab ist 2 : 1.
Berechne die Länge in Wirklichkeit.

4 Berechne die Originalgröße.
a) Verkleinerung im Maßstab:
1 : 200
Lisa hat 4 cm gemessen.
b) Vergrößerung im Maßstab:
10 : 1
Moritz hat 50 cm gemessen.

4 Vergrößerung oder Verkleinerung?
Begründe deine Antwort.
Berechne dann die Größe in Wirklichkeit.
a) Maßstab: 10 : 1
Miriam hat 60 cm gemessen.
b) Maßstab: 1 : 10 000
Dennis hat 7 cm gemessen.

5 Berechne die Entfernungen auf dem Stadtplan in m.
Tipp Es sind 6 Entfernungen:
vom Rathaus bis zum Museum,
vom Rathaus bis zum Denkmal,
…

6 Übertrage das Haus in Originalgröße.
Vergrößere es dann noch einmal in doppelter Größe:
Maßstab 2 : 1.

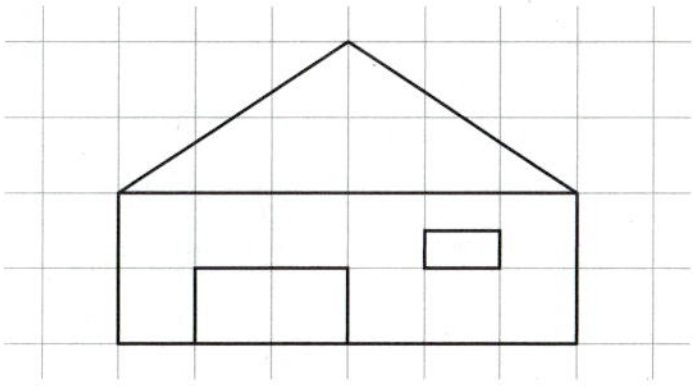

6 Übertrage das Haus in Originalgröße.
Zeichne es dann noch einmal im Maßstab 3 : 1.

Klar soweit?

→ Seite 106

Geld

1 Zahle passend mit möglichst wenigen Münzen.
a) 1,30 € b) 2,65 € c) 0,73 €

1 Zahle passend mit möglichst wenigen Scheinen und Münzen.
a) 3,35 € b) 5,77 € c) 4,88 €

2 Schreibe in € mit Komma.
a) 450 ct b) 225 ct
c) 1 € 30 ct d) 300 ct

2 Schreibe in € mit Komma.
a) 420 ct b) 555 ct
c) 3 € 39 ct d) 80 ct

3 Berechne das Wechselgeld.

	Kaufpreis	gegeben	Wechselgeld
a)	4,00 €	5,00 €	
b)	2,60 €	3,00 €	
c)	6,50 €	10,00 €	

3 Übertrage und ergänze im Heft.

	Kaufpreis	gegeben	Wechselgeld
a)	14,00 €	20,00 €	
b)	4,40 €	10,00 €	
c)		35,00 €	3,50 €

→ Seite 110

Länge

4 In welcher Einheit gibst du die Länge an?
a) die Länge deines Zeigefingers
b) die Länge eines Fliegenbeins
c) die Länge deines Schulwegs
d) die Länge eines Autos
e) die Länge eines Kugelschreibers
f) die Maße einer 1-ct-Münze

5 Rechne die Länge um.
Tipp Manchmal musst du schrittweise umrechnen.
a) in cm: 6 dm; 20 mm; 2 m; 3 km
b) in m: 5 km; 80 dm; 900 cm; 2000 mm

5 Rechne die Länge um.
a) in cm:
2 m; 6 dm; 20 mm; 3,75 m; 0,8 dm
b) in m:
5,3 km; 85 dm; 5500 mm; 920 cm; 0,7 km

6 Rechne in die nächstkleinere Einheit um und schreibe ohne Komma.
a) 5,5 cm b) 3,1 dm
c) 10,3 dm d) 2,50 m

6 Schreibe ohne Komma.
a) 5,6 dm b) 50,6 dm
c) 1,5 cm d) 20,9 m
e) 2,8 m f) 53,1 dm

7 Eine Strecke ist auf einer Karte 8 cm lang.
Der Maßstab ist 1 : 10.
Wie lang ist die Strecke in Wirklichkeit?

7 Eine Strecke ist auf einer Karte 12 cm lang.
Der Maßstab ist 1 : 100.
Wie lang ist die Strecke in Wirklichkeit?

→ Seite 114

Gewicht

8 Was sagst du zu den Einheiten? Welche Einheiten würdest du wählen?
Begründe deine Antwort.

9 Rechne die Gewichte um.
a) in g:
4 kg; 8 kg; 1 kg 500 g; 3 t
b) in kg:
2000 g; 15 t; 460 000 g; 5 t 80 kg

10 Berechne.
Tipp Rechne zuerst alles in g um.
a) 2 kg + 1500 g
b) 850 g + 10 kg
c) 35 kg – 2500 g
d) 12 400 g – 8 kg

11 Wiegen die Zutaten insgesamt mehr oder weniger als 1 kg? Begründe.

Süßer Nachtisch
Zutaten

250 g Butter
100 g Rohrzucker
100 g weiße Schokolade
70 g Weizenmehl
300 g Speisestärke

9 Rechne die Gewichte um.
a) in die nächstkleinere Einheit:
45 kg; 202 t; 6 t 500 kg
b) in die nächstgrößere Einheit:
5000 kg; 69 000 g; 2 kg 400 g

10 Berechne.
Tipp Achte auf die Einheiten.
a) 5 kg + 600 g
b) 6 t + 70 kg
c) 78 kg – 15 kg 900 g
d) 1 t – 500 g

11 Kann Bonny alles in einer Papiertüte tragen, die 10 kg aushält?

→ *Seite 117*

Zeit

12 Rechne die Zeitspanne um.
a) 1 Stunde in Minuten
b) 2 Minuten in Sekunden
c) 1 Tag in Stunden
d) 2 Stunden in Minuten

13 Es ist jetzt 12.00 Uhr.
Wie spät ist es in …?
a) 30 Minuten
b) einer Stunde
c) 90 Minuten
d) 2 h und 30 min

14 Addiere die Zeitspannen.
a) 1 h + 30 min
b) 1 h 30 min + 1 h 10 min
c) 45 min + 30 min
d) 1 h 32 min + 2 h 45 min

12 Rechne die Zeitspanne um.
a) 2 Stunden in Minuten
b) 7 Minuten und 20 Sekunden in Sekunden
c) 2 Wochen in Stunden
d) 1 Stunde in Sekunden

13 Wie spät ist es in …?
a) 45 Minuten
b) 2 Stunden
c) 90 Minuten
d) 6 h und 20 min
e) 7 h und 55 min

14 Addiere die Zeitspannen.
a) 2 h 20 min + 1 h 30 min
b) 56 min + 17 min
c) 25 min + 4 h 50 min
d) 3 h 40 min + 2 h 35 min

→ *Lösungen ab S. 219*

Vermischte Übungen

Anwenden

Zum Weiterarbeiten
Gestaltet ein Plakat zu Größen. Schreibt Schlüsselwörter und Fragewörter zu den einzelnen Größen auf.

1 Im Schwimm-Verein

Murat ist seit **1 Jahr** im Schwimm-Verein. Bei seinem letzten Training ist er **50 m** Brust und **25 m** Rücken geschwommen. Beim Brustschwimmen trainiert er mit einem Schwimmbrett. Das Schwimmbrett wiegt nur **120 g** und kostet **8,95 €**.

a) Schreibe alle Größenangaben heraus.
b) Ordne die Größen zu: Länge, Gewicht, Zeit oder Geld?

1 Fußball-Bundesliga

Ein Fußballspiel dauert zweimal 45 Minuten. Das Spielfeld ist etwa 100 m lang und 60 m breit. Der Ball wiegt höchstens 450 g, die Trikots etwa 0,7 kg. Eine Sitzplatz-Karte kostet ca. 50 €, ein Stehplatz ungefähr 15 €.

a) Schreibe alle Größenangaben heraus.
b) Ordne die Größen zu: Länge, Zeit, Gewicht oder Geld?

2 Geld umrechnen

a) Schreibe in Cent. 2 € 4,10 € 12,50 €
b) Schreibe in Euro mit Komma. 10 ct 200 ct 650 ct 4500 ct 6450 ct 5 ct

2 Geld umrechnen

a) 5 € = ■ ct
b) 140 € = ■ € ■ ct
c) 7,89 € = ■ € ■ ct
d) 19,99 € = ■ € ■ ct
e) 12 012 ct = ■ €

3 Ordne die Domino-Steine im Heft.

| Start \| 2 m | 0,8 dm \| 2,5 m | 25 dm \| 1200 mm | 450 cm \| 1,5 km |
| 1500 m \| 80 mm | 200 cm \| 45 dm | 120 cm \| Ende | |

4 Rechne um.

a) ■ g = 4000 kg = ■ t
b) 25 000 g = ■ kg = ■ t
c) ■ g = ■ kg = 2 t

4 Rechne in die nächstkleinere und nächstgrößere Einheit um, wo es möglich ist.

a) 17 000 kg
b) 4300 g
c) 150 000 g
d) 50 t

5 Übertrage und ergänze die Tabelle.

	Stunden	Minuten	Sekunden
a)	2 h		
b)		120 min	
c)			7200 s

5 Übertrage und ergänze die Tabelle.

	Stunden	Minuten	Sekunden
a)	3 h		
b)		240 min	
c)			21 600 s

6 Wie schwer ist der gesamte Einkauf?
Berechne.
Tomaten: 1 kg
Weißkohl: 450 g
Möhren: 1 kg 200 g
Wirsing: 380 g
Zwiebeln: 300 g

6 Wie schwer ist die gefüllte Schultasche?
Berechne.
Schultasche 1,4 kg
Schulbücher 2,25 kg
Hefte 360 g
Etui 300 g
Butterbrotdose 560 g

7 Sabrina kauft sich am Getränkeautomaten eine Flasche Orangensaft für 80 ct.
Sie wirft eine 2 Euro-Münze in den Automaten und bekommt 3 Münzen zurück.
Welche Münzen sind das?

7 Marcus kauft für 9,30 € ein.
Er bezahlt mit einem 10-€-Schein.
Der Verkäufer fragt:
„Hast du vielleicht 30 ct klein?“
Warum fragt der Verkäufer das? Erkläre.

8 Stellt eine sinnvolle Frage und beantwortet sie.

a)

b)

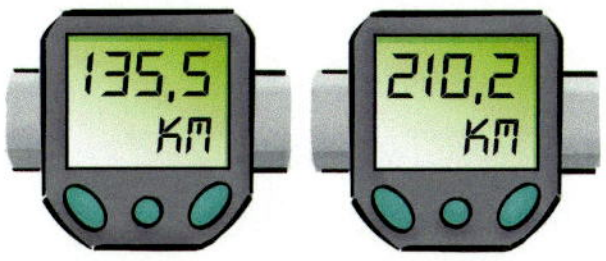

c)

9 Ergänze den Fahrplan im Heft.

	Zug	ab Hbf	an Nord-Bf	Fahrzeit
a)	ICE	1.50 Uhr	2.55 Uhr	
b)	RE	6.03 Uhr	11.43 Uhr	
c)	ERB	18.45 Uhr	21.30 Uhr	
d)	IC	23.50 Uhr	2.15 Uhr	

9 Ergänze den Fahrplan im Heft.

	Zug	ab Hbf	an Süd-Bf	Fahrzeit
a)	ICE	6.50 Uhr	8.55 Uhr	
b)	RE	10.50 Uhr		1 h 40 min
c)	ERB		14.30 Uhr	1 h 45 min
d)	IC	22.50 Uhr	0.15 Uhr	

10 3 km = ▢ mm?
Tugba rechnet schrittweise:

3 km = 3000 m = 30 000 dm = 300 000 cm = 3 000 000 mm
(· 1000, · 10, · 10, · 10 / : 1000, : 10, : 10, : 10)

Benjamin

a) Erklärt, wie Tugba und Benjamin rechnen.
b) Rechnet einmal wie Tugba und einmal wie Benjamin.

mit Längen: ① 4 km = ▢ mm ② 20 m = ▢ mm
③ 8 000 mm = ▢ m ④ 99 000 000 dm = ▢ km
mit Gewichten: ⑤ 3 t = ▢ g ⑥ 130 t = ▢ g
⑦ 6 000 000 g = ▢ t ⑧ 870 000 000 g = ▢ t

11 Vergleiche. Setze ein: < oder >.
a) 2,45 € ▢ 199 ct
b) 312 cm ▢ 213 m
c) 6 kg 200 g ▢ 620 000 g
d) 960 s ▢ 15 min

11 Vergleiche. Größer, kleiner oder gleich?
a) 1,79 € ▢ 1079 ct
b) 3 m 47 cm ▢ 400 mm
c) 12 kg 460 g ▢ 13 500 g
d) 4 h ▢ 14 400 s

12 Was muss man an der Kasse bezahlen? Berechne den Gesamtpreis.

a)

0,75 €

1,99 €

b)

je 2,29 €

c)

Supermarkt Jon
Leergut-Bon
Nur einzulösen in unseren Filialen.
Summe 3,78 €

6,99 €

Hinweis
Überprüfe deine Antworten mit Angaben aus dem Lexikon oder aus dem Internet.

13 Welche Tiere wiegen so viel?
Schreibe Beispiele ins Heft.
a) über 15 kg
b) unter 2 kg
c) zwischen 5 kg und 10 kg

13 Welche Tiere wiegen so viel?
Schreibe Beispiele ins Heft.
a) über 1 t
b) unter 20 g
c) zwischen 1 kg und 5 kg

14 Sachaufgaben

Wie viel muss jeder bezahlen?
Der Turn-Verein fährt 5 Tage zum Zelten.
Insgesamt kostet die Fahrt 2750 €.
Für die 12 Mädchen gibt es 4-Personen-Zelte.
Die 13 Jungen schlafen in 3-Personen-Zelten.
Die Hinfahrt dauert 1 Stunde und 15 Minuten.
Für den Rückweg brauchen sie 1 Stunde und 30 min.

a) Hat Linda alles Wichtige im Text unterstrichen? Begründe.
b) Beantworte die Frage.
c) Stelle eigene Fragen zum Text und beantworte sie.

15 Linus wandert 2,2 km.
Nach einer Pause wandert er noch einmal 6,5 km.
Insgesamt ist die Wanderung 13 km lang.
Wie viel km muss er noch bis zum Ziel wandern?
Überschlage erst das Ergebnis.

15 Von einem neuen Stoffballen schneidet Frau Pillack einmal 3,80 m Stoff und einmal 2,70 m ab.
Auf einem neuen Stoffballen sind immer 10 m Stoff.
Wie viel m sind noch übrig?
Überschlage erst das Ergebnis.

16 Im Schwimmbad sind die Becken 50 m lang.
a) Wie viele Meter schwimmt man, wenn man 6 Bahnen schwimmt?
b) Wie viele Bahnen muss man für 400 m schwimmen?

16 Ein Lkw darf 7 t Ladung haben.
a) Es sollen 3000 Radios geladen werden. Ein Radio wiegt 2,1 kg. Geht das?
b) Ein Fernseher wiegt 20 kg. Wie viele Fernseher darf man auf den Lkw laden?

17 Familie Jacobi kauft einen Esstisch für 120 €.
Die vier Stühle kosten jeweils 45 €.
Was kostet das zusammen?
Zeichne einen Rechenbaum dazu.

17 Sebastian joggt von zu Hause bis zum Sportplatz 1,5 km.
Dort läuft er 2 Runden von jeweils 900 m.
Wie viele km sind das insgesamt?
Zeichne einen Rechenbaum dazu.

Vertiefen

18 Überschlage zuerst.
Berechne dann den Gesamtpreis.
a) Frau Müller kauft eine Kiwi und eine Schale Erdbeeren.
b) Herr Dong kauft 2 Schalen Erdbeeren.
c) Inga kauft 3 kg Bananen.
d) Familie Renner kauft 6 Kiwis und eine Schale Erdbeeren.
e) Was kann man für 10 € alles kaufen?
Stelle einen Einkauf zusammen und berechne den Gesamtpreis.

Kiwi
Stück 0,30 €

Erdbeeren
250 g 1,50 €

Bananen
pro kg 1,10 €

19 Peter kauft ein:
1,49 € 6,19 € 2,19 €
Er rundet die Preise: 1 € + 6 € + 2 €
„Da reichen meine 9 €."
Was sagst du dazu?

20 8 Baklavas kosten 4,00 €.
Wie viel kostet ein Baklava?
Wie viel kosten dann zwei Baklavas?

21 Auf der Welt gibt es unterschiedliche Zeitzonen.

Berlin	New York	Melbourne

8 Uhr	2 Uhr (– 6 Stunden)	18 Uhr (+ 10 Stunden)

a) Erkläre.
b) Wie spät ist es in New York und in Melbourne, wenn es in Berlin 12 Uhr ist?
c) Wie viel Uhr ist es in Berlin und in New York, wenn es in Melbourne 9 Uhr ist?
d) Wer feiert zuerst Silvester?

22 Tatjana hat 89,99 € bezahlt.
Was hat sie gekauft?

Fahrradhelm	39 €
Klingel	5 €
Luftpumpe	12,99 € oder 15,99 €
Fahrradtasche	30,00 € oder 50,00 €

18 Überschlage zuerst.
Berechne dann den Gesamtpreis.
a) Petra kauft 5 Kiwis.
b) Theo kauft 4 kg Bananen.
c) Herr Hagemann kauft 2 kg Bananen und 6 Kiwis.
d) Familie Rosenthal kauft 2 Kiwis, eine Schale Erdbeeren und 2 kg Bananen.
e) Was kann man für 20 € alles kaufen?
Stelle einen Einkauf zusammen und berechne den Gesamtpreis.

19 Oliver kauft ein:
2,19 € 4,44 € 3,89 €
Er rundet die Preise und sagt:
„Da reichen meine 10 €."
Was sagst du dazu?

20 Acht Brötchen kosten 1,60 €.
Wie viel kosten zwei Brötchen?
Erkläre deine Rechnung.

21 So kann man ausrechnen, wie weit ein Gewitter entfernt ist:

Wenn du den Blitz siehst, zählst du die Sekunden, bis du den Donner hörst.
Multipliziere die Sekundenzahl mit 330.
Dann weißt du, wie viel Meter das Gewitter ungefähr entfernt ist.
a) Tom zählt zwischen Blitz und Donner bis 4. Wie weit ist das Gewitter entfernt?
b) Leon hat 3630 m ausgerechnet. Wie weit hat er gezählt?

22 Thomas hat 55,49 € bezahlt.
Was hat er gekauft?

Fußballschuhe	39,50 €
Socken	4,99 €
Fußball	12,99 € oder 15,99 €
Trikot	29,99 € oder 49,99 €

23 Frau Acar braucht 4 kg Zwiebeln.
Welche soll sie kaufen?

24 Zeichne ein Quadrat ins Heft:
Es soll in Wirklichkeit 2 cm lang und 2 cm breit sein.
Zeichne das Quadrat vergrößert im Maßstab 3 : 1 ins Heft.

24 Zeichne ein Rechteck im Maßstab 1 : 10 ins Heft:
Es soll in Wirklichkeit 70 cm lang und 40 cm breit sein.
Ist es eine Vergrößerung oder Verkleinerung?

25 Wie hoch wirft der Mann seine Kegel?
Begründe deine Antwort.

25 Wie hoch ist der Leuchtturm?
Begründe deine Antwort.

Hinweis
Schaue auf *S. 19* *nach, wie man Fermi-Aufgaben bearbeitet.*

26 Ali fährt jeden Tag mit dem Bus 5 km zur Schule.
Wie viele km fährt er im ganzen Schuljahr?
Denkt daran, euren Rechenweg aufzuschreiben.

26 Stellt euch vor:
Alle Tische der Schule werden aufeinander gestellt.
Wie hoch wäre der Turm aus Tischen?
Wie hoch wäre ein Turm aus Stühlen?

27 Zum Knobeln:
Ordne die Kinder nach ihrem Körpergewicht.

27 Zum Knobeln:
Die Gondel darf nicht mehr als 130 kg tragen.
Bei jeder Fahrt muss ein Erwachsener dabei sein.
Wie oft muss die Gondel fahren?

Weiterdenken

Ein neues Haustier

→ *Sachaufgaben lösen: S. 108*

Bevor man sich für ein Haustier entscheidet, muss man einige Dinge beachten:
- Wie teuer ist ein Haustier bei der Anschaffung?
- Wie teuer ist ein Haustier im Monat oder im Jahr?
- Wie viel Zeit muss man am Tag für das Tier einplanen?

Lilli und Sam sind Geschwister.
Sie gehen ins Tierheim und fragen nach den Hunden Chester und Bonny.

Außerdem fragen Lilli und Sam nach Informationen über die Kosten.

Chester (Spitz) 9 kg, 1 Jahr alt

Bonny (Mischling) 18 kg, 3 Jahre alt

Anschaffungskosten für einen Hund	
Vermittlung Tierheim	200 €
Leine/Geschirr	25 €/40 €
Futternapf und Trinkschale	je 5 €
Spielzeug	17 €
Körbchen	38 €
Zeckenzange	2 €

Futterkosten für einen Hund pro Tag

Körpergewicht	Kosten
bis 10 kg	0,35 € bis 1,75 €
bis 20 kg	0,75 € bis 3,75 €

Besondere Kosten	
Hundetraining	29 € für 1 h
Tierarzt	40 € pro Arztbesuch
Impfung	60 € im Jahr
Versicherung	5 € im Monat

Zum Weiterarbeiten
Informiere dich über die Kosten von anderen Haustieren. Stelle Fragen dazu und beantworte sie.

28 Kosten

a) Lilli und Sam haben zusammen 420 € gespart.
Wie viel Geld fehlt ihnen, um Chester und Bonny aus dem Tierheim zu holen?
Tipp Die Zeckenzange braucht man nur einmal zu kaufen.

b) Berechne die Futterkosten für Chester und Bonny pro Tag.
Was kostet das Futter für die beiden in einem Monat und in einem Jahr?

c) Lilli sagt: „Wenn wir nur das günstige Futter kaufen, können wir mit dem gesparten Geld einmal zusätzlich pro Woche mit Chester zum Hundetraining.“ Hat sie recht?

d) Was kostet Bonny ungefähr im Jahr?
Tipp Denkt auch an die besonderen Kosten.

29 Mit Hunden muss man mindestens dreimal am Tag Gassi gehen.
Lilli schätzt die Zeiten:

Gassi gehen:	*morgens*	*25 min*	*1,5 km*
	mittags	*10 min*	*500 m*
	abends	*45 min*	*3 km*

a) Bisher ist Lilli morgens immer um 6.35 Uhr aufgestanden.
Wann muss Lilli jetzt aufstehen, damit sie Zeit hat, um mit den Hunden Gassi zu gehen?

b) Wie viel km gehen Lilli und Sam ungefähr pro Woche mit den Hunden?

c) Lilli und Sam planen 10 Stunden pro Woche für Gassi gehen, füttern und spielen ein.
Was sagst du dazu?

Zusammenfassung

→ Seite 106

Geld

Geld ist eine Größe:
Sie gibt an, wie viel etwas kostet.
Zu einer Größe gehört immer eine **Einheit**.

1 € → Maßzahl: 1, Einheit: €

30 ct → Maßzahl: 30, Einheit: ct

Man kann mit Euro und Cent angeben, wie viel etwas kostet.

Euro	€	1 € = 100 ct
Cent	ct	

8 € = 800 ct

· 100: mit der Umrechnungszahl multiplizieren

: 100: durch die Umrechnungszahl dividieren

1,30 € = 1 € 30 ct

Hinweis
Das gilt für Geld, Längen, Gewicht und Zeit.

Wenn man Größen vergleicht oder damit rechnet, müssen die Einheiten gleich sein.

5 € ▢ 50 ct   500 ct > 50 ct

2 € + 50 ct = 200 ct + 50 ct = 250 ct

→ Seite 110, 120

Länge und Maßstab

Die Einheiten werden kleiner. → Wir multiplizieren.

Die **Länge** ist eine Größe:
Sie gibt an, wie kurz oder lang etwas ist.

Kilometer	km	1 km = 1000 m
Meter	m	1 m = 10 dm
Dezimeter	dm	1 dm = 10 cm
Zentimeter	cm	1 cm = 10 mm
Millimeter	mm	

3,7 m = 3 m 7 dm = 37 dm

Der **Maßstab** 1 : 100 bedeutet: 1 cm im Bild entspricht 100 cm in Wirklichkeit (Verkleinerung).
Der **Maßstab** 2 : 1 bedeutet: 2 cm im Bild entspricht 1 cm in Wirklichkeit (Vergrößerung).

→ Seite 114

Gewicht (Masse)

Das **Gewicht** ist eine Größe:
Sie gibt an, wie schwer oder leicht etwas ist.

Tonne	t	1 t = 1000 kg
Kilogramm	kg	1 kg = 1000 g
Gramm	g	

8,1 kg = 8 kg 100 g = 8100 g

→ Seite 117

Zeit

Die **Zeitspanne** ist eine Größe:
Sie gibt an, wie lange etwas dauert.

Jahr		1 Jahr = 365 Tage
Tag		1 Tag = 24 Stunden
Stunde	h	1 h = 60 min
Minute	min	1 min = 60 s
Sekunde	s	

Die Einheiten werden größer. ← Wir dividieren.

Teste dich!

1 Was passt hier nicht?
Schreibe mit den richtigen Einheiten ins Heft.
a) Die Limo kostet 2 cm.
b) Die Lehrerin ist 178 € groß.
c) Ein Fuchs wiegt 3 Minuten.
d) Die Schulstunde dauert 45 Tonnen.

2 Rechne um.
a) 4,68 € = ■ € ■ ct
b) 1 m 20 cm = ■ cm
c) 3 kg 250 g = ■ g
d) 2 h 15 min = ■ min

3 Ordne die Gewichte.
Beginne mit dem leichtesten Gewicht.

30 g | 500 kg | 3 t | 2 t 900 kg | 12 000 g | 9 kg 990 g

4 Berechne die Länge.
a) 2 m + 500 cm = ■ cm
b) 1,5 km − 100 m = ■ m
c) 6 · 2 dm = ■ dm

5 Berechne den Gesamtpreis.
Mache zuerst einen Überschlag.

6 Parkgebühren

Parkhaus am Museum

bis 2 Stunden .... 0,60 €
bis 3 Stunden .... 0,70 €
über 3 Stunden .... 0,80 €
Verlust der Parkkarte .... 30,00 €

Wie hoch sind die Parkgebühren?
a) für eine halbe Stunde
b) für zwei Stunden und 15 Minuten
c) für 3 Stunden und 40 Minuten
d) von 12.40 Uhr bis 15.15 Uhr

→ *Lösungen ab S. 221*

1 Welche Größe ist das?
Ergänze die Einheit im Heft.
a) Die Zeitschrift wiegt 300 ■.
b) Die Milch kostet 60 ■.
c) Der Bus ist 14 ■ lang.
d) Die Tür ist 80 ■ breit.

2 Rechne um.
a) 324,90 € = ■ € ■ ct
b) 1,50 m = ■ cm
c) 3 t 521 kg 999 g = ■ g
d) 121 min = ■ h ■ min

3 Ordne die Gewichte.
Beginne mit dem leichtesten Gewicht.

2000 g | 5 t | 3 t 450 kg | 9999 kg | 12 000 g | 340 kg 999 g

4 Berechne die Länge.
a) 8,20 m − 30 cm
b) 7 · 1,5 dm
c) 8 km + 1500 m + 2 dm

5 Ali hat 10 € dabei. Reicht das?
Wie viel Wechselgeld bekommt er?

je
0,62 €

6 Marlon geht ins Schwimmbad.

Eintrittskarte
Schwimmbad am Rathaus
1 Kind (6 - 16 Jahre)

3-Stunden-Tarif .... **8,00 €**
Eintritt um **13:57** Uhr

Marlon geht um 15.43 Uhr vom Schwimmbad zum Bus.
a) Wie lange hätte er noch bleiben können?
b) Hätte Marlon auch eine Karte für den 2-Stunden-Tarif kaufen können?

→ *Lösungen ab S. 222*

Flächen

In diesem Kapitel lernst du, ...

→ Rechtecke und Quadrate zu beschreiben und zu zeichnen.
→ weitere besondere Vierecke zu erkennen.
→ den Umfang zu berechnen.
→ die Größe von Flächen zu vergleichen.
→ Flächenmaße umzurechnen.
→ die Größe von Rechtecken und Quadraten zu berechnen.

Mit diesen kleinen Fliesen kann man Wände oder Böden verlegen.
Welche Form haben die Fliesen?
Wie ordnet man die Fliesen am Boden an?
Und wie viele Fliesen braucht man,
wenn man 15 Reihen mit jeweils 30 Fliesen hat?

Noch fit?

1 Wie lang ist die Strecke?
Miss die Strecke.

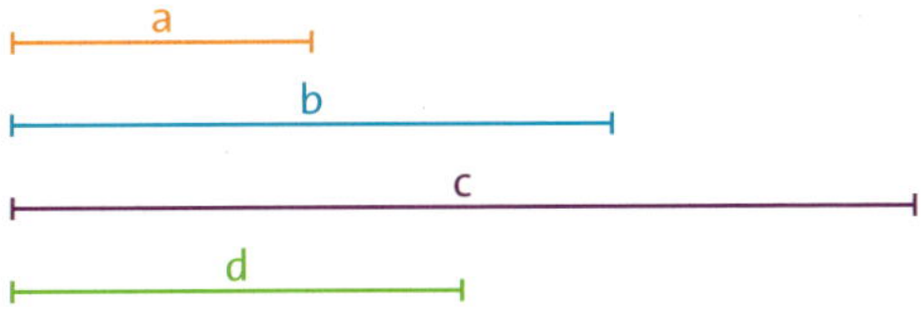

2 Zeichne die Strecke ins Heft.

a) a = 3 cm b) b = 5 cm
c) c = 7 cm d) d = 9 cm

1 Miss die Strecke.

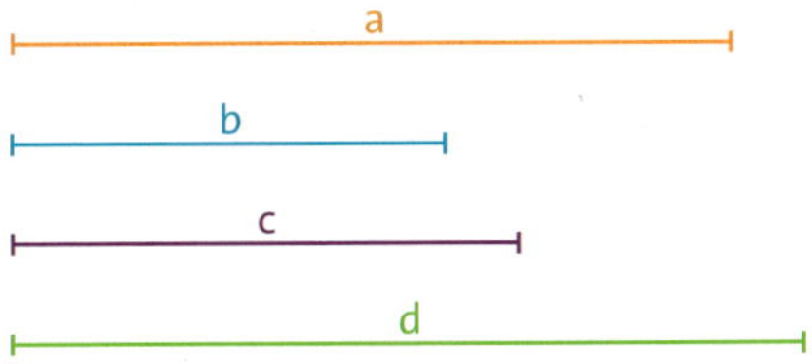

2 Zeichne die Strecke ins Heft.

a) a = 3 cm b) b = 8 cm
c) c = 13 cm d) d = 7 cm 5 mm

3 Vielecke

a) Erkläre die Begriffe an den Vielecken:
Ecke Seite

b) Übertrage die Figuren ins Heft. Beschrifte sie mit A, B, … und a, b, …

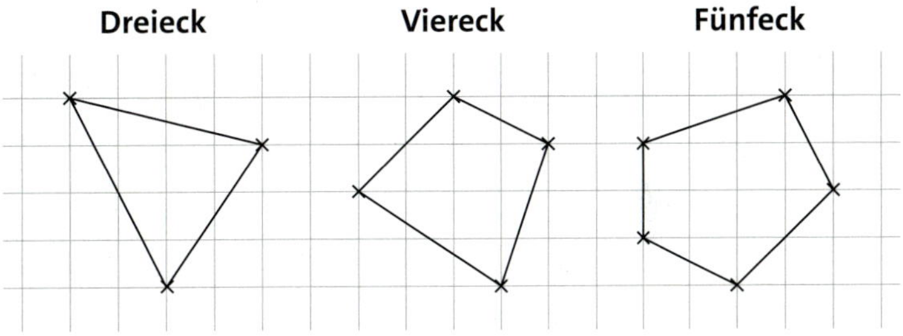

4 Welche Geraden sind parallel zueinander?
Welche sind senkrecht zueinander?

Tipp ■ || ■ und ■ ⊥ ■

a)

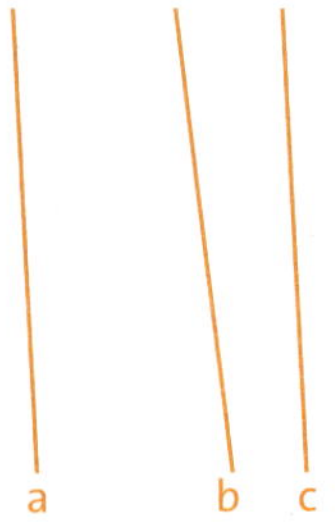

b)

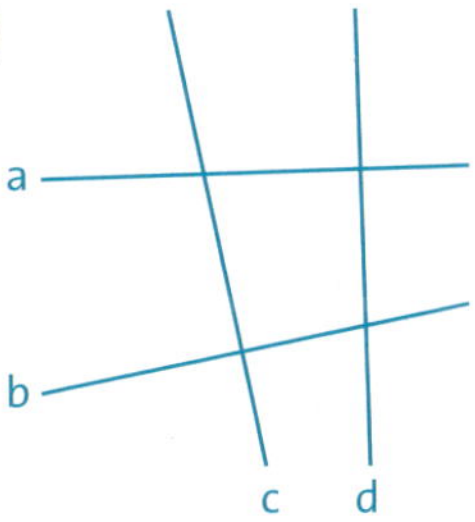

5 Rechne die Länge um.

a) 7 m = ■ dm b) 5 cm = ■ mm
c) 90 dm = ■ m d) 10 cm = ■ dm

4 Welche Geraden sind parallel zueinander?
Welche sind senkrecht zueinander?

Tipp ■ || ■ und ■ ⊥ ■

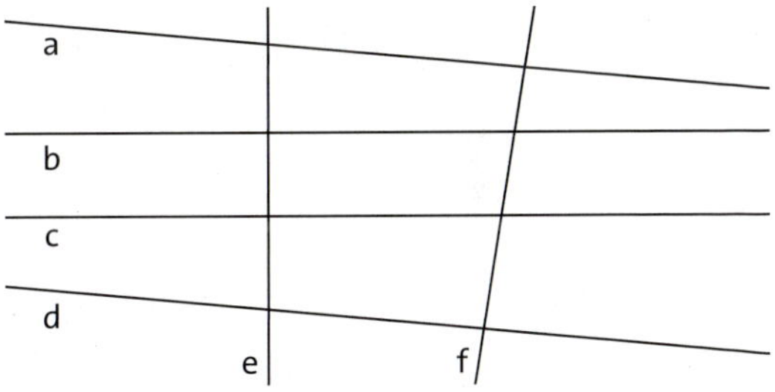

5 Rechne die Länge um.

a) 12 cm = ■ mm b) 150 dm = ■ cm
c) 780 m = ■ km d) 900 m = ■ cm

→ *Lösungen ab S. 223*

Trainingsplan

Nr.	Ich kann …	Ich muss noch trainieren:
1	Strecken messen.	→ S. 242/243, Nr. 26, 27
2	Strecken zeichnen.	→ S. 244, Nr. 31
3	Vielecke beschreiben und zeichnen.	→ S. 255, Nr. 66
4	parallele und senkrechte Linien erkennen.	→ S. 244/245, Nr. 32–36
5	Längeneinheiten umrechnen.	→ S. 253, Nr. 56–59

Rechteck und Quadrat

ENTDECKEN

1 Manche Vierecke haben gleiche Eigenschaften.
Ordne die Vierecke nach gemeinsamen Eigenschaften.

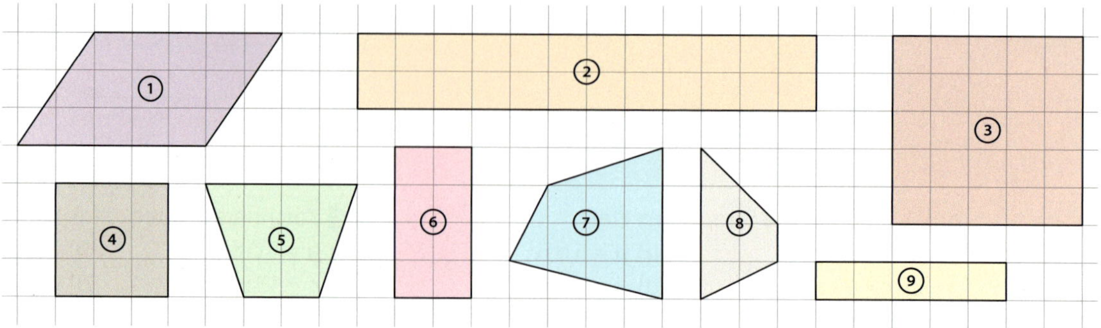

2 Beschreibe die Vierecke auf dem Bild.

VERSTEHEN

Vokabeln
→ *das Rechteck*
→ *das Quadrat*
→ *der rechte Winkel*
→ *parallel zueinander*

Quadrate und Rechtecke sind besondere Vierecke.

Merke **Rechteck**

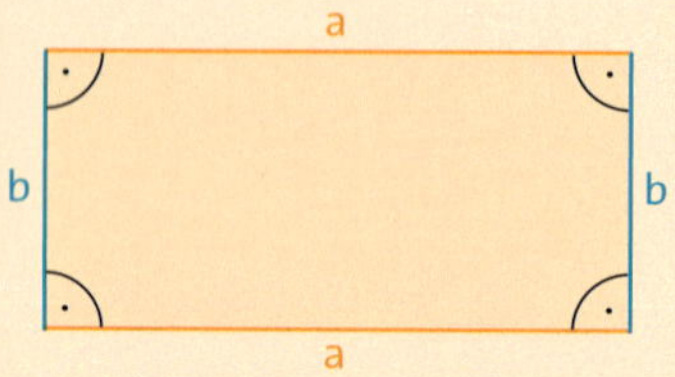

Gegenüberliegende Seiten sind **gleich lang**.

Alle Winkel sind **rechte Winkel**.

Gegenüberliegende Seiten sind **parallel zueinander**.

Quadrat

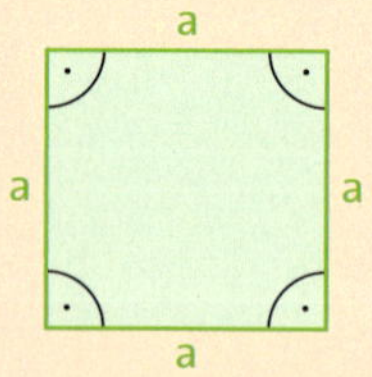

Alle Seiten sind **gleich lang**.

Quadrate sind besondere Rechtecke.

Beispiel 1 Rechteck mit Länge a = 6 cm und Breite b = 4 cm

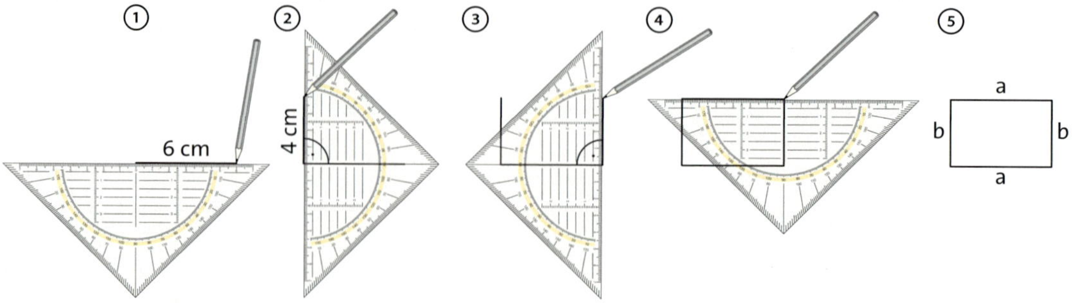

ANWENDEN

1 Rechteck oder Quadrat?
Beschreibe die Eigenschaften.

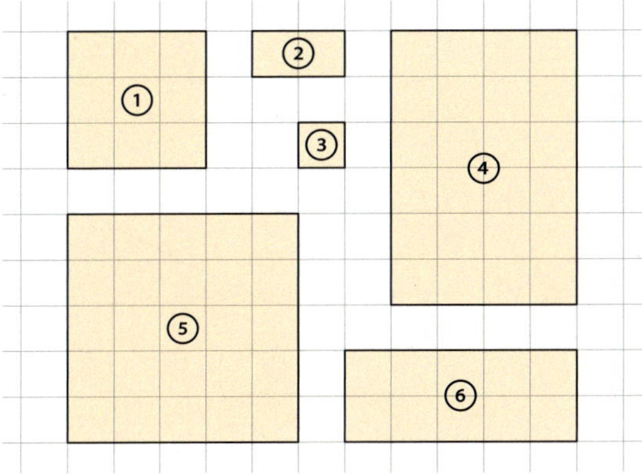

1 Wie heißen die besonderen Vierecke?
Beschreibe die Eigenschaften.

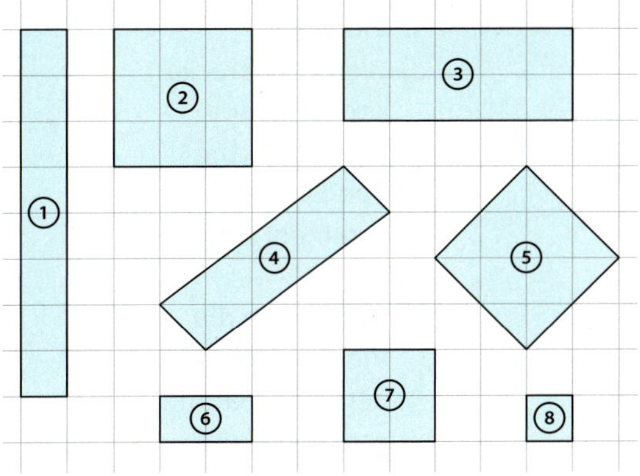

2 Finde verschiedene Rechtecke und Quadrate in deiner Umgebung (z. B. im Klassenraum, in der Schule, in deiner Schultasche).

3 Übertrage ins Heft.
Ergänze zu einem Rechteck oder zu einem Quadrat. Beschrifte sie.

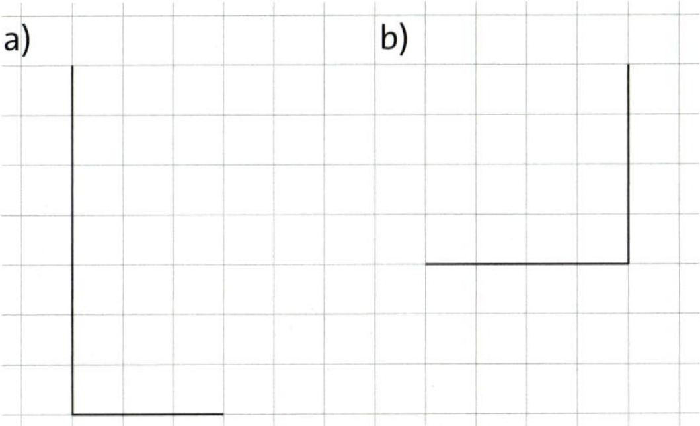

3 Übertrage ins Heft.
Ergänze zu einem Rechteck oder zu einem Quadrat. Beschrifte sie.

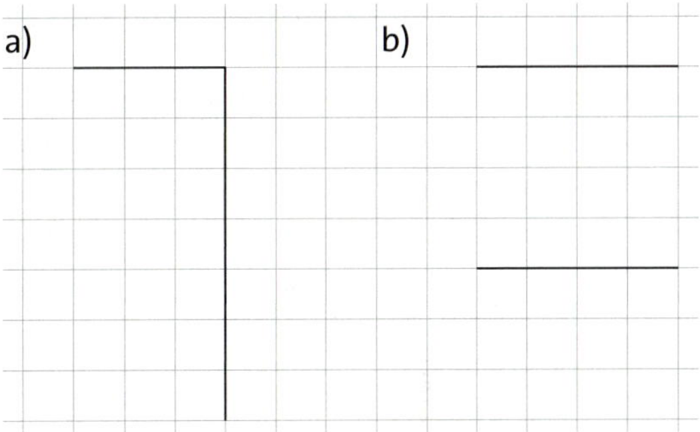

4 Zeichne die Rechtecke und Quadrate.
Beschrifte sie.
a) Rechteck: a = 6 cm lang; b = 3 cm breit
b) Rechteck: a = 4 cm lang; b = 1 cm breit
c) Quadrat: a = 5 cm lang
d) Quadrat: a = 8 cm lang

4 Zeichne die Rechtecke und Quadrate.
Beschrifte sie.
a) Rechteck: a = 4 cm lang; b = 6 cm breit
b) Rechteck: a = 2 cm lang; b = 7 cm breit
c) Quadrat: a = 9 cm lang
d) Quadrat: a = 55 mm lang

5 Wie viele Rechtecke sind das?

5 Wie viele Rechtecke sind das?

6 Zeichne ein Rechteck mit 12 Kästchen.
Vergleicht eure Rechtecke.

6 Zeichne zwei verschiedene Rechtecke mit 12 Kästchen.

Parallelogramm, Raute, Trapez und Drachen

ENTDECKEN

1 Vierecke

a) Welche Vierecke kennst du aus deinem Alltag? Von Fußballvereinen, Logos, …

b) Beschreibe die Vierecke mit den Begriffen parallel, senkrecht und rechter Winkel.

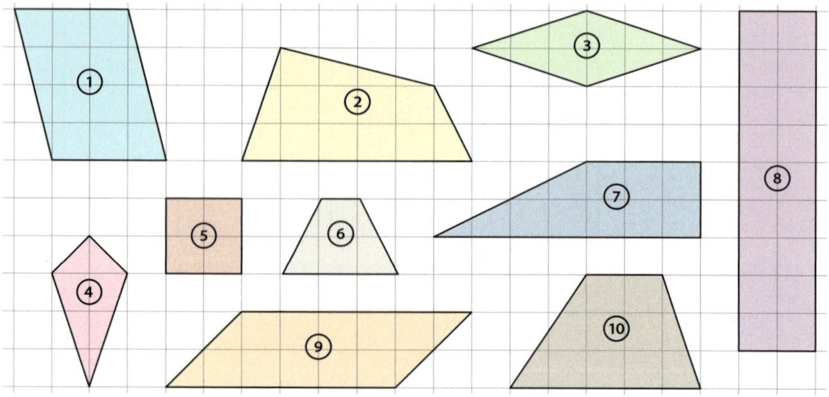

2 Welche Vierecke werden bei den Flaggen verwendet?

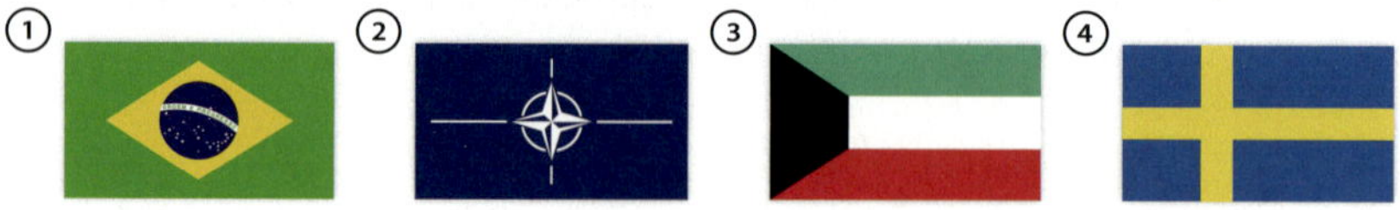

VERSTEHEN

Vokabeln
- → *das Parallelogramm*
- → *die Raute*
- → *das Trapez*
- → *der Drachen*

Es gibt Rechtecke, Quadrate und noch weitere besondere Vierecke:

Merke Parallelogramm

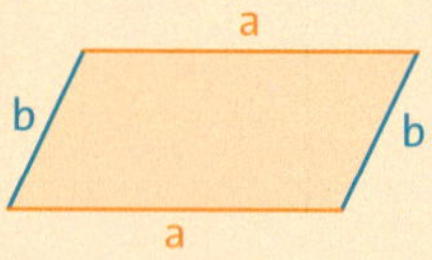

Die gegenüberliegenden Seiten sind **gleich lang**.
Die gegenüberliegenden Seiten sind **parallel zueinander**.

Beispiel 1

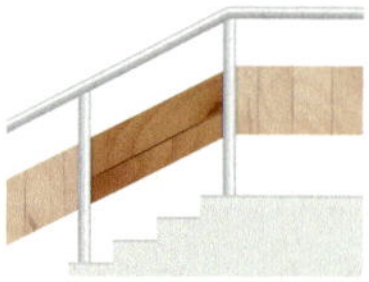

Merke Raute

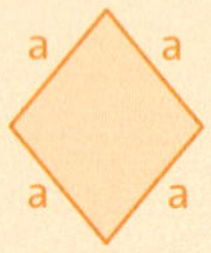

Alle Seiten sind **gleich lang**.
Die gegenüberliegenden Seiten sind **parallel zueinander**.

Beispiel 2

Merke Trapez

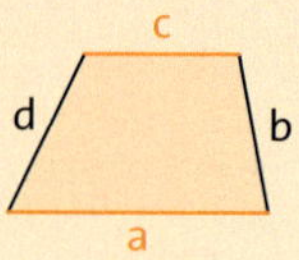

Zwei Seiten sind **parallel zueinander**.

Beispiel 3

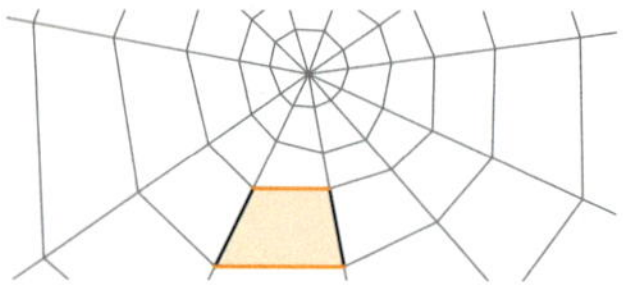

Merke Drachen

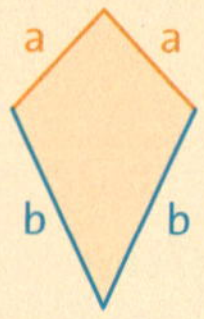

Es gibt zwei Paare **gleich langer Seiten**.
Diese liegen nebeneinander.

Beispiel 4

ANWENDEN

1 Wie heißen die besonderen Vierecke?

Parallelogramm | Raute | Trapez | Drachen

Beschreibe sie.

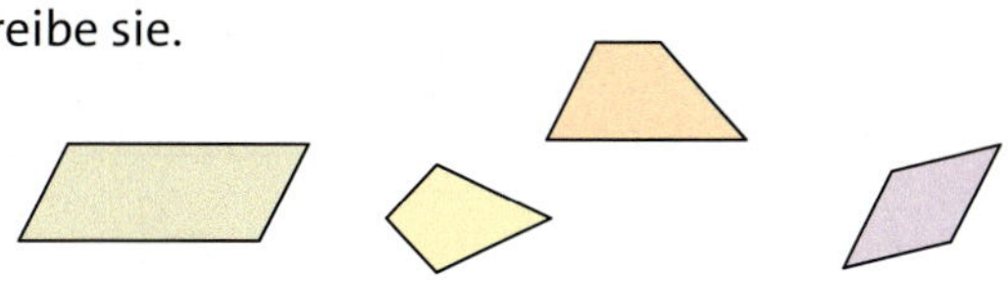

2 Parallelogramm oder Raute? Begründe.
Tipp Das ist ___, weil alle Seiten gleich lang sind und gegenüberliegende Seiten parallel zueinander sind.

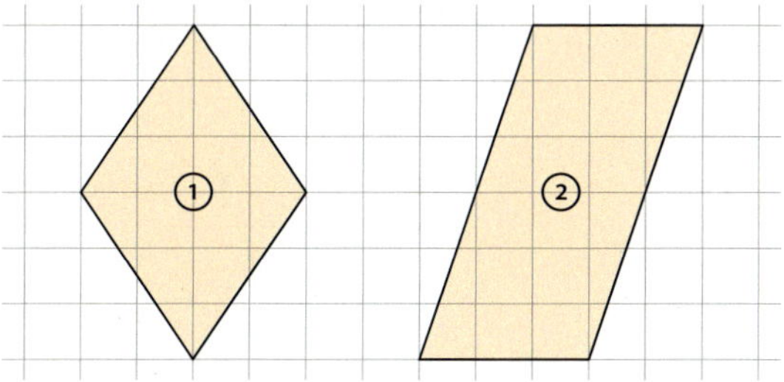

2 Parallelogramm oder Raute? Begründe.
Tipp alle Seiten | gegenüberliegende Seiten | parallel zueinander | gleich lang

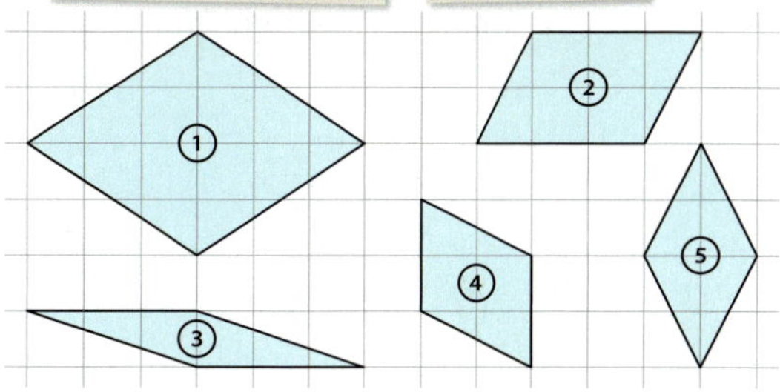

3 Drachen oder Trapez? Begründe.
Tipp Das ist ___, weil es zwei Paare ___ Seiten gibt. Diese liegen ___.

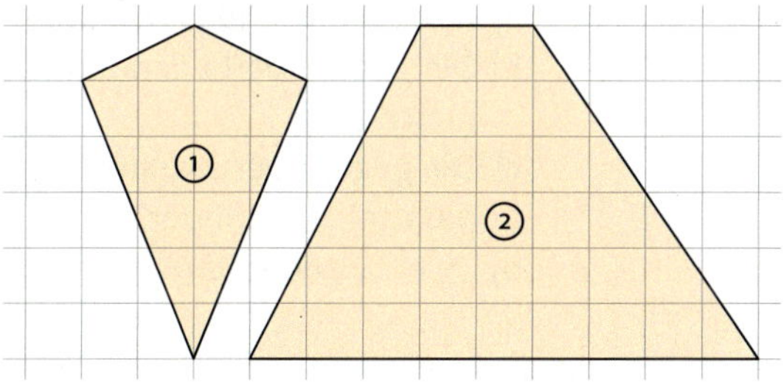

3 Drachen oder Trapez? Begründe.
Tipp nebeneinander | gleich lang | parallel

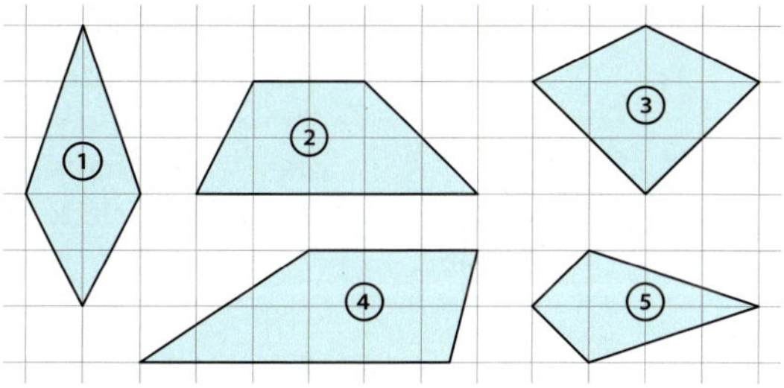

4 Übertrage ins Heft.
Ergänze zu einem Parallelogramm.

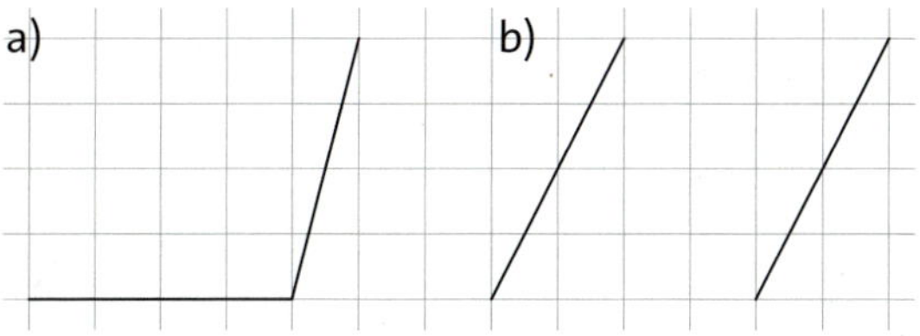

4 Übertrage ins Heft.
Ergänze zu einem Parallelogramm.

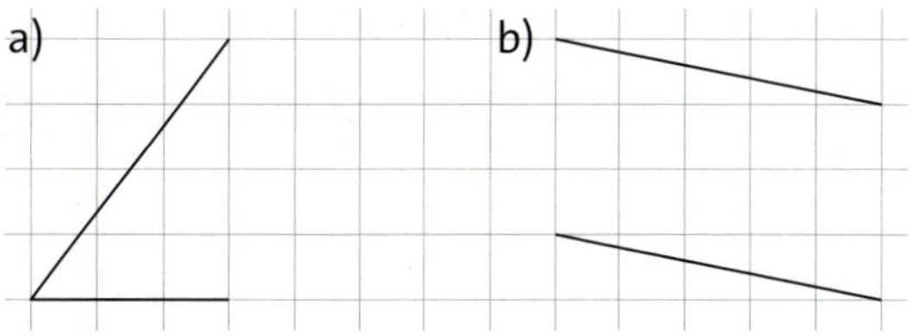

5 Finde möglichst viele Rauten.

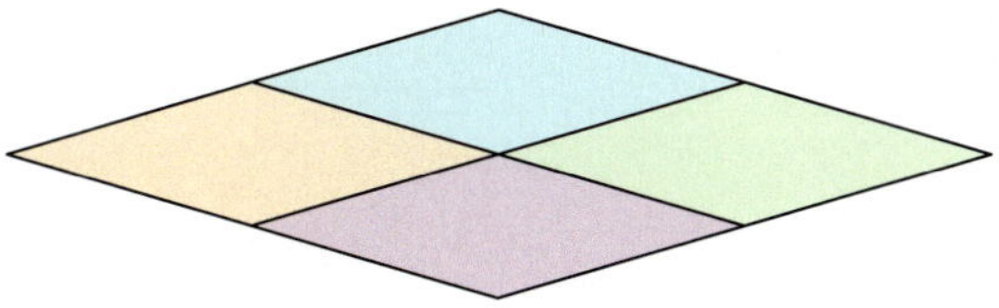

5 Finde möglichst viele Rauten.

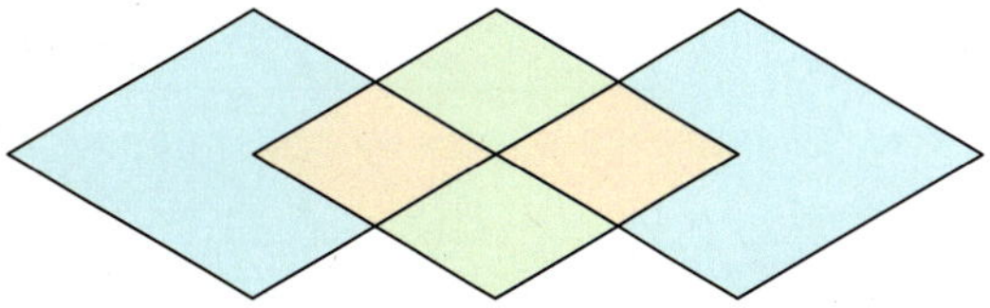

6 Sind das alles Trapeze? Begründe.

Tipp ① ist ein Trapez, weil …

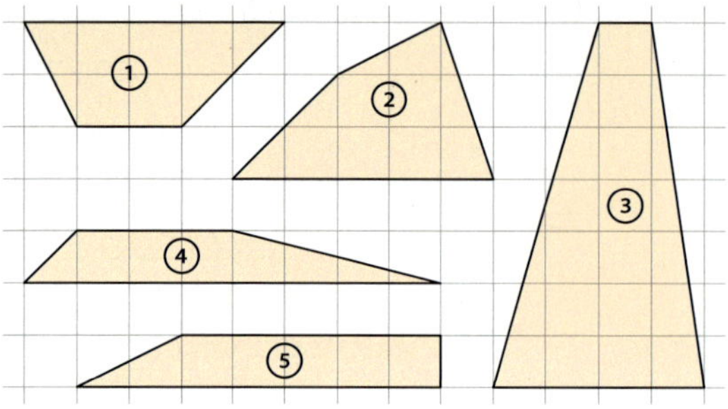

6 Sind das alles Trapeze? Begründe.

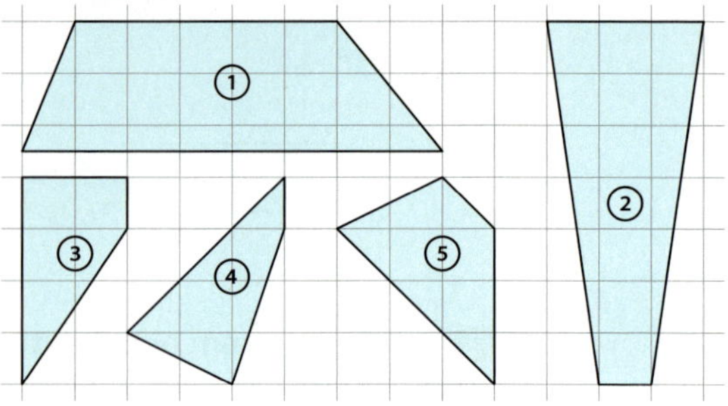

7 Übertrage ins Heft. Ergänze zu einem Drachen.

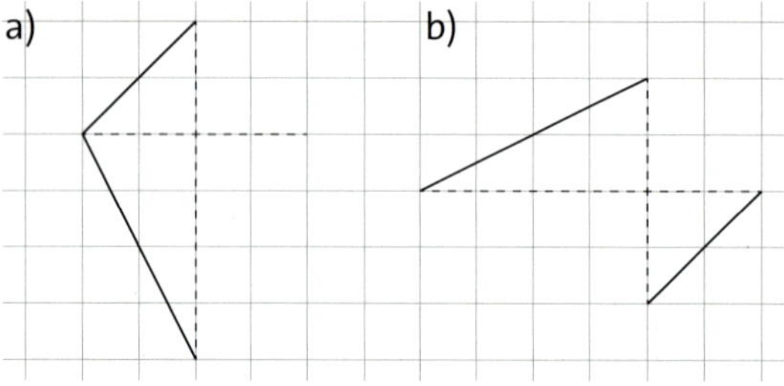

7 Übertrage ins Heft. Ergänze zu einem Drachen.

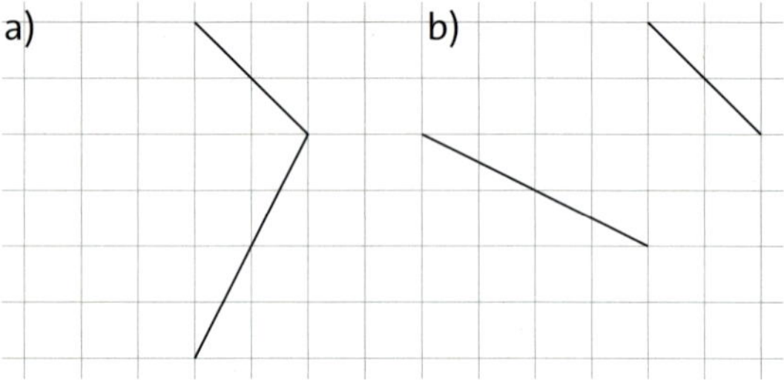

8 Welche besonderen Vierecke werden hier gesucht?

Dringend gesucht

Das Viereck hat vier gleich lange Seiten.

8 Für welche besonderen Vierecke ist die Aussage richtig?

a) Alle Seiten sind gleich lang.
b) Die gegenüberliegenden Seiten sind jeweils gleich lang.
c) Die gegenüberliegenden Seiten sind jeweils parallel zueinander.
d) Zwei Seiten sind parallel zueinander.

9 Arbeitet zu viert. Legt das Viereck mit euren Geodreiecken. Wie viele Geodreiecke braucht ihr dafür?

a) Quadrat
b) Rechteck
c) Parallelogramm
d) Trapez
e) Raute

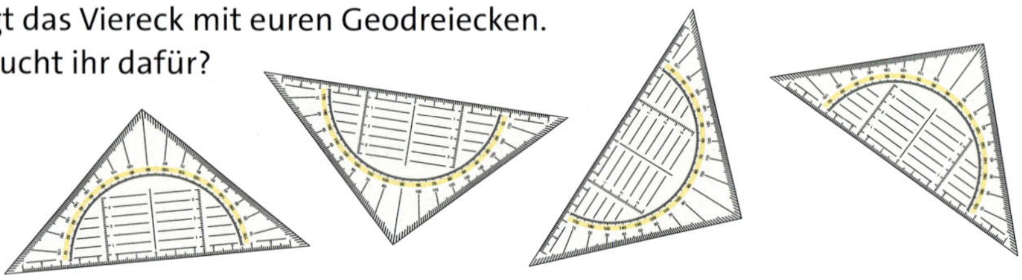

10 Welche besonderen Vierecke sind hier versteckt?

10 Welche besonderen Vierecke sind hier versteckt?

Umfang

ENTDECKEN

1 Dörte geht eine Runde joggen.
Wie lang ist eine Runde?

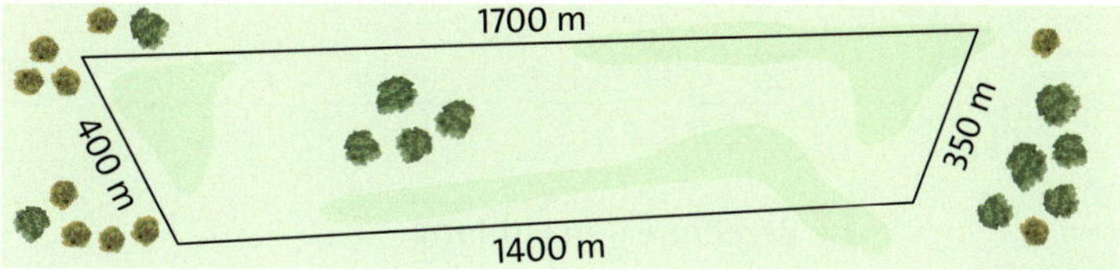

2 Tina baut Figuren aus Draht.
a) Wo braucht sie am wenigsten Draht? Wo am meisten? Schätze.
b) Wie viel Draht braucht sie jeweils? Miss genau.
c) Bei welchen Figuren muss man nicht alle Seiten messen?

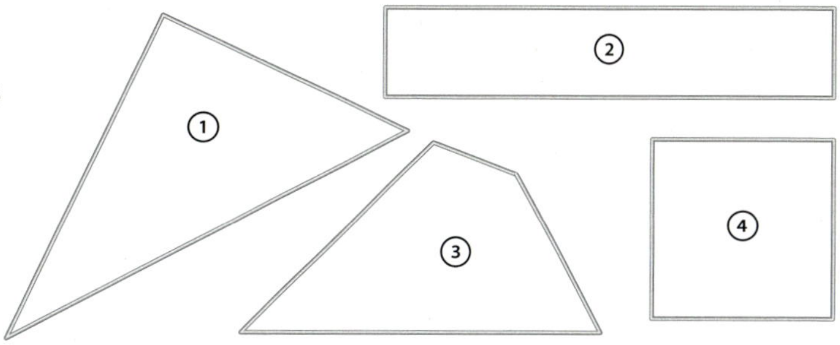

VERSTEHEN

Mika bastelt einen Rahmen für sein Bild. Dafür misst er alle Seiten des Bildes aus und addiert sie.

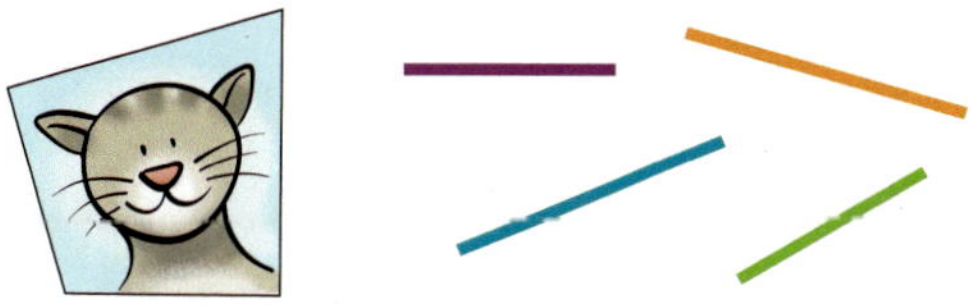

Beispiel 1

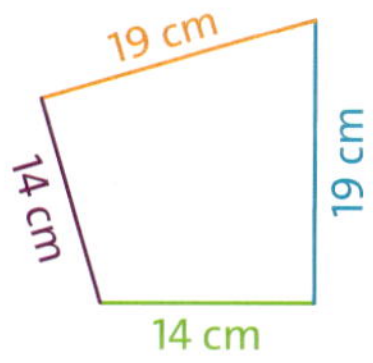

14 cm + 19 cm + 19 cm + 14 cm = 66 cm

Alle Holzleisten sind zusammen 66 cm lang.

Die Summe der Seitenlängen nennt man **Umfang u**.

Beispiel 2 Rechteck

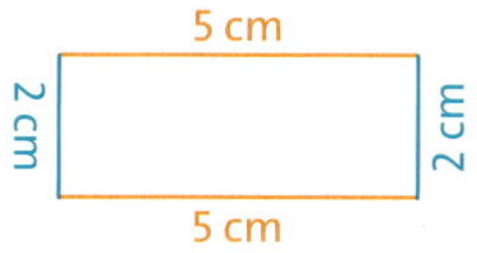

u = 5 cm + 2 cm + 5 cm + 2 cm
u = <u>14 cm</u>

Beispiel 3 Quadrat

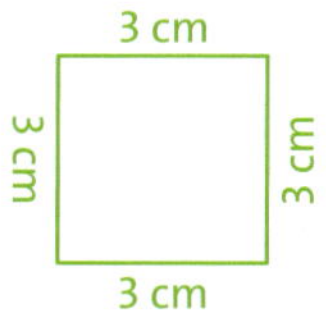

u = 3 cm + 3 cm + 3 cm + 3 cm
u = <u>12 cm</u>

Vokabeln
→ der Umfang
→ die Summe
→ die Seitenlänge

Merke Rechteck

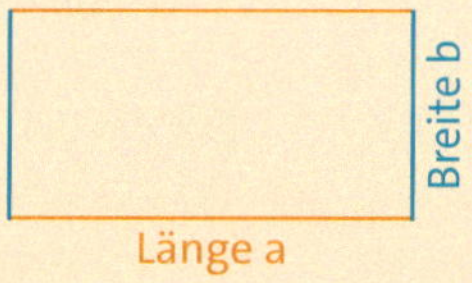

Umfang = Länge + Breite + Länge + Breite
u = a + b + a + b

Quadrat

Umfang = Länge + Länge + Länge + Länge
u = a + a + a + a

ANWENDEN

1 Berechne den Umfang.

a)
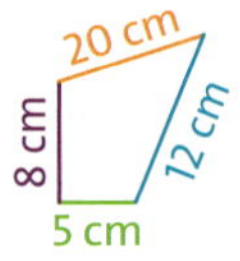

5 cm + 12 cm + 20 cm + 8 cm

b)

6 cm + 7 cm + 8 cm

2 Berechne den Umfang.

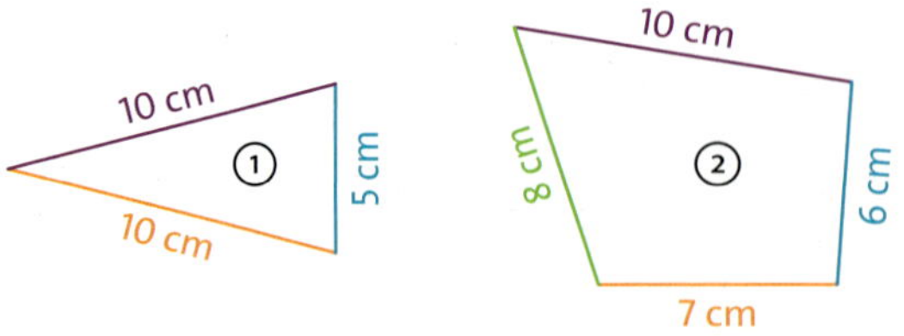

2 Berechne den Umfang.

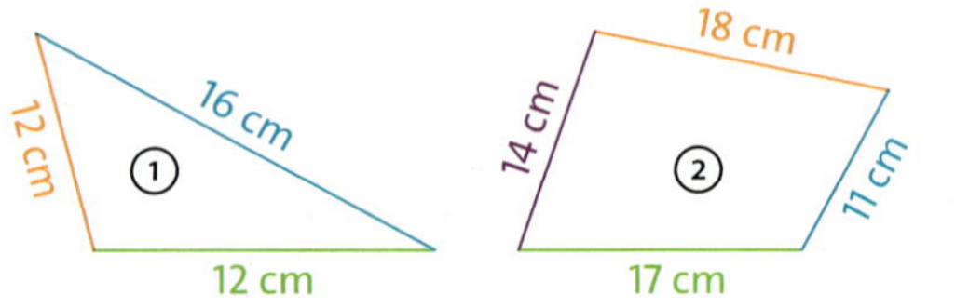

3 Miss die Seiten in cm.
Berechne dann den Umfang.

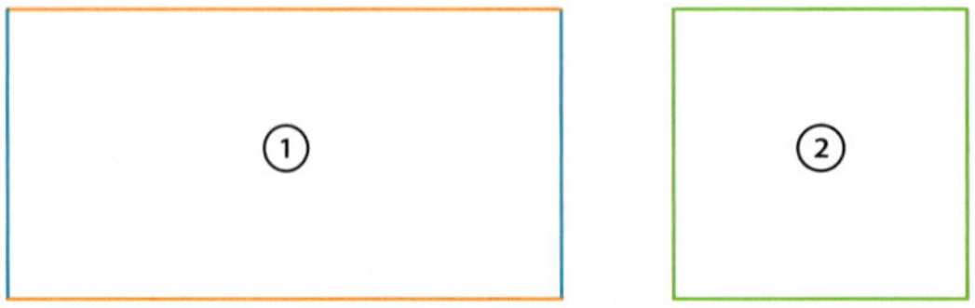

3 Miss die Seiten in mm.
Berechne dann den Umfang.

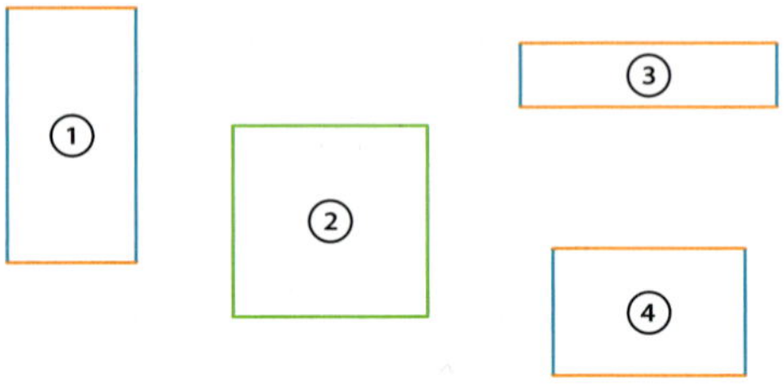

4 Berechne den Umfang.

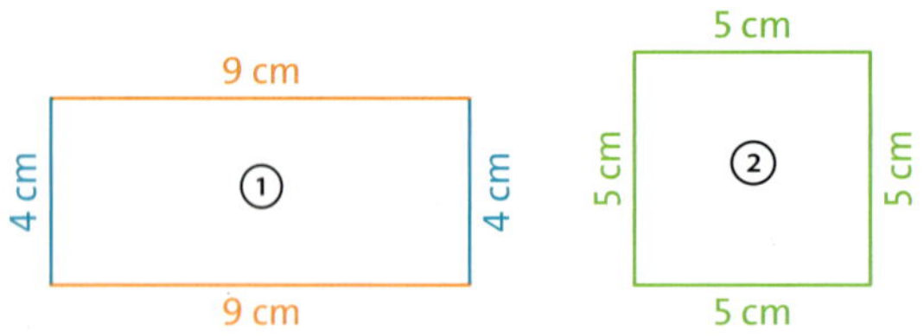

4 Berechne den Umfang.

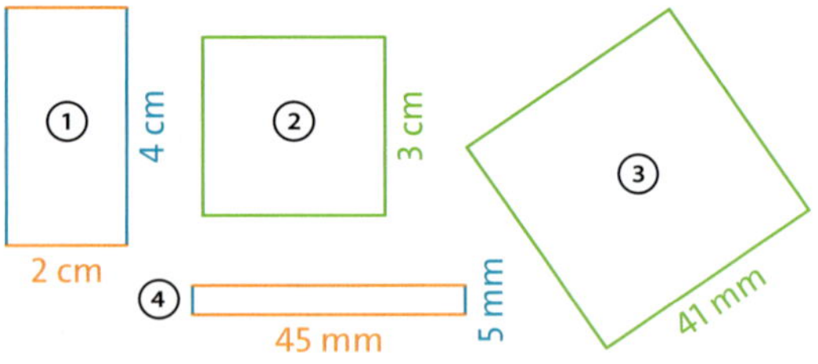

Methode kurze Umfangsformeln

Rechteck:

u = 2 · a + 2 · b

Quadrat:

u = 4 · a

5 Vergleiche und erkläre die Rechnungen.

a) Quadrat mit a = 2 cm
Mia: u = 2 cm + 2 cm + 2 cm + 2 cm = 8 cm
Andrej: u = 4 · 2 cm = 8 cm

b) Rechteck mit a = 7 cm und b = 5 cm
Ole: u = 7 cm + 5 cm + 7 cm + 5 cm = 24 cm
Cynthia: u = 2 · 7 cm + 2 · 5 cm = 24 cm

c) Welche Rechnung findest du einfacher? Begründe.

6 Berechne den Umfang vom Quadrat.

a) a = 5 cm
b) a = 8 cm
c) a = 10 cm
d) a = 20 cm

6 Berechne den Umfang vom Quadrat.

a) a = 4 cm
b) a = 9 dm
c) a = 11 m
d) a = 100 mm

7 Berechne den Umfang vom Rechteck.
a) a = 5 cm; b = 2 cm
b) a = 8 cm; b = 4 cm
c) a = 70 cm; b = 10 cm
d) a = 1 cm; b = 11 cm

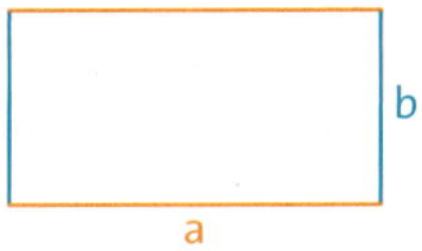

7 Berechne den Umfang vom Rechteck.
a) a = 7 cm; b = 3 cm
b) a = 10 dm; b = 8 dm
c) a = 12 m; b = 17 m
d) a = 50 mm; b = 62 mm

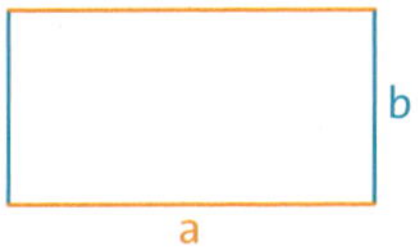

8 Wie viel Meter Zaun muss man für das Kaninchengehege kaufen?

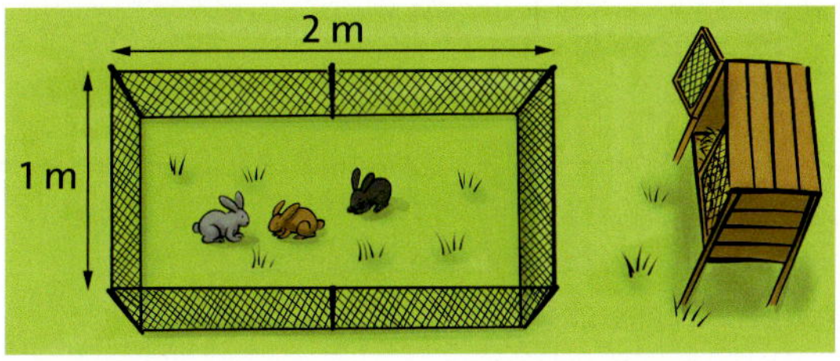

8 Wie viel Meter Zaun braucht man für die gesamte Pferdekoppel?

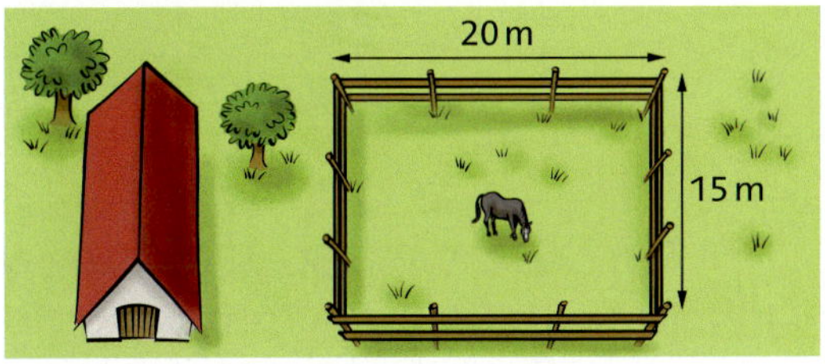

Hinweis
Zeichnungen oder Skizzen können dir helfen.

9 Antonio bastelt einen quadratischen Bilderrahmen.
Eine Seite soll 15 cm lang sein.
Berechne den Umfang.

9 Beim Staffellauf läuft Selma eine Runde um einen quadratischen Sportplatz.
Eine Seite des Sportplatzes ist 250 m lang.
Wie viel Meter sind das insgesamt?

10 Ein Rechteck hat einen Umfang von 26 cm.
Wie lang und wie breit kann das Rechteck sein?
Tipp ▢ cm lang, ▢ cm breit
u = ▢ cm + ▢ cm + ▢ cm + ▢ cm = 26 cm
Vergleicht eure Lösungen.

10 Ein Rechteck hat einen Umfang von 24 cm.
Zeichne das Rechteck.
Finde noch mehr Rechtecke mit diesem Umfang.
Gibt es auch mehrere Quadrate mit diesem Umfang? Begründe.

11 Aus einem 40 cm langem Draht soll ein Quadrat gebastelt werden.
Berechne die Seitenlänge des Quadrats.

11 Ein quadratischer Spielplatz hat einen Umfang von 60 m.
Berechne die Seitenlänge des Spielplatzes.

Methode Umfang von zusammengesetzten Figuren
Eine Figur kann sich auch aus verschiedenen Seiten zusammensetzen.
Man berechnet den Umfang,
indem man **alle** Seitenlängen addiert.

12 Wie viel Meter Zaun muss man für den Garten kaufen?

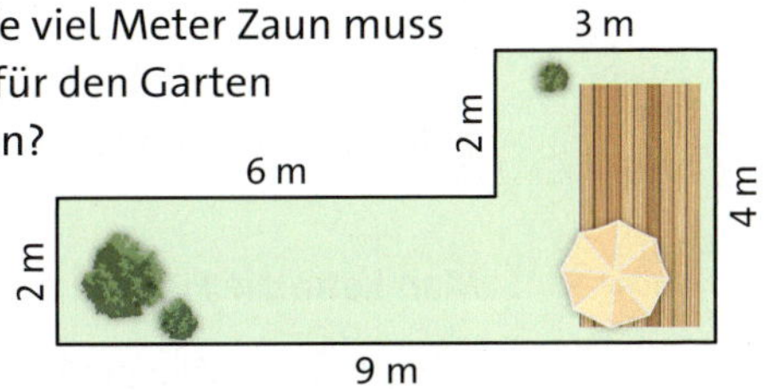

13 Berechne den Umfang.

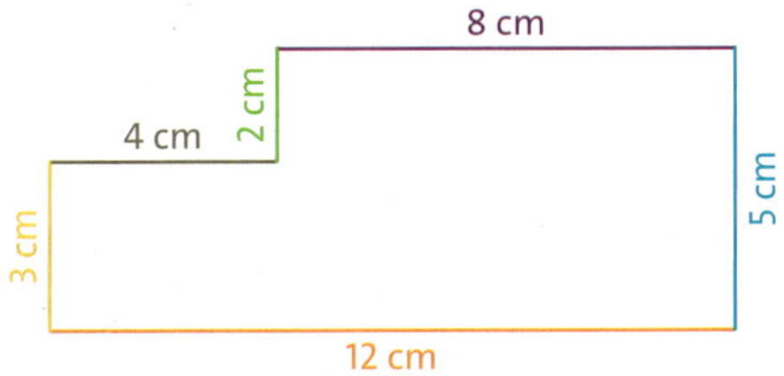

13 Berechne den Umfang.

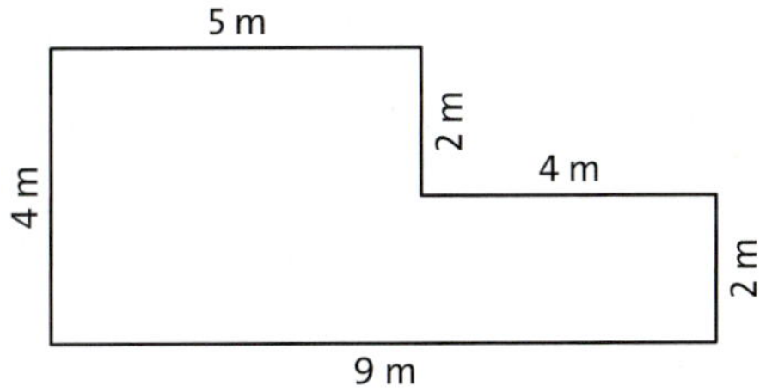

Flächeninhalte vergleichen

ENTDECKEN

1 Familie Hinz ist umgezogen. Martin darf sich ein neues Zimmer aussuchen.
Er möchte das größte Zimmer haben.
Welches Zimmer soll Martin nehmen? Begründe.

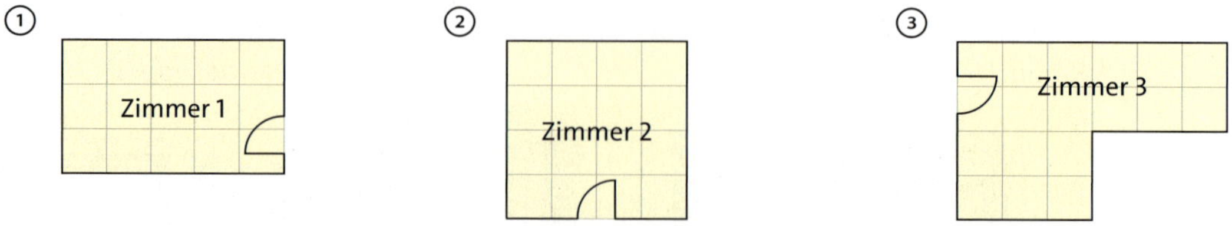

2 Wie groß ist eine Tischplatte an eurem Sitzplatz in der Klasse?
Legt dazu den Tisch mehrmals mit einem Gegenstand aus.
Probiert dabei jeweils unterschiedliche Gegenstände aus.

a) Schreibt Sätze ins Heft, z. B.:
„Die Tischplatte ist ungefähr 10-mal so groß wie mein Mathebuch."
„Die Tischplatte ist ungefähr 20-mal so groß wie mein Geodreieck."

b) Welche Gegenstände lassen sich gut zum Auslegen verwenden? Welche nicht? Begründet.

VERSTEHEN

Figuren können unterschiedlich aussehen, aber trotzdem gleich groß sein.

Beispiel 1
Sind die Figuren gleich groß?

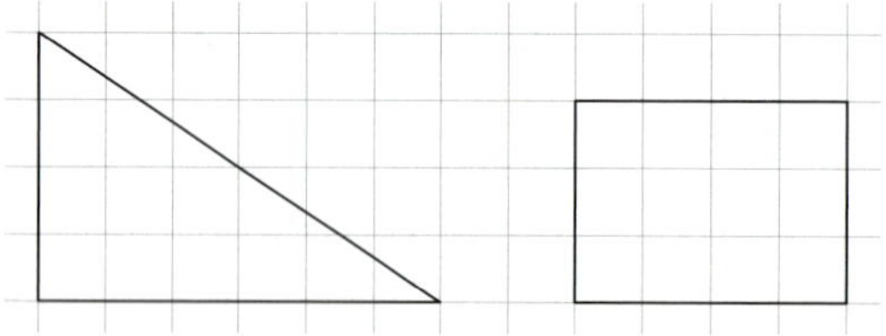

Man kann sie mit gleichen Teilflächen auslegen. Deswegen sind sie gleich groß.

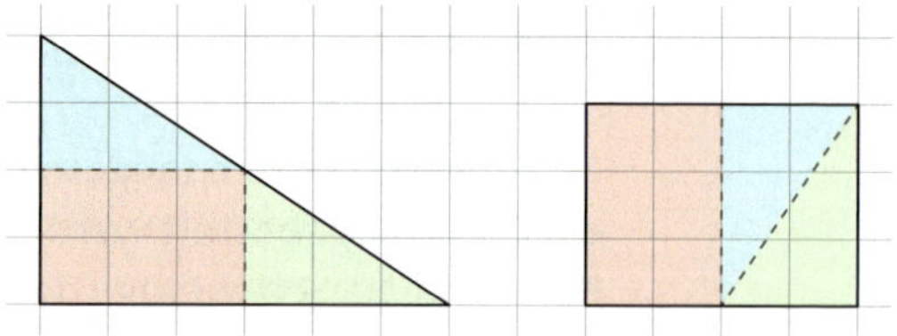

Vokabeln
→ *der Flächeninhalt*
→ *die Teilflächen*

Merke
Wenn zwei Figuren aus gleich vielen Kästchen bestehen, dann sind sie gleich groß.
Man sagt: Sie haben den gleichen **Flächeninhalt**.

Man kann die Figuren auch zerlegen und die Kästchen zählen.

Beispiel 2 Wie groß ist die Figur?

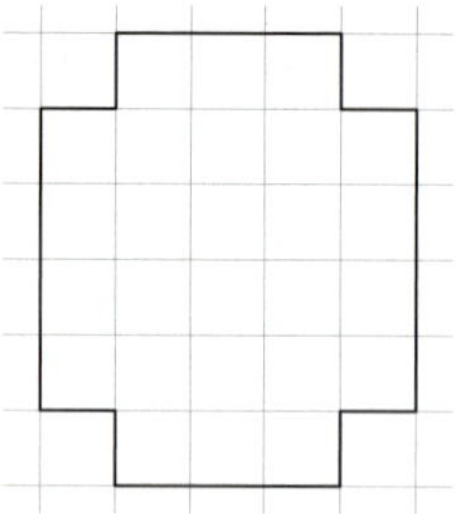

Zerlege die Figur, sodass du die Kästchen einfach zählen kannst.

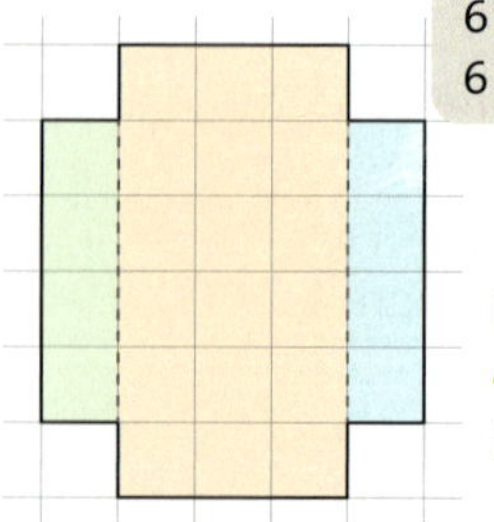

6 Reihen mit je 3 Kästchen
$6 \cdot 3 = 18$

Die Figur besteht aus
$4 + 18 + 4 = 26$ Kästchen.
Die Figur ist 26 Kästchen groß.

ANWENDEN

1 Aus wie vielen Kästchen besteht die Figur?

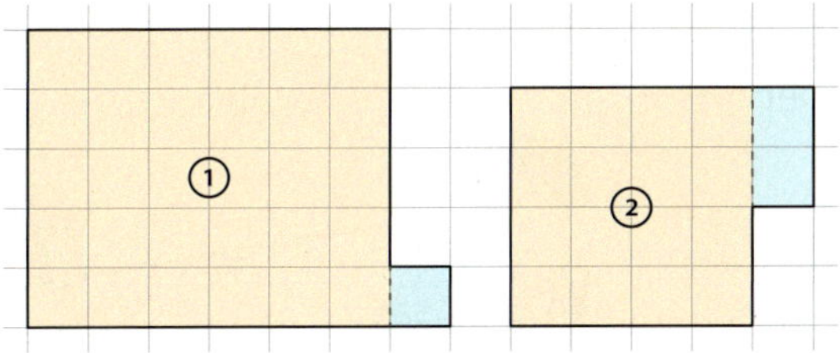

2 Welche Figur ist größer?
Begründe deine Antwort.

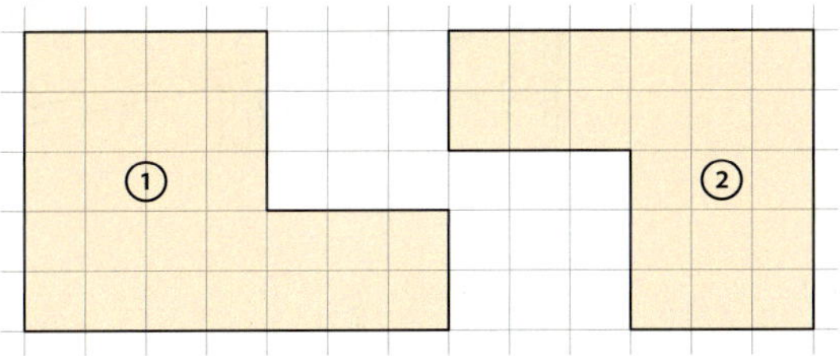

Hinweis
Zwei halbe Kästchen ergeben ein ganzes Kästchen:

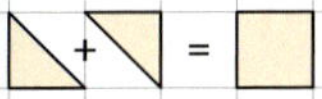

3 Aus wie vielen Kästchen besteht die Figur?

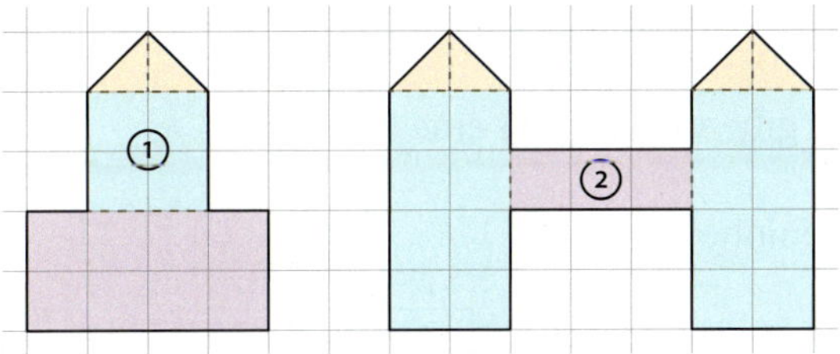

4 Sind die Figuren gleich groß?
Übertrage die Figuren auf kariertes Papier. Zerschneide Figur ① und zeige durch eine Zerlegung, dass beide Figuren gleich groß sind.

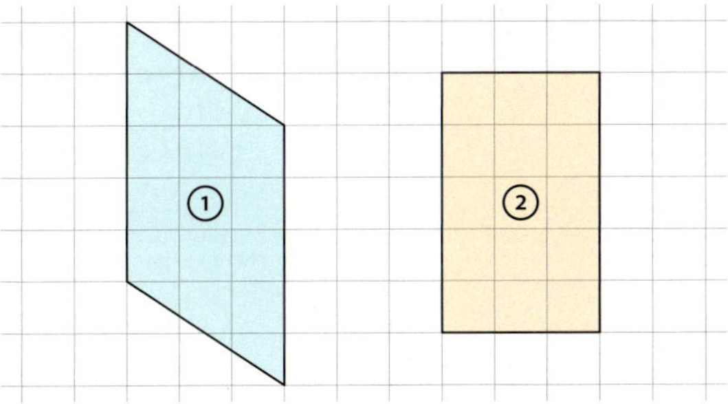

1 Aus wie vielen Kästchen besteht die Figur?
Zerlege und zähle die Kästchen.

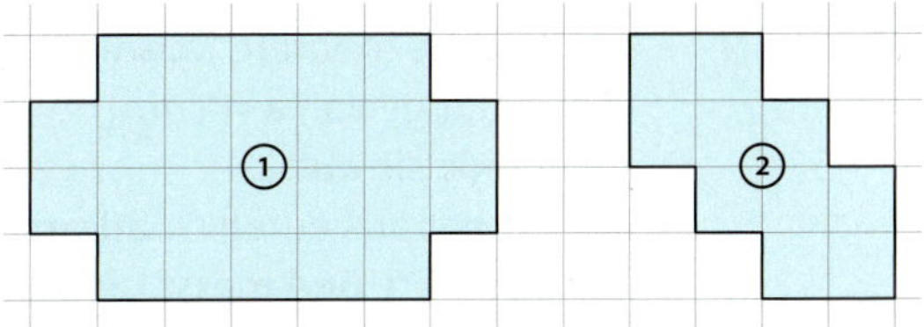

2 Welche Figur ist größer?
Begründe deine Antwort.

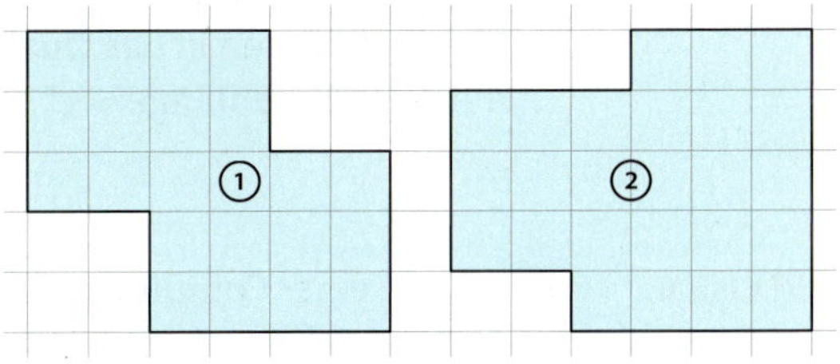

3 Übertrage ins Heft.
Aus wie vielen Kästchen besteht die Figur?

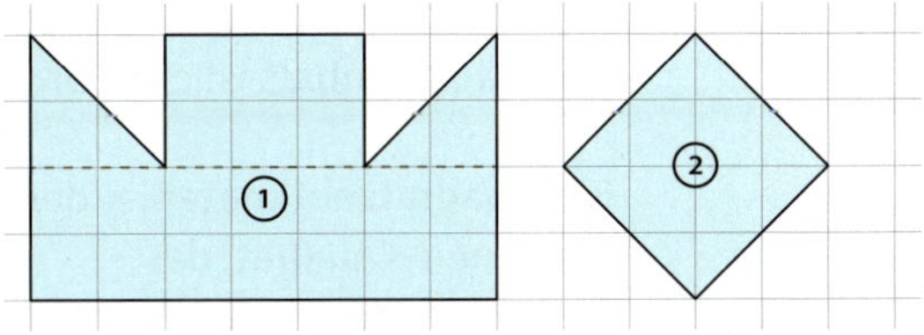

4 Lotti sagt: „Hier kann ich die Kästchen nicht zählen. Aber ich kann aus dem Dreieck ein Rechteck machen."

a) Erkläre, wie Lotti vorgeht.

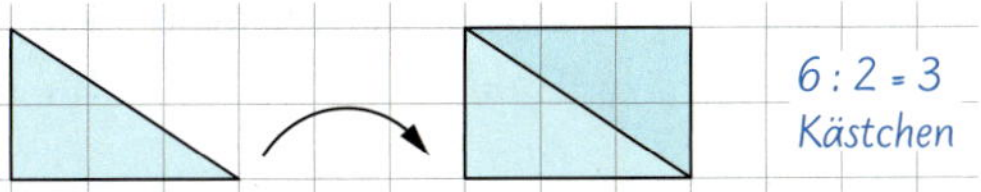

b) Bestimme den Flächeninhalt der Dreiecke.

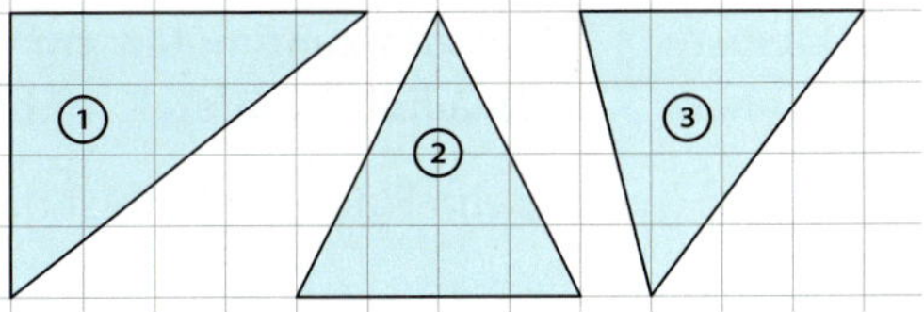

5 Wie viele Kästchen ist der Tintenklecks groß?
Vergleicht eure Ergebnisse.
Wie wird das Ergebnis genauer?
Begründet eure Antwort.

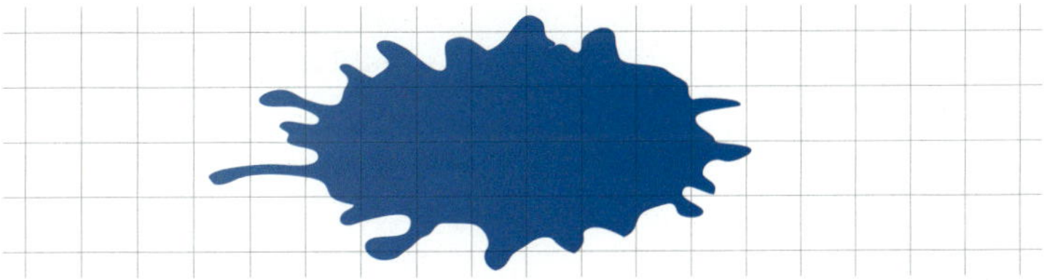

Flächeneinheiten

ENTDECKEN

1 Zeichne mehrere Quadrate mit einer Seitenlänge von a = 1 dm.
Schneide sie aus.

a) Legt aus euren Quadraten größere Quadrate und messt die Seitenlängen.

b) Wie viele kleine Quadrate braucht ihr für ein Quadrat mit einer Seitenlänge von 1 m?

c) Wie viele Quadrate mit der Seitenlänge von 1 cm passen in das Quadrat mit 1 dm Seitenlänge?

VERSTEHEN

Eine Taste einer Computertastatur ist 1 cm lang und 1 cm breit.

einen Quadratzentimeter

Die Taste ist also 1 cm² groß.

1 cm²
↙ Maßzahl ↘ Einheit

Der **Flächeninhalt** ist eine Größe: Sie gibt an, wie groß eine Fläche ist.

Vokabeln
→ der Quadratzentimeter
→ der Quadratmillimeter
→ die Umrechnungszahl

Ein **Quadratzentimeter** ist der Flächeninhalt von einem Quadrat, das
1 cm lang und 1 cm breit ist.
Ein **Quadratmillimeter** ist der Flächeninhalt von einem Quadrat, das
1 mm lang und 1 mm breit ist.

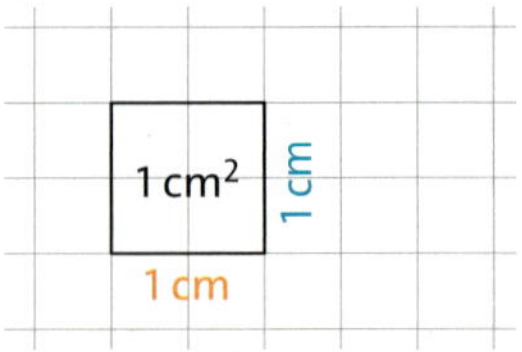

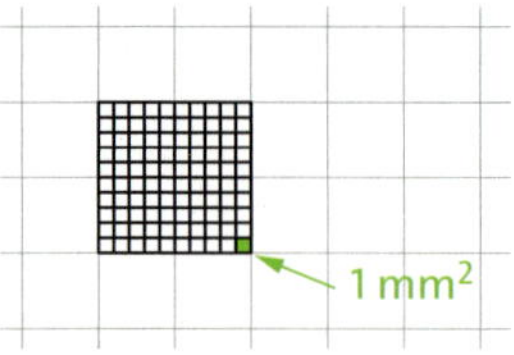

Merke Für den **Flächeninhalt** gibt es diese Einheiten:

größte Einheit ↕ kleinste Einheit

Quadratkilometer	**km²**	1 km² = 100 ha
Hektar	**ha**	1 ha = 100 a
Ar	**a**	1 a = 100 m²
Quadratmeter	**m²**	1 m² = 100 dm²
Quadratdezimeter	**dm²**	1 dm² = 100 cm²
Quadratzentimeter	**cm²**	1 cm² = 100 mm²
Quadratmillimeter	**mm²**	1 mm²

Beim Flächeninhalt ist die Umrechnungszahl 100.

Beispiel 1 in die nächstkleinere Einheit:

· 100

245 cm² = ■ mm²
245 cm² = 24 500 mm²

mit der Umrechnungszahl multiplizieren

Beispiel 2 in die nächstgrößere Einheit:

: 100

7600 dm² = ■ m²
7600 dm² = 76 m²

durch die Umrechnungszahl dividieren

ANWENDEN

1 Ordne zu. Schreibe Sätze wie im Tipp.

Tipp Eine Tafel ist ungefähr so groß wie ein Quadrat, das ___ lang und ___ breit ist. Die Tafel ist ___ groß.

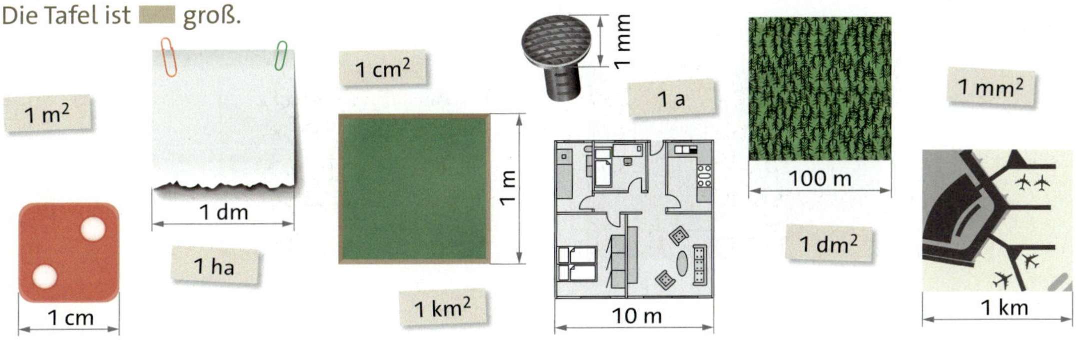

2 Ordne die Flächeninhalte zu.

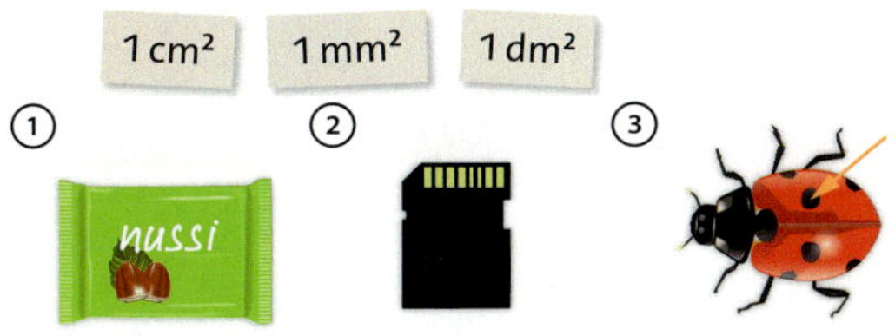

2 Ordne die Einheit zu.

a) Pupille ① m^2
b) Matheheft ② dm^2
c) Bonbonpapier ③ mm^2
d) Handydisplay ④ ha
e) Garagenstellplatz ⑤ cm^2
f) Kuhweide ⑥ dm^2

3 Rechne den Flächeninhalt um.

a) in die nächstkleinere Einheit:
① $5\,cm^2$ = ___ mm^2
② $48\,dm^2$ = ___ cm^2

b) in die nächstgrößere Einheit:
① $100\,mm^2$ = ___ cm^2
② $8000\,dm^2$ = ___ m^2

3 Rechne den Flächeninhalt um.

a) in die nächstkleinere Einheit:
① $17\,cm^2$ = ___ mm^2
② $136\,dm^2$ = ___ cm^2

b) in die nächstgrößere Einheit:
① $3300\,mm^2$ = ___ cm^2
② $80\,000\,dm^2$ = ___ m^2

4 Rechne in die angegebene Einheit um. Musst du multiplizieren oder dividieren?

a) $7\,cm^2$ = ___ mm^2
b) $900\,dm^2$ = ___ m^2
c) $40\,dm^2$ = ___ cm^2
d) $50\,000\,mm^2$ = ___ cm^2

4 Rechne in die angegebene Einheit um. Musst du multiplizieren oder dividieren?

a) $200\,cm^2$ = ___ mm^2
b) 30 000 a = ___ ha
c) $25\,000\,dm^2$ = ___ m^2
d) 376 a = ___ m^2

5 Übertrage und ergänze die Tabelle im Heft.

	cm^2	dm^2	m^2
a)	20 000	200	
b)	10 000		
c)			35
d)		7000	

5 Rechne schrittweise in die angegebene Einheit um.

Tipp $2\,m^2 = 200\,dm^2 = 20\,000\,cm^2$

a) $5\,m^2$ = ___ cm^2
b) $80\,000\,mm^2$ = ___ dm^2
c) 13 ha = ___ m^2
d) $1\,000\,000\,mm^2$ = ___ dm^2

6 Setze die richtige Flächeneinheit ein.

a) $4\,cm^2$ = 400 ___
b) $20\,dm^2$ = 2000 ___
c) $10\,m^2$ = 1000 ___
d) 7 ___ = $700\,cm^2$

6 Setze die richtige Flächeneinheit ein.

a) 800 ___ = $8\,dm^2$
b) $42\,cm^2$ = 4200 ___
c) 9 ___ = $90\,000\,dm^2$
d) $53\,000\,000\,m^2$ = 5 300 000 000 ___

Flächeninhalt von Rechteck und Quadrat

ENTDECKEN

1 Bestimme die Anzahl. Beschreibe dein Vorgehen.

① 

② 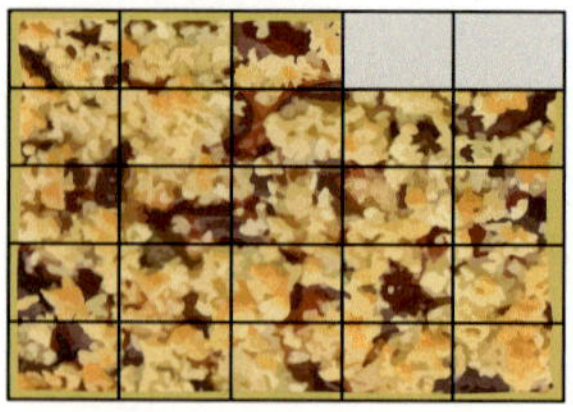

③ 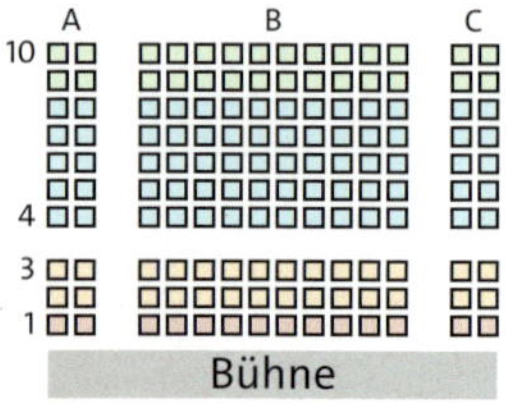

2 Eine Terrasse ist 5 m breit und 6 m lang.
Die Terrasse wird mit 1 m² großen Fliesen gefliest.
Wie viele Fliesen braucht man für die Terrasse?
Tipp Zeichne die Terrasse in dein Heft.

VERSTEHEN

Ein Garten ist 4 m breit und 6 m lang.
Wie viel m² Rasen braucht man für den Garten?
Um den Flächeninhalt zu berechnen,
teilt man die Fläche in Streifen
und die Streifen in Quadrate ein.

Beispiel 1

① Man braucht 6 Streifen.
Jeder Streifen ist 1 m breit.

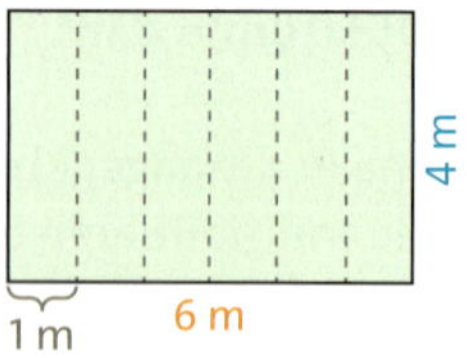

② Ein Streifen ist 4 m lang.
Er ist also 4 m² groß.

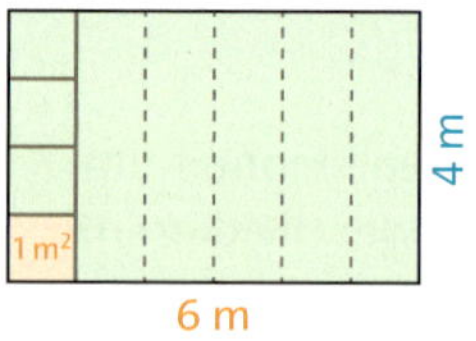

③ 6 Streifen mit jeweils 4 m².
Also $6 \cdot 4\,m^2 = 24\,m^2$

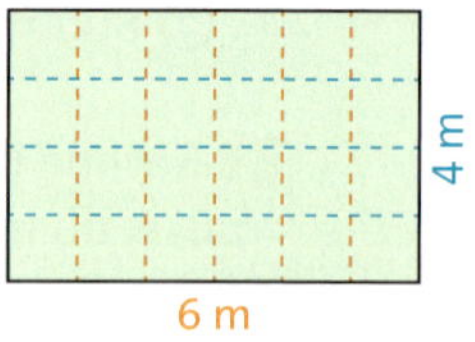

Die Fläche des Rasens ist also 24 m² groß.

Vokabeln
→ die Länge
→ die Breite

Merke **Rechteck**

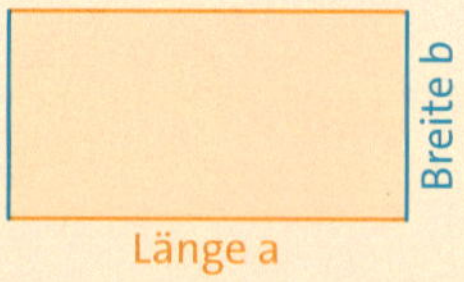

Flächeninhalt = Länge · Breite
$A = a \cdot b$

Quadrat

Flächeninhalt = Länge · Länge
$A = a \cdot a$

Beispiel 2 **Rechteck**

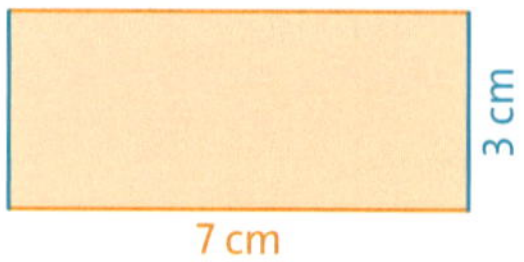

$A = 7\,cm \cdot 3\,cm$
$A = \underline{\underline{21\,cm^2}}$

Beispiel 3 **Quadrat**

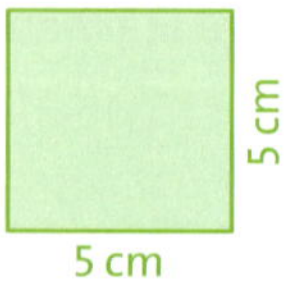

$A = 5\,cm \cdot 5\,cm$
$A = \underline{\underline{25\,cm^2}}$

ANWENDEN

1 Zeichne das Rechteck ins Heft.
Unterteile es in Streifen.
Berechne dann den Flächeninhalt A = a · b.

a) a = 3 cm; b = 2 cm
b) a = 2 cm; b = 4 cm
c) a = 3 cm; b = 5 cm
d) a = 6 cm; b = 3 cm
e) a = 5 cm; b = 2 cm

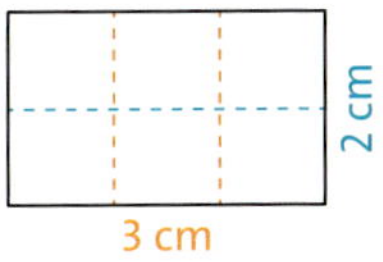

2 Berechne den Flächeninhalt vom Rechteck.

a) a = 3 cm; b = 8 cm
b) a = 9 cm; b = 4 cm
c) a = 15 cm; b = 2 cm

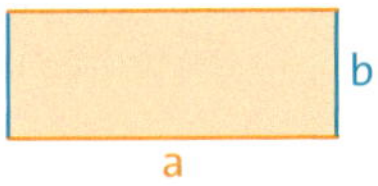

Hinweis
Kurze Flächenformel:
$A = a \cdot a = a^2$
Das nennt man Potenzschreibweise.
Beispiel:
5^2
Basis Exponent
„5 wird mit 2 potenziert."

3 Berechne den Flächeninhalt vom Quadrat.

a) a = 5 cm
b) a = 8 cm
c) a = 10 cm
d) a = 20 cm

4 Miss die Seiten in cm.
Berechne dann den Flächeninhalt.

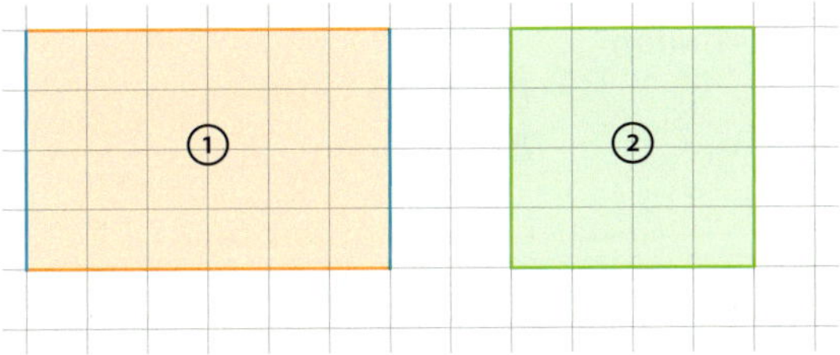

1 Zeichne das Rechteck ins Heft.
Unterteile es in Streifen.
Berechne dann den Flächeninhalt A = a · b.

a) a = 5 cm; b = 6 cm
b) a = 4 cm; b = 2 cm
c) a = 7 cm; b = 3 cm
d) a = 8 cm; b = 7 cm
e) a = 4 cm; b = 6 cm

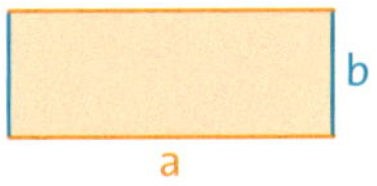

2 Berechne den Flächeninhalt vom Rechteck.

a) a = 7 cm; b = 8 cm
b) a = 9 dm; b = 40 dm
c) a = 15 m; b = 11 m

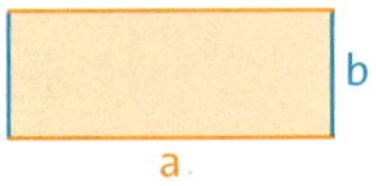

3 Berechne den Flächeninhalt vom Quadrat.

a) a = 4 cm
b) a = 9 dm
c) a = 11 m
d) a = 100 mm

4 Miss die Seiten in cm.
Berechne den Flächeninhalt.

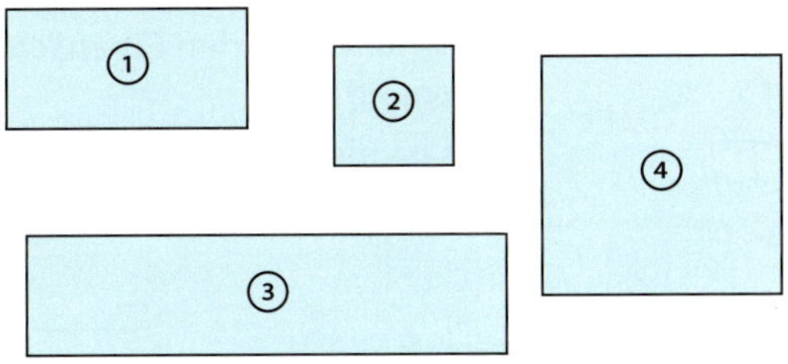

5 Berechne die Größe des Grundstücks.

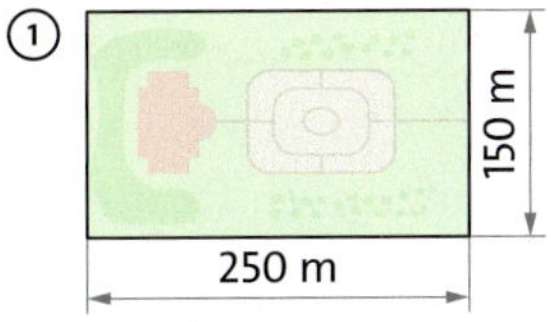

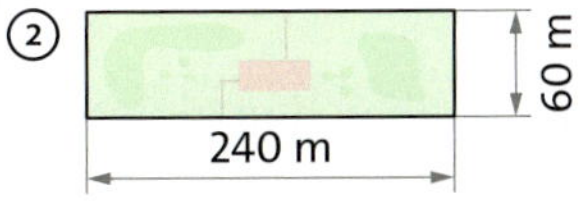

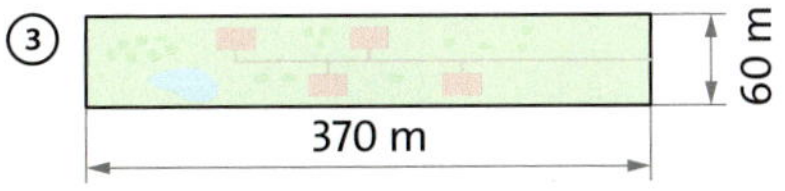

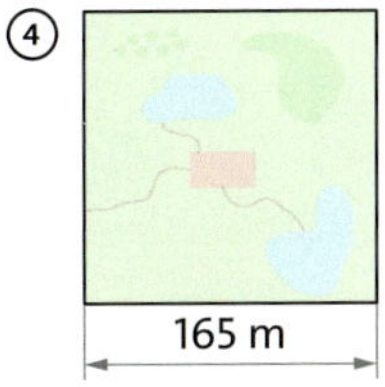

6 Ein Garten ist 8 m lang und 6 m breit.
Wie groß ist das Grundstück?

7 Wie breit ist das Rechteck?

	Länge	Breite	Flächeninhalt
a)	2 cm	▢ cm	6 cm²
b)	5 cm	▢ cm	15 cm²
c)	8 cm	▢ cm	32 cm²
d)	5 cm	▢ cm	25 cm²

6 Eine Turnhalle ist 27 m lang und 45 m breit.
Wie groß ist die Turnhalle?

7 Berechne die fehlende Seitenlänge.

	Länge	Breite	Flächeninhalt
a)	8 cm	▢	16 cm²
b)	10 cm	▢	30 cm²
c)	▢	12 cm	60 cm²
d)	▢	8 cm	64 cm²

Strategie Aussagen begründen

Wenn man in der Mathematik etwas sagt, muss man das oft auch begründen.
„Das ist richtig, weil …" *„Das ist falsch, denn …"* *„Das muss stimmen, da …"*

1 Sammelt weitere Satzanfänge zum Begründen.

2 Aber nicht alle Begründungen sind richtig oder ausreichend.
Welche Begründungen sind falsch?
Welche Begründungen sind ausreichend?

Man kann eine Aussage unterschiedlich begründen:

Hinweis
Lies auf S. 136 nach, welche Eigenschaften ein ***Trapez*** *hat.*

Beispiel 1 mit den **Eigenschaften** begründen

Aussage:
Das ist ein Trapez.

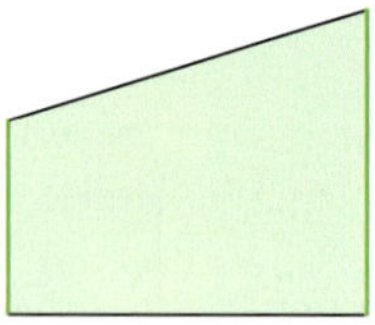

Die Aussage ist richtig.
Begründung:

Ja, die grünen Seiten sind parallel.

zwei Seiten parallel?	✓

Es ist also ein ***Trapez****.*

Beispiel 2 mit einer **Rechnung** begründen

Aussage:
Die beiden Rechtecke haben den gleichen Umfang.

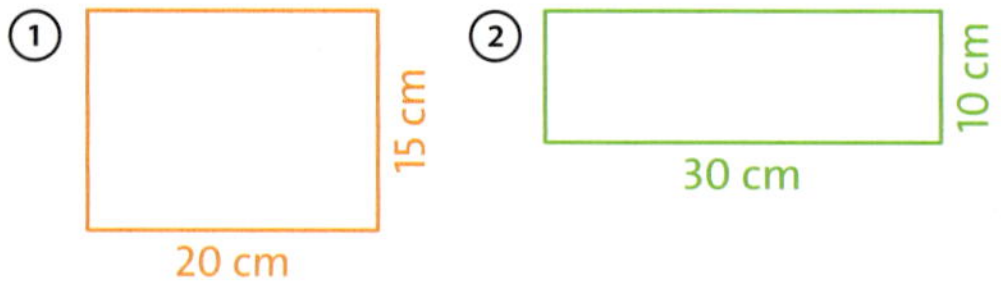

Die Aussage ist falsch.
Begründung:
① $u = 2 \cdot 15\,\text{cm} + 2 \cdot 20\,\text{cm} = 70\,\text{cm}$
② $u = 2 \cdot 10\,\text{cm} + 2 \cdot 30\,\text{cm} = 80\,\text{cm}$
Der Umfang von Rechteck ① ist kleiner als der Umfang von Rechteck ②.

Beispiel 3 mit einer **Zeichnung** begründen

Aussage:
Die beiden Figuren haben den gleichen Flächeninhalt.

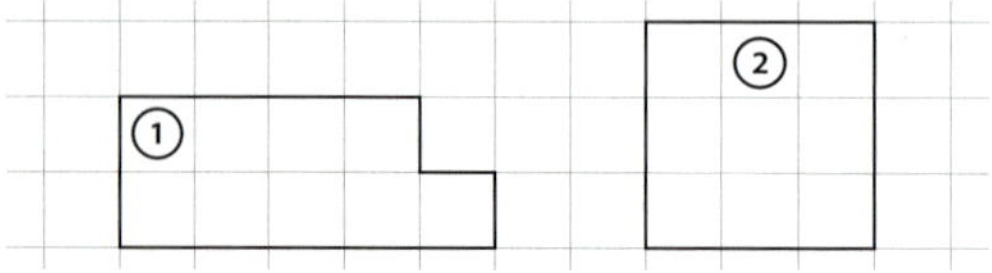

Die Aussage ist richtig.
Begründung:

Man kann die Figuren mit gleichen Teilflächen auslegen.

ANWENDEN

1 **Aussage:** Das ist ein Trapez.

Begründe, indem du die Eigenschaften prüfst.

1 **Aussage:** Das ist ein Trapez.

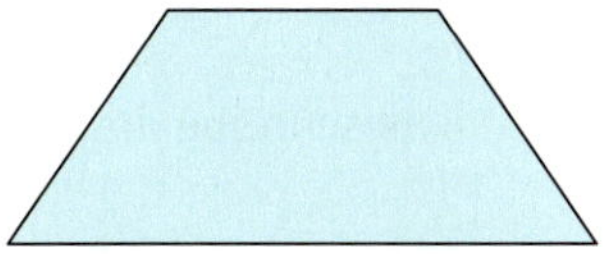

Begründe, indem du die Eigenschaften prüfst.

Info Alle Quadrate sind besondere Rechtecke.
Das bedeutet:
Alle Eigenschaften von einem Rechteck sind auch Eigenschaften von einem Quadrat.

2 **Aussage:** Alle Quadrate sind besondere Rechtecke.
Begründe die Aussage, indem du die Eigenschaften prüfst.

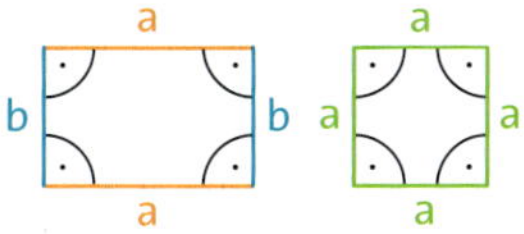

3 **Aussage:** Das sind drei Rechtecke und zwei Quadrate.
Begründe mit den Eigenschaften.

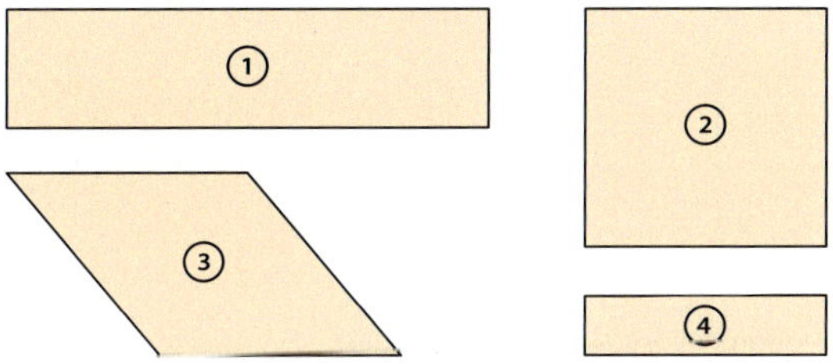

3 **Aussage:** Das sind drei Rechtecke und zwei Quadrate.
Begründe mit den Eigenschaften.

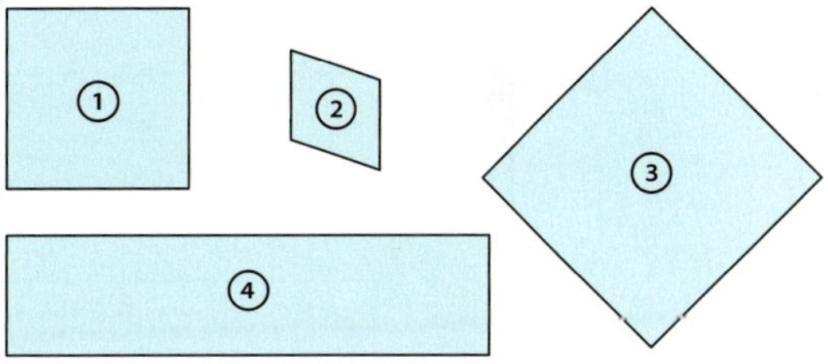

4 Welche Figur hat den größeren Umfang?
Stelle eine Behauptung auf.
Begründe mit einer Rechnung.

4 Welche Figur hat den größeren Umfang?
Stelle eine Behauptung auf.
Begründe mit einer Rechnung.

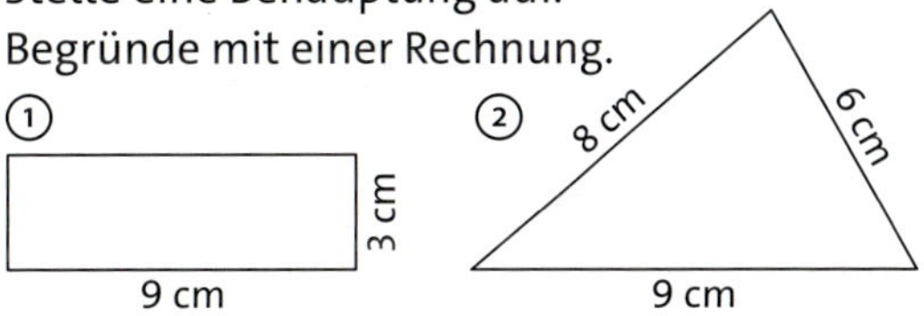

5 **Aussage:** Die Figuren sind gleich groß.
Ist die Aussage richtig?
Begründe mithilfe einer Zeichnung.

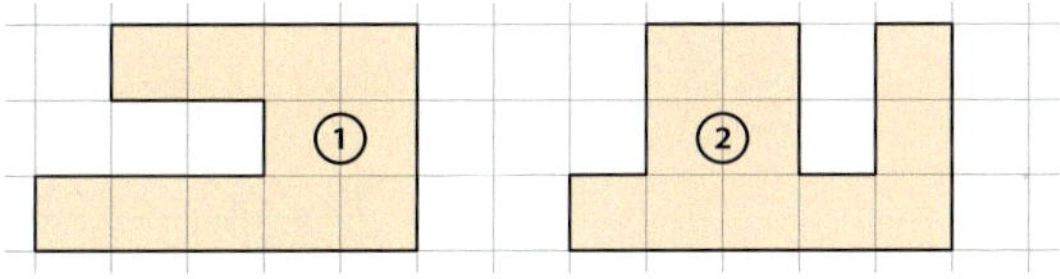

5 **Aussage:** Die Figuren sind gleich groß.
Ist die Aussage richtig?
Begründe mit einer Zeichnung.

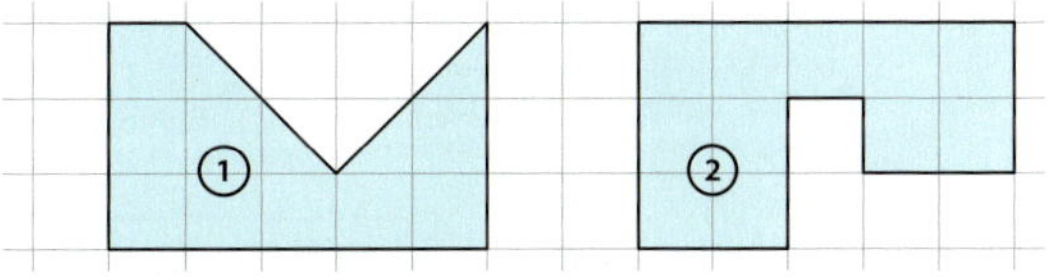

Strategie Widerlegen mit einem Gegenbeispiel
Wenn man zeigen will, dass eine Aussage falsch ist, reicht ein Beispiel aus.
Dieses Beispiel nennt man **Gegenbeispiel**.

6 **Behauptung:** Wenn zwei Rechtecke den gleichen Flächeninhalt haben, dann haben sie immer auch denselben Umfang.
Erkläre, dass das ein **Gegenbeispiel** ist.

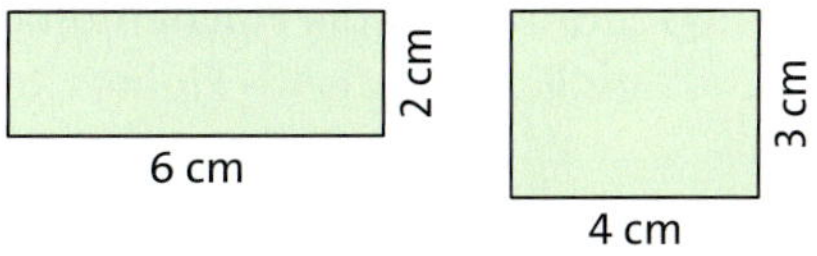

Methode Zusammengesetzte Figuren

1 Beschreibe die Figuren. Aus welchen Vierecken setzen sich die Figuren zusammen?

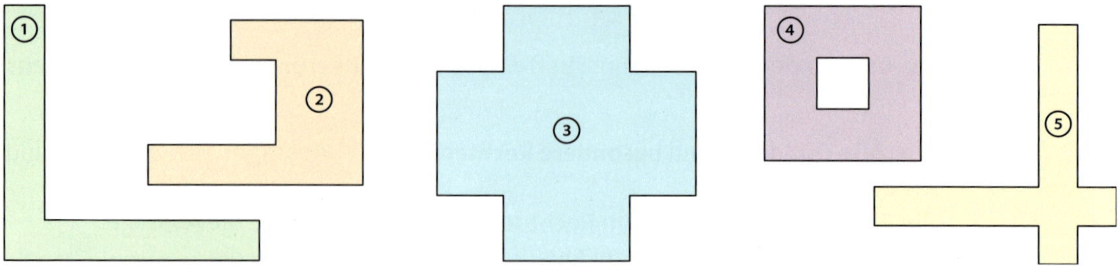

Um den Flächeninhalt von zusammengesetzten Figuren zu berechnen, gibt es zwei Methoden:

Zerlegungsmethode

① Zerlege die Figur in Rechtecke und Quadrate.

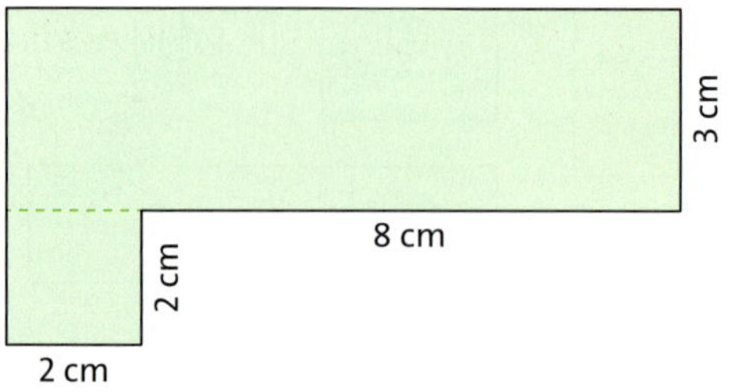

② Berechne die Flächeninhalte:
Rechteck und Quadrat

③ Addiere die Flächeninhalte:
Rechteck + Quadrat

Beispiel 1

①

Hier fehlt eine Seitenlänge:
2 cm + 8 cm = 10 cm

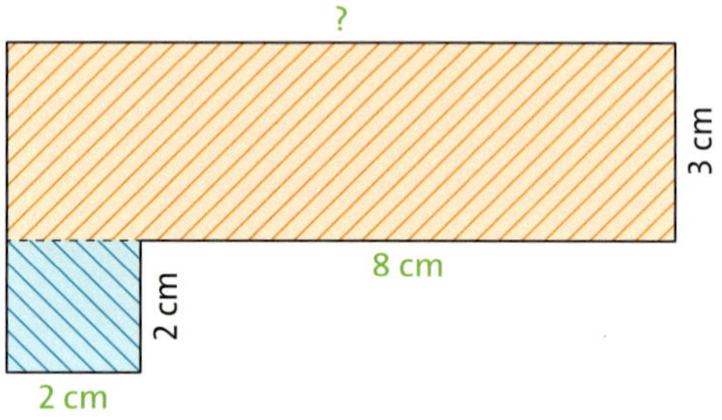

② $A = 10\,\text{cm} \cdot 3\,\text{cm} = 30\,\text{cm}^2$
$A = 2\,\text{cm} \cdot 2\,\text{cm} = 4\,\text{cm}^2$

③ $A = 30\,\text{cm}^2 + 4\,\text{cm}^2$
$A = \underline{\underline{34\,\text{cm}^2}}$

Ergänzungsmethode

① Ergänze die Figur zu einem Rechteck oder Quadrat.

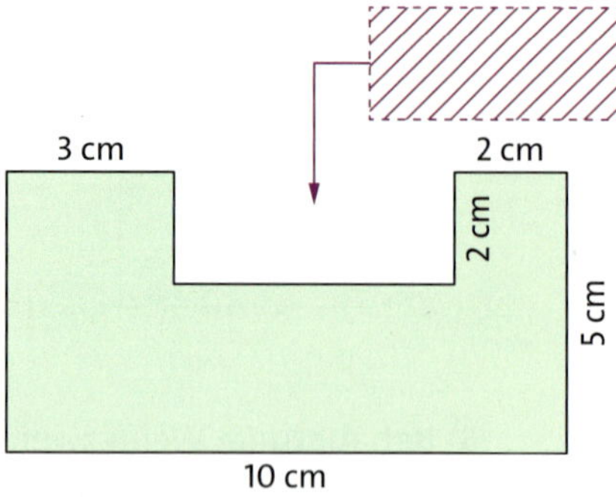

② Berechne die Flächeninhalte:
großes Rechteck und kleines Rechteck

③ Subtrahiere die Flächeninhalte:
großes Rechteck – kleines Rechteck

Beispiel 2

①

Hier fehlt eine Seitenlänge:
3 cm + 5 cm + 2 cm = 10 cm

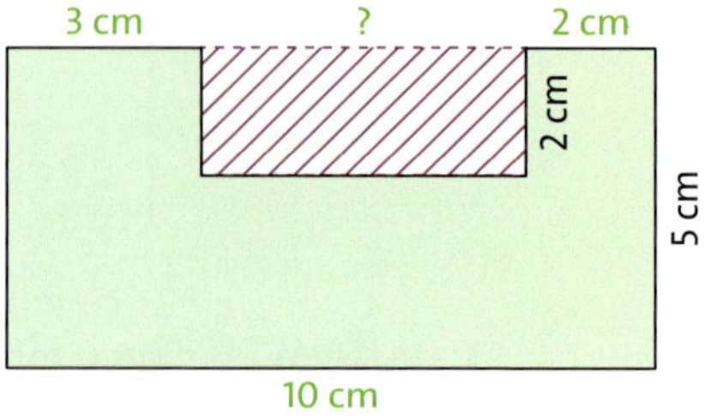

② $A = 10\,\text{cm} \cdot 5\,\text{cm} = 50\,\text{cm}^2$
$A = 5\,\text{cm} \cdot 2\,\text{cm} = 10\,\text{cm}^2$

③ $A = 50\,\text{cm}^2 - 10\,\text{cm}^2$
$A = \underline{\underline{40\,\text{cm}^2}}$

ANWENDEN

1 Übertrage ins Heft. Zeichne verschiedene Zerlegungen ein und beschreibe sie.

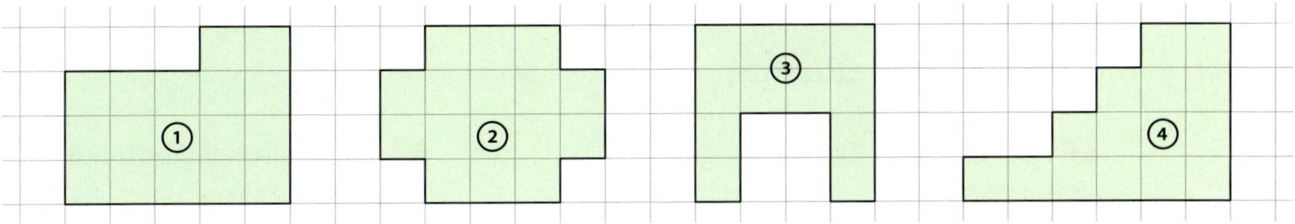

2 Berechne den Flächeninhalt mit der Zerlegungsmethode.

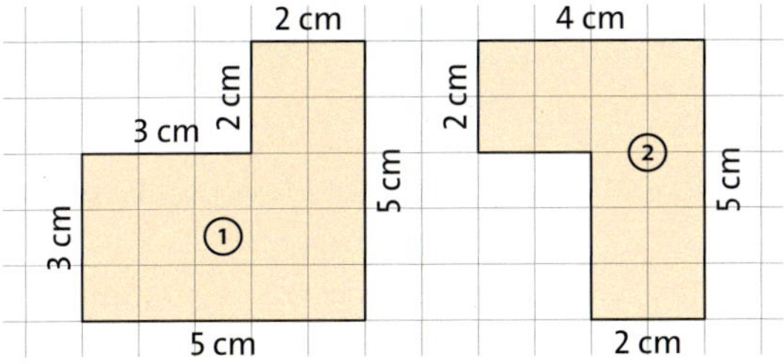

2 Berechne den Flächeninhalt mit der Zerlegungsmethode.

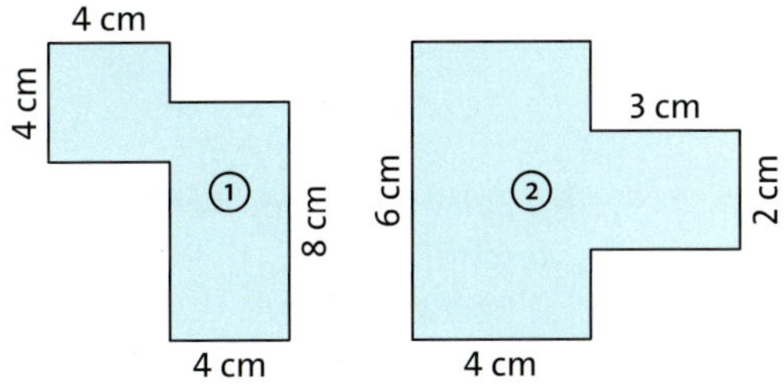

3 Berechne den Flächeninhalt mit der Ergänzungsmethode.

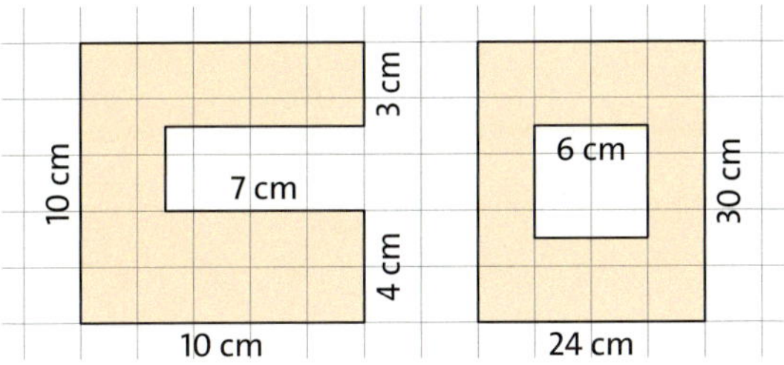

3 Berechne den Flächeninhalt mit der Ergänzungsmethode.

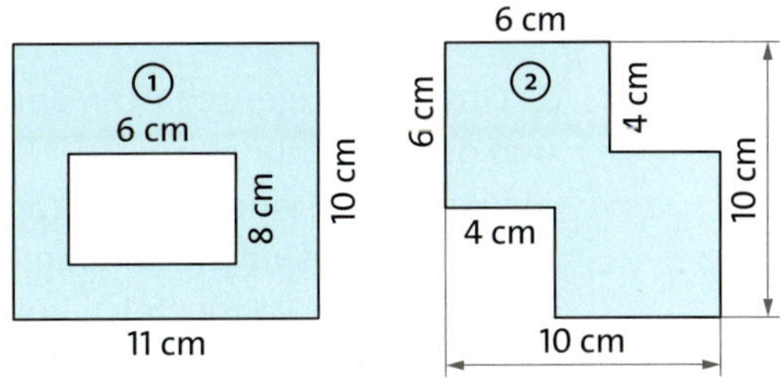

4 Berechne den Flächeninhalt. Welche Methode wählst du? Begründe.

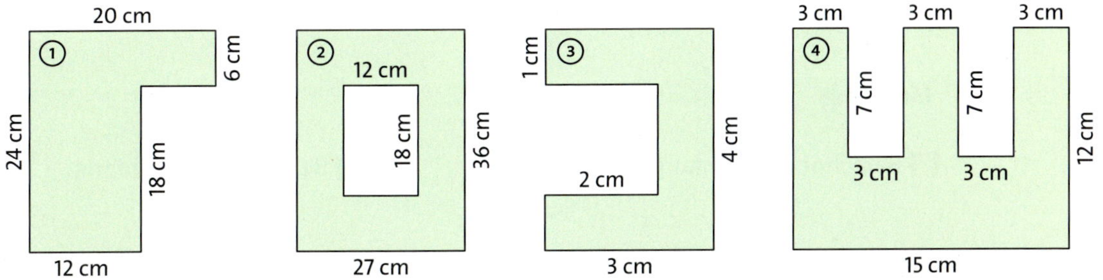

5 Die Wand wird neu gestrichen.
Berechne den Flächeninhalt der Wand in m².

a)

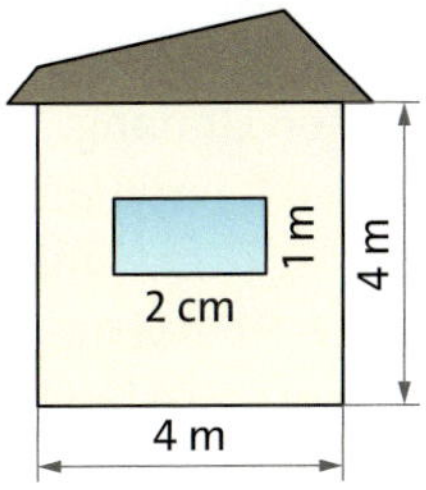

b)

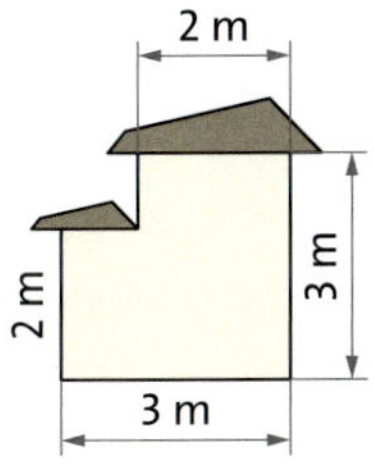

5 Die Wand wird neu gestrichen.
Berechne den Flächeninhalt der Wand.

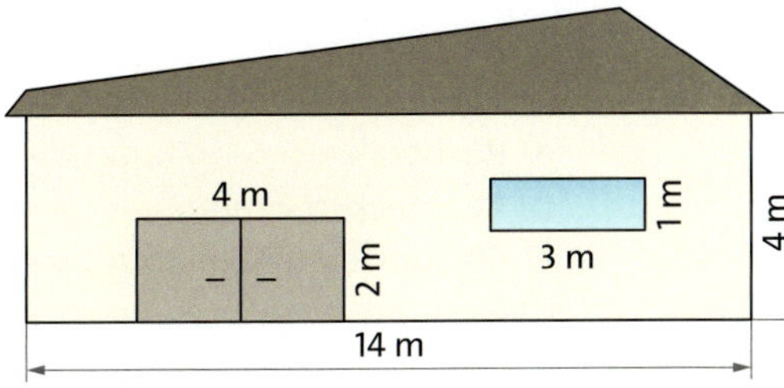

Klar soweit?

→ Seite 134

Rechteck und Quadrat

1 Rechteck oder Quadrat?
Beschreibe sie.

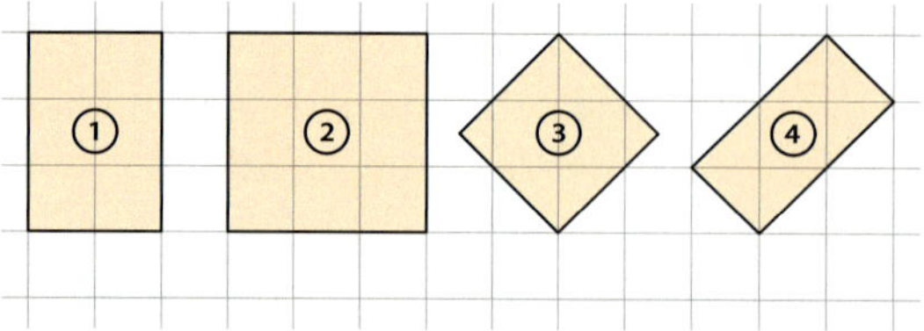

1 Wie heißen die besonderen Vierecke?
Beschreibe sie.

2 Zeichne die Rechtecke und Quadrate.
Beschrifte sie.
a) Rechteck: a = 6 cm lang;
b = 3 cm breit
b) Quadrat: a = 4 cm lang

2 Zeichne die Rechtecke und Quadrate.
Beschrifte sie.
a) Rechteck: a = 4 cm lang;
b = 7 cm breit
b) Quadrat: a = 6 cm lang

→ Seite 136

Parallelogramm, Raute, Trapez und Drachen

3 Ordne die Eigenschaften den Vierecken und den Zeichnungen zu.
a) Zwei Seiten sind parallel zueinander.
b) Alle Seiten sind gleich lang.
c) Es gibt zwei Paare gleich langer Seiten, die nebeneinander liegen.
d) Die gegenüberliegenden Seiten sind jeweils gleich lang.
e) Die gegenüberliegenden Seiten sind jeweils parallel zueinander.

Trapez | Drachen | Parallelogramm | Raute

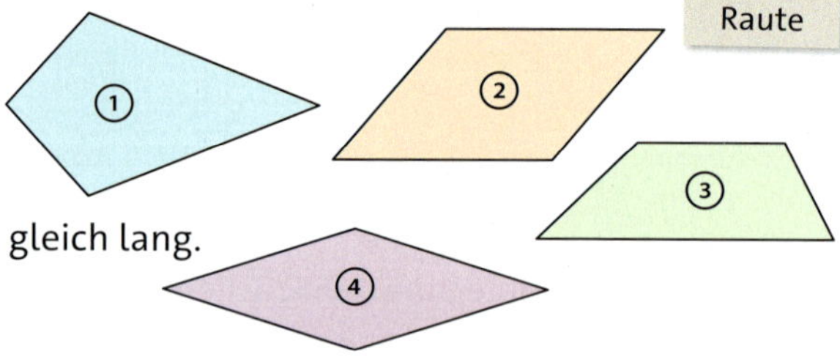

→ Seite 139

Umfang

4 Berechne den Umfang.

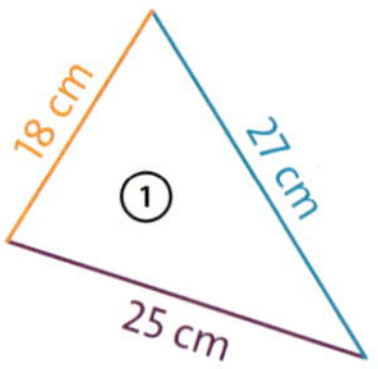

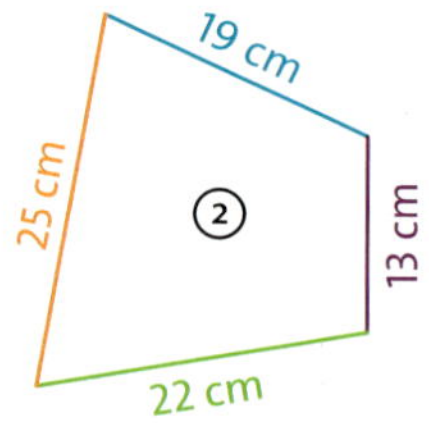

4 Berechne den Umfang.

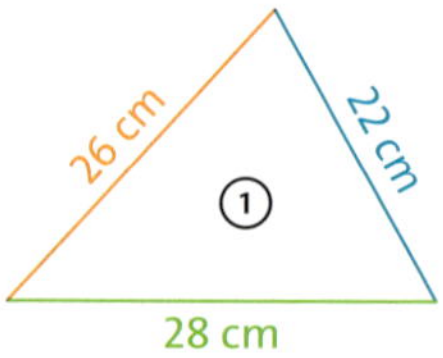

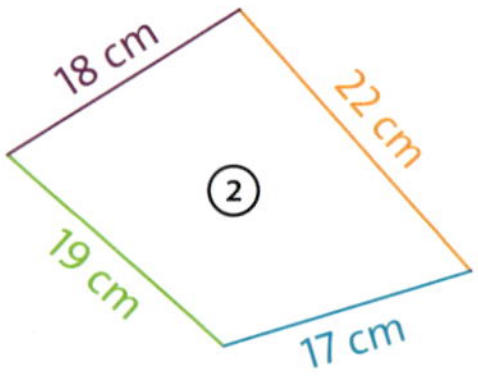

5 Berechne den Umfang.
a) Rechteck: a = 5 cm lang; b = 4 cm breit
b) Rechteck: a = 6 cm lang; b = 7 cm breit
c) Quadrat: a = 3 cm lang
d) Quadrat: a = 5 cm lang

5 Berechne den Umfang.
a) Rechteck: a = 12 cm lang; b = 7 cm breit
b) Rechteck: a = 13 cm lang; b = 18 cm breit
c) Quadrat: a = 9 cm lang
d) Quadrat: a = 12 cm lang

→ Seite 142

Flächeninhalte vergleichen

6 Welche Figur ist am größten?
Begründe deine Antwort.

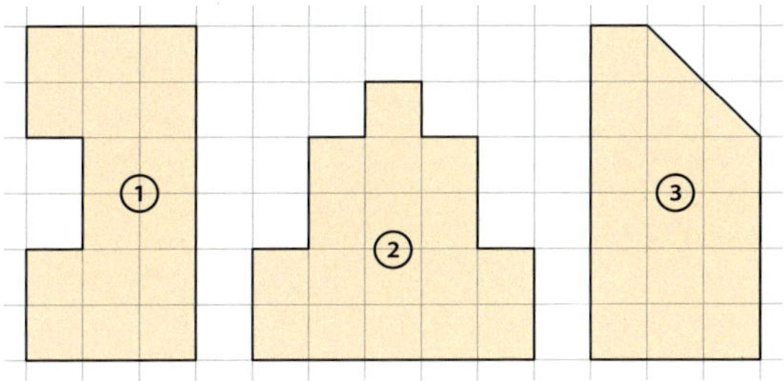

6 Welche Figur ist am größten?
Begründe deine Antwort.

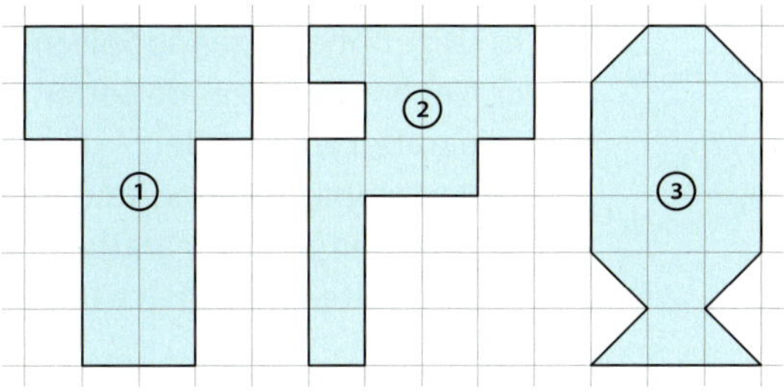

→ Seite 144

Flächeneinheiten

7 Rechne den Flächeninhalt um.
a) in die nächstkleinere Einheit:
① $5\,cm^2$ ② $1\,dm^2$
③ $2\,m^2$ ④ $1090\,m^2$
b) in die nächstgrößere Einheit:
① $100\,mm^2$ ② $400\,cm^2$
③ $8000\,dm^2$ ④ $30\,500\,m^2$

7 Rechne den Flächeninhalt um.
a) in die nächstkleinere Einheit:
① $7\,cm^2$ ② $48\,m^2$
③ $136\,dm^2$ ④ $7199\,km^2$
b) in die nächstgrößere Einheit:
① $900\,mm^2$ ② $5200\,dm^2$
③ 10 900 ha ④ $701\,000\,m^2$

8 Rechne in die angegebene Einheit um.
a) $96\,cm^2 = ■\,mm^2$
b) $800\,dm^2 = ■\,m^2$
c) $2\,dm^2 = ■\,cm^2$
d) $702\,000\,mm^2 = ■\,cm^2$

8 Rechne schrittweise um.
a) $4\,m^2 = ■\,cm^2$
b) $240\,000\,mm^2 = ■\,dm^2$
c) $397\,m^2 = ■\,cm^2$
d) $5\,100\,000\,m^2 = ■$ ha

→ Seite 146

Flächeninhalt von Rechteck und Quadrat

Zum Weiterarbeiten
Zeichne das Rechteck aus Aufgabe 9a und halbiere es entlang einer Diagonalen. Es entstehen zwei Dreiecke. Berechne den Flächeninhalt für ein Dreieck.
→ Seite 159

9 Berechne den Flächeninhalt.
a) Rechteck: a = 3 cm lang; b = 8 cm breit
b) Rechteck: a = 9 cm lang; b = 4 cm breit
c) Quadrat: a = 5 cm lang
d) Quadrat: a = 10 cm lang

9 Berechne den Flächeninhalt.
a) Rechteck: a = 7 cm lang; b = 8 cm breit
b) Rechteck: a = 9 cm lang; b = 40 cm breit
c) Quadrat: a = 7 cm lang
d) Quadrat: a = 14 cm lang

10 Ein Garten ist 14 m lang und 8 m breit.
Wie groß ist der Garten?
Begründe deine Antwort.

10 Ein Grundstück ist 23 m lang und 19 m breit. Wie groß ist das Grundstück?
Begründe deine Antwort.

11 Berechne die fehlende Seitenlänge.

① 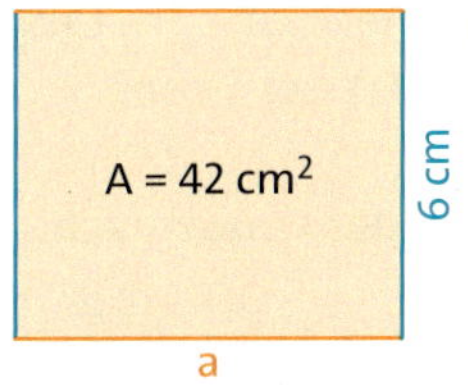

② 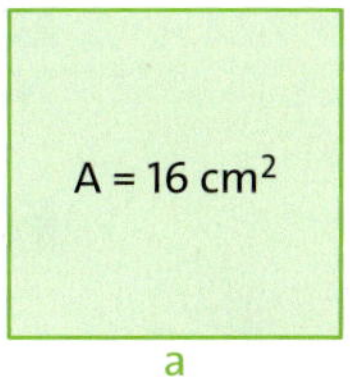

11 Berechne die fehlende Seitenlänge.

① 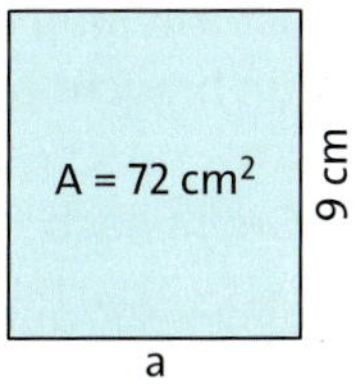

② 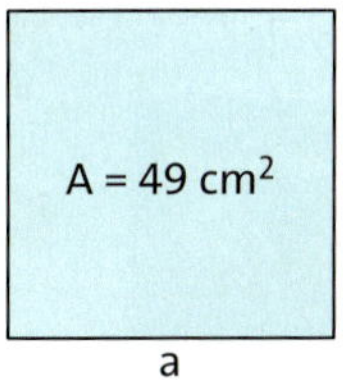

→ Lösungen ab S. 224

Vermischte Übungen

Anwenden

1 Ordne zu. Welche Aussage passt zu den Vierecken?
a) Alle Winkel sind rechte Winkel.
b) Gegenüberliegende Seiten sind gleich lang.
c) Gegenüberliegende Seiten sind parallel zueinander.
d) Benachbarte Seiten sind gleich lang.
e) Zwei Seiten sind parallel zueinander.
f) Alle Seiten sind gleich lang.

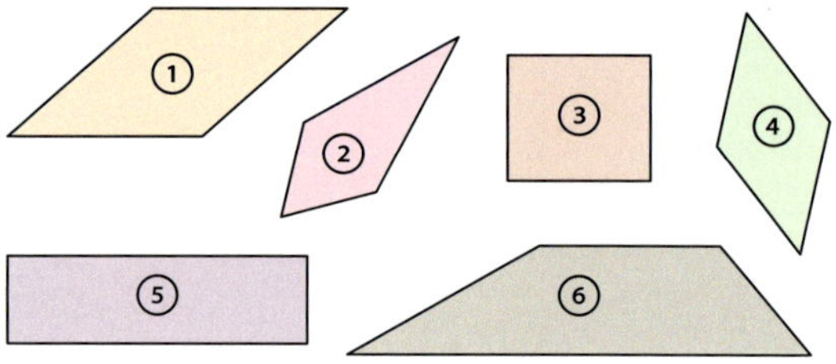

2 Beschreibe das Muster.
Übertrage das Muster ins Heft.
Setze es fort.

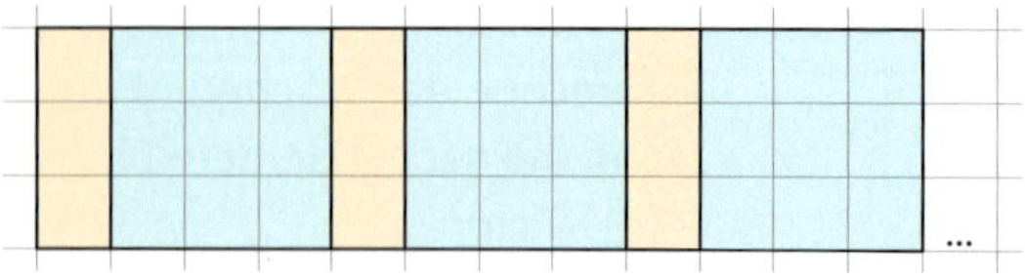

2 Beschreibe das Muster.
Übertrage das Muster ins Heft.
Setze es fort.

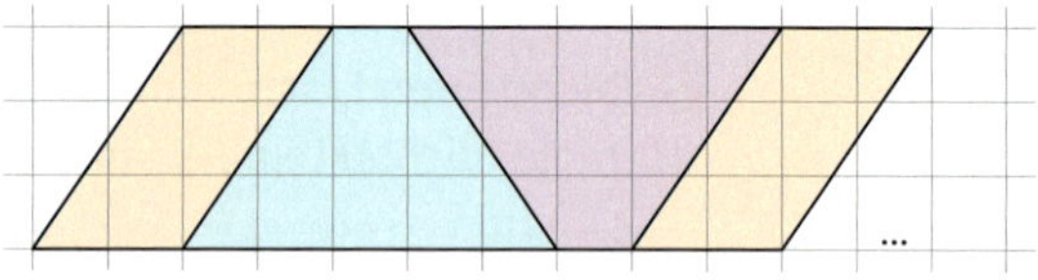

3 Entscheide:
Umfang oder Flächeninhalt?
a) Länge eines Zauns
b) Wand eines Zimmers
c) Boden des Klassenzimmers
d) Fahrradkette

3 Entscheide:
Umfang oder Flächeninhalt?
a) Boden eines Kaninchenstalls
b) Beckenrand im Schwimmbad
c) Paketband
d) Fensterscheibe

4 Welche Einheit gehört zu den Flächen? Ordne zu.

mm^2 | cm^2 | dm^2 | m^2 | a | ha | km^2

① 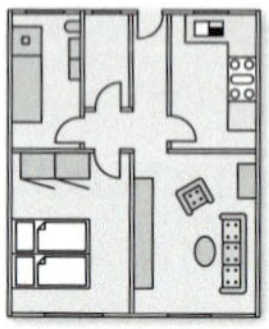
② 

③ 

④ 
⑤ 
⑥ 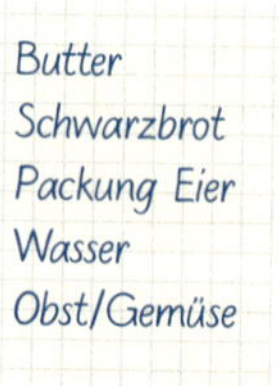

5 Vergleiche im Heft.
Setze ein: < oder >.
a) $7\,cm^2$ ■ $7\,dm^2$
b) $40\,dm^2$ ■ $40\,m^2$
c) $9\,mm^2$ ■ $6\,cm^2$
d) $11\,m^2$ ■ $1001\,dm^2$

5 Vergleiche.
Setze ein: <, > oder =.
a) $900\,dm^2$ ■ $90\,cm^2$
b) $450\,mm^2$ ■ $45\,cm^2$
c) $12\,a$ ■ $1200\,m^2$
d) $6100\,ha$ ■ $16\,km^2$

Nachgedacht
Ist das auch eine Raute?

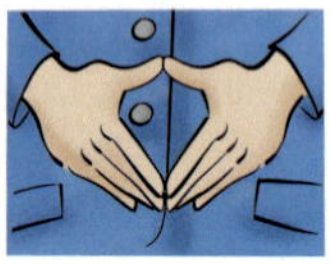

6 Ein Garten ist 9 m lang und 13 m breit.
Wie viel m Zaun braucht man?

6 Eine Wiese ist 17 m lang und 24 m breit.
Wie lang ist der Zaun?

7 Ordne der Größe nach.

$80\,cm^2$ | $80\,mm^2$ | $400\,cm^2$ | $801\,mm^2$ | $3\,m^2$

7 Ordne der Größe nach.

$450\,cm^2$ | $3\,dm^2$ | $1\,m^2$ | $4400\,cm^2$ | $90\,dm^2$

8 Berechne Umfang und Flächeninhalt.

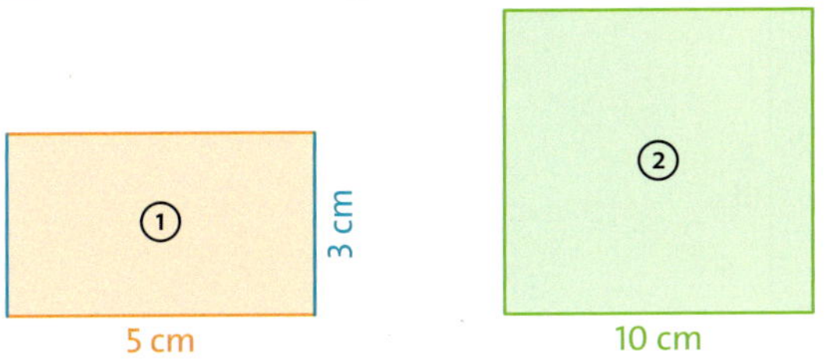

8 Berechne Umfang und Flächeninhalt.

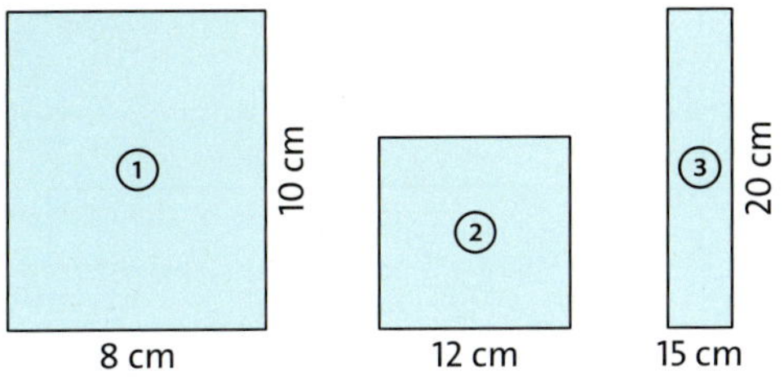

Nachgedacht
$7\,m^2 = ▪\,mm^2$
Ava sagt: „Ich multipliziere direkt mit 1 000 000.“
Was meint sie damit?

9 Nike sagt:
„Mein Hasenstall ist $20\,000\,mm^2$ groß“.
Kann das sein? Begründe.

9 Bendix sagt:
„Mein Hamsterkäfig ist $200\,000\,mm^2$ groß.“
Kann das sein? Begründe.

10 Berechne Umfang und Flächeninhalt.
Tipp Achte auf die Einheiten.
a) Quadrat: a = 6 cm
b) Quadrat: a = 10 mm
c) Rechteck: a = 25 dm; b = 4 dm
d) Rechteck: a = 50 m; b = 80 m

10 Berechne Umfang und Flächeninhalt.
Tipp Rechne bei b) und c) erst in die kleinere Einheit um.
a) Quadrat: a = 18 cm
b) Rechteck: a = 14 cm; b = 3 mm
c) Rechteck: a = 6 cm; b = 9 dm

11 Berechne.
Tipp zu c) Rechne erst in die kleinere Einheit um.
a) $3\,mm^2 + 8\,mm^2$
b) $9\,dm^2 - 3\,dm^2$
c) $35\,cm^2 + 1\,dm^2$

11 Berechne.
Tipp Rechne erst die Einheiten um.
a) $62\,mm^2 + 19\,cm^2$
b) $69\,dm^2 + 21\,m^2$
c) $2\,m^2 - 1\,dm^2$
d) 434 a – 4 ha

12 Aus den Stäbchen kann man Rechtecke und Quadrate legen.

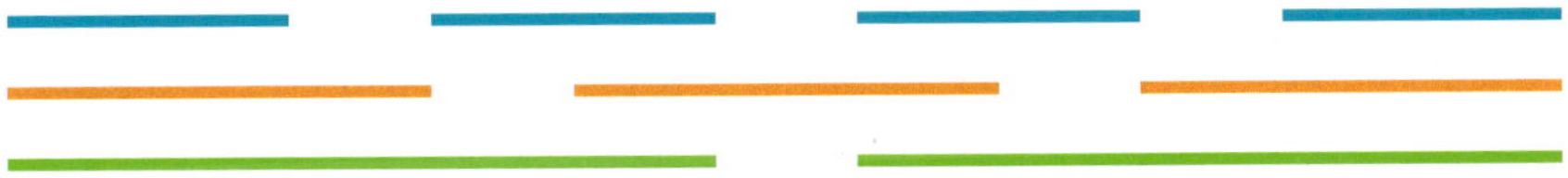

a) Zeichne verschiedene Rechtecke und Quadrate. Miss die Seiten und berechne den Umfang.
b) Welche besonderen Vierecke kann man noch mit den Stäbchen legen?
Zeichne eine Skizze ins Heft und berechne den Umfang.
Vergleicht eure Lösungen.

13 Ein Papiertaschentuch hat die Maße
20 cm x 21 cm.
Berechne den Flächeninhalt.

13 Ein Passbild hat die Maße
35 mm × 45 mm.
Berechne den Flächeninhalt.

14 Übertrage ins Heft und zeichne die nächsten beiden Figuren.
Was fällt dir auf?
Aus wie vielen Kästchen besteht Figur ⑤?

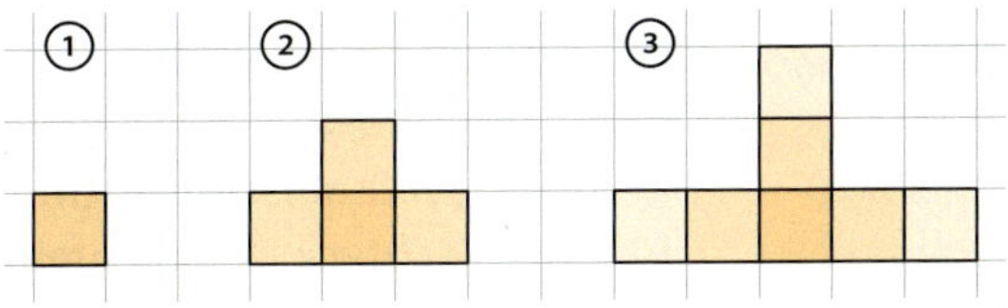

14 Übertrage ins Heft und zeichne die nächsten beiden Figuren.
Was fällt dir auf? Beschreibe.
Aus wie vielen Kästchen besteht Figur ⑥?

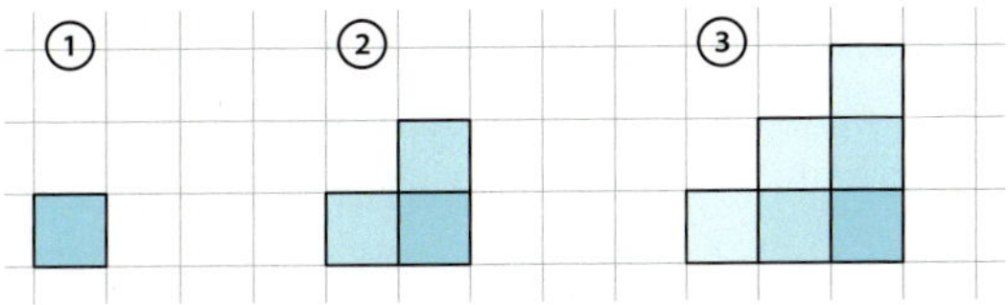

15 Berechne, wie groß die Wiese ist.

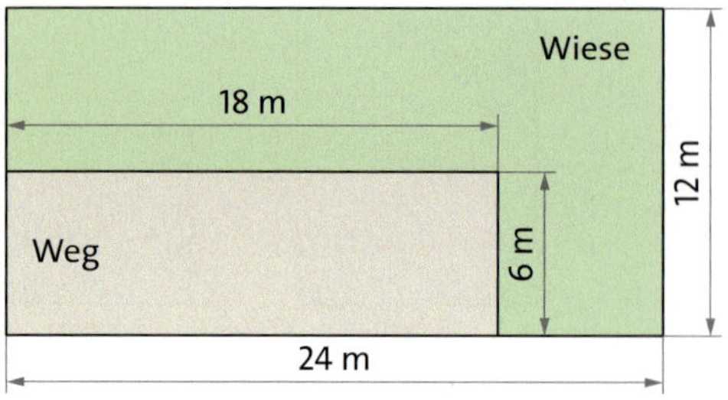

16 Ein Quadrat hat einen Flächeninhalt von 16 cm².
Berechne die Seitenlänge a.

17 Findet zwei Rechtecke mit einem Flächeninhalt von 12 cm².
Berechnet auch den Umfang der Rechtecke.

18 Jedes Kind braucht 2 m² Platz im Klassenraum.
Ein Klassenraum hat die Maße 5 m × 8 m.

a) Berechne die Grundfläche des Klassenraumes.
b) Ist der Klassenraum für 25 Kinder groß genug? Begründe.

19 Berechne Flächeninhalt und Umfang.

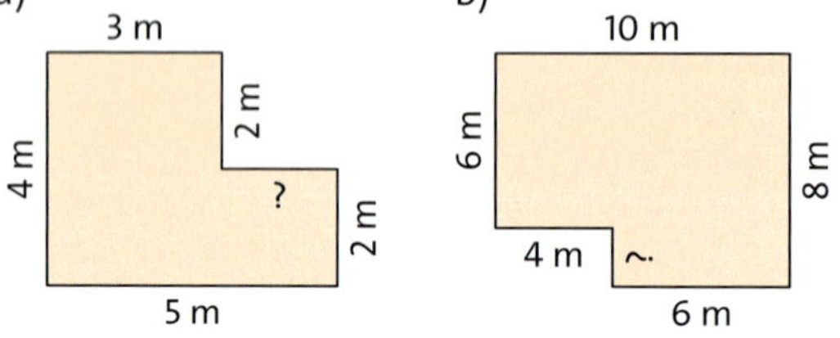

20 Sind die Aussagen richtig oder falsch?
Tipp Begründe mit einer Rechnung.
Bei einem Rechteck mit
a = 5 cm und b = 3 cm
werden die Seitenlängen verdoppelt.

a) Dadurch verdoppelt sich auch der Umfang.
b) Dadurch verdoppelt sich auch der Flächeninhalt.

21 Ist die Aussage richtig?
Das sind zwei Rechtecke.

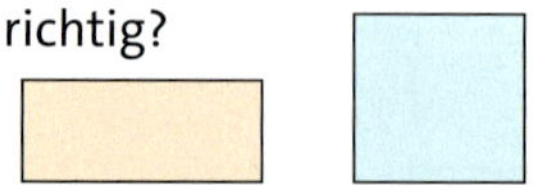

Tipp Begründe mit den Eigenschaften.

15 Berechne, wie groß die Wiese ist.

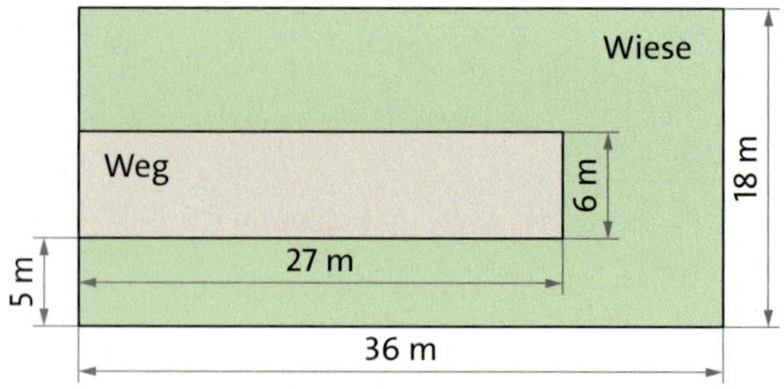

16 Bestimme die Seitenlänge des Quadrats mit einem Flächeninhalt.

a) 25 cm²
b) 64 cm²
c) 100 cm²
d) 144 cm²

17 Findet zwei Rechtecke mit einem Flächeninhalt von 20 cm².
Berechnet auch den Umfang der Rechtecke.

18 Jedes Kind braucht 2 m² Platz im Klassenraum.
Ein Klassenraum hat die Maße 8 m × 8 m.

a) Berechne die Grundfläche des Klassenraumes.
b) Wie viele Kinder können in diesem Raum unterrichtet werden?

19 Berechne Flächeninhalt und Umfang.

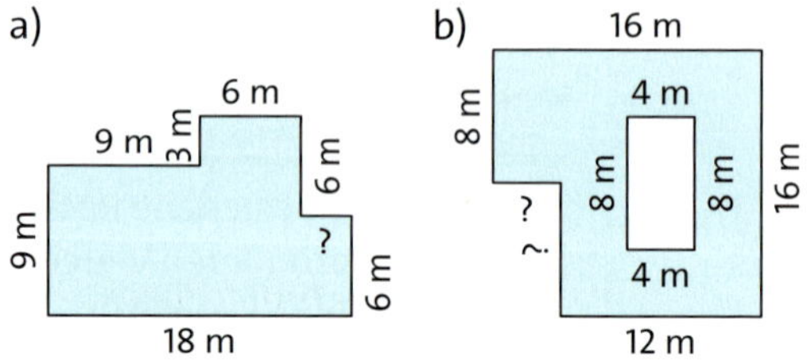

20 Ist die Aussage richtig?
Tipp Begründe mit einer Rechnung.

a) Verdoppelt man die Seitenlängen in einem Rechteck, dann verdoppelt sich auch der Umfang.
b) Verdoppelt man die Seitenlängen in einem Rechteck, dann verdoppelt sich auch der Flächeninhalt.

21 Ist die Aussage richtig?
Tipp Begründe mit den Eigenschaften.

a) Jedes Quadrat ist ein Rechteck.
b) Jedes Rechteck ist ein Parallelogramm.

Vertiefen

22 Übertrage das Koordinatensystem ins Heft.
Ergänze zu einem Rechteck und einem Quadrat.
Gib die Koordinaten der neuen Punkte an.

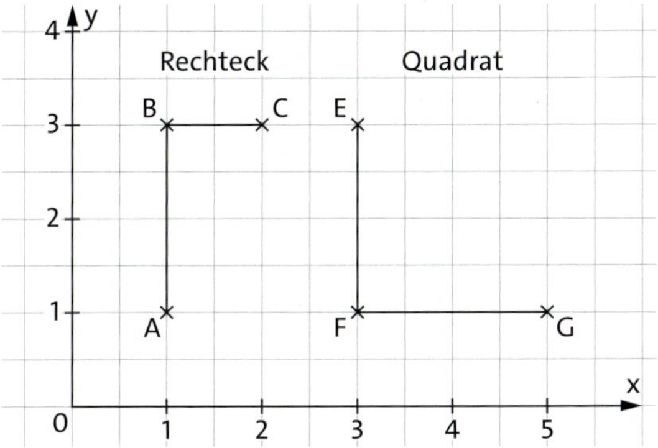

23 Zeichne ein Koordinatensystem.
Trage die Punkte ein und verbinde sie.
a) A(1|3); B(5|1); C(7|3); D(5|5)
b) A(2|7); B(6|7); C(7|10); D(3|10)
Wie heißen die Vierecke?

24 Das orange Quadrat ist $36\,cm^2$ groß.

Berechne den Umfang und den Flächeninhalt des großen Quadrats.
Beschreibe deinen Lösungsweg.

22 Übertrage das Koordinatensystem ins Heft.
Ergänze zu einem Rechteck und einem Parallelogramm.
Gib die Koordinaten der neuen Punkte an.

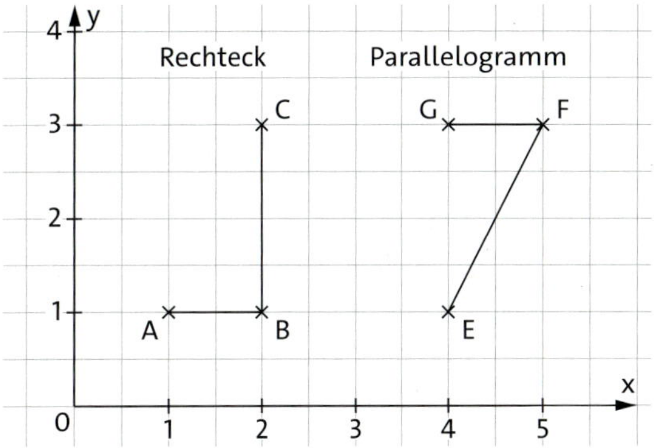

23 Zeichne ein Koordinatensystem.
Trage die Punkte ein und verbinde sie.
a) A(2|3); B(6|1); C(8|3); D(6|5)
b) A(1|7); B(5|7); C(6|10); D(2|10)
Wie heißen die Vierecke?

24 Das blaue Quadrat ist $36\,cm^2$ groß.

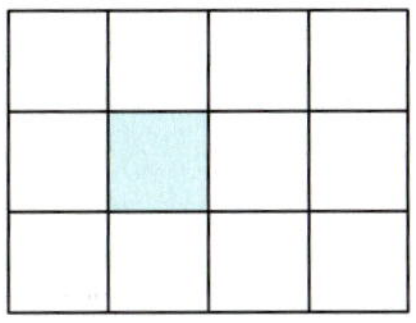

Berechne den Umfang und den Flächeninhalt des großen Rechtecks.
Beschreibe deinen Lösungsweg.

Info Achsensymmetrie bei Vierecken
Rechtecke sind achsensymmetrisch.

Ein **Rechteck** hat 2 Symmetrieachsen.

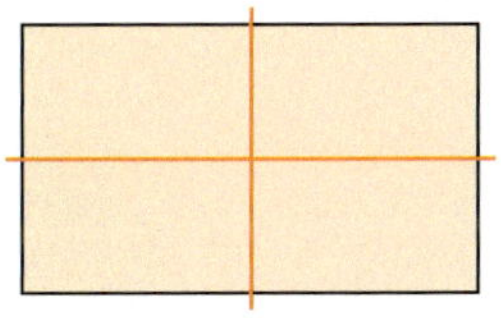

25 Zeichne ein Rechteck auf kariertes Papier und schneide es aus.
Bestimme durch Falten die Symmetrieachsen.
Vergleicht eure Ergebnisse.
Beschreibt die Lage der Symmetrieachsen.
Tipp Wo schneiden die Symmetrieachsen das Rechteck?

Nachgedacht
Gibt es Trapeze, die eine Symmetrieachse haben? Begründe.

26 Übertrage die Vierecke ins Heft und zeichne alle Symmetrieachsen ein.
Beschreibt die Lage der Symmetrieachsen.

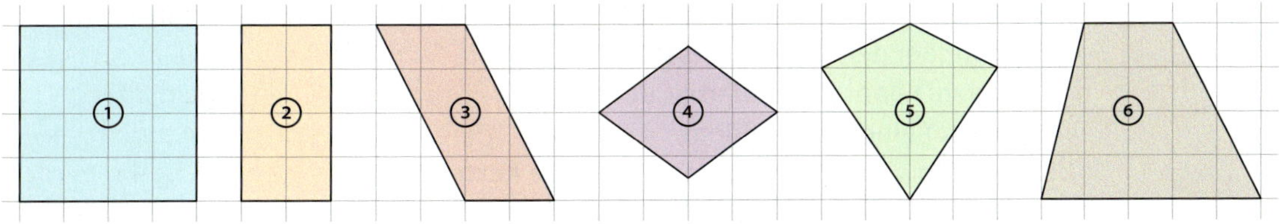

27 Untersucht die Diagonalen in Rechtecken und Quadraten.

Tipp Das sind Diagonalen:

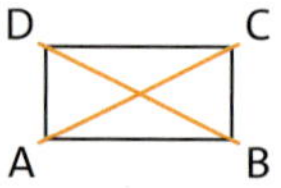

a) Sind die Diagonalen Symmetrieachsen?
b) Sind die Diagonalen gleich lang?
c) Bei welchem Viereck liegen die Diagonalen senkrecht zueinander? Rechteck oder Quadrat?

28 Ist die Aussage über Quadrate richtig? Begründe deine Antwort.

Tipp Begründe mit einer Zeichnung.

a) In einem Quadrat sind die Diagonalen immer gleich lang.
b) Die Diagonalen sind immer kürzer als die Seitenlängen.
c) Die Diagonalen sind senkrecht zueinander.
d) Die Diagonalen halbieren sich.

29 Schätze: Wie groß ist der Flächeninhalt des Halbkreises? Begründe deine Schätzung.

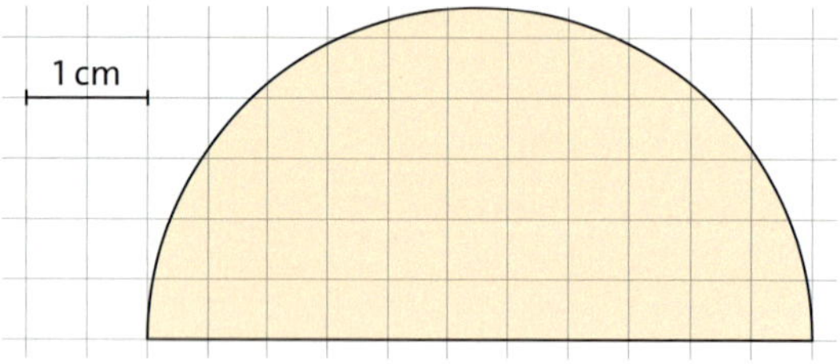

27 Untersucht die Diagonalen in Rechtecken, Quadraten und Rauten.

Tipp Das sind Diagonalen:

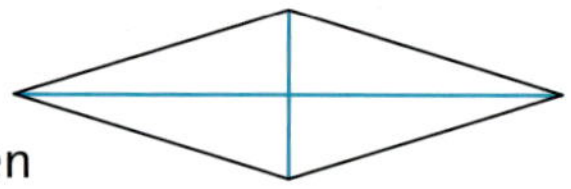

a) Welche Diagonalen sind Symmetrieachsen?
b) Vergleicht die Längen der Diagonalen.
c) Wie liegen die Diagonalen zueinander?

28 Für welche Vierecke ist die Aussage richtig? Begründe deine Antwort.

Tipp Begründe mit einer Zeichnung.

a) Alle Seiten sind gleich lang. Die Diagonalen sind senkrecht zueinander und gleich lang.
b) Alle Seiten sind gleich lang. Die Diagonalen sind senkrecht zueinander und halbieren sich.

29 Schätze: Wie groß ist der Flächeninhalt des Herzens? Begründe deine Schätzung.

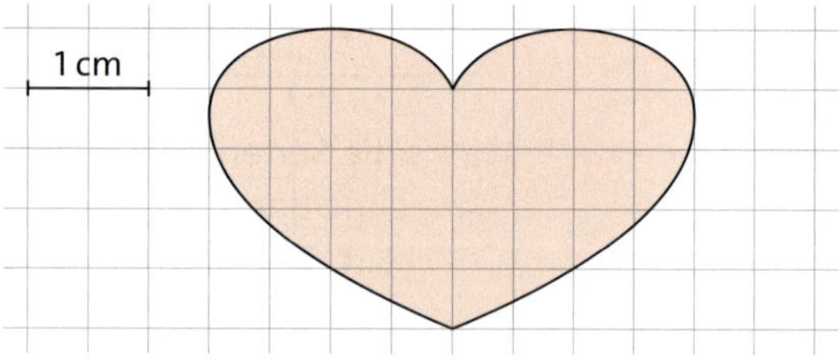

Hinweis
Überprüft eure Schätzung zu b) mit Angaben aus dem Lexikon oder aus dem Internet.

30 Deutschland hat 16 Bundesländer.

a) Ordnet die Bundesländer der Größe nach. Beginnt mit dem größten Bundesland.
b) Schätzt und begründet:
   ① Größe von drei Bundesländern eurer Wahl
   ② Länge der Grenzen von Deutschland
   ③ Länge der Küste von Deutschland

31 Fermi-Aufgaben

a) Wie viele Schulbücher braucht man, um den Sportplatz eurer Schule damit auszulegen?
b) Wie viele Schulbücher braucht man, um die Fläche eines Bundeslandes eurer Wahl damit auszulegen?
c) Alle Kinder deiner Schule fassen sich an den Händen. Könnt ihr so einmal um euren Schulhof eine Kette bilden?
d) Wie viele Kinder braucht man, um eine Kette um ein Bundesland eurer Wahl zu bilden?

Weiterdenken

Zum Weiterarbeiten
Zeichne die Dreiecke mit einer dynamischen Geometrie-software (DGS).

Dreiecke

32 Es gibt verschiedene Dreiecksarten.

a) Übertrage die Dreiecke ins Heft.

b) Erkläre die Beschriftung.
Tipp Wie sind die Eckpunkte beschriftet?
Wie sind die Seiten beschriftet?
In welcher Reihenfolge?

c) Ordnet jedem Dreieck eine Dreiecksart zu und begründet eure Entscheidung.

gleichseitiges Dreieck | gleichschenkliges Dreieck | rechtwinkliges Dreieck

d) Es gibt auch noch andere Dreiecksarten. Recherchiere im Internet.

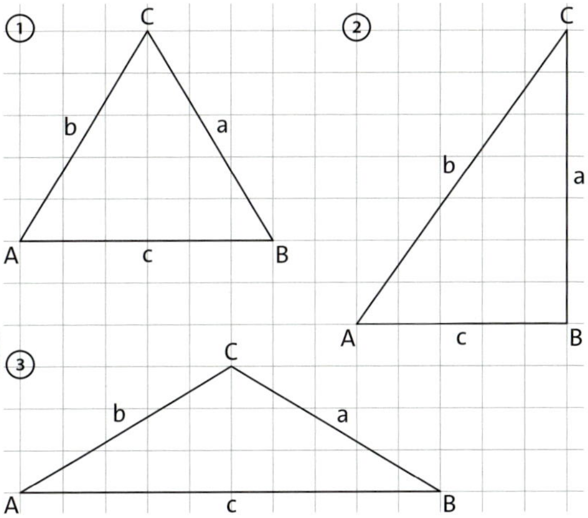

33 Umfang von gleichseitigen Dreiecken

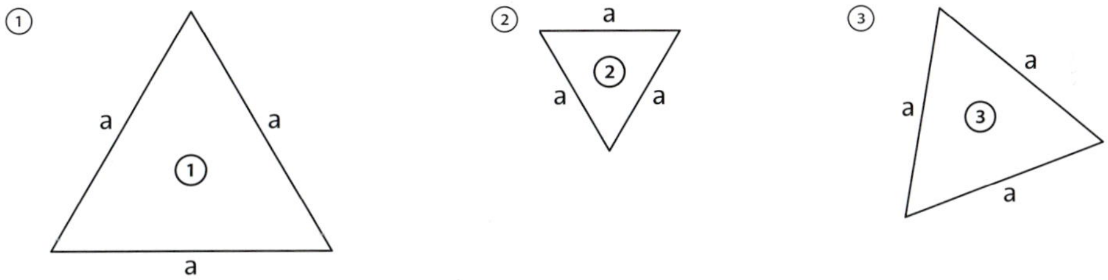

a) Miss die Seitenlängen der Dreiecke.

b) Berechne den Umfang der Dreiecke. Was fällt dir auf?

c) Stellt einen Term für den Umfang von einem gleichseitigen Dreieck auf.

34 Lisa möchte den Flächeninhalt von dem rechtwinkligen Dreieck berechnen.
Dafür macht sie aus dem Dreieck ein Rechteck.

a) Berechne den Flächeninhalt vom Dreieck.

b) Könnt ihr die Methode auch für gleichseitige und gleichschenklige Dreiecke benutzen? Probiert es aus.

c) Berechne den Flächeninhalt so wie Lisa.

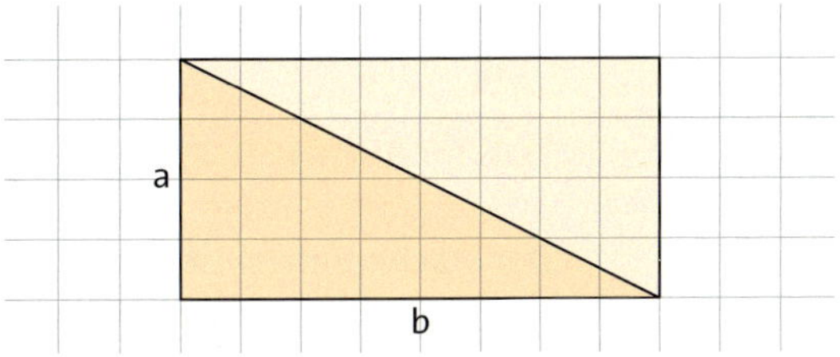

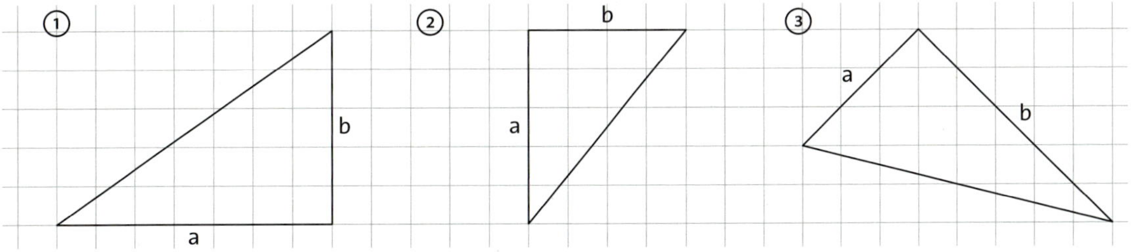

d) Welcher Term gilt für den Flächeninhalt eines rechtwinkligen Dreiecks?

$a + b : 2$ | $a \cdot 2 : b$ | $b - a \cdot 2$ | $a \cdot b : 2$

Zusammenfassung

→ Seite 134

Rechteck und Quadrat

Das **Rechteck** hat überall **rechte Winkel**. Gegenüberliegende Seiten sind **parallel zueinander** und **gleich lang**.
Das **Quadrat** ist ein besonderes Rechteck mit vier gleich langen Seiten.

Rechteck

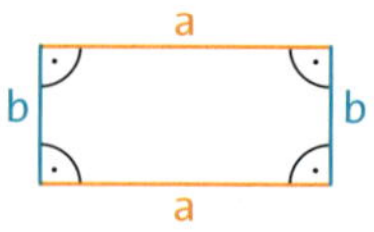

Quadrat

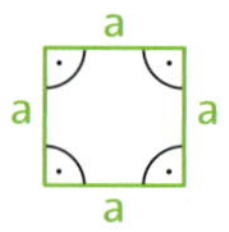

→ Seite 136

Parallelogramm, Raute, Trapez und Drachen

Weitere besondere Vierecke:

Parallelogramm

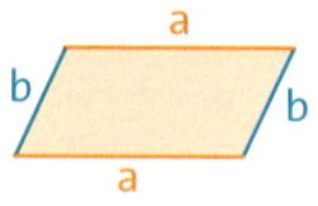

Raute

Trapez

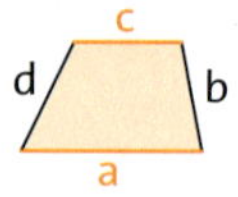

Drachen

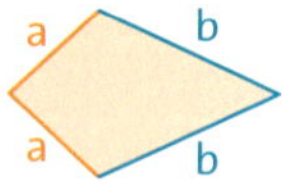

→ Seite 139

Umfang

Rechteck u = a + b + a + b
Umfang = Länge + Breite + Länge + Breite
Quadrat u = a + a + a + a
Umfang = Länge + Länge + Länge + Länge

Rechteck: a = 5 cm; b = 2 cm
u = 5 cm + 2 cm + 5 cm + 2 cm; u = 14 cm
Quadrat: a = 3 cm
u = 3 cm + 3 cm + 3 cm + 3 cm; u = 12 cm

→ Seite 142

Flächeninhalte vergleichen

Wenn zwei Figuren aus gleich vielen Kästchen bestehen, haben sie den gleichen Flächeninhalt.

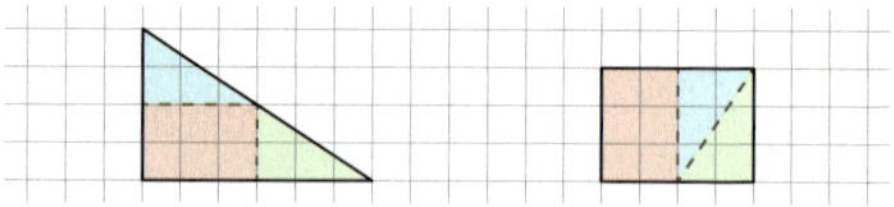

→ Seite 144

Flächeneinheiten

Der Flächeninhalt ist eine Größe: Er gibt an, wie groß eine Fläche ist.

Ein **Quadratzentimeter** ist der Flächeninhalt von einem Quadrat, das 1 cm lang und 1 cm breit ist.

$1\,km^2 = 100\,ha$
$1\,ha = 100\,a$
$1\,a = 100\,m^2$
$1\,m^2 = 100\,dm^2$
$1\,dm^2 = 100\,cm^2$
$1\,cm^2 = 100\,mm^2$

Die Einheiten werden kleiner. → Wir multiplizieren.

Die Einheiten werden größer. ← Wir dividieren.

→ Seite 146, 159

Flächeninhalt von Rechteck und Quadrat

Rechteck Flächeninhalt = Länge · Breite
A = a · b

Quadrat Flächeninhalt = Länge · Länge
A = a · a

rechtwinkliges Dreieck Flächeninhalt = Seite · Seite : 2
A = a · b : 2

Rechteck: a = 7 cm; b = 3 cm
A = 7 cm · 3 cm; A = $21\,cm^2$

Quadrat: a = 5 cm
A = 5 cm · 5 cm; A = $25\,cm^2$

rechtwinkliges a = 4 cm; b = 6 cm
Dreieck: A = 4 cm · 6 cm : 2 = $12\,cm^2$

Teste dich!

1 Zeichne das Rechteck und das Quadrat.
Berechne dann Umfang und Flächeninhalt.
a) Rechteck: a = 4 cm; b = 3 cm
b) Quadrat: a = 3 cm

1 Zeichne das Rechteck und das Quadrat.
Berechne dann Umfang und Flächeninhalt.
a) Rechteck: a = 7 cm; b = 3 cm
b) Quadrat: a = 3 cm

2 Übertrage ins Heft und ergänze zu den Vierecken.

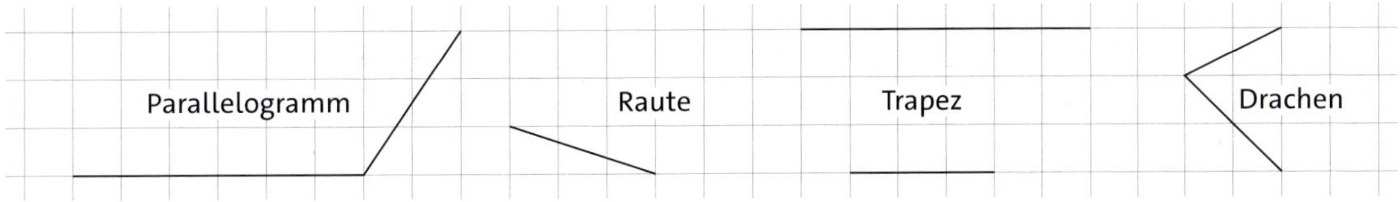

3 Für welche besonderen Vierecke sind die Aussagen richtig?
Quadrat, Rechteck oder Parallelogramm?
a) Das Viereck hat vier gleich lange Seiten und vier rechte Winkel.
b) Gegenüberliegende Seiten sind jeweils parallel zueinander.
c) Das Viereck hat keine rechten Winkel.

3 Für welche besonderen Vierecke sind die Aussagen richtig?
a) Gegenüberliegende Seiten sind jeweils parallel zueinander.
b) Ein Paar gegenüberliegender Seiten sind parallel zueinander und unterschiedlich lang.
c) Das Viereck kann man ohne rechte Winkel zeichnen.

4 Welche Figur ist größer?
Begründe deine Antwort.

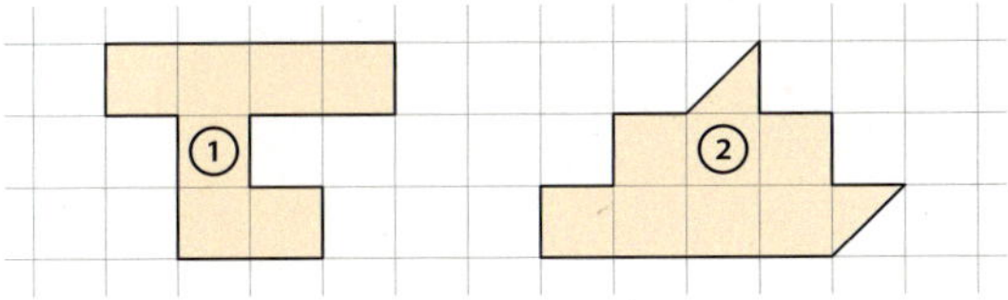

4 Welche Figur ist größer?
Begründe deine Antwort.

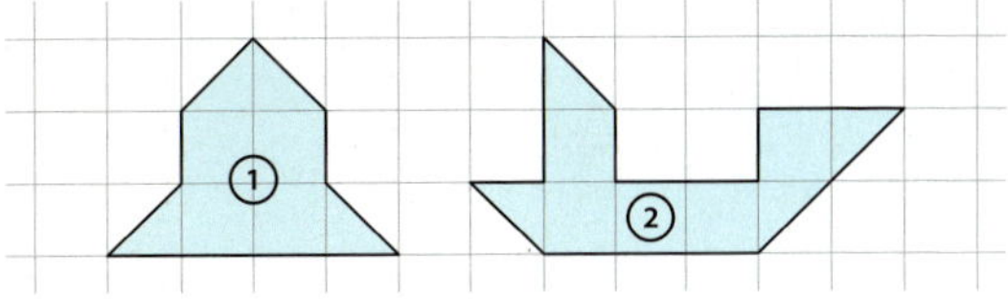

5 Rechne in die angegebene Einheit um.
a) $3\,cm^2 = ■\,mm^2$
b) $50\,m^2 = ■\,dm^2$
c) $800\,cm^2 = ■\,dm^2$
d) $100\,000\,mm^2 = ■\,cm^2 = 10\,dm^2$

5 Rechne in die angegebene Einheit um.
a) $10\,cm^2 = ■\,mm^2$
b) $50\,km^2 = ■\,ha$
c) $4800\,cm^2 = ■\,dm^2$
d) $70\,000\,cm^2 = ■\,m^2$

6 Ein Quadrat hat einen Umfang von 24 cm.
Berechne die Seitenlänge.

6 Ein Quadrat hat einen Umfang von 36 cm.
Berechne den Flächeninhalt.

7 Berechne, wie viel m Zaun man braucht.
Berechne, wie groß die Wiese ist.

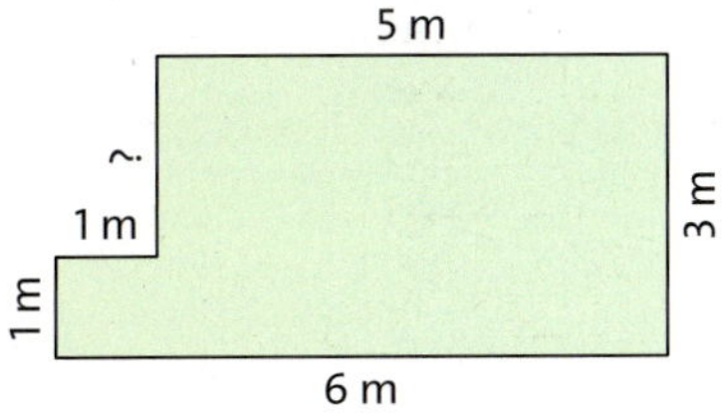

→ Lösungen ab S. 225

7 Berechne, wie viel m Zaun man braucht.
Berechne, wie groß die Wiese ist.

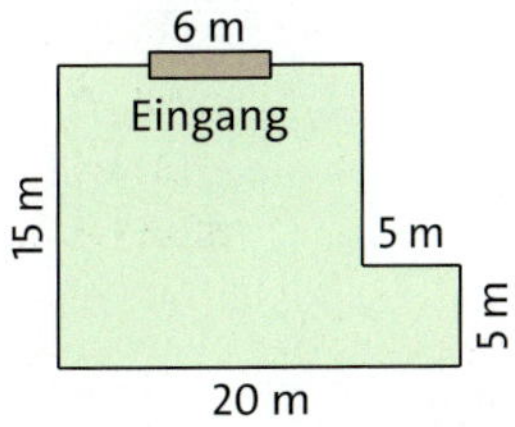

→ Lösungen ab S. 226

Brüche

In diesem Kapitel lernst du, …

→ Anteile von einem Ganzen zu erkennen und zu zeichnen.
→ Anteile zusammenzufassen.
→ Anteile von Größen zu bestimmen.

Der Regenschirm besteht aus vielen bunten Teilen.
Wie viele Teile hat der Regenschirm?
Wie sehen diese Teile aus?
Was haben alle Teile gemeinsam?
Wie sieht ein Regenschirm aus, der aus acht Teilen besteht?

Noch fit?

1 Dividiere im Kopf.
a) 30 : 5 b) 60 : 6
c) 21 : 3 d) 48 : 8

1 Dividiere im Kopf.
a) 35 : 5 b) 72 : 6
c) 160 : 16 d) 128 : 4

2 Mia und Hakan teilen sich die Schokolade.
a) Wie viele Stücke bekommen beide?
b) Wie teilst du die Schokolade für 4 Kinder?
c) Jeder bekommt 1 Stück.
Wie viele Kinder haben sich die Schokolade geteilt?

3 Rechne um.
Tipp Umrechnungszahlen: 100, 60, 1000
a) 3 € sind ■ ct.
b) 5 kg sind ■ g.
c) 60 min sind ■ h.
d) 40 cm sind ■ dm.

3 Rechne um.
a) 3 cm = ■ mm
b) 5 € = ■ ct
c) 4 kg = ■ g
d) 120 min = ■ h
e) 20 dm = ■ m

4 Wie spät ist es?
Es gibt verschiedene Möglichkeiten, die Uhrzeit anzugeben.
Schreibe jeweils zwei Möglichkeiten ins Heft.

a) 
b) 
c) 

5 Merve bekommt 6 € Taschengeld.
Mirco bekommt die Hälfte.
a) Wie viel bekommt Mirco?
b) Erkläre den Begriff „Hälfte“.

5 Ein Fußballspiel dauert 90 Minuten.
Es werden zwei Halbzeiten gespielt.
a) Wie lange dauert eine Halbzeit?
b) Erkläre den Begriff „Hälfte“.

6 Welche Vase ist nicht halb voll?
Begründe.

a) 
b) 
c) 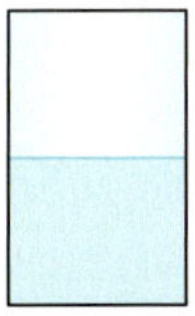

6 Welche Vase ist halb voll?
Begründe.

a) 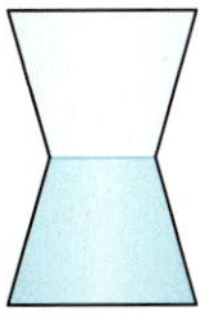
b) 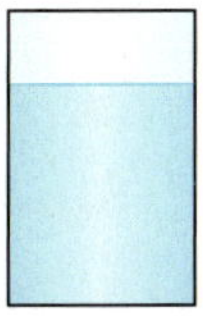
c) 

→ *Lösungen ab S. 227*

Trainingsplan

Nr.	Ich kann …	Ich muss noch trainieren:
1	im Kopf dividieren.	→ S. 249, Nr. 46
2	gerecht teilen.	→ S. 256, Nr. 68, 69
3	Größen umrechnen.	→ S. 253/254, Nr. 60–63
4	die Uhr lesen und verschiedene Uhrzeiten angeben.	→ S. 252, Nr. 55
5	den Begriff „Hälfte“ erklären.	→ S. 256/257, Nr. 70, 71
6	erkennen, ob es die Hälfte ist.	→ S. 256/257, Nr. 71

Brüche als Teile vom Ganzen

ENTDECKEN

1 Gerecht teilen

a) Wie teilst du die Pizza für 4 Kinder?

b) Wie teilst du die Pizza für 6 Kinder?

c) Kannst du auch diese runde Pizza gerecht für 4 Kinder teilen? Beschreibe, wie du teilst.

2 Gleich große Teile falten

a) Falte so, dass 4 gleich große Teile entstehen. Wie oft muss man falten?

b) Falte das Blatt dreimal. Wie viele gleich große Teile entstehen?

c) Falte so, dass 16 gleich große Teile entstehen. Findest du mehrere Möglichkeiten? Zeichne sie ins Heft.

VERSTEHEN

Ein Kuchen wurde in vier gleich große Teile geteilt.
Ein Stück Kuchen ist $\frac{1}{4}$ vom ganzen Kuchen.

ein Viertel

Alle Kuchenstücke sind gleich groß.

Vokabeln
→ *der Bruch*
→ *der Anteil*

Merke
Das Ganze wird in **gleich große Teile** geteilt. Diese Anteile nennt man einen **Bruch**.

Beispiel 1

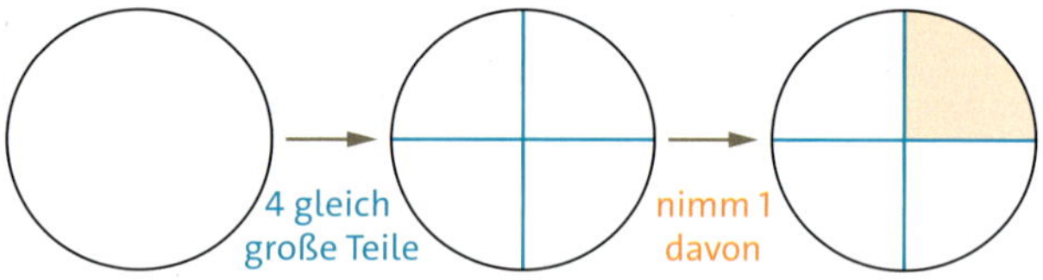

Beispiel 2

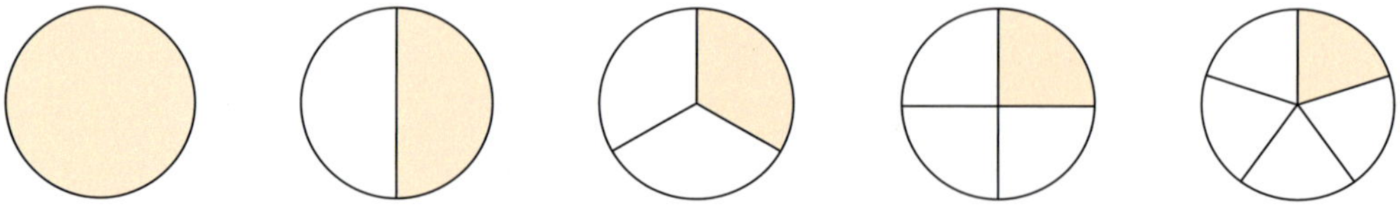

1	$\frac{1}{2}$	$\frac{1}{3}$	$\frac{1}{4}$	$\frac{1}{5}$
ein Ganzes	**ein Halb**	**ein Drittel**	**ein Viertel**	**ein Fünftel**

Brüche kann man unterschiedlich darstellen:

Beispiel 3 Das ist alles $\frac{1}{3}$.

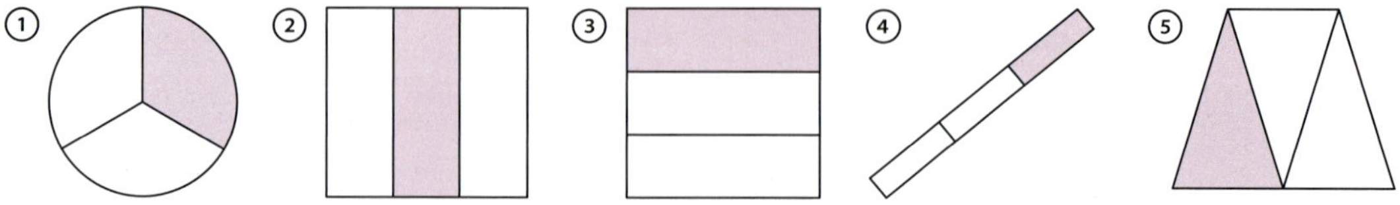

ANWENDEN

Zum Weiterarbeiten
Welche Wörter sind falsch? Welche richtig? Korrigiere.
*Zweit**el***
*Dreit**el***
*Viert**el***
*Fünft**el***
*Sechst**el***
*Siebent**el***

1 Wie heißt der Bruch?
Schreibe den Bruch mit Zahlen und in Worten.

a)
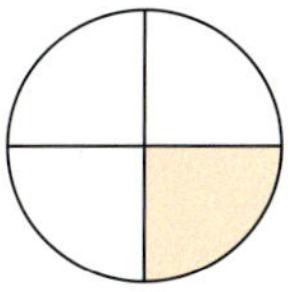
b)
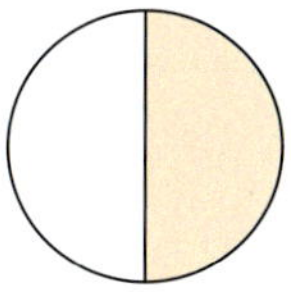
c)
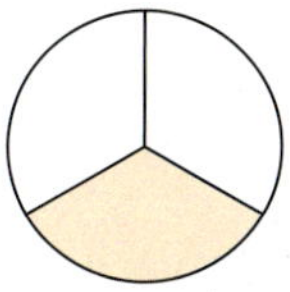
d)
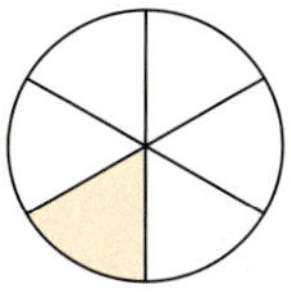

2 Warum ist das alles $\frac{1}{2}$?

a)
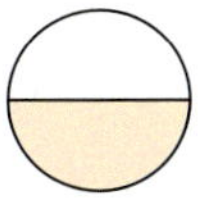
b)
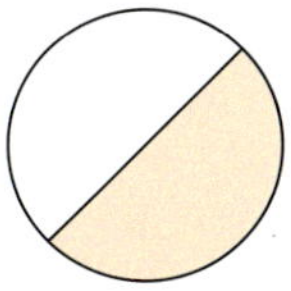
c)

d)

3 Wo ist $\frac{1}{3}$ abgebildet? Begründe.

a)
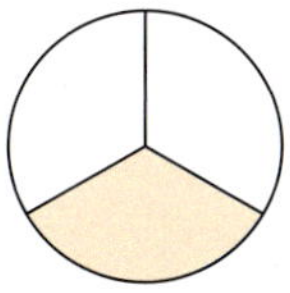
b)
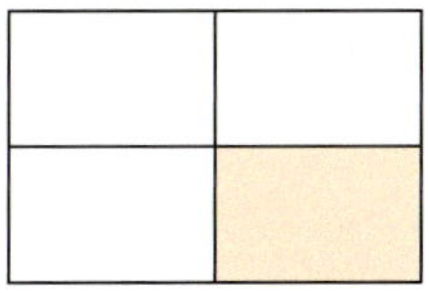
c)
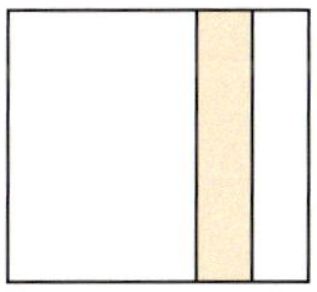
d)
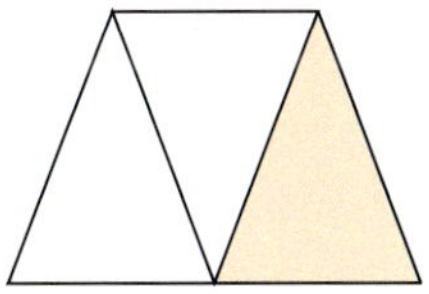

4 Übertrage die Rechtecke ins Heft.
Male den Anteil bunt.

a) $\frac{1}{2}$ b) $\frac{1}{3}$ c) $\frac{1}{6}$

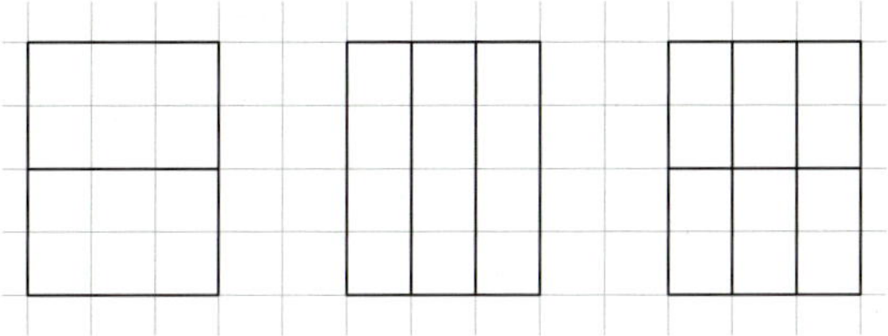

5 Zeichne zwei Quadrate mit der Seitenlänge von 6 Kästchen.
Zeichne den Bruch unterschiedlich ein: $\frac{1}{2}$

1 Wie heißt der Bruch?
Schreibe den Bruch mit Zahlen und in Worten.

a)
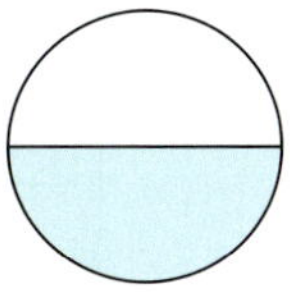
b)
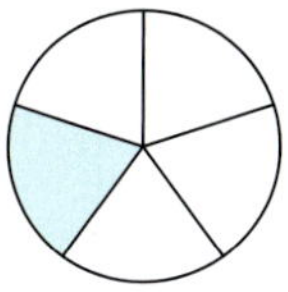
c)
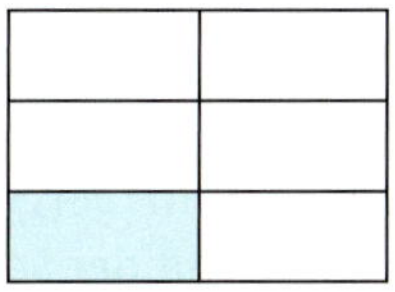
d)
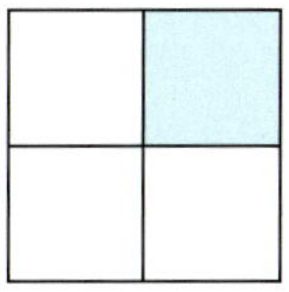

2 Warum ist das alles $\frac{1}{5}$?

a)
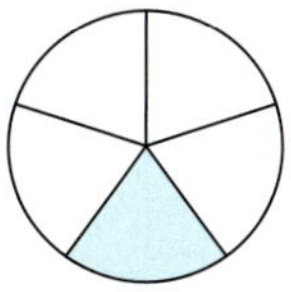
b)
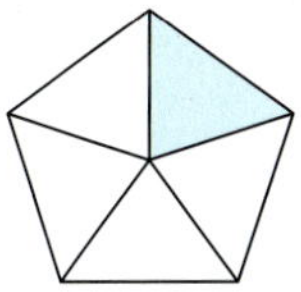
c)
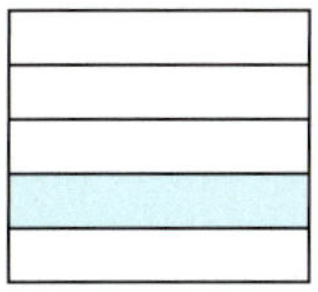
d)
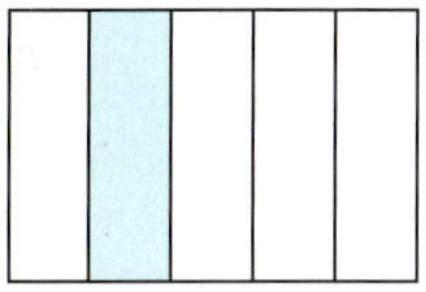

3 Wo ist $\frac{1}{4}$ abgebildet? Begründe.

a)
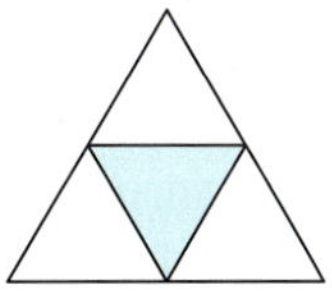
b)
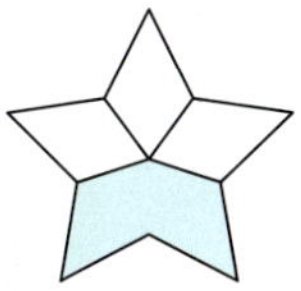
c)

d)
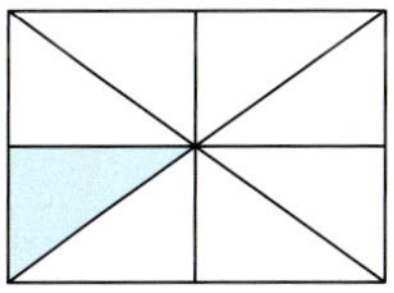

4 Übertrage das Rechteck dreimal ins Heft.
Male den Anteil bunt.

a) $\frac{1}{2}$ b) $\frac{1}{3}$ c) $\frac{1}{6}$

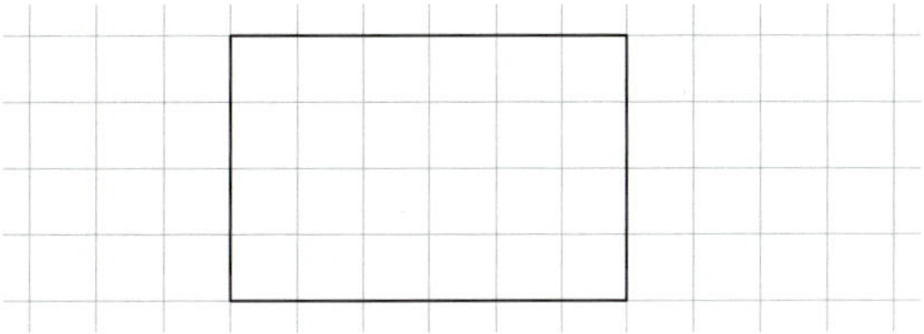

5 Zeichne zwei Quadrate mit der Seitenlänge von 4 cm.
Zeichne den Bruch unterschiedlich ein: $\frac{1}{4}$

Brüche zusammenfassen

ENTDECKEN

1 Tim, Lisa, Can und Nora haben in einem Quadrat 3 von 4 Teilen bunt angemalt.

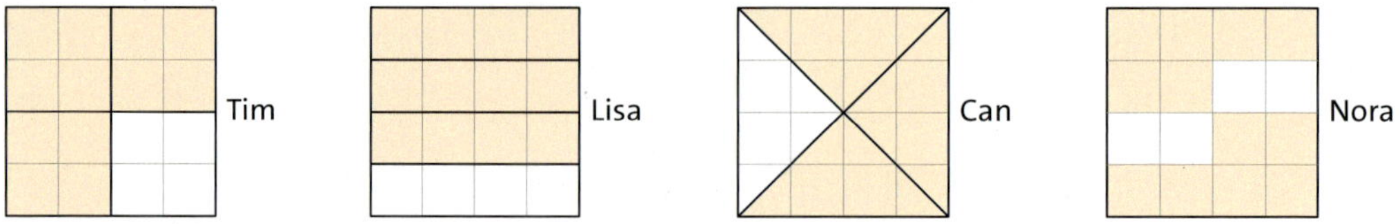

a) Wie haben die Kinder die Quadrate eingeteilt? Beschreibe.
b) Zeichne ins Heft. Vergleicht eure Zeichnungen.
① ein Quadrat mit der Seitenlänge von 6 cm: Zeichne denselben Bruch wie die Kinder.
② ein Rechteck mit der Länge von 4 cm und der Breite von 8 cm: Zeichne 2 von 4 Teilen bunt.

2 Das ist alles $\frac{4}{5}$. Erkläre und vergleiche.

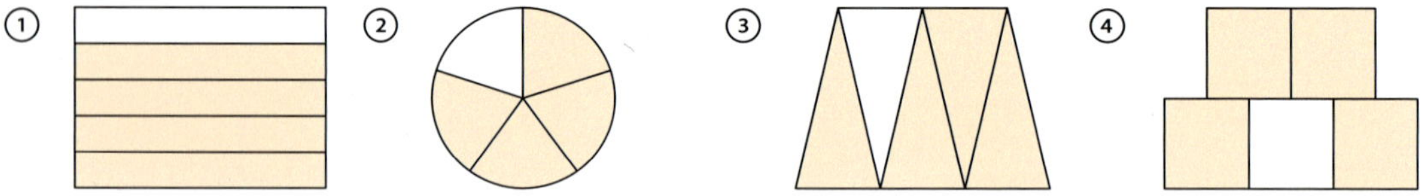

VERSTEHEN

Eine Pizza wurde in vier gleich große Teile geteilt.
Drei von vier Stücken sind noch da.
Als Bruch schreibt man $\frac{3}{4}$.

drei Viertel

Vokabeln
→ der Nenner
→ der Zähler
→ der Bruchstrich

Merke
Der **Nenner** gibt an, in wie viele gleich große Teile das Ganze geteilt wird.

Der **Zähler** gibt an, wie viele Teile davon genommen werden.

Beispiel 1

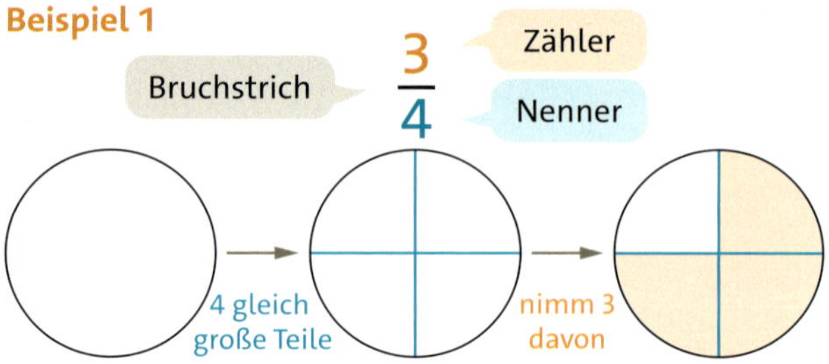

Beispiel 2

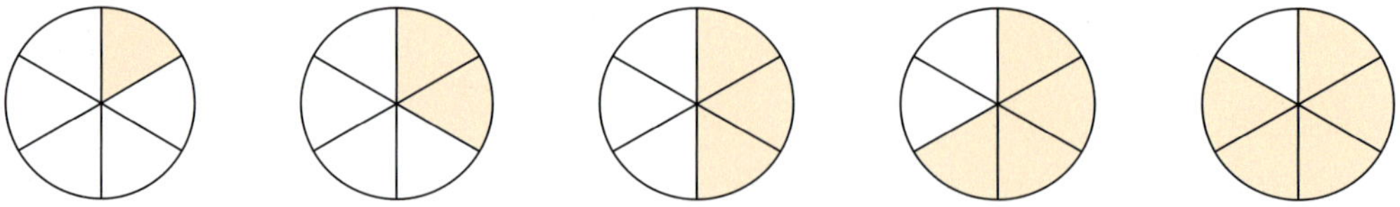

$\frac{1}{6}$ $\frac{2}{6}$ $\frac{3}{6}$ $\frac{4}{6}$ $\frac{5}{6}$

Beispiel 3 Das ist alles $\frac{3}{4}$.

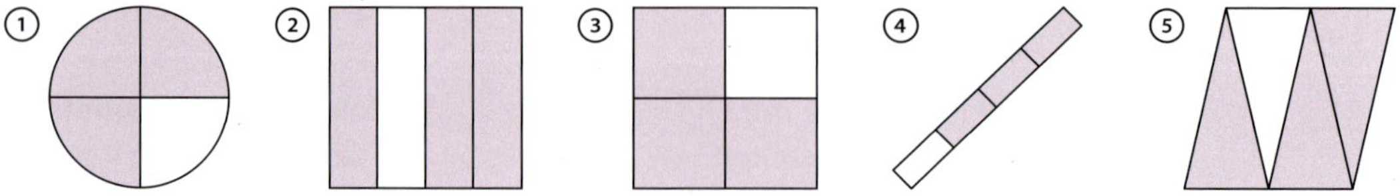

ANWENDEN

1 Ordne zu und lies laut vor.

$\frac{3}{4}$ $\frac{4}{5}$ $\frac{2}{3}$ $\frac{5}{6}$ $\frac{2}{7}$

zwei Siebtel | drei Viertel | vier Fünftel | fünf Sechstel | zwei Drittel

2 Was bedeutet $\frac{3}{5}$?

Hinweis
Der Zwerg sitzt auf dem Nilpferd.

$\frac{Z}{N}$

3 Ordne die Brüche zu.

a) $\frac{3}{4}$ b) $\frac{2}{3}$ c) $\frac{5}{7}$ d) $\frac{4}{5}$

(1)
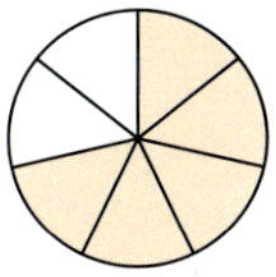

(2)

(3)
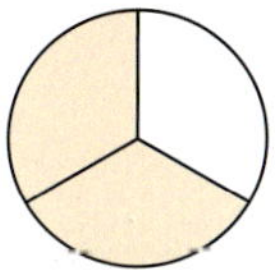

(4)
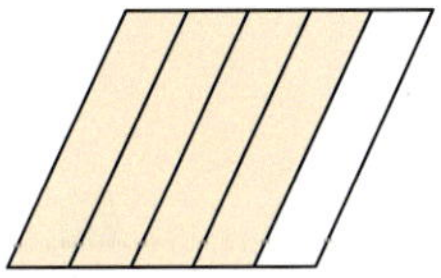

4 Wie heißt der Bruch?

(1)
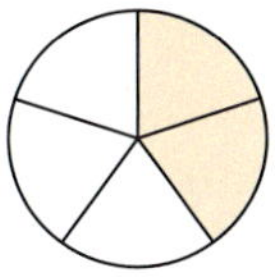

(2)
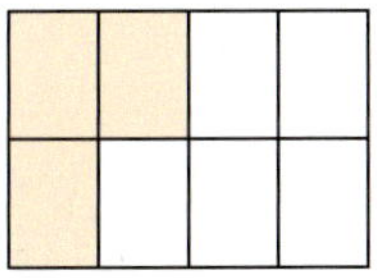

(3)
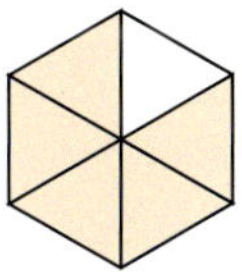

(4)
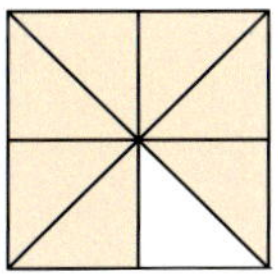

5 Übertrage die Rechtecke ins Heft.
Male den Anteil bunt.

a) $\frac{3}{4}$ b) $\frac{2}{5}$ c) $\frac{5}{8}$

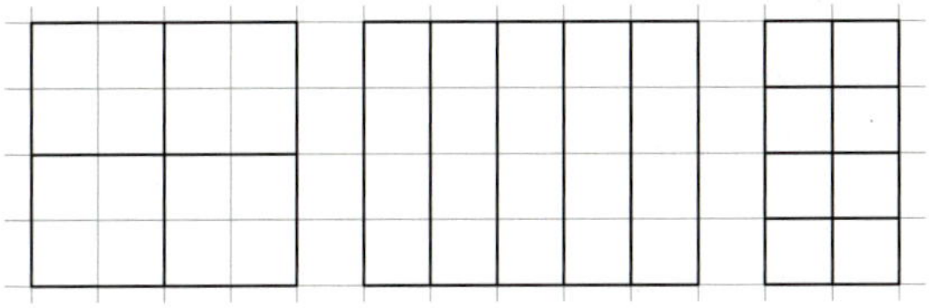

6 Zeichne ein Rechteck ins Heft: 3 cm lang und 2 cm breit. Male $\frac{5}{6}$ bunt.

Tipp
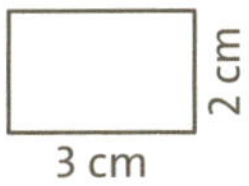

1 Schreibe ins Heft.

a) als Bruch:
zwei Drittel, drei Achtel, vier Fünftel, sieben Zehntel, sechs Siebtel, fünf Neuntel

b) in Worten:
$\frac{3}{4}$; $\frac{4}{7}$; $\frac{5}{6}$; $\frac{2}{5}$; $\frac{3}{8}$; $\frac{8}{11}$

2 Was bedeutet $\frac{3}{8}$?
Erkläre das an der Zeichnung. Verwende dabei die Begriffe Zähler und Nenner.

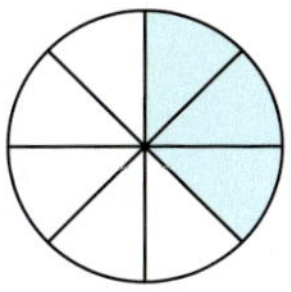

3 Ordne die Brüche zu.

a) $\frac{4}{5}$ b) $\frac{2}{7}$ c) $\frac{3}{8}$ d) $\frac{9}{10}$

(1)
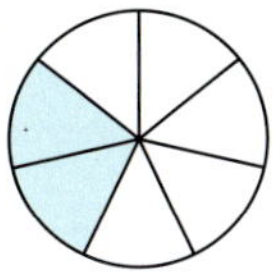

(2)
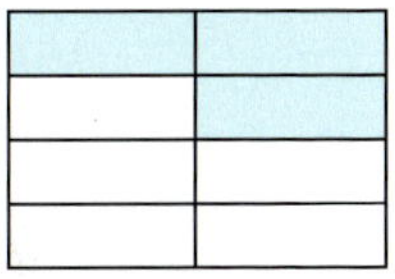

(3)
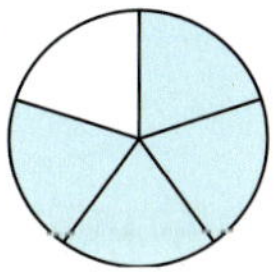

(4)
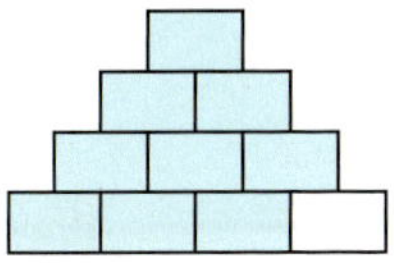

4 Wie heißt der Bruch?

a)
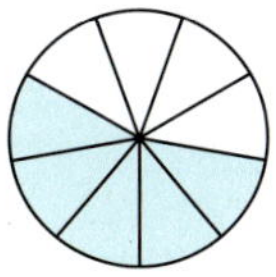

b)
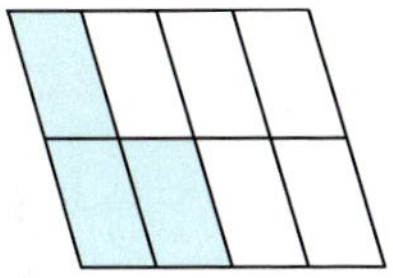

c)
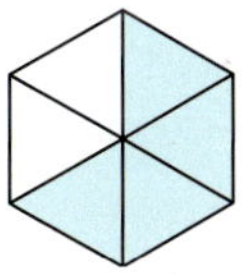

d)
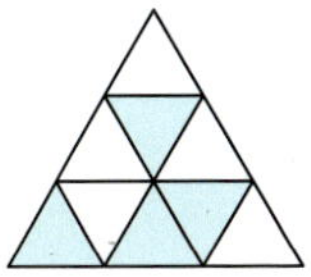

5 Übertrage das Rechteck dreimal ins Heft.
Male den Anteil bunt.

a) $\frac{3}{4}$ b) $\frac{5}{8}$ c) $\frac{7}{16}$

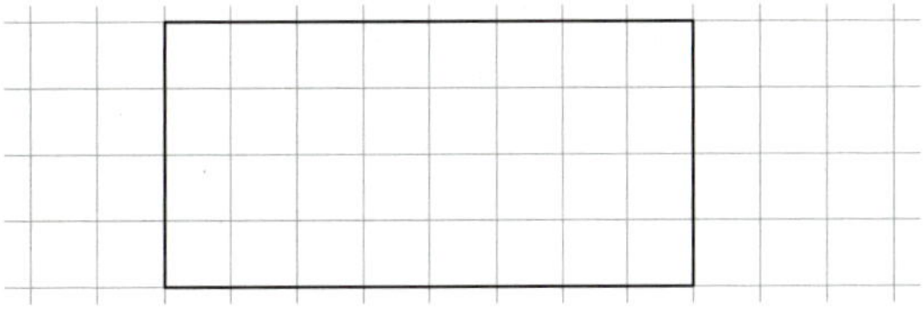

6 Zeichne zwei Rechtecke: 4 cm lang und 3 cm breit.
Male die Anteile bunt. a) $\frac{5}{8}$ b) $\frac{3}{4}$

7 Zeichne jeweils einen Streifen mit einer Länge von 6 cm ins Heft.
Male den Anteil bunt.

a) $\frac{5}{6}$ b) $\frac{2}{3}$ c) $\frac{1}{2}$ d) $\frac{3}{4}$

8 Ordne den Farben des Regenschirms den passenden Bruch zu.

a) orange
b) weiß
c) blau
d) lila

$\frac{4}{10}$ $\frac{1}{10}$ $\frac{2}{10}$ $\frac{3}{10}$

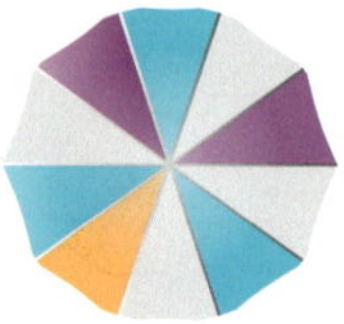

7 Zeichne jeweils ein Rechteck ins Heft.
Male den Anteil bunt.
Tipp Wie zeichnest du das Rechteck?

a) $\frac{2}{3}$ b) $\frac{5}{6}$ c) $\frac{3}{4}$ d) $\frac{3}{8}$

8 Der Regenschirm hat 10 gleich große Teile.
Wie heißt der Bruch für die Farbe?

a) blau
b) weiß
c) blau und lila
d) alle farbigen Teile

Info Ein Ganzes
Sind Zähler und Nenner gleich, so erhält man ein **Ganzes**.

$\frac{3}{3}$ = 1

9 Schreibe die Anzahl der Pizzastücke als Bruch und als Ganzes.
Tipp Schreibe so: $\frac{3}{3} = 1$

a) 

b) 

10 Schreibe als Bruch und als Ganzes.

a) 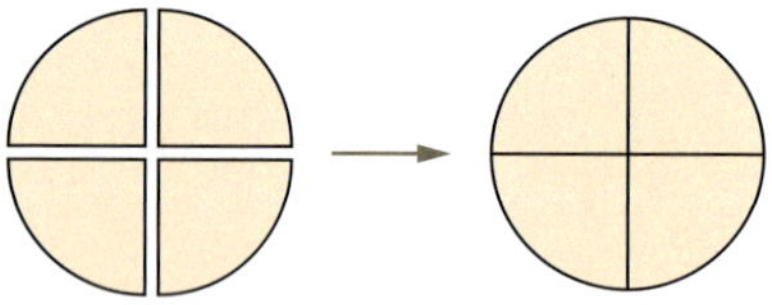

b) 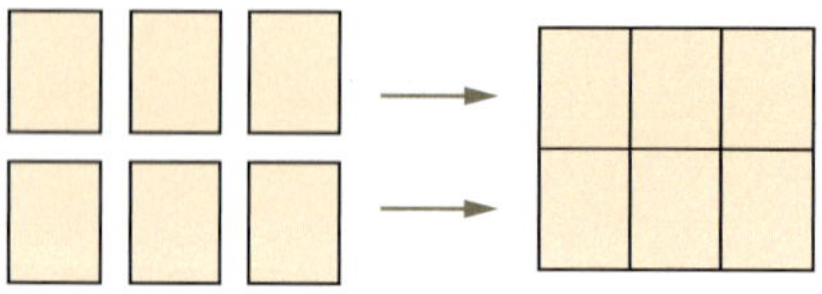

10 Schreibe als Bruch und als Ganzes.

a) 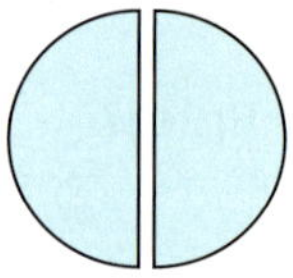

b) 

c) 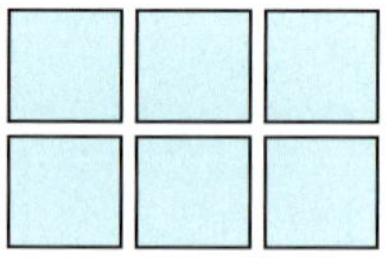

d) 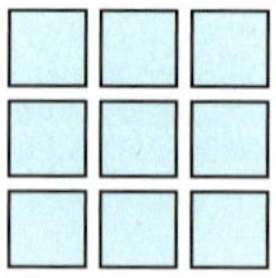

Info Gemischte Zahlen
Hat man mehr als ein Ganzes, schreibt man den Bruch als **gemischte Zahl**.

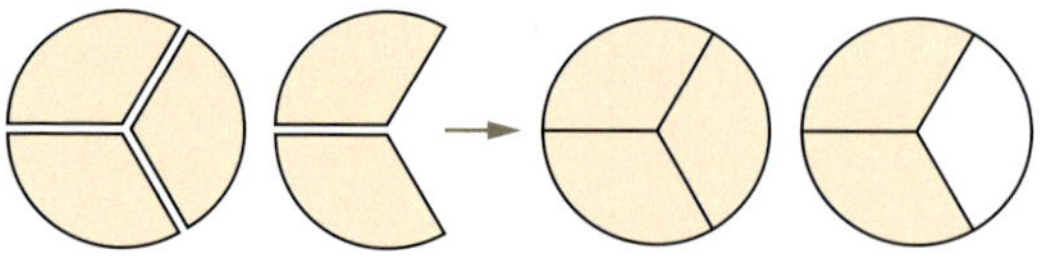

$\frac{5}{3} = 1\frac{2}{3}$

ein zwei Drittel

11 Schreibe als Bruch und als gemischte Zahl.

a) 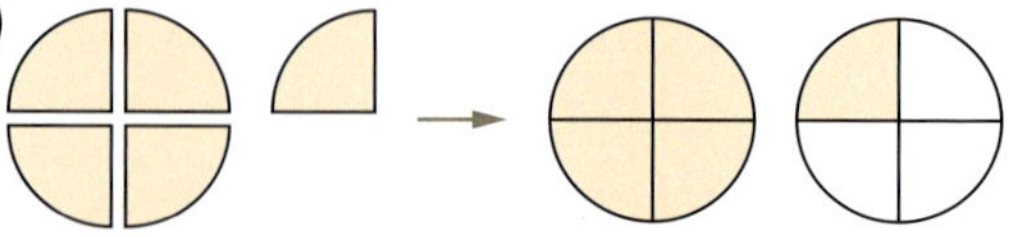

b) 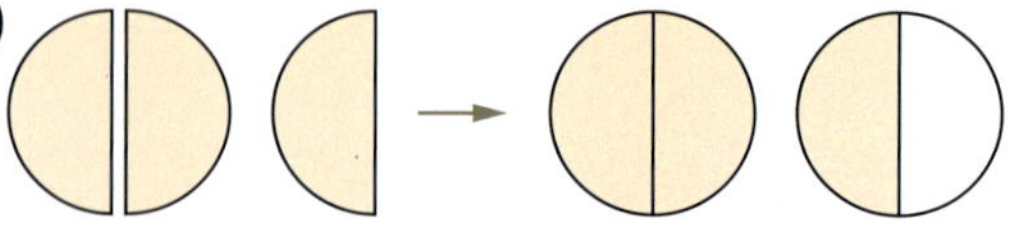

12 Warum ist $\frac{7}{4} = 1\frac{3}{4}$? Erkläre.

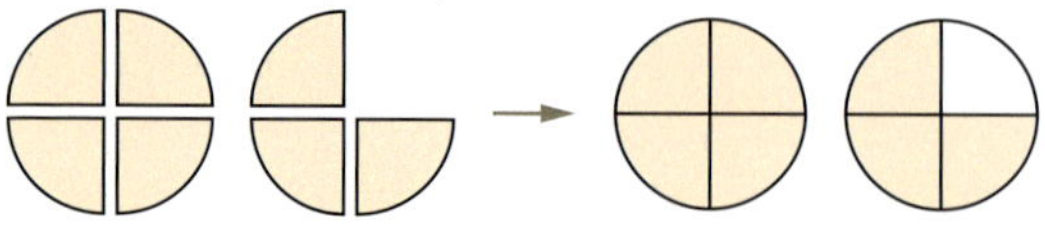

12 Schreibe als gemischte Zahl.

a) $\frac{7}{4}$ b) $\frac{5}{2}$ c) $\frac{7}{5}$ d) $\frac{13}{6}$

$1\frac{3}{4}$ $1\frac{2}{5}$ $2\frac{1}{6}$ $2\frac{1}{2}$ $1\frac{1}{4}$ $1\frac{3}{5}$ $1\frac{1}{6}$ $1\frac{1}{2}$

Anteile von Größen

ENTDECKEN

1 Wie viel ist das?

a) $\frac{3}{8}$ von 80 m

b)

Preis: **18 €**
Heute zum halben Preis

c) $\frac{3}{4}$ Stunde

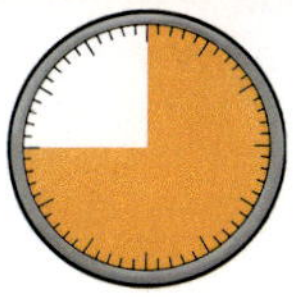

d) $\frac{2}{5}$ von 500 g

2 Welche Packung soll Kira kaufen?

Einkaufsliste — *$\frac{3}{4}$ l Milch*, *$\frac{1}{2}$ kg Butter*, *$\frac{1}{4}$ kg Zucker*

VERSTEHEN

Im Alltag sagt man oft: $\frac{3}{4}$ Stunde, $\frac{1}{2}$ Kilogramm, $\frac{1}{4}$ Meter
Das sind Anteile von Größen.

Das Ganze ist dann eine Stunde,
ein Kilogramm oder ein Meter:
$\frac{3}{4}$ h ist ein Teil von 1 h.
$\frac{1}{2}$ kg ist ein Teil von 1 kg.
$\frac{1}{4}$ m ist ein Teil von 1 m.

$\frac{3}{4}$ h

$\frac{1}{2}$ kg

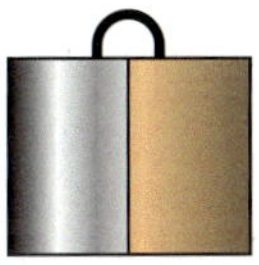

$\frac{1}{4}$ m

Merke
Der **Nenner** gibt an, in wie viele gleich große Teile das Ganze geteilt wird.

Der **Zähler** gibt an, wie viele Teile davon genommen werden.

Beispiel 1
Wie viel sind $\frac{3}{4}$ von 60 min?

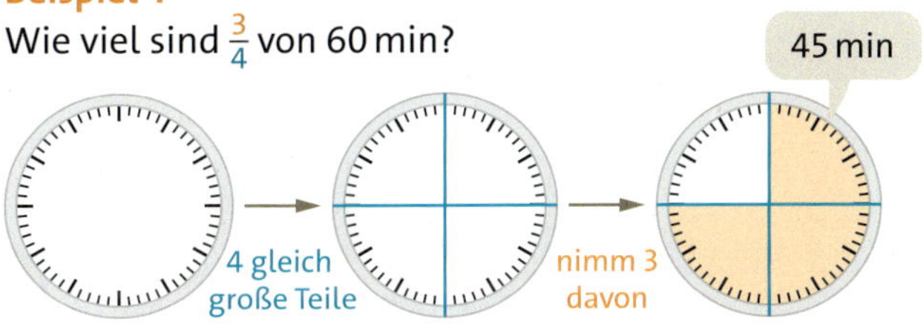

Beispiel 2
Wie viel sind $\frac{3}{5}$ von 20 cm?

① Teile in Fünftel:

② Nimm drei davon:

20 cm				
4 cm	4 cm	4 cm	4 cm	4 cm
4 cm	4 cm	4 cm	4 cm	4 cm

: 5
· 3

$\frac{3}{5}$ von 20 cm sind 12 cm.

ANWENDEN

1 Ordne die Brüche den Bildern zu. Erkläre.

$\frac{1}{4}$ h $\frac{3}{4}$ l $\frac{1}{2}$ m $\frac{1}{4}$ kg $\frac{1}{2}$ l $\frac{1}{2}$ kg $\frac{3}{4}$ h $\frac{1}{4}$ m

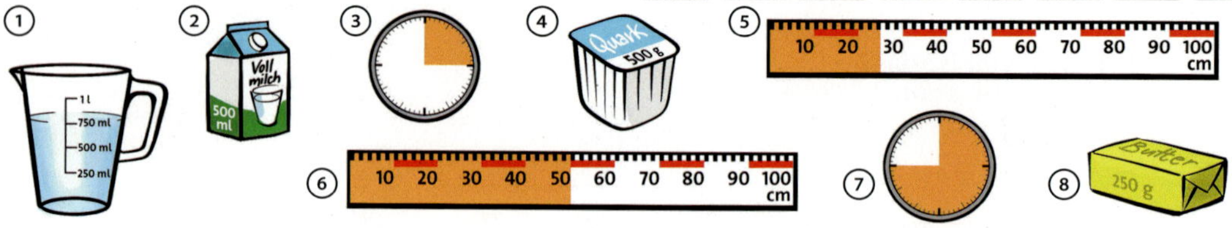

2 Wie lang ist das?

a) Wie viel sind $\frac{5}{6}$ von 6 cm?

6 cm					
1 cm	1 cm	1 cm	1 cm	1 cm	1 cm
1 cm	1 cm	1 cm	1 cm	1 cm	1 cm

b) Wie viel sind $\frac{3}{5}$ von 50 km?

50 km				
10 km	10 km	10 km	10 km	10 km
10 km	10 km	10 km	10 km	10 km

2 Wie lang ist das?

a) Wie viel sind $\frac{3}{7}$ von 7 m?

7 m						
1 m	1 m	1 m	1 m	1 m	1 m	1 m
?						

b) Wie viel sind $\frac{3}{5}$ von 15 km?

15 km				
3 km	3 km	3 km	3 km	3 km
?				

Nachgedacht

Timo sagt: „Bei einem Bruch mit einer 1 im Zähler geht es viel schneller.“ Was meint er damit?

3 Wie lang ist das?

a) $\frac{2}{5}$ von 5 cm

1 cm	1 cm	1 cm	1 cm	1 cm

b) $\frac{5}{6}$ von 60 m

10 m	10 m	10 m	10 m	10 m	10 m

3 Wie lang ist das?

Tipp Eine Zeichnung hilft.

a) $\frac{2}{7}$ von 28 km

b) $\frac{5}{6}$ von 36 m

c) $\frac{1}{4}$ von 32 cm

4 Zeichne einen passenden Streifen ins Heft. Wie lang ist das?

a) $\frac{3}{5}$ von 10 cm

b) $\frac{3}{4}$ von 16 cm

c) $\frac{2}{3}$ von 12 cm

4 Zeichne einen passenden Streifen ins Heft. Wie lang ist das?

a) $\frac{5}{7}$ von 70 m

b) $\frac{2}{5}$ von 25 cm

c) $\frac{3}{4}$ von 60 km

5 Wie viel sind $\frac{3}{4}$ von 500 g? Erkläre die Rechnung.

500 g $\xrightarrow{:4}$ 125 g $\xrightarrow{\cdot 3}$ 375 g

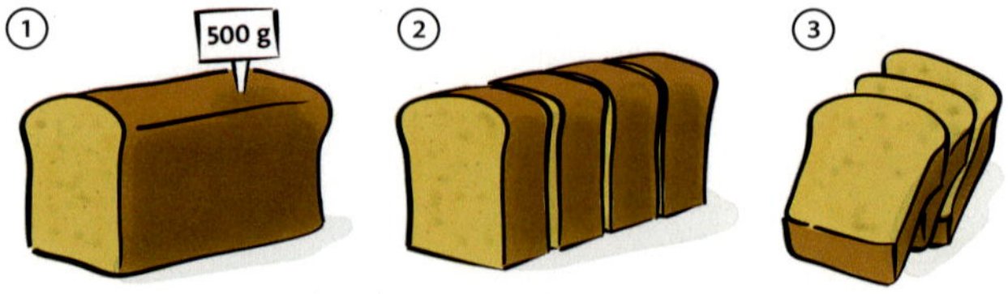

6 Berechne die Gewichte.

a) $\frac{2}{3}$ von 9 kg 9 kg $\xrightarrow{:3}$ ■ kg $\xrightarrow{\cdot 2}$ ■ kg

b) $\frac{3}{8}$ von 80 g 80 g $\xrightarrow{:■}$ ■ g $\xrightarrow{\cdot ■}$ ■ g

c) $\frac{5}{6}$ von 30 kg

d) $\frac{3}{4}$ von 24 t

6 Berechne die Gewichte.

a) $\frac{5}{6}$ von 54 t

b) $\frac{6}{7}$ von 56 g

c) $\frac{2}{3}$ von 42 kg

d) $\frac{3}{4}$ von 180 g

Methode Schreibweise von Größen mit Brüchen

Wie viel sind $\frac{3}{4}$ km?

$\frac{3}{4}$ km heißt $\frac{3}{4}$ von 1 km.

Manchmal muss man die Größe zuerst in eine kleinere Einheit umrechnen.

Rechne zuerst um. 1 km = 1000 m

1000 m			
250 m	250 m	250 m	250 m

1000 m $\xrightarrow{:4}$ 250 m $\xrightarrow{\cdot 3}$ 750 m

7 Berechne die Größen.
Rechne zuerst in eine kleinere Einheit um.

a) Wie viel sind $\frac{4}{5}$ cm? 1 cm = 10 mm

■ mm	■ mm	■ mm	■ mm	■ mm

b) Wie viel sind $\frac{3}{4}$ €?

■ ct	■ ct	■ ct	■ ct

c) Wie viel sind $\frac{5}{8}$ kg?

■ g	■ g	■ g	■ g	■ g	■ g	■ g	■ g

8 Berechne die Größen.
Rechne zuerst in eine kleinere Einheit um.

a) $\frac{2}{5}$ von 1 dm

■ cm	■ cm	■ cm	■ cm	■ cm

b) $\frac{1}{4}$ von 1 kg

■ g	■ g	■ g	■ g	■ g

8 Berechne die Größen.
Rechne zuerst in eine kleinere Einheit um.

a) $\frac{4}{5}$ von 1 m

b) $\frac{3}{10}$ von 1 t

c) $\frac{7}{8}$ kg

d) $\frac{2}{3}$ h

9 Berechne die Größen.

Tipp Auch hier musst du erst in eine kleinere Einheit umrechnen.

a) $\frac{2}{5}$ von 3 km

■ m	■ m	■ m	■ m	■ m

b) $\frac{3}{4}$ von 2 t

■ kg	■ kg	■ kg	■ kg

9 Berechne die Größen.

Tipp Auch hier musst du erst in eine kleinere Einheit umrechnen.

a) $\frac{3}{4}$ von 2 dm

b) $\frac{2}{5}$ von 4 t

c) $\frac{5}{6}$ von 3 m

d) $\frac{4}{9}$ von 3 h

10 Was ist mehr?
Berechne.

a) $\frac{1}{5}$ von 10 m oder $\frac{1}{2}$ von 10 m

b) $\frac{2}{3}$ von 12 g oder $\frac{3}{4}$ von 12 g

c) $\frac{5}{6}$ von 30 s oder $\frac{4}{5}$ von 30 s

d) $\frac{3}{8}$ von 24 cm oder $\frac{4}{6}$ von 24 cm

10 Mehr oder weniger?
Übertrage ins Heft und ergänze: > oder <

a) $\frac{2}{5}$ von 15 kg ■ $\frac{2}{3}$ von 15 kg

b) $\frac{1}{5}$ von 100 km ■ $\frac{1}{4}$ von 100 km

c) $\frac{5}{6}$ von 300 s ■ $\frac{2}{3}$ von 300 s

d) $\frac{5}{9}$ von 36 g ■ $\frac{3}{4}$ von 36 g

11 Wie groß sind die Tiere in cm?

Tipp 1 m = 100 cm

$\frac{1}{4}$ m $\frac{1}{10}$ m $\frac{2}{5}$ m $\frac{9}{20}$ m

11 Das Brot wurde aus verschiedenen Getreidesorten gebacken.
Berechne jeweils das Gewicht in g.

Getreide:
- $\frac{1}{4}$ kg Mais
- $\frac{1}{2}$ kg Weizen
- $\frac{2}{5}$ kg Roggen
- $\frac{3}{8}$ kg Hafer

Klar soweit?

→ Seite 164

Brüche als Teil vom Ganzen

1 Wie heißt der Bruch?

a) 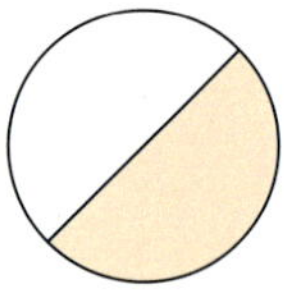

b) 

c) 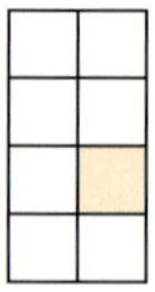

d) 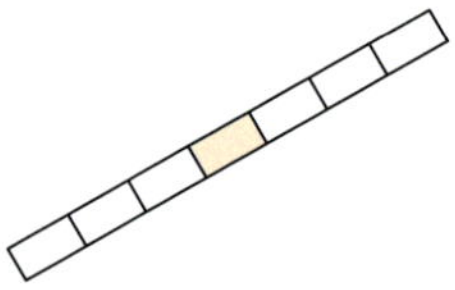

2 Übertrage die Rechtecke ins Heft.
Male den Anteil bunt.

a) $\frac{1}{3}$ b) $\frac{1}{5}$ c) $\frac{1}{15}$

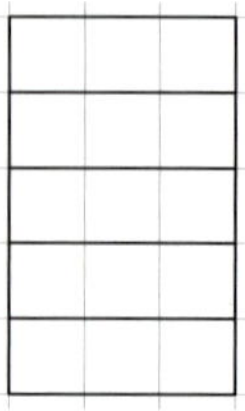

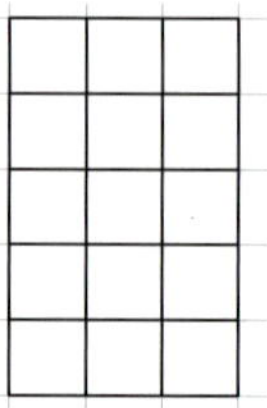

2 Übertrage das Rechteck dreimal ins Heft.
Male den Anteil bunt.

a) $\frac{1}{4}$ b) $\frac{1}{5}$ c) $\frac{1}{8}$

→ Seite 166

Brüche zusammenfassen

3 Wie heißt der Bruch?

a) 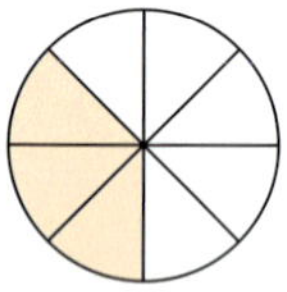

b) 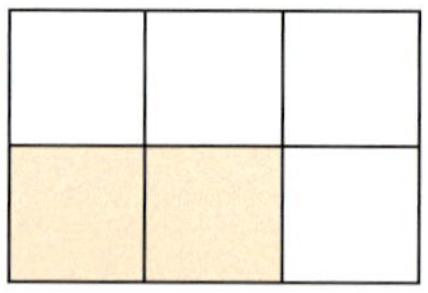

c) 

d) 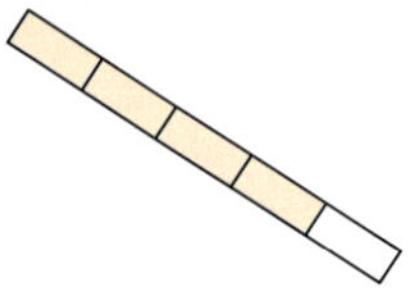

3 Wie heißt der Bruch?

a) 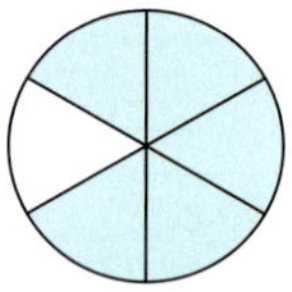

b) 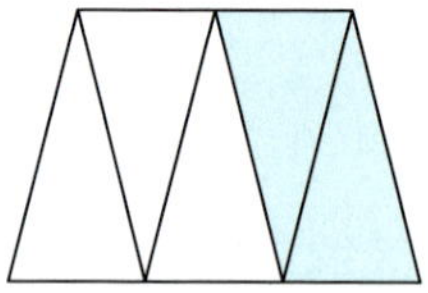

c) 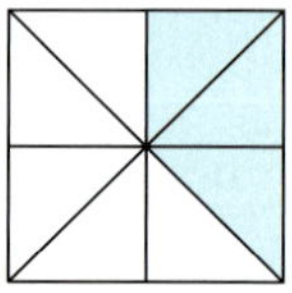

d) 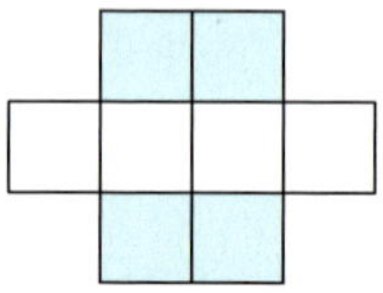

4 Welcher Anteil der Pizza ist noch da?
Schreibe als Bruch.

Tipp In wie viele Stücke wurde die ganze Pizza geschnitten?

4 Schreibe als Bruch.

a) Welcher Anteil der Pizza ist noch da?
b) Welcher Anteil der Pizza ist schon gegessen?

5 Zeichne ein Quadrat mit 16 Kästchen. Male die Anteile bunt.
Tipp Das Quadrat ist 4 Kästchen hoch und 4 Kästchen breit.

a) $\frac{4}{16}$ gelb b) $\frac{5}{16}$ grün c) $\frac{7}{16}$ blau

Vergleicht eure Quadrate. Was fällt euch auf?

5 Zeichne ein Quadrat mit 25 Kästchen.
Tipp Wie lang ist eine Seite?
Male die Anteile bunt.

$\frac{5}{25}$ gelb $\frac{10}{25}$ grün
$\frac{4}{25}$ blau $\frac{6}{25}$ rot

Vergleicht eure Quadrate. Was fällt euch auf?

6 Schreibe als Bruch und als Ganzes.

a) 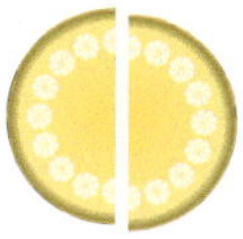

b) 

6 Schreibe als Bruch und als Ganzes.

a) 

b) 

7 Schreibe als Bruch und als gemischte Zahl.

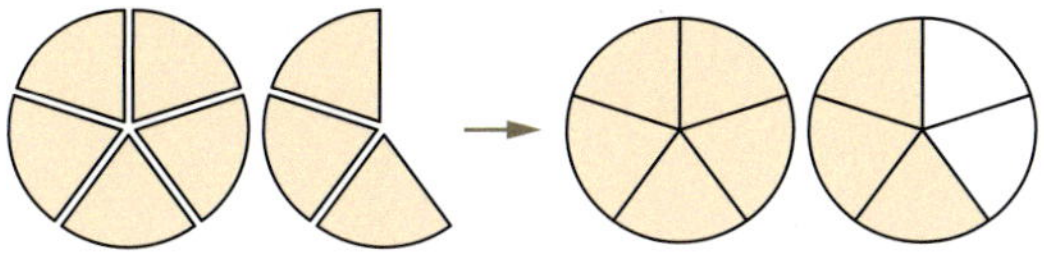

7 Schreibe als Bruch und als gemischte Zahl.

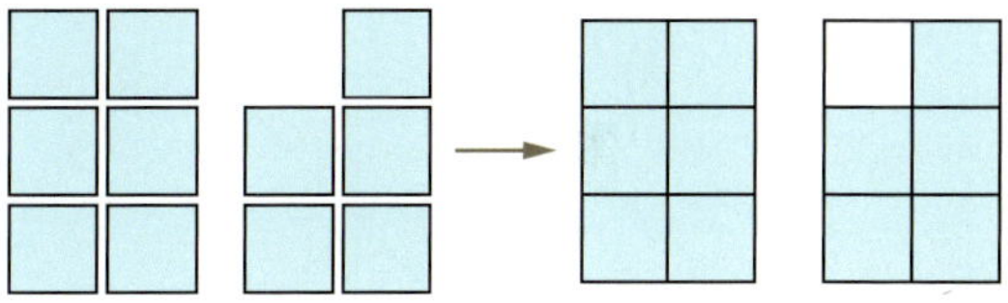

→ Seite 169

Anteile von Größen

8 Wie lang ist das?

a) Wie viel sind $\frac{2}{3}$ von 3 km?

1 km	1 km	1 km

b) Wie viel sind $\frac{2}{5}$ von 5 mm?

1 mm	1 mm	1 mm	1 mm	1 mm

c) Wie viel sind $\frac{5}{6}$ von 60 m?

10 m	10 m	10 m	10 m	10 m	10 m

8 Wie lang ist das?

a) Wie viel sind $\frac{2}{6}$ von 18 cm?

3 cm	3 cm	3 cm	3 cm	3 cm	3 cm

b) Wie viel sind $\frac{4}{5}$ von 25 mm?

■ mm	■ mm	■ mm	■ mm	■ mm

c) Wie viel sind $\frac{3}{8}$ von 24 m?

■ m	■ m	■ m	■ m	■ m	■ m	■ m	■ m

9 Berechne die Größen.

a) $\frac{3}{4}$ von 8 kg 8 kg $\xrightarrow{:■}$ ■ kg $\xrightarrow{\cdot■}$ ■ kg
b) $\frac{2}{5}$ von 15 min 15 min $\xrightarrow{:■}$ ■ min $\xrightarrow{\cdot■}$ ■ min
c) $\frac{3}{8}$ von 16 g 16 g $\xrightarrow{:■}$ ■ g $\xrightarrow{\cdot■}$ ■ g
d) $\frac{5}{6}$ von 24 m 24 m $\xrightarrow{:■}$ ■ m $\xrightarrow{\cdot■}$ ■ m

9 Berechne die Größen.
Tipp zu a) 8 kg $\xrightarrow{:■}$ ■ kg $\xrightarrow{\cdot■}$ ■ kg

a) $\frac{3}{4}$ von 8 kg
b) $\frac{7}{8}$ von 32 m
c) $\frac{4}{9}$ von 45 min

10 Berechne die Größen.
Rechne zuerst in eine kleinere Einheit um.

a) $\frac{1}{2}$ von 1 m
b) $\frac{3}{5}$ von 1 kg
c) $\frac{5}{6}$ von 3 cm

→ Lösungen ab S. 228

10 Berechne die Größen.

a) $\frac{3}{4}$ von 1 kg
b) $\frac{4}{5}$ m
c) $\frac{7}{8}$ t
d) $\frac{4}{5}$ von 2 km

Vermischte Übungen

Anwenden

1 Welcher Anteil ist orange?
Tipp Wie viele Teile sind es insgesamt?

a) 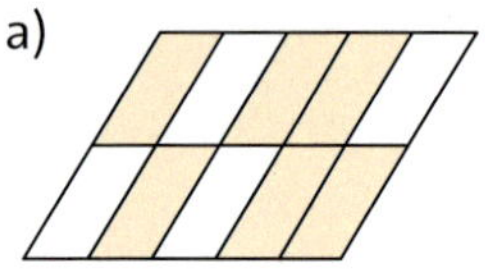
b) 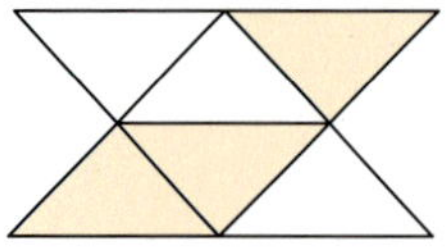
c) 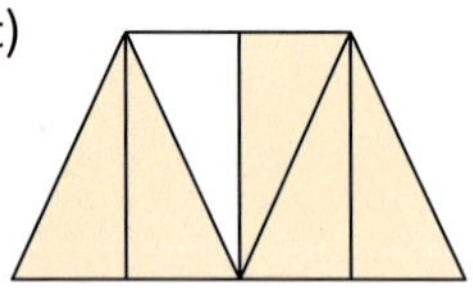
d) 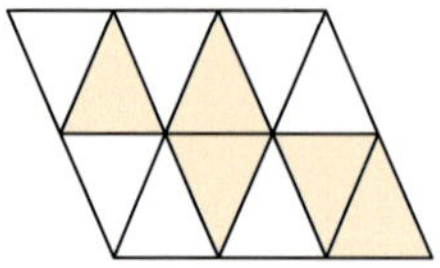

1 Welcher Anteil ist blau?
Welcher Anteil ist orange?

a) 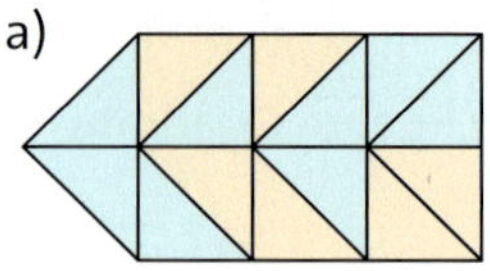
b) 
c) 
d) 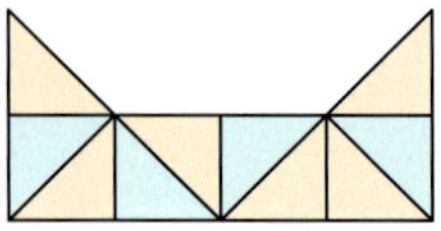

2 Wie heißt der Bruch? Finde die Fehler und verbessere sie.
Tipp Schreibe den richtigen Bruch auf oder ändere die Zeichnung im Heft.

a) 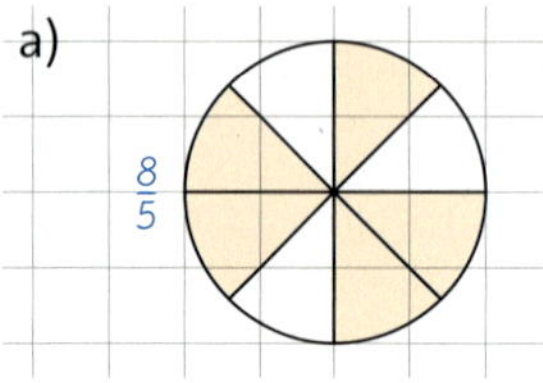

b) 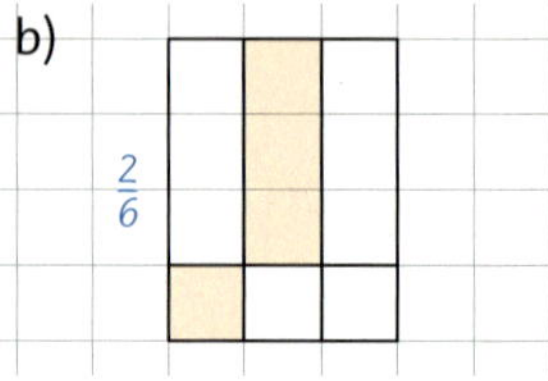

c) 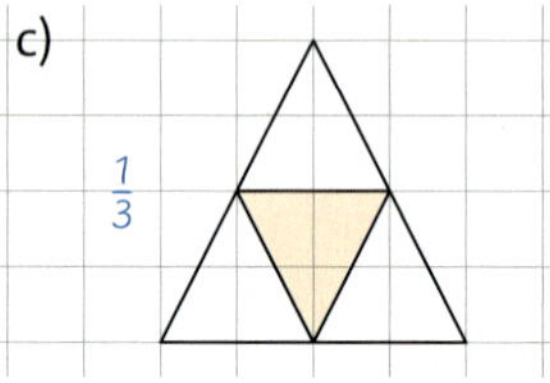

d) 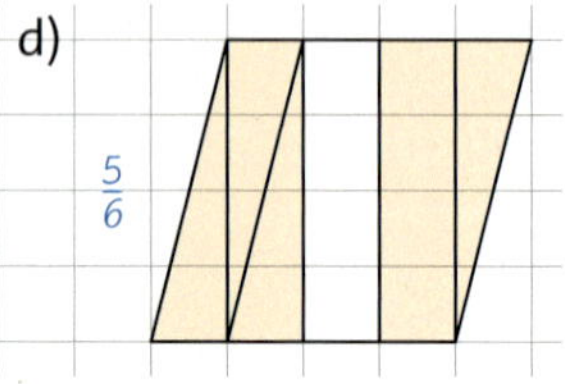

3 Ordne zu.

$\frac{1}{2}$ kg | $\frac{1}{4}$ m | $\frac{1}{5}$ kg | $\frac{3}{4}$ m
25 cm | 200 g | 75 cm | 500 g

3 Ordne zu.

40 cm | 750 g | 250 g | $\frac{3}{4}$ kg
$\frac{1}{5}$ dm | 2 cm | $\frac{2}{5}$ m | $\frac{2}{8}$ kg

4 Berechne.

a) $\frac{3}{4}$ von 16 km
b) $\frac{2}{3}$ von 90 g
c) $\frac{2}{5}$ von 80 €
d) $\frac{5}{6}$ von 12 min

4 Berechne.

a) $\frac{5}{6}$ von 18 m
b) $\frac{3}{8}$ von 240 €
c) $\frac{3}{5}$ von 100 kg
d) $\frac{7}{30}$ von 150 min

Nachgedacht
Klara sagt: „Ich sehe $\frac{1}{6}$." Was sagst du dazu?

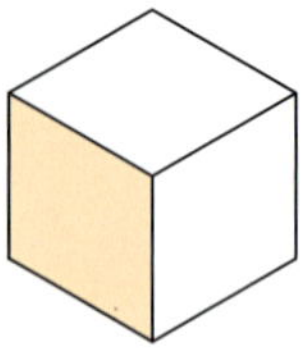

5 Welcher Anteil ist orange?

a) 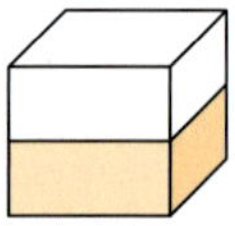
b) 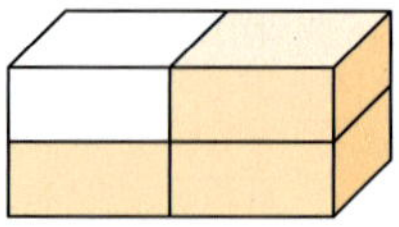

5 Welcher Anteil ist blau, welcher orange?

a) 
b) 

6 Welcher Anteil ist orange?

a) 
b) 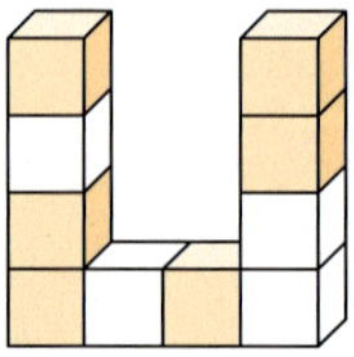

6 Welcher Anteil ist blau, welcher orange?

a) 
b) 

7 Übertrage ins Heft.
Male den Anteil bunt.

a) $\frac{5}{6}$
b) $\frac{3}{8}$
c) $\frac{9}{16}$

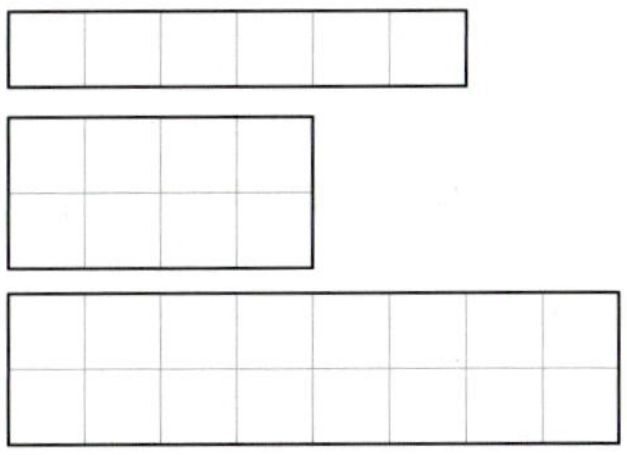

7 Übertrage ins Heft.
Male den Anteil bunt.

a) $\frac{1}{4}$
b) $\frac{2}{3}$
c) $\frac{3}{4}$

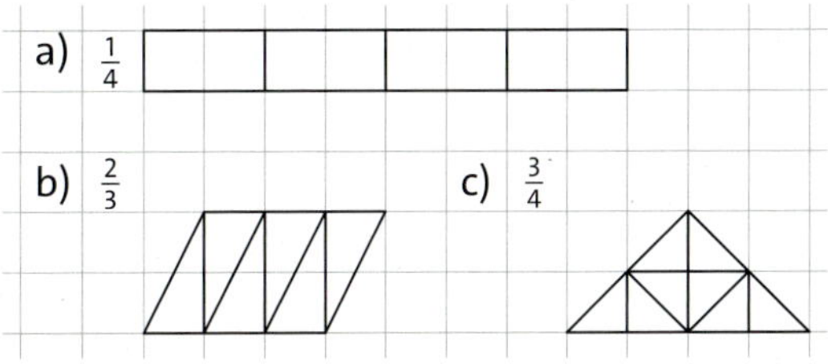

8 Erklärt die Brüche im Satz. Sind das alles wirklich Brüche?

a) In der ersten Halbzeit fiel das Tor.
b) Beim Eishockey beginnt das zweite Drittel.
c) Lisa spielt im Viertelfinale.
d) Lukas wohnt im größten Stadtviertel.

9 Bonbons teilen

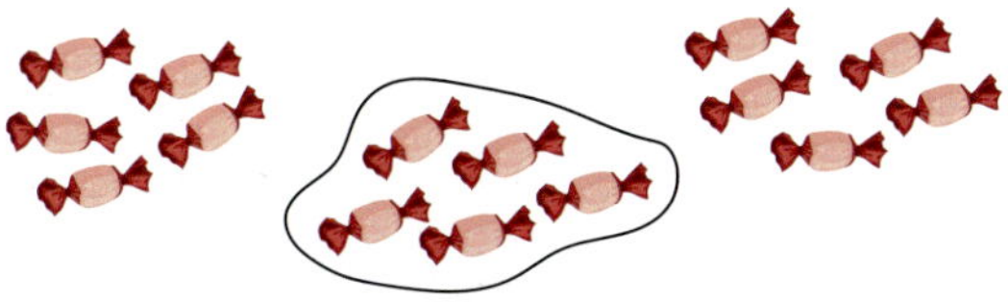

a) Erkläre mit dem Bild:
Ein Drittel von 15 Bonbons sind 5 Bonbons.
b) Zeichne ein Bild:
Ein Viertel von 20 Bonbons sind 5 Bonbons.

9 Äpfel teilen

a) Erkläre das Bild:
Zwei Drittel von 12 Äpfeln sind 8 Äpfel.
b) Zeichne ein Bild:
Wie viele Äpfel sind drei Viertel von 20 Äpfeln?

10 In einer Tüte sind 24 Gummibärchen:

$\frac{1}{2}$ rot
$\frac{1}{4}$ gelb
$\frac{2}{8}$ grün

Wie viele Gummibärchen sind rot, gelb und grün?

10 30 Kinder machen jeweils eine Sportart:

Fußball: $\frac{1}{2}$
Handball: $\frac{2}{5}$
Schwimmen: $\frac{1}{10}$

Wie viele Kinder machen jeweils die Sportart?

Nachgedacht
Wie viel Gramm kann man mit den Gewichten wiegen?

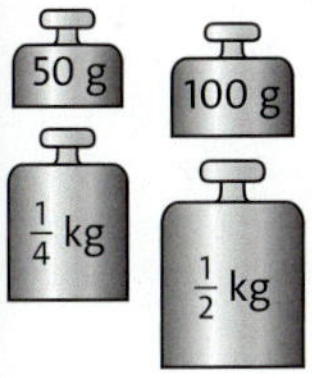

11 Wie viel Gramm (g) wiegt der Kürbis?

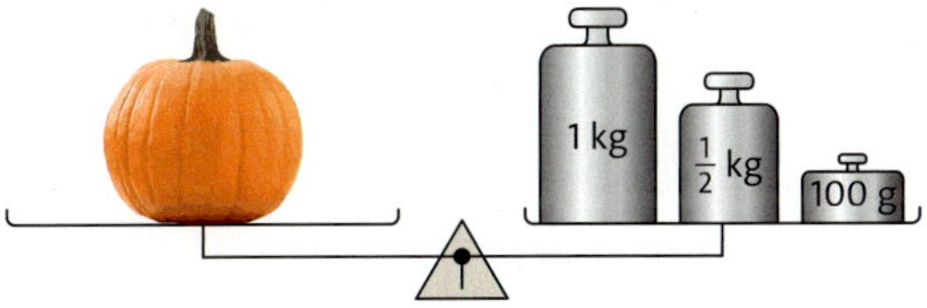

11 Wie viel Gramm (g) wiegt der Blumenkohl?

12 Berechne und ergänze im Heft.

a) $\frac{2}{5}$ dm = ▢ cm
b) $\frac{3}{4}$ kg = ▢ g
c) $3\frac{1}{4}$ m = 3 m ▢ cm
d) $4\frac{3}{5}$ km = 4 km ▢ m
e) $2\frac{1}{2}$ h = ▢ min

12 Berechne und ergänze im Heft.

a) $\frac{4}{5}$ dm = ▢ cm
b) $\frac{3}{10}$ h = ▢ min
c) $2\frac{3}{4}$ kg = 2 kg ▢ g
d) $7\frac{3}{5}$ m = ▢ cm
e) $3\frac{1}{4}$ h = ▢ min

Vertiefen

13 Welche Brüche sind hier am Zahlenstrahl dargestellt?

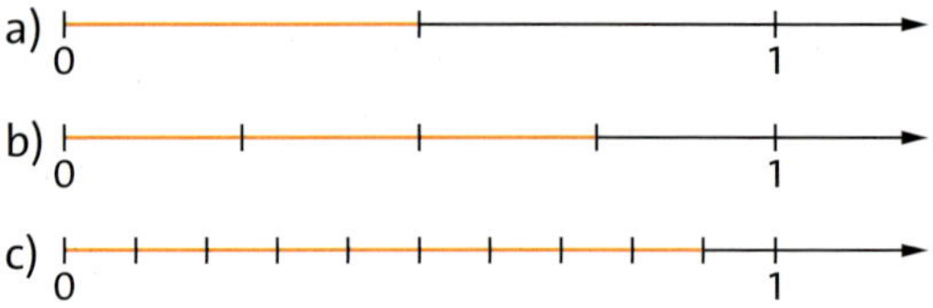

13 Zeichne jeweils einen Zahlenstrahl von 12 cm ins Heft. Trage am Anfang 0 und am Ende 1 ein. Male den Anteil bunt.

a) $\frac{1}{3}$ b) $\frac{1}{4}$ c) $\frac{2}{3}$ d) $\frac{5}{6}$

Kannst du die Anteile auch an einem 6 cm langen Zahlenstrahl einzeichnen? Begründe.

14 Luca sagt: „$\frac{1}{5}$ der Fläche ist orange.“ Hat er recht? Begründe.

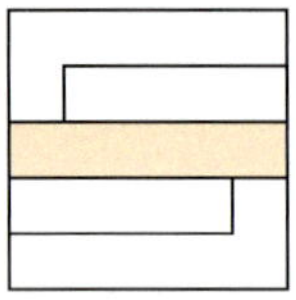

14 Wie heißt der Anteil für die blaue, orange und grüne Fläche?

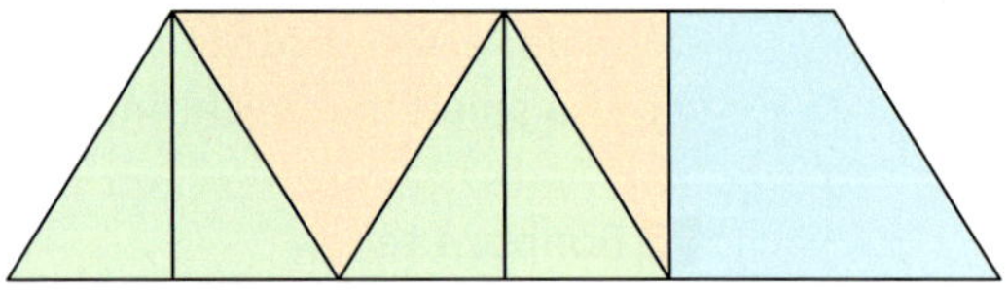

15 In welcher Figur kannst du den Bruch darstellen? Begründe.

$\frac{2}{3}$ $\frac{1}{4}$ $\frac{7}{8}$ $\frac{5}{6}$ $\frac{4}{9}$

Denk dir eigene Aufgaben aus und zeichne sie.
Tauscht untereinander.

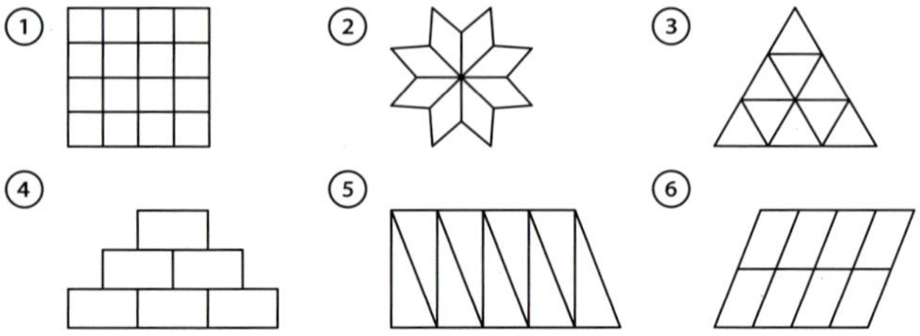

16 Übertrage ins Heft.
Ergänze die Figur zu einem Ganzen.

Tipp $\frac{1}{3}$ 

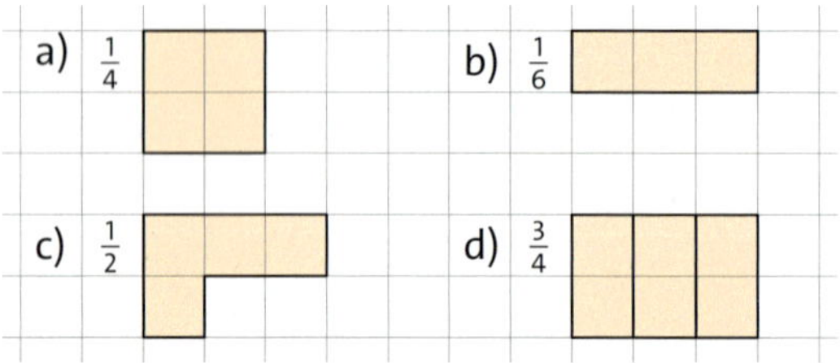

16 Übertrage ins Heft.
Ergänze zu einem Ganzen.

Tipp $\frac{2}{3}$ 

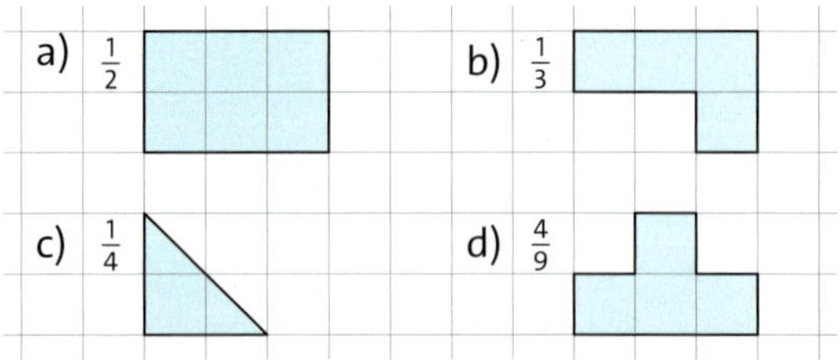

17 Berechne das Ganze.

a) 5 € sind $\frac{1}{4}$ von ■ €.

b) 6 min sind $\frac{2}{3}$ von ■ min.

17 Berechne das Ganze.

a) $\frac{1}{2}$ sind 14 min. b) $\frac{3}{4}$ sind 15 g.

c) $\frac{2}{5}$ sind 100 €. d) $\frac{5}{6}$ sind 30 cm.

18 Brüche vergleichen

a) Wie heißen die Brüche?

b) Ordne die Brüche nach der Größe.

c) Wie kann man Brüche vergleichen?
Schreibe eine Regel auf.

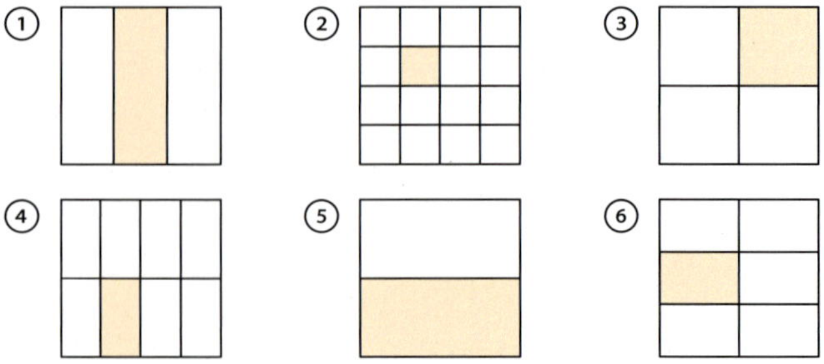

Weiterdenken

→ *Sachaufgaben lösen: S. 108*

Im Zoo

Eintrittspreise:	
Erwachsene	12 €
Kinder bis 14 Jahre zahlen nur die Hälfte.	
Kinder bis 3 Jahre kostenlos	
Familienkarte	30 €

19 Familie Meyer möchte in den Zoo.
Welche Tickets sollen sie kaufen?

Herkunft der 400 Tierarten

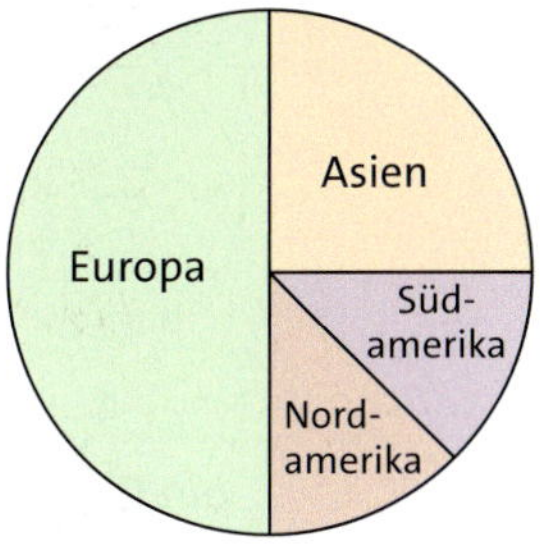

20 Wo kommen die Tierarten her?
a) Wie viele Tierarten kommen aus Europa?
b) Wie viele kommen aus Asien?
c) Wie viele kommen aus Amerika?

21 Der Zoo hat 60 000 Besucher im Jahr.

$\frac{1}{8}$ sind Mädchen im Alter von 0–3 Jahren.	$\frac{1}{5}$ sind Mädchen im Alter von 3–14 Jahren.
$\frac{1}{10}$ sind Jungen im Alter von 0–3 Jahren.	$\frac{1}{6}$ sind Jungen im Alter von 3–14 Jahren.

a) Wie viele Jungen, Mädchen und Erwachsene besuchen den Zoo im Jahr?
b) Berechne die Einnahmen des Zoos in einem Jahr.

22 Das Haus für die Raubkatzen ist 900 m² groß. Wie groß ist das Gehege für die Löwen?

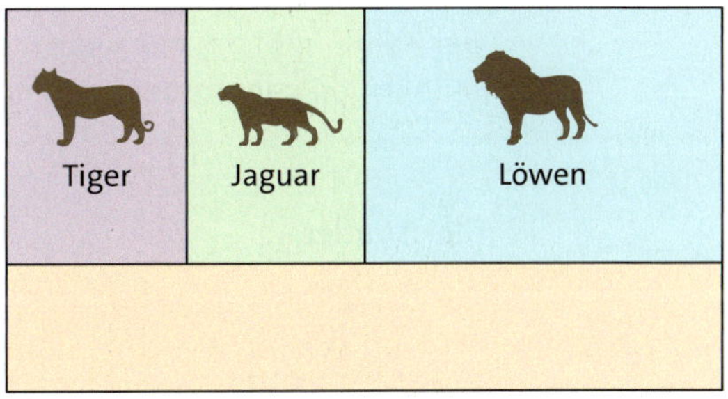

23 Ein Blumenbeet soll neu bepflanzt werden.
Davon sind $\frac{1}{2}$ Rosen, $\frac{1}{4}$ Nelken und $\frac{3}{4}$ Tulpen.
Was sagst du dazu?

24 Ein Bär frisst 24 kg am Tag.
a) Wie viel kg Beeren frisst ein Bär täglich?
b) Wie viel kg Nüsse fressen die 6 Bären zusammen?

Das fressen unsere 6 Bären:

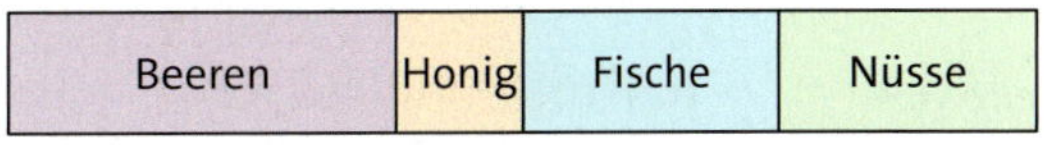

25 Futtermischung für unsere Vögel
Wie viel Gramm Futter bekommen die Vögel?
Berechne.

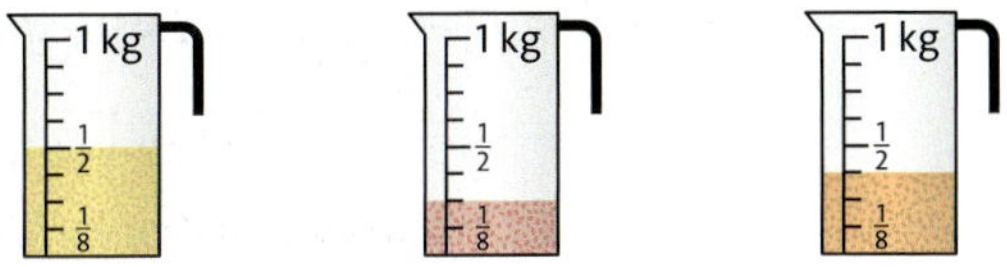

26 Tierpfleger Max beginnt um 6 Uhr mit seiner Arbeit.
Als erstes macht er das Vogelgehege sauber. Das dauert eine drei Viertel Stunde.
Dann füttert er die Vögel. Dafür braucht er eine halbe Stunde.
Danach läuft er eine viertel Stunde zum Giraffen-Gehege. Wann kommt er dort an?

Zusammenfassung

→ Seite 164

Brüche als Teile vom Ganzen

Das Ganze wird in **gleich große Teile** geteilt.

Diese Anteile nennt man einen **Bruch**.

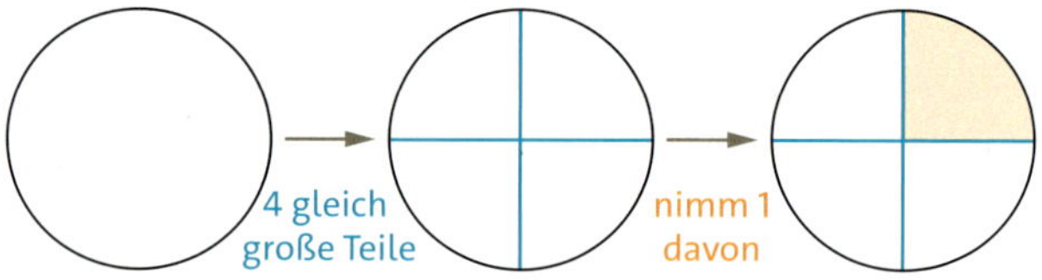

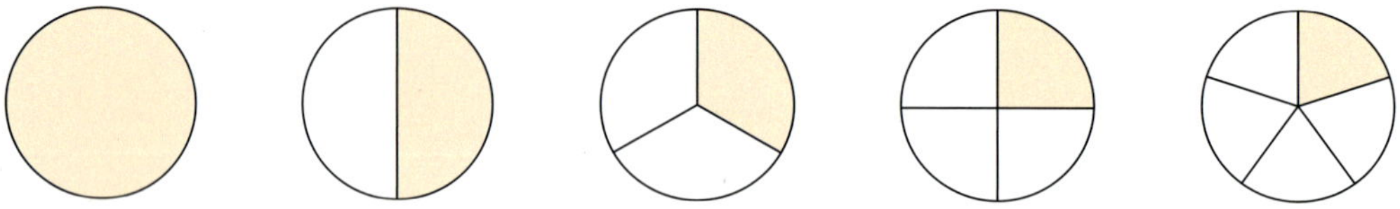

1	$\frac{1}{2}$	$\frac{1}{3}$	$\frac{1}{4}$	$\frac{1}{5}$
ein Ganzes	**ein Halb**	**ein Drittel**	**ein Viertel**	**ein Fünftel**

→ Seite 166

Brüche zusammenfassen

Der **Nenner** gibt an, in wie viele gleich große Teile das Ganze geteilt wird.

Der **Zähler** gibt an, wie viele Teile davon genommen werden.

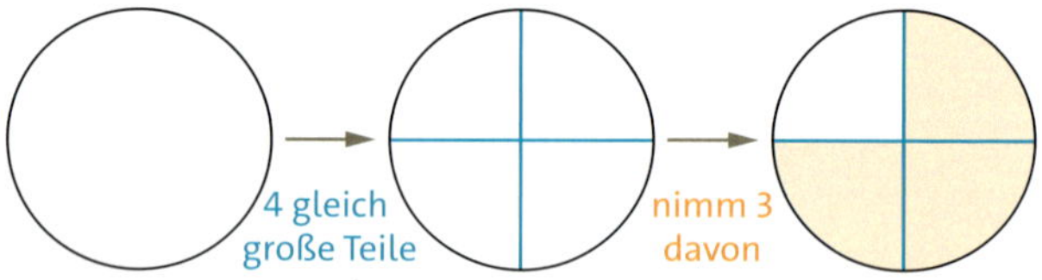

Das ist alles $\frac{3}{4}$.

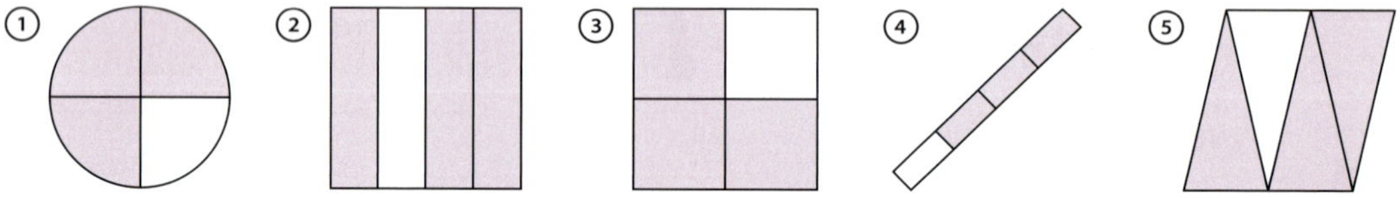

→ Seite 169

Anteile von Größen

Der **Nenner** gibt an, in wie viele gleich große Teile das Ganze geteilt wird.

Der **Zähler** gibt an, wie viele Teile davon genommen werden.

Wie viel sind $\frac{3}{4}$ von 60 min?

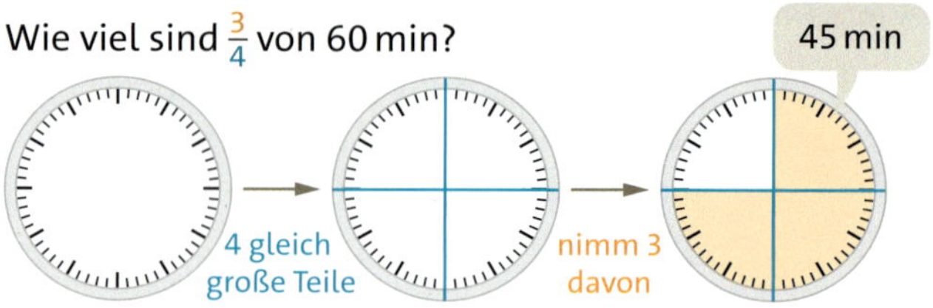

Teste dich!

1 Welcher Anteil ist orange?

a)

b)
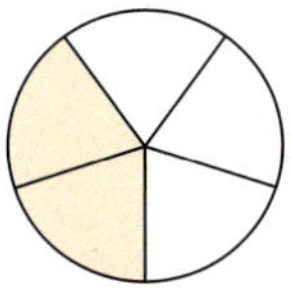

c)
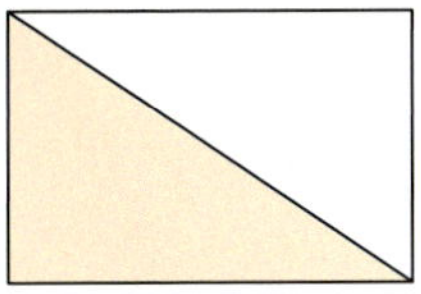

d)
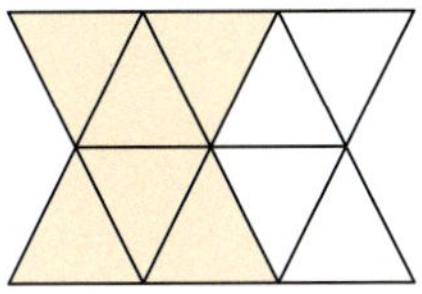

2 Übertrage die Rechtecke ins Heft.
Male den Anteil bunt.

a) $\frac{3}{4}$ b) $\frac{1}{6}$ c) $\frac{2}{5}$

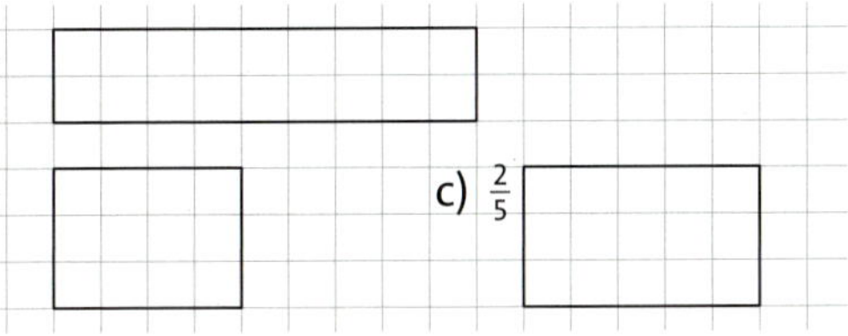

3 Pizza teilen

a) Wie viele Pizzen sind das?
Schreibe als Bruch.
b) 3 Kinder teilen sich die Pizzen.
Welchen Anteil bekommt jeder?
Schreibe als Bruch.

4 Berechne die Größen.

a) $\frac{1}{2}$ von 6 kg
b) $\frac{3}{4}$ von 24 €
c) $\frac{3}{10}$ von 1 dm
d) $\frac{4}{5}$ von 3 cm

5 Olli sagt: „Ich habe hier die Hälfte der Figur ausgemalt."
Stimmt das? Begründe deine Antwort.

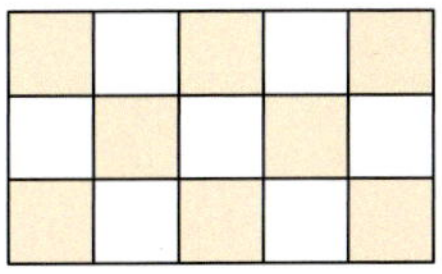

→ Lösungen ab S. 229

1 Welcher Anteil ist orange, welcher blau?

a)
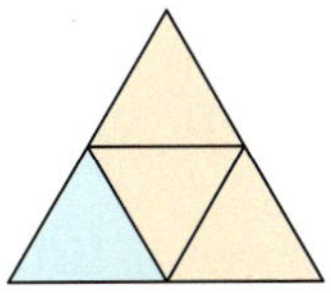

b)
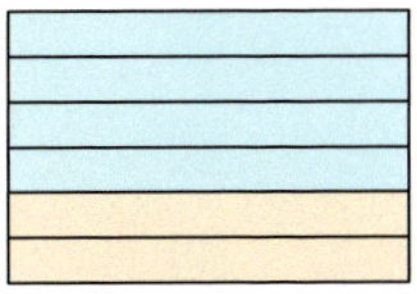

c)
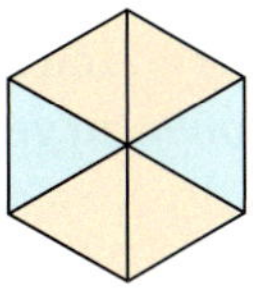

d)
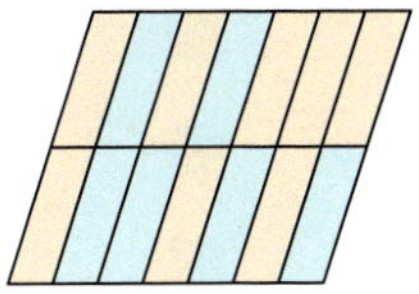

2 Übertrage die Figuren ins Heft.
Male den Anteil bunt.

a) $\frac{2}{3}$ b) $\frac{3}{4}$ c) $\frac{4}{7}$

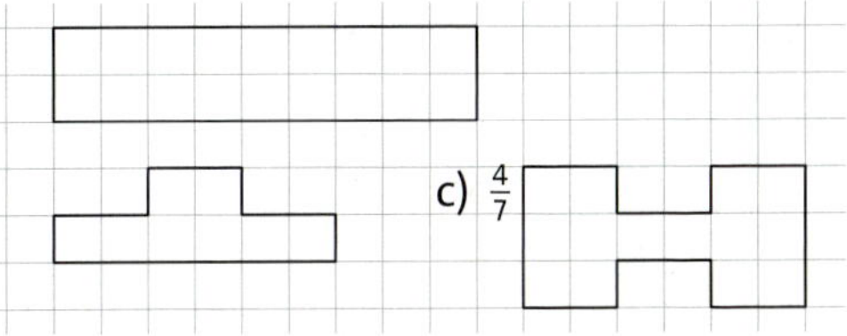

3 Pizza teilen

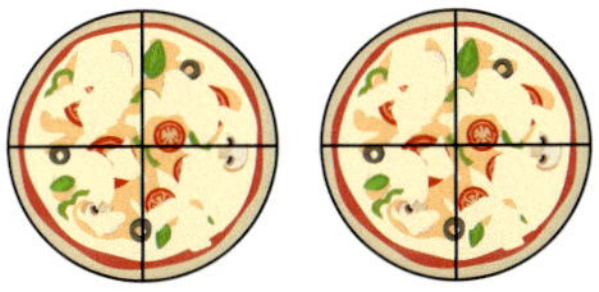

a) 4 Kinder teilen sich die Pizzen.
Welchen Anteil bekommt jeder?
Schreibe als Bruch.
b) Welchen Anteil bekommt jeder, wenn es 8 Kinder sind? Schreibe als Bruch.

4 Berechne die Größen.

a) $\frac{3}{7}$ von 56 €
b) $\frac{3}{4}$ von 1 kg
c) $\frac{2}{5}$ km
d) $\frac{7}{10}$ von 6 dm

5 Thea sagt: „Ich habe hier die Hälfte der Figur ausgemalt."
Stimmt das? Begründe deine Antwort.

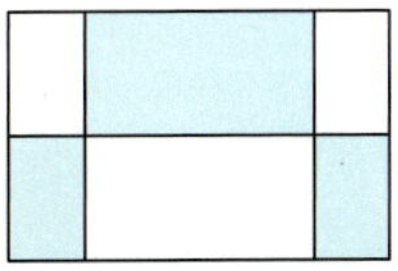

→ Lösungen ab S. 230

Daten

In diesem Kapitel lernst du, …

→ Informationen in Listen und Tabellen zu lesen,
→ Informationen in Schaubildern zu lesen,
→ Schaubilder zu zeichnen,
→ Informationen zu vergleichen.

In Venezuela gibt es eine Eisdiele, die 869 Eissorten hat. Welche Eissorte wird da wohl am meisten verkauft? Ob auch dein Lieblingseis dabei ist? Was ist das beliebteste Eis in deiner Klasse?

Noch fit?

1 So viel haben die Kinder gespart:

Johann: 45 €	Lina: 21 €	Mark: 63 €
Hendrik: 54 €	Henning: 36 €	Reni: 12 €

Ordne die Beträge der Größe nach.

2 Gib die Koordinaten der Punkte an.

Tipp A(▪ | ▪): ▪ nach rechts und ▪ nach oben

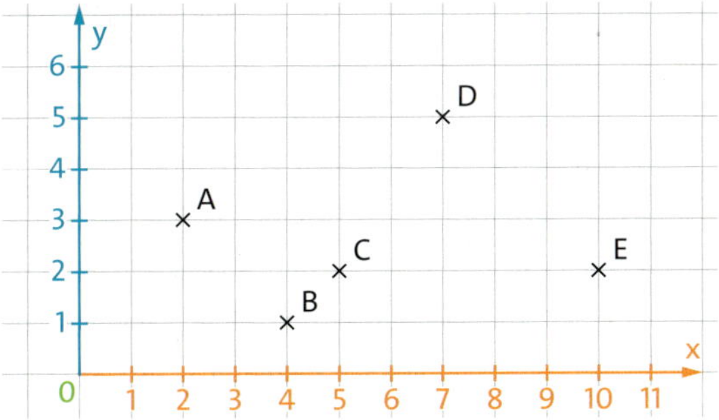

3 Zeichne einen 10 cm langen Zahlenstrahl. Trage am Anfang 0 und am Ende 20 ein. Trage dann die Zahlen ein:
12; 17; 9; 19; 10; 5; 2

4 Informationen zu Nagetieren:

Nagetiere	Länge	Gewicht
Eichhörnchen	20 cm	300 g
Biber	100 cm	25 000 g
Maus	10 cm	20 g

a) Erkläre die Tabelle:
Was steht in den Zeilen?
Was steht in den Spalten?

b) Wie lang ist ein Biber?
Wie schwer ist ein Eichhörnchen?

c) Schreibe Sätze über die Länge oder das Gewicht der Nagetiere ins Heft.
Tipp ▪ ist ▪ lang.

1 Ergebnisse beim Kugelstoßen:

Lisa: 360 cm	Hanna: 365 cm	Zoe: 306 cm
Maria: 356 cm	Nike: 325 cm	Jo: 352 cm

Ordne die Ergebnisse der Größe nach.

2 Gib die Koordinaten der Punkte an.

Tipp A(x|y): Erst nach rechts, dann nach oben.

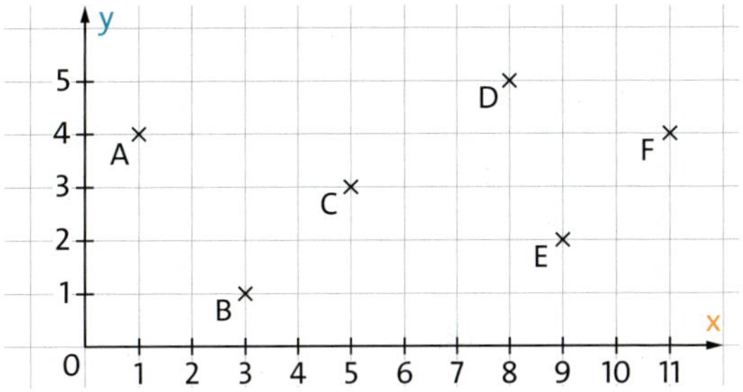

3 Zeichne jeweils einen 10 cm langen Zahlenstrahl. Trage dann die Zahlen ein.

a) 3; 8; 5; 0; 9; 6

b) 14; 18; 6; 9; 20; 11

4 Informationen zu Kriechtieren:

Kriechtiere	Länge	Höhe	Gewicht
Schildkröte	25 cm	8 cm	350 g
Eidechse	13 cm	2 cm	25 g
Krokodil	3 m	40 cm	200 kg

a) Erkläre die Tabelle:
Welche Angaben stehen in den Zeilen?
Welche Angaben stehen in den Spalten?

b) Wie lang ist eine Eidechse?
Wie schwer ist ein Krokodil?
Welches Tier ist 8 cm hoch?

c) Schreibe Sätze über die Länge, die Höhe und das Gewicht der Tiere ins Heft.

→ *Lösungen ab S. 231*

Trainingsplan

Nr.	Ich kann …	Ich muss noch trainieren:
1	Zahlen der Größe nach ordnen.	→ S. 238, Nr. 12, 13
2	Punkte im Koordinatensystem ablesen.	→ S. 246, Nr. 37, 38
3	einen Zahlenstrahl zeichnen.	→ S. 237, Nr. 9, 10
4	Werte aus einer Tabelle ablesen.	→ S. 257, Nr. 72, 73

Daten in Listen

ENTDECKEN

1 Die Klasse 5 b macht eine Umfrage:

Kino

① Wie oft gehst du im Monat ins Kino?
___-mal

② Welche Art von Filmen magst du am liebsten?
❑ mit echten Schauspielern
❑ Animationsfilm

③

a) Worum geht es in der Umfrage? Beschreibe den Fragebogen.
b) Was kann man noch zum Thema „Kino" fragen?
c) In der Tabelle hat die Klasse 5 b die Antworten zur Frage 2 gesammelt. Beschreibe die Tabelle.
d) Wie viele Kinder haben bei der Umfrage mitgemacht?

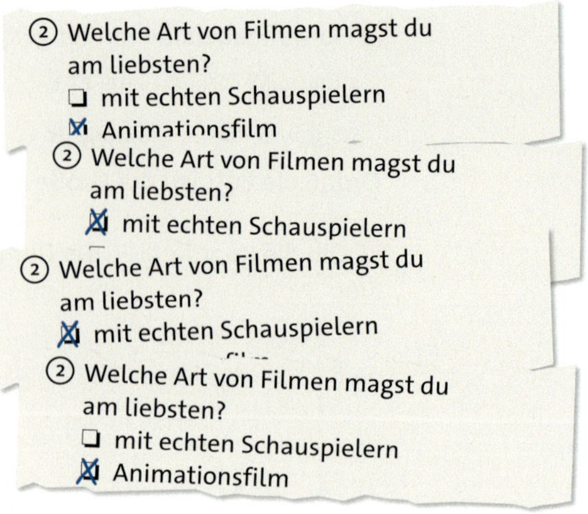

Filmarten	Strichliste	Anzahl
echte Schauspieler	𝍸 𝍸 II	12
Animationsfilm	𝍸 III	8

2 Klaus möchte eine Umfrage zum Thema „Meine Lieblingsmusik" machen.
a) Was sagst du zum Fragebogen von Klaus?
b) Schreibt einen eigenen Fragebogen zum Thema „Meine Lieblingsmusik".

Meine Lieblingsmusik

① Wie alt bist du?
❑ 33 Jahre ❑ 13 Jahre

② Welche Musik hörst du gerne?
❑ Ja ❑ nein

③ Was ist deine Lieblingsfarbe?
____

VERSTEHEN

Tom macht eine Umfrage zum Thema „Lieblingstiere".
Bei einer **Umfrage** sammelt man Antworten, z. B. mit einem **Fragebogen**.
Die Antworten nennt man **Daten**.

Fragebogen
Was ist dein Lieblingstier? ____________

Vokabeln
→ *die Umfrage*
→ *der Fragebogen*
→ *die Daten*
→ *die Strichliste*
→ *die Häufigkeitstabelle*
→ *die Häufigkeit*

Merke
Eine **Strichliste** hilft beim Auszählen der Daten.
In einer **Häufigkeitstabelle** zählt man die Anzahl der Striche und trägt die **Häufigkeit** ein.

Beispiel 1 Häufigkeitstabelle

Lieblingstier	Strichliste	Häufigkeit
Katze	𝍸 IIII	9
Hund	𝍸 I	6
Hamster	III	3
Delfin	II	2
	Summe:	20

Tom hat 20 Kinder befragt.

ANWENDEN

Hinweis
Häufigkeit ist ein anderes Wort für Anzahl.

1 Ergebnis einer Umfrage in der Klasse 5 c:

Lieblingsessen	Strichliste	Häufigkeit
Pizza	𝍸 ||||	
Nudeln	||||	
Pfannkuchen	𝍸 |	
Salat	||	

a) Übertrage die Tabelle und ergänze die Häufigkeiten.
b) Wie viele Kinder wurden befragt?

1 Ergebnis einer Umfrage in der Klasse 5 a:

Lieblingseis	Strichliste	Häufigkeit
Erdbeere	||||	
Vanille	𝍸 |	
Schokolade	𝍸 ||||	
Zitrone	𝍸 ||	

a) Übertrage und ergänze die Tabelle im Heft.
b) Welche Eissorte ist am beliebtesten?
c) Wie viele Kinder wurden befragt?

2 Martin hat die Ergebnisse einer Umfrage in einer Tabelle zusammengefasst. Dabei hat er Fehler gemacht. Beschreibt die Fehler.

Meine Traumferien	*Häufigkeit*	*Strichliste*
Wanderurlaub	|||	4
Strandurlaub	||||||||||||||	15
Skiurlaub	𝍸 |	6
Kreuzfahrt	𝍷 ||	7
	Summe:	29

3 Welchen Sport machst du?
Antworten der 5 a:

Fußball, Fußball, Fußball, Fußball, Fußball, Fußball, Handball, Handball, Schwimmen, Schwimmen, Tischtennis

Übertrage die Tabelle und ergänze sie.

Sport	Strichliste	Häufigkeit
Fußball		
Handball		
Schwimmen		
Tischtennis		
	Summe:	

3 Was für ein Haustier hast du?
Antworten der 5 b:

Hund, Katze, Kaninchen, Hamster, Hund, Hamster, Katze, Katze, Hund, Hund, Kaninchen, Maus, Katze

Ergebnisse:

Haustier	Strichliste	Häufigkeit
Hund		

a) Übertrage die Tabelle und ergänze die Ergebnisse.
b) Wie viele Kinder der 5 b haben ein Haustier?

4 Wie viele Bücher, Hefte und Stifte hast du dabei?
Trage die Ergebnisse in eine Tabelle ein.

4 Wie viele Bücher, Hefte und Stifte hast du dabei?
Trage die Ergebnisse in eine Tabelle ein.

5 Würfle 20-mal mit einem Würfel.
Trage die Ergebnisse in die Tabelle ein.

Ergebnis	Strichliste	Häufigkeit
⚀		

a) Wie oft war das Ergebnis kleiner als 3?
b) Wie oft war das Ergebnis größer als 4?
c) Stellt euch eigene Fragen und beantwortet sie.

5 Würfle 20-mal mit einem Würfel.
Trage die Ergebnisse in die Tabelle ein.

Ergebnis	Strichliste	Häufigkeit
⚀		
⚅		
⚁ oder ⚅		
größer als ⚃		
kleiner als ⚂		

Diagramme lesen

ENTDECKEN

1 Bonbons in einer Tüte:

①
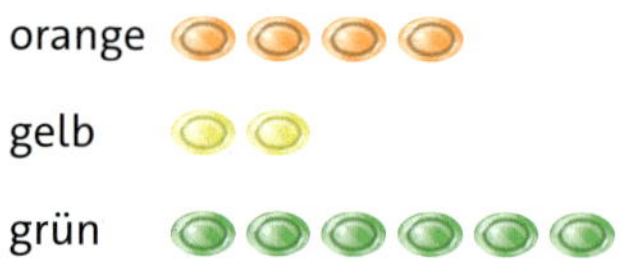

②
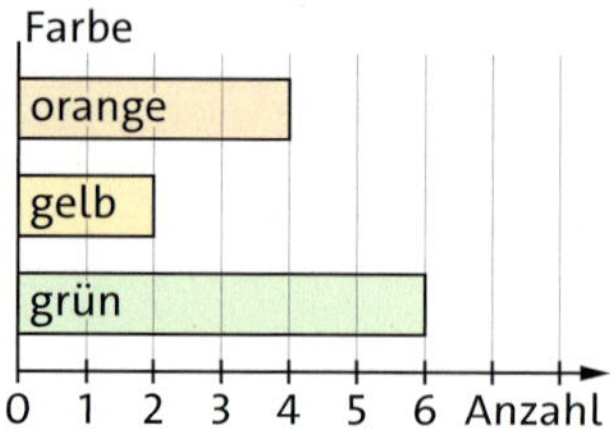

③
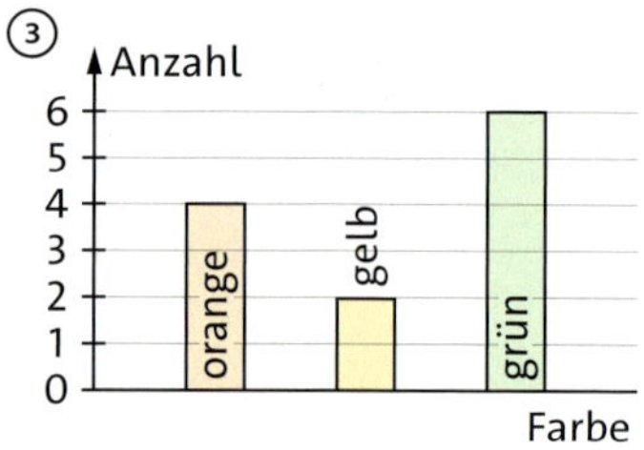

④
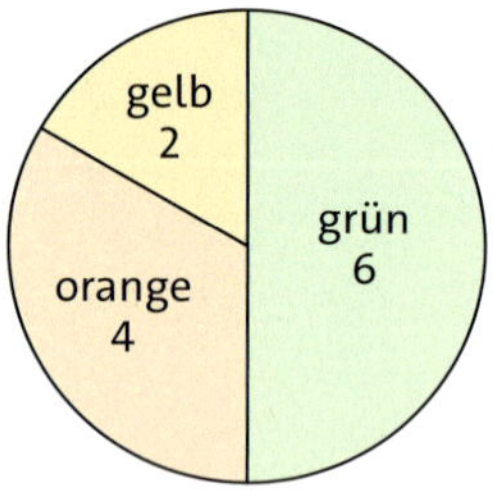

a) Beschreibt die Schaubilder.
Nennt Gemeinsamkeiten und Unterschiede.

b) Erklärt, wie man die Antworten abliest.
- Welche Farbe kommt am häufigsten vor?
- Wie viele gelbe Bonbons sind in der Tüte?
- Wie viele Bonbons sind insgesamt in der Tüte?

c) Erstellt eine Häufigkeitstabelle zu den Schaubildern.

VERSTEHEN

Wie viele Socken gibt es pro Farbe?

Farbe der Socken	Anzahl
orange	1
blau	5
grün	2

Vokabeln
→ *das Säulendiagramm*
→ *das Balkendiagramm*
→ *das Kreisdiagramm*
→ *das Figurendiagramm*

Merke Daten können übersichtlich in Schaubildern dargestellt werden.
Diese Schaubilder heißen **Diagramme**. Es gibt unterschiedliche Diagrammarten.

Beispiel 1 Säulendiagramm

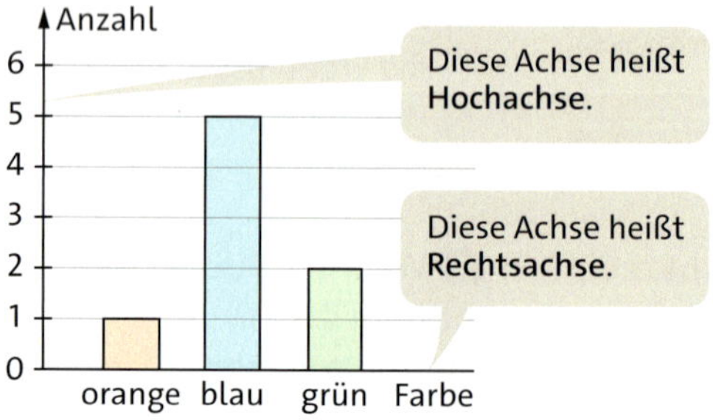

Beispiel 2 Balkendiagramm

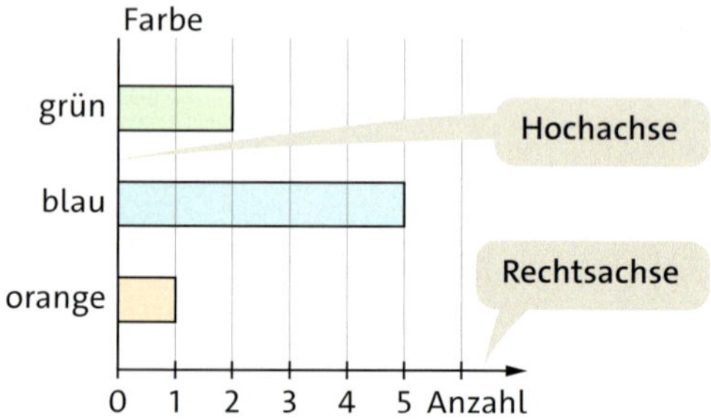

Beispiel 3 Kreisdiagramm

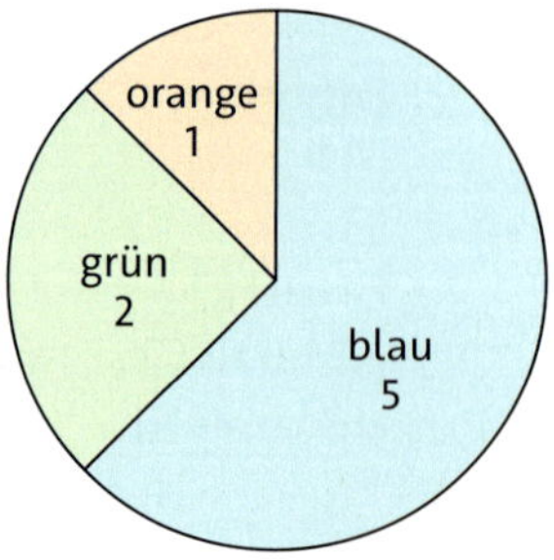

Beispiel 4 Figurendiagramm

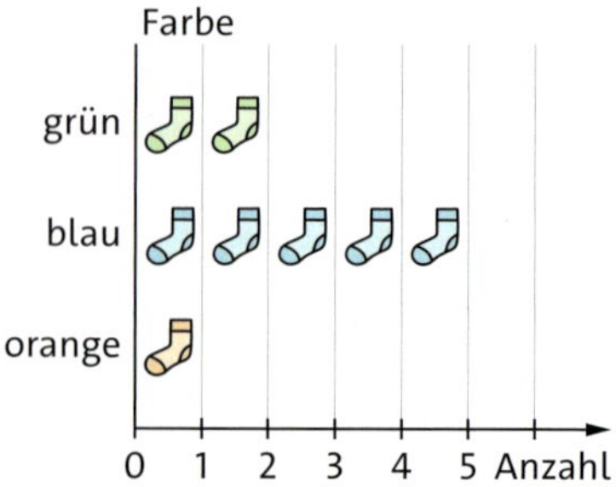

ANWENDEN

1 Farben der T-Shirts:

Beschreibe das Diagramm.

2 Lieblingsgetränke der Klasse 5 b:

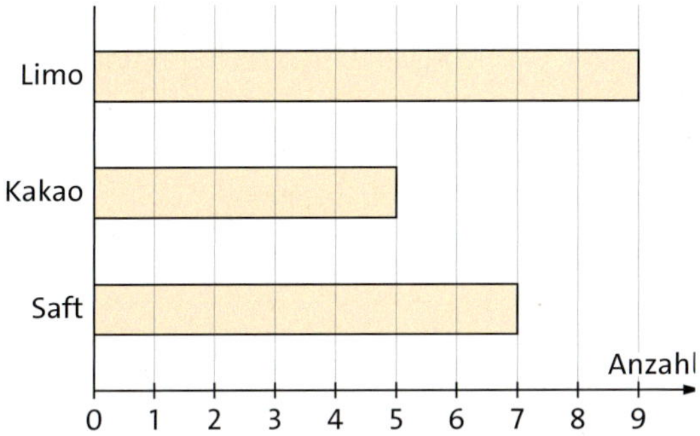

a) Wie viele Kinder trinken am liebsten Saft?
b) Wie häufig wurden die Getränke genannt?

Lieblingsgetränke	Anzahl
Limo	
Kakao	
Saft	

c) Wie viele Kinder sind in der Klasse?

3 Abstimmung zum Klassenausflug:

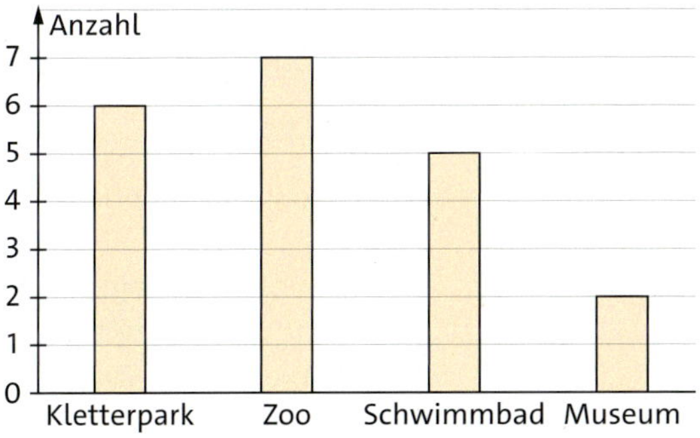

a) Übertrage und ergänze die Tabelle.

Klassenausflug	Anzahl
Kletterpark	

b) Begründe deine Antwort.
① Wohin fährt die Klasse?
② Wo möchte die Klasse nicht hinfahren?

1 Lieblingssüßigkeiten:

Beschreibe das Diagramm.

2 Lieblingssport der Klasse 5 c:

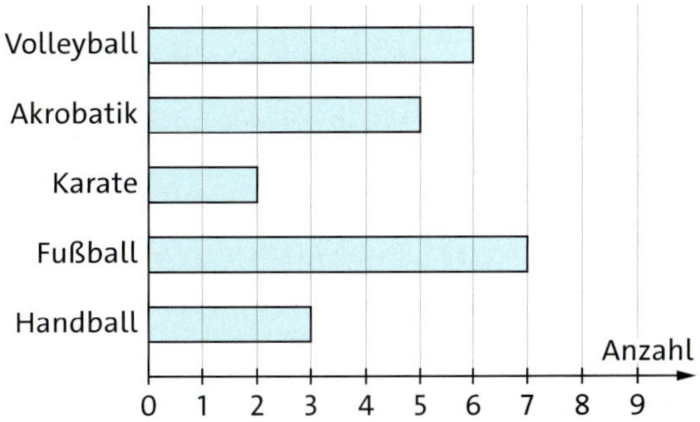

a) Welche Sportart ist am beliebtesten?
Welche Sportart ist am unbeliebtesten?
b) Wie viele Kinder haben Akrobatik als Lieblingssport genannt?
c) Welche Sportart wurde 3-mal genannt?
d) Welche Sportarten sind beliebter als Handball?
e) Wie viele Kinder sind in der Klasse?

3 Klassensprecherwahl:

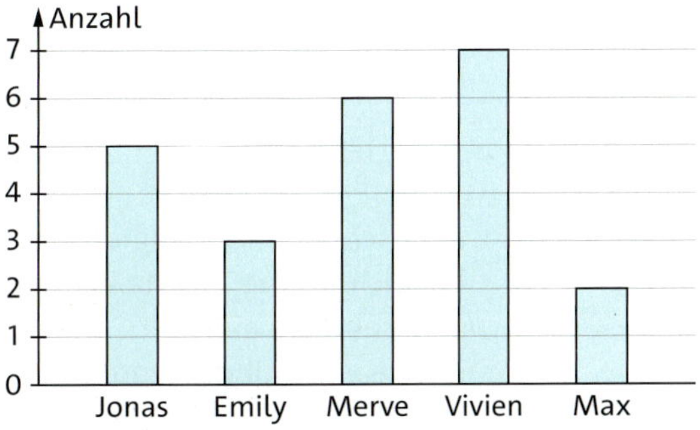

a) Übertrage und ergänze die Tabelle.

Name	Anzahl

b) Begründe deine Antwort.
① Wie viele Kinder haben gewählt?
② Wer wird Klassensprecher?
③ Wer wird Vertreter?

4 Lieblingsfilme:

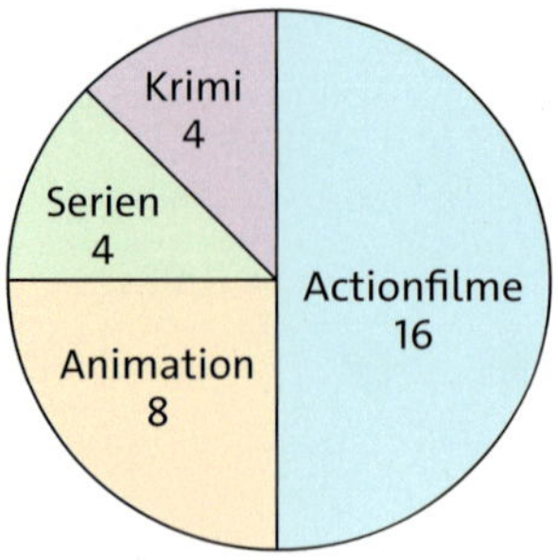

Wahr oder falsch?
Begründe.

a) Die meisten Kinder mögen Action-Filme.
b) Krimis sind beliebter als Animation.
c) Animationsfilme sind beliebter als Serien und Krimis zusammen.

4 Lieblingsmusik:

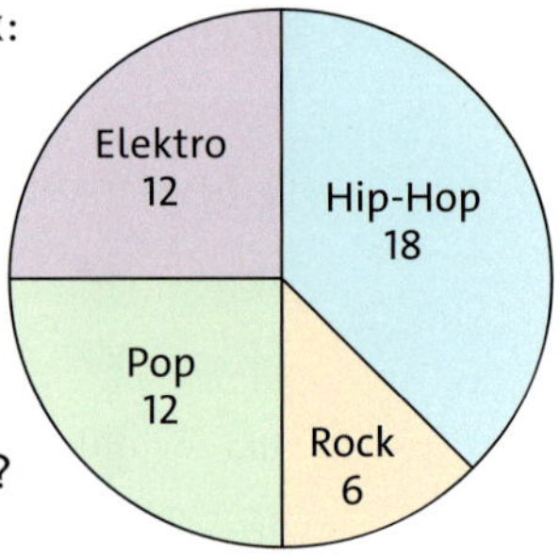

Wahr oder falsch?
Begründe.

a) Die meisten finden Hip-Hop am besten.
b) Pop ist beliebter als Elektro.
c) Die wenigsten hören Pop.
d) Die Hälfte hört am liebsten Rock oder Pop.

5 Welche Schuhgröße hast du?

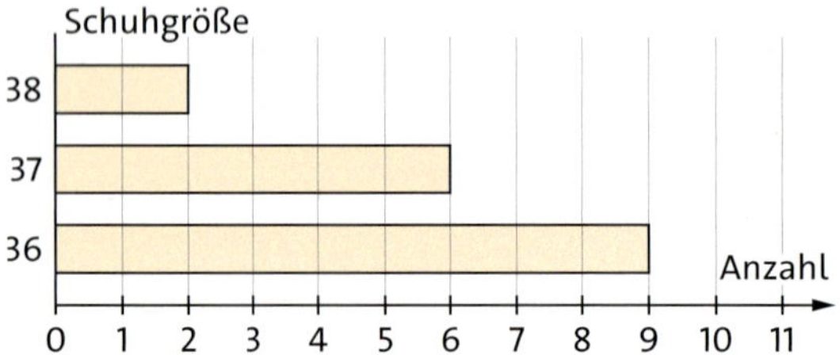

Lucy sagt:
„36 Kinder haben die Schuhgröße 9."
Was hat Lucy falsch gemacht?

5 Wie alt bist du?

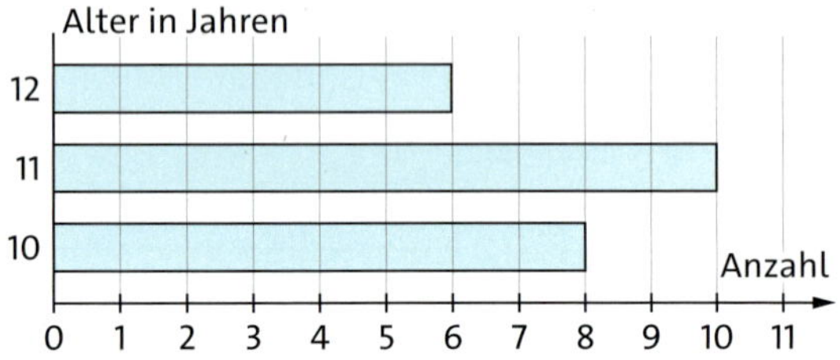

Thorsten sagt:
„10 Kinder sind 8 Jahre alt."
Was sagst du dazu?

6 So kommen die Kinder zur Schule:

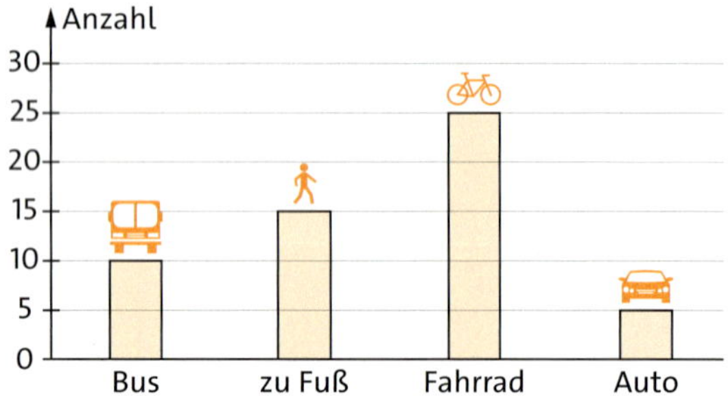

a) Beschreibe das Diagramm.
b) Zeichne eine Tabelle ins Heft und trage die Ergebnisse ein.
c) Wie viele Kinder wurden befragt?

6 Oliver hat Fahrzeuge gezählt.
Jede Figur steht für zehn gezählte Fahrzeuge.

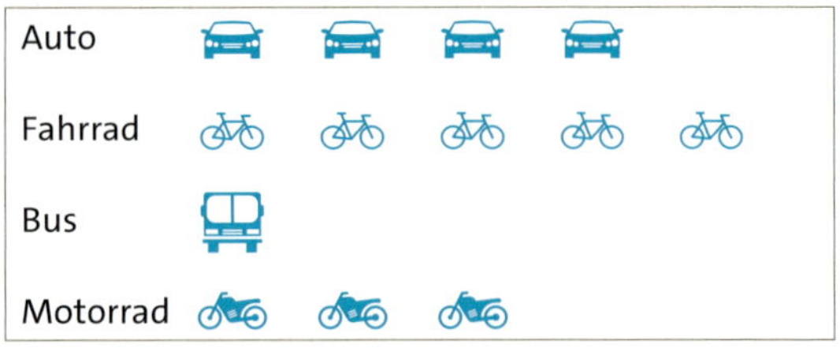

a) Wie viele verschiedene Fahrzeuge hat Oliver gezählt?
Wie viele sind es insgesamt?
b) Oliver hat noch 5 Lkws gezählt.
Wie kann er das im Diagramm zeichnen?

7 Beschreibt die Fehler in den Säulendiagrammen.

①
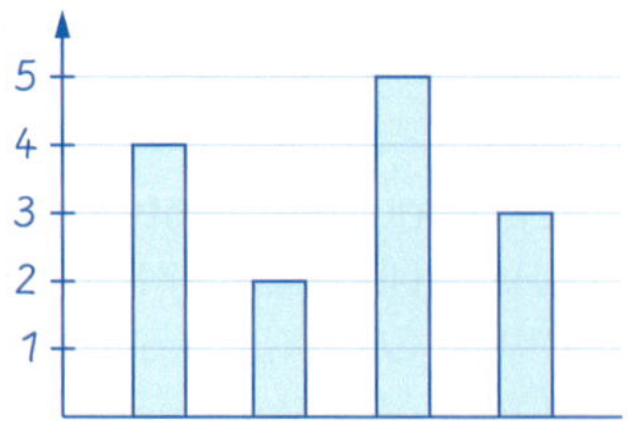

②
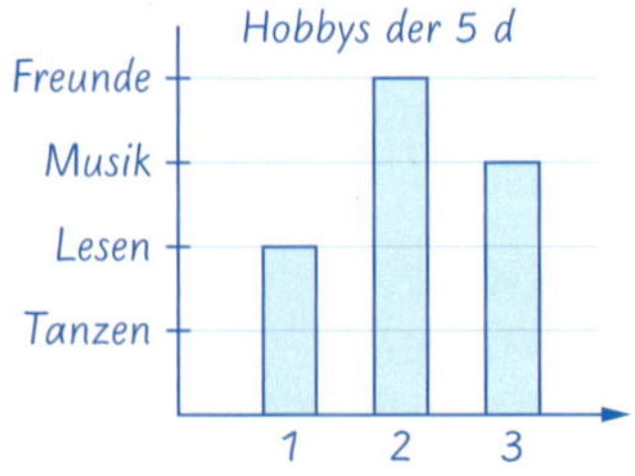

③
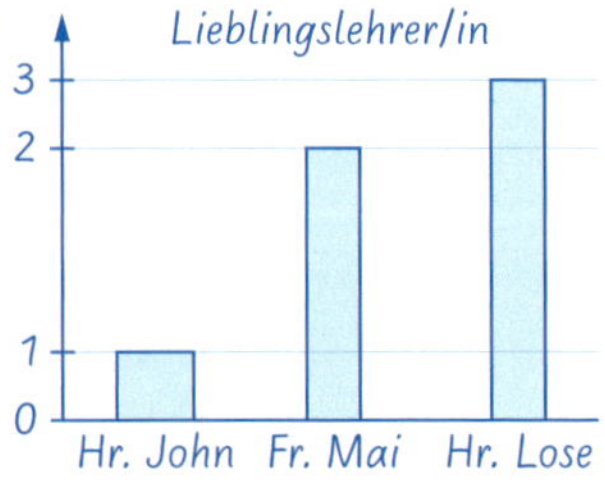

Diagramme zeichnen

ENTDECKEN

1 Alina macht jeden Tag Liegestütze:

Tag	Mo	Di	Mi	Do	Fr
Anzahl	3	6	1	8	4

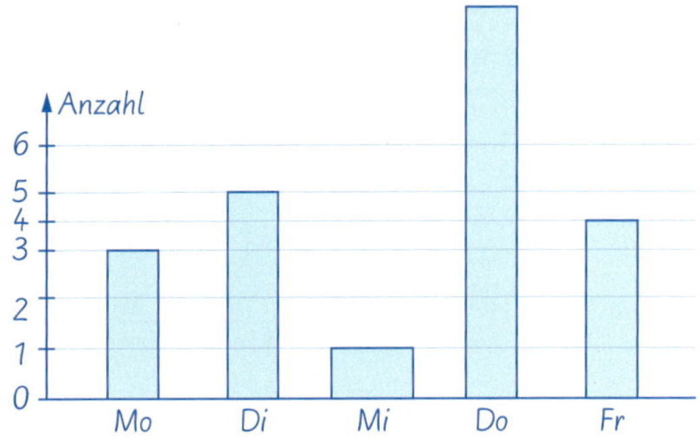

a) Alina hat dazu ein Säulendiagramm gezeichnet.
Dabei hat sie einige Fehler gemacht.
Beschreibe sie.
Vergleicht untereinander.

b) Zeichne das Säulendiagramm richtig in dein Heft.

c) Was muss man beim Zeichnen eines Diagramms beachten?

VERSTEHEN

Das Handball-Team stimmt ab, wer Teamkapitän wird.
Das Ergebnis möchte Julia in einem Diagramm darstellen.

Vokabeln
→ *die Rechtsachse*
→ *die Hochachse*
→ *die Beschriftung*
→ *die Werte*

Merke Beim **Zeichnen von Diagrammen** ist es wichtig, vorher die Länge der Achsen und die Beschriftung festzulegen. Dann können die Werte eingezeichnet werden.

Beispiel 1 Julia zeichnet ein Säulendiagramm.

Ergebnis der Abstimmung

Name	Mia	Lena	Nina	Alexa
Stimmen	3	2	6	5

Die Namen kommen an die Rechtsachse, die Zahlen an die Hochachse.

① **Achsen zeichnen**
Wie lang müssen Rechtsachse und Hochachse sein?
Teile die Hochachse in gleiche Abstände ein.

② **Beschriftung**
Beschrifte die Achsen.
Ergänze eine Überschrift.

③ **Werte einzeichnen**
Achte darauf, dass alle Säulen gleich breit sind und den gleichen Abstand zueinander haben.

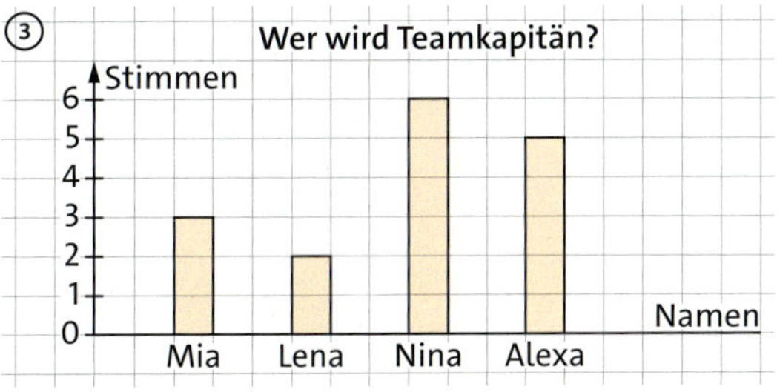

ANWENDEN

1 Zeichne als Säulendiagramm.

1 Zeichne als Säulendiagramm.

2 Was fehlt im Säulendiagramm?
Übertrage und ergänze im Heft.

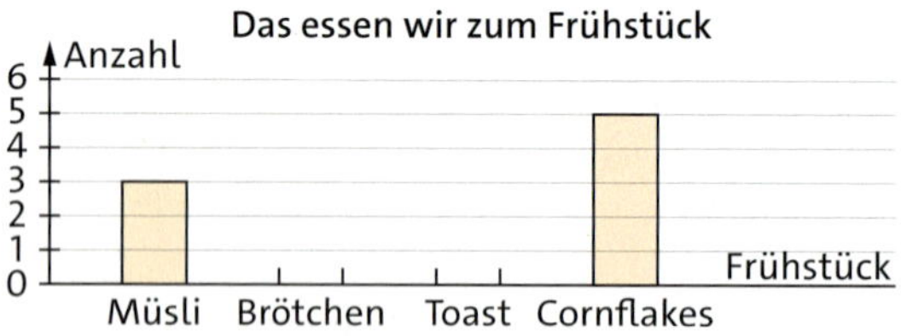

Müsli	Brötchen	Cornflakes	Toast
3	6	7	5

2 Zeichne zu der Tabelle ein Säulendiagramm.
Erkläre dein Vorgehen.

Was kaufen die Kinder in der Pause?

Ware	Brezeln	Äpfel	Brötchen
Anzahl	4	7	10

Tipp
Die Hochachse muss 10 Schritte hoch sein.
Auf die Rechtsachse müssen 3 Säulen passen.

3 Lieblingsfußballvereine:

Vereine	Schalke 04	Real Madrid	Hamburger SV	Bayern München	Borussia Dortmund	Manchester United
Anzahl	11	3	4	9	12	6

a) Zeichne dazu ein Säulendiagramm und ein Balkendiagramm.
b) Vergleicht die beiden Diagramme. Was müsst ihr beim Zeichnen anders machen?

4 Anmeldungen bei den Schul-AGs:

AGs	Chor	Hockey	Kunst	Garten
Anzahl	𝍸 |	𝍸 ||	𝍸 𝍸 |	||||

a) Wie viele Anmeldungen gab es jeweils bei den AGs?
b) Zeichne dazu ein Säulendiagramm.
c) Zeichne dazu ein Balkendiagramm.

4 Noten bei der Englischarbeit:

Note	1	2	3	4	5	6
Strichliste	|||				||	
Anzahl		4	8	6		1

a) Übertrage und ergänze die Tabelle im Heft.
b) Zeichne dazu ein Säulendiagramm.
c) Zeichne dazu ein Balkendiagramm.

5 Eine Tüte Luftballons enthält 2 blaue, 3 rote und 5 grüne Luftballons.
a) Trage die Häufigkeiten in eine Tabelle ein.
b) Zeichne dazu ein Diagramm deiner Wahl.

5 In einer Tüte sind verschiedene Arten von Bonbons: 8 mit Himbeere, 14 Apfel, 4 Erdbeere und 6 Zitrone.
Zeichne dazu ein Diagramm deiner Wahl.

6 Diese zusätzlichen Sprachen sprechen die Kinder an der Hermann-Hesse-Schule:

Sprache	türkisch	französisch	polnisch	russisch	arabisch
Anzahl	120	10	40	20	50

Zeichnet ein Diagramm dazu. Was müsst ihr dabei beachten?

Methode Diagramme mit dem Computer zeichnen

Diagramme können auch mit dem Computer gezeichnet werden.
Dafür gibt es verschiedene Programme zur **Tabellenkalkulation**.
Wie eine Tabellenkalkulation funktioniert, kannst du hier ausprobieren.

ANWENDEN

1 Daten in einer Tabellenkalkulation
Übertrage die Daten in eine Tabellenkalkulation.

	A	B	C
1	**Name**	**Geld in €**	
2	Hans	5	
3	Max	8	
4	Luisa	3	
5	Maike	7	

2 Ein Säulendiagramm einfügen
Markiere alle Daten in deiner Tabelle.
a) Erstelle ein Säulendiagramm.
b) Wie sieht das Säulendiagramm aus, wenn man nur einen Teil der Daten markiert, z. B. alles ohne die Überschrift in der 1. Zeile oder nur die Zahlen?

①

	A	B	C
1	**Schüler**	**Geld in €**	
2	Hans	5	
3	Max	8	
4	Luisa	3	
5	Maike	7	

②

③

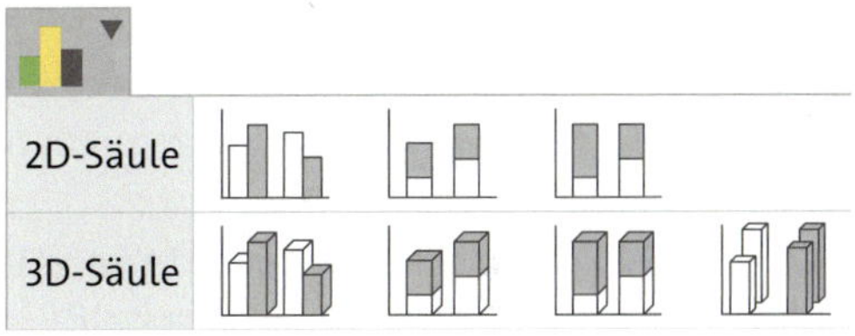

3 Daten verändern
Verändere deine Tabelle, z. B. andere Zahlen, andere Überschriften, Zahlen mit Einheiten, …
Beschreibe die Veränderung beim Diagramm.

4 Beschriftung
a) Wie kann man eine Überschrift einfügen oder verändern?
b) Wie kann man die Achsenbeschriftungen einfügen oder verändern?

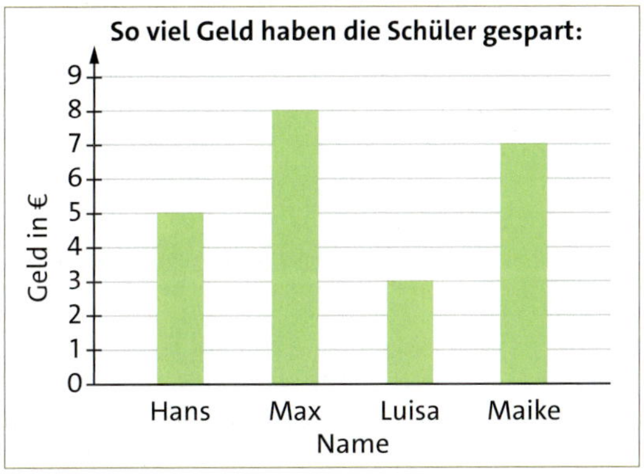

5 Diagramme bearbeiten
Es gibt viele Möglichkeiten, das Diagramm zu bearbeiten, z. B. die Farben der Säulen ändern, Hilfslinien einfügen, die Säulen beschriften.
Probiere es aus.
Vergleicht eure Ergebnisse.
Erklärt euch, wie ihr das gemacht habt.

6 Erstelle verschiedene Diagramme.
Vergleicht die Diagramme miteinander.

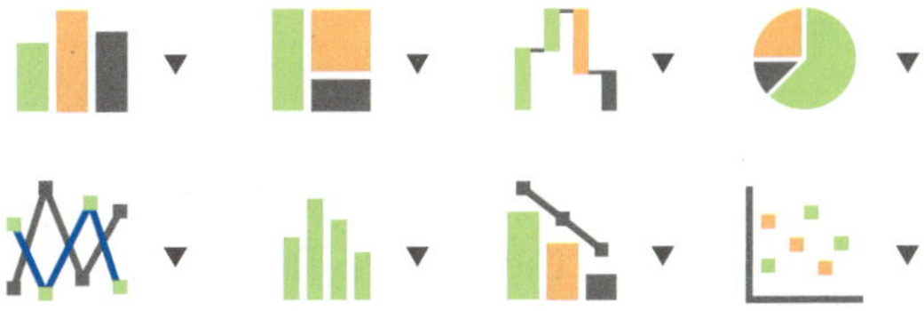

Daten vergleichen

ENTDECKEN

1 Elfmeter-Training:

a) Wer hat die meisten Tore geschossen?
b) Wer hat die wenigsten Tore geschossen?
c) Berechne den Unterschied zwischen den meisten und den wenigsten Toren.
d) Wie kannst du die Antworten am Säulendiagramm ablesen? Erkläre.

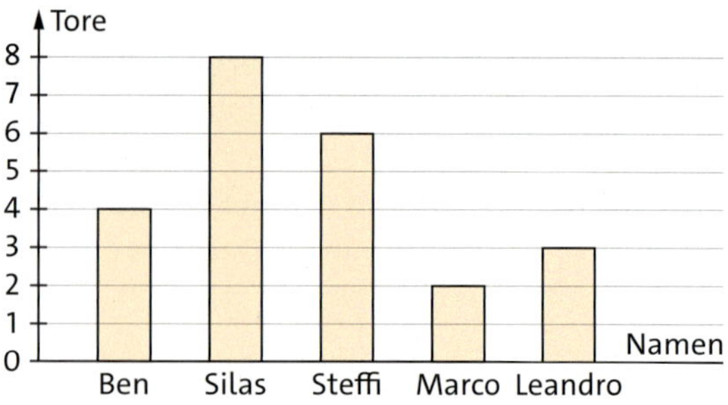

2 Verschiedene Sportarten

① 

am schnellsten

schneller als

langsamer als

am langsamsten

② 

③ ④ 

a) Schreibt mit den Wörtern Sätze zum Gepard und zur Schnecke.
b) Welche Wörter passen zu den anderen Bildern?
c) Sammelt weitere solche Wortpaare wie zum Beispiel „kleiner als“ – „am kleinsten“.

VERSTEHEN

Manchmal hat man viele Daten. Dies ist oft unübersichtlich.
Deswegen fragt man nach besonderen Werten.

Vokabeln
→ das Minimum
→ das Maximum
→ die Spannweite

Merke Kennwerte von Daten:
Der kleinste Wert heißt **Minimum**. Der größte Wert heißt **Maximum**.
Der Unterschied zwischen dem größten und dem kleinsten Wert heißt **Spannweite**:
Maximum – Minimum = Spannweite

Beispiel 1 Ergebnisse beim Dosenwerfen:

Name	Piedro	Mesut	Klara	Merve	Chris	Jana
Anzahl der Treffer	3	2	1	4	7	3

ungeordnete Datenreihe:
3 2 1 4 7 3

Dann ist das Ablesen einfacher.

geordnet: 1 2 3 3 4 7

Minimum (1) Maximum (7)

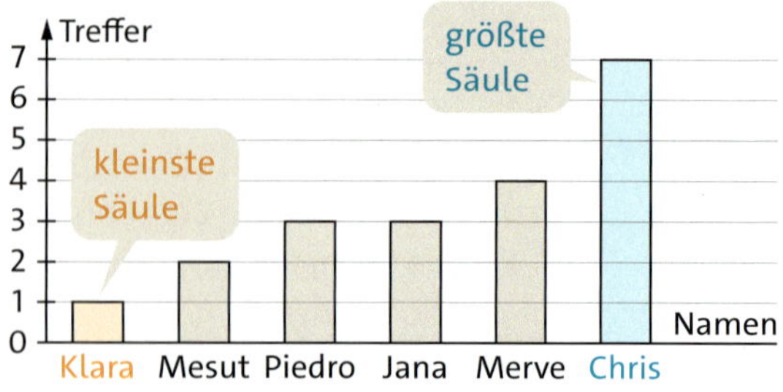

Das **Minimum** ist 1.
Das **Maximum** ist 7.
Die **Spannweite** ist 7 – 1 = 6.

Klara hat am wenigsten Dosen umgeworfen: 1 Dose.
Chris hat am meisten Dosen umgeworfen: 7 Dosen.
Chris hat 6 Dosen **mehr als** Klara umgeworfen.

ANWENDEN

Zum Weiterarbeiten
Schreibe eigene Sätze mit Minimum, Maximum und Spannweite.

1 Ergebnisse beim Bogenschießen:

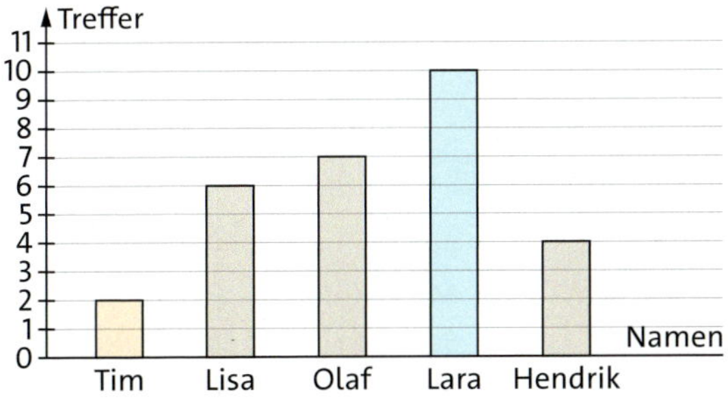

a) Lies Minimum und Maximum ab.
b) Berechne die Spannweite.

2 Anzahl der Treffer:
4; 5; 7; 8; 10; 11; 13; 17
a) Lies Minimum und Maximum ab.
b) Berechne die Spannweite.

3 Minimum oder Maximum?
Begründe deine Antwort.
a) Alex hat die **meisten** Stifte dabei.
b) Max ist der Älteste in der Klasse.
c) Mirja hat die **kleinsten** Füße.
d) Tobi ist am **weitesten** gesprungen.
e) Sina hat die **geringste** Zeit gebraucht.

4 Gib Maximum, Minimum, Spannweite an.

Name	Taschengeld
Erdal	9 €
Anton	5 €
Martin	11 €
Maria	15 €

1 Ergebnisse beim Kartenspiel:

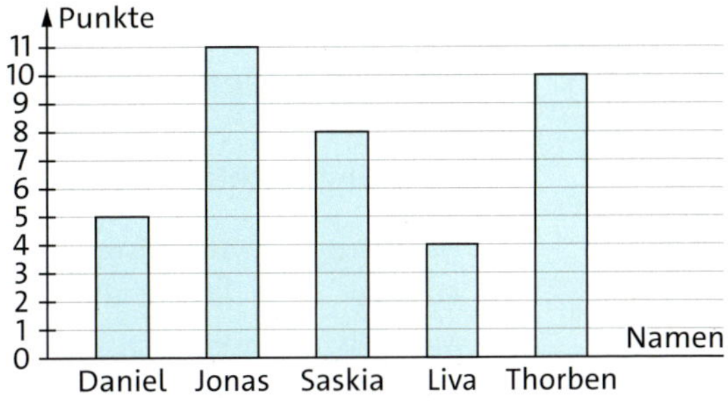

a) Lies Minimum und Maximum ab.
b) Berechne die Spannweite.

2 Anzahl der Punkte:
12; 6; 7; 19; 9; 24; 7; 12; 11; 11
Bestimme die Kennwerte.
Erkläre dein Vorgehen.

3 Minimum, Maximum oder Spannweite?
Begründe deine Antwort.
a) Ben hat am längsten telefoniert.
b) Ida war am schnellsten in der Pause.
c) Ayshas Schuhe sind die kleinsten.
d) Der Preisunterschied beträgt 6 €.
e) Die Ergebnisse lagen zwischen 1 und 4.

4 Gib Maximum, Minimum, Spannweite an.

Name	Dauer des Schulwegs
Sandra	20 min
Lara	25 min
Thomas	15 min
Hannes	50 min

5 Schreibe eigene Datenreihen zu den Kennwerten ins Heft.
Vergleicht eure Datenreihen. Was fällt euch auf?
a) Minimum: 7; Maximum: 25
b) Minimum: 45; Maximum 117
c) Maximum: 26; Spannweite: 12
d) Minimum: 26; Spannweite: 12

6 Schreibe einen Wetterbericht mit Minimum, Maximum und Spannweite.
a) In Berlin wird es 2 Grad wärmer. Ändern sich dadurch Minimum, Maximum und Spannweite? Begründe.
b) In welchen Städten muss sich die Temperatur ändern, sodass die Spannweite um 1 Grad abnimmt?

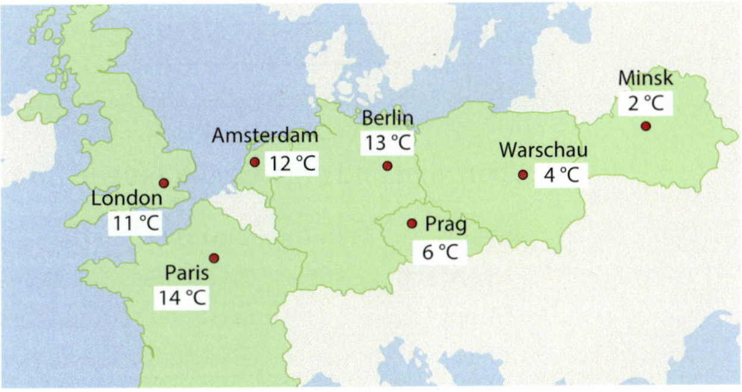

Klar soweit?

→ Seite 182

Daten in Listen

1 Lieblingsnachtisch der Klasse 5 b:

Nachtisch	Strichliste	Häufigkeit
Pudding	卌 卌 卌	
Milchreis	卌	
Joghurt	||||	
Obst	卌 ||	

a) Übertrage und ergänze die Tabelle im Heft.
b) Wie viele Kinder wurden befragt?

1 Lieblingspizza der Klassen 5 a und 5 b:

Pizza	Strichliste	Häufigkeit
Margherita	卌 卌 ||	
Schinken		16
Salami		9
Peperoni	卌 卌 卌 卌 ||	

a) Übertrage und ergänze die Tabelle im Heft.
b) Wie viele Kinder wurden befragt?

2 Was ist deine Lieblingsfarbe?
Antworten der 5 a:

Übertrage die Tabelle und ergänze sie.

Lieblingsfarbe	Strichliste	Häufigkeit
blau		
rot		
grün		
gelb		
	Summe:	

2 Welche Farbe hat dein Fahrrad?
Antworten der 5 c:

Abkürzungen:
b. blau **r.** rot
s. schwarz **g.** grau

r. b. g. b. r. b. b. r. b.
b. b. r. r. g. b. b. r. r.
s. s. g. r. g. s. g.

Übertrage die Tabelle und ergänze sie.

Farbe vom Rad	Strichliste	Häufigkeit
blau		
rot		
schwarz		
grau		
	Summe:	

→ Seite 184

Diagramme lesen

3 Wie viele Fische sind im Aquarium?

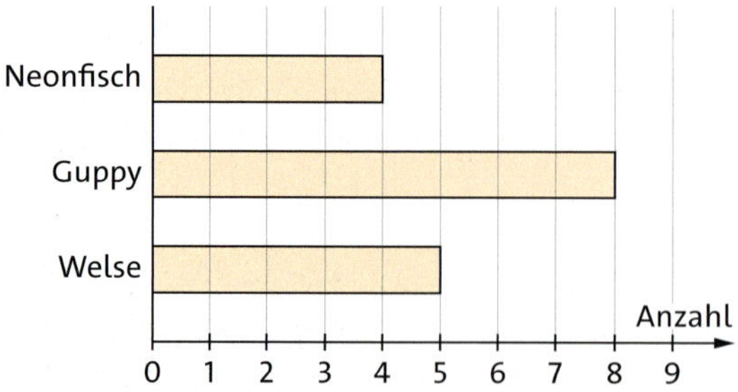

Übertrage und ergänze die Tabelle im Heft.

Fische	Anzahl
Neonfisch	
Guppy	
Wels	

3 Tiere im Streichelzoo:

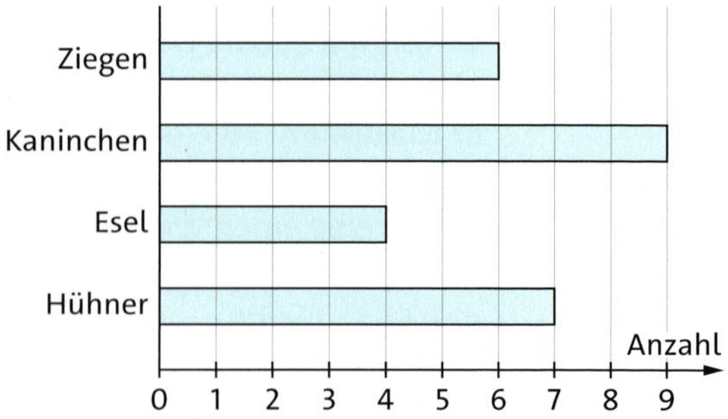

Übertrage und ergänze die Tabelle im Heft.

Tiere	Anzahl
Ziegen	
Kaninchen	

4 Was soll die Foto-AG fotografieren?

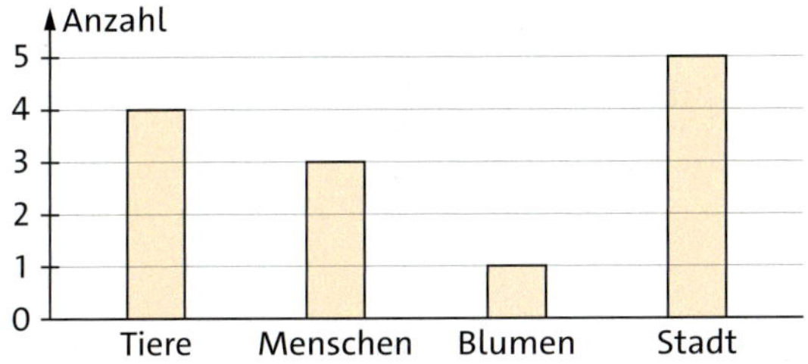

a) Welcher Vorschlag hat die meisten Stimmen bekommen?
b) Wie viele Kinder sind in der Foto-AG?

4 Nächster Auftritt der Tanz-AG:

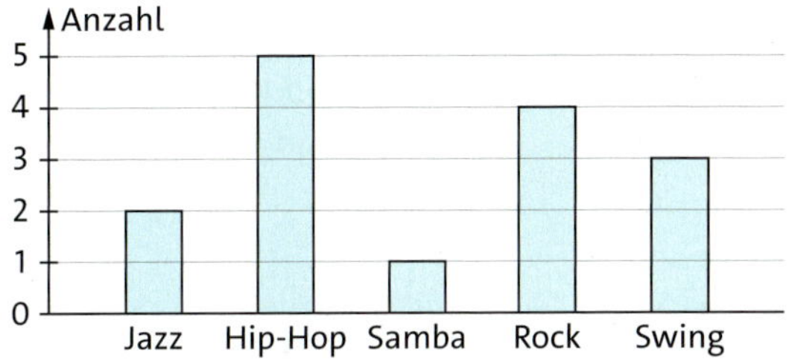

a) Mit welchem Tanz wird die Tanz-AG das nächste Mal auftreten?
b) Wie viele Kinder sind in der Tanz-AG?

→ Seite 187

Diagramme zeichnen

5 Ergänze das Balkendiagramm im Heft.

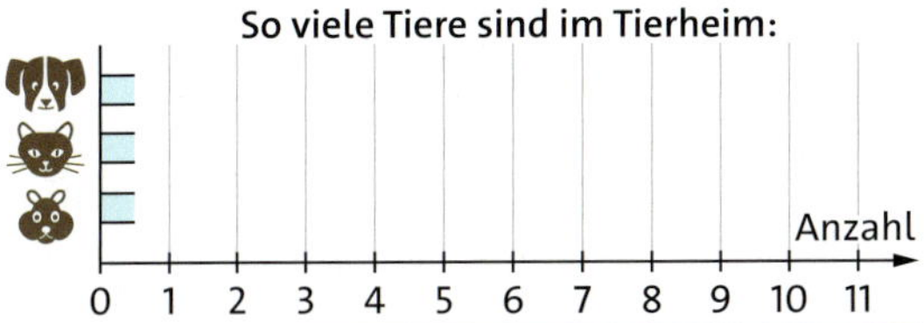

Hunde	Katzen	Hamster
3	5	10

5 Ergänze das Balkendiagramm im Heft.

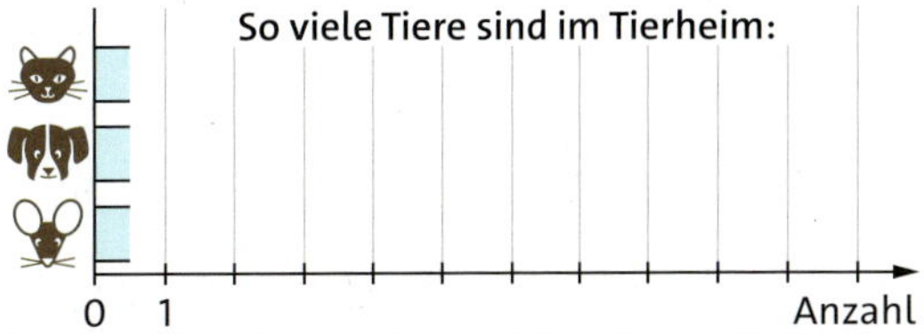

Katzen	Hunde	Mäuse
6	2	11

6 Anmeldungen beim Schwimm-Kurs:

	Januar	Februar	März	April
Anzahl	2	8	12	5

Zeichne dazu ein Säulendiagramm.

6 Anmeldungen beim Judo:

	Januar	Februar	März	April
Anzahl	7	13	18	9

Zeichne dazu ein Säulendiagramm.

→ Seite 190

Daten vergleichen

7 Traumberufe der Klasse 5 a:

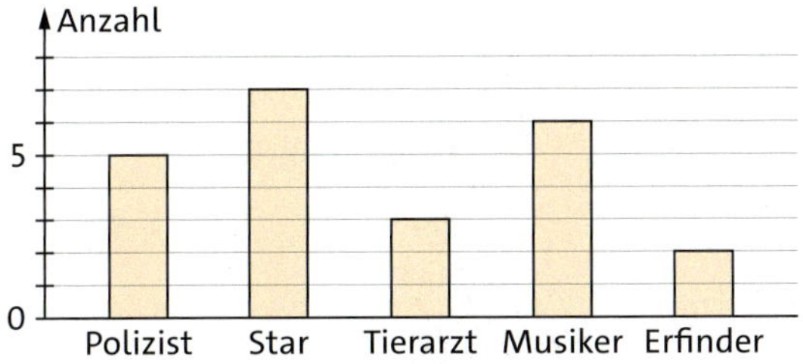

a) Lies das Minimum und das Maximum ab.
b) Berechne die Spannweite.

7 Traumberufe der Klasse 5 b:

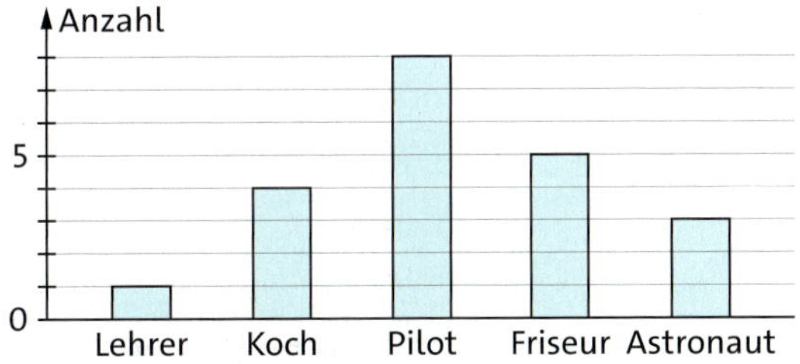

a) Lies das Maximum und das Minimum ab.
b) Berechne die Spannweite.

8 Anzahl der Kinder:
8; 11; 2; 22; 19; 7; 1; 6
a) Lies Minimum und Maximum ab.
b) Berechne die Spannweite.

8 Anzahl der Kinder:
5; 11; 21; 8; 13; 41; 6; 0; 1; 25
Bestimme die Kennwerte.
Erkläre dein Vorgehen.

→ Lösungen ab S. 231

Vermischte Übungen

Anwenden

1 Beschreibt die Fehler in den Diagrammen. Findet passende Überschriften.

a) 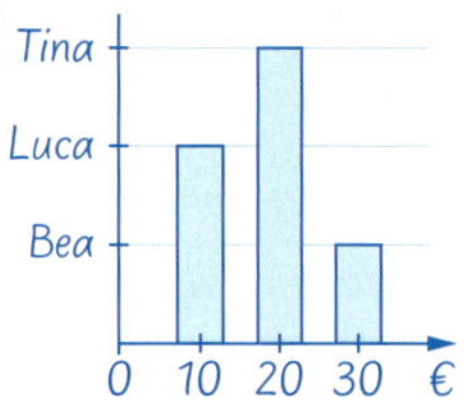

b) 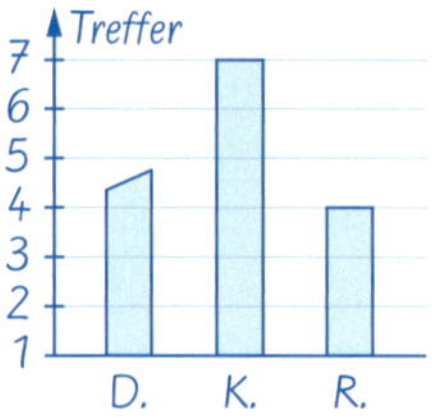

c) 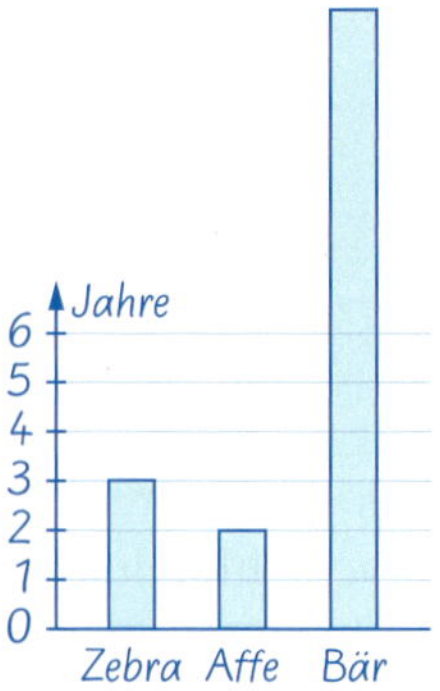

d) 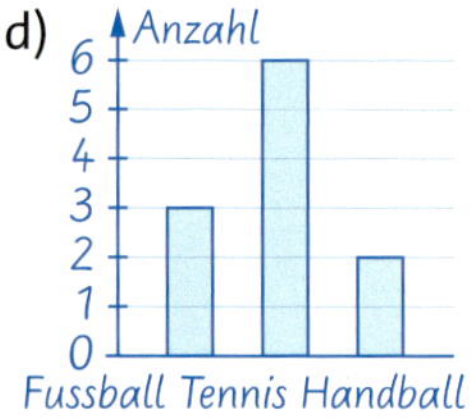

2 Zeichne ein Balkendiagramm.
Tipp Teile die Rechtsachse in 10er-Schritte ein.

	rot	grün	blau	gelb
Anzahl	60	40	70	10

2 Zeichne ein Balkendiagramm.
Tipp Achte auf die Beschriftung und die Einteilung an der Rechtsachse.

Route A	Route B	Route C	Route D
150 m	50 m	350 m	400 m

3 Altersverteilung in der Klasse 5 c:

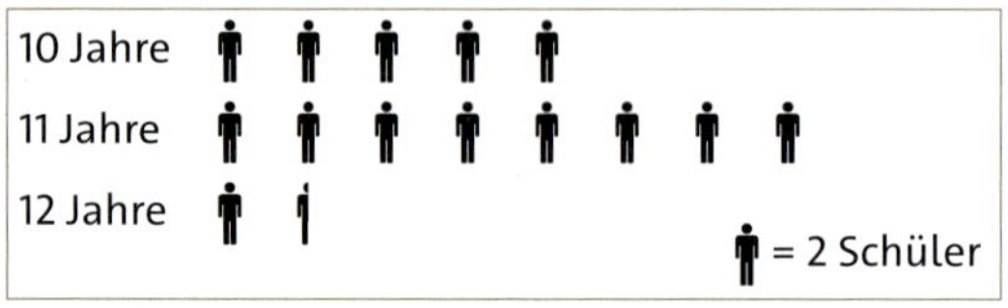

Bestimme Maximum, Minimum und Spannweite.
Tipp Was bedeuten die halben Figuren?

3 Altersverteilung im Schuljahrgang:

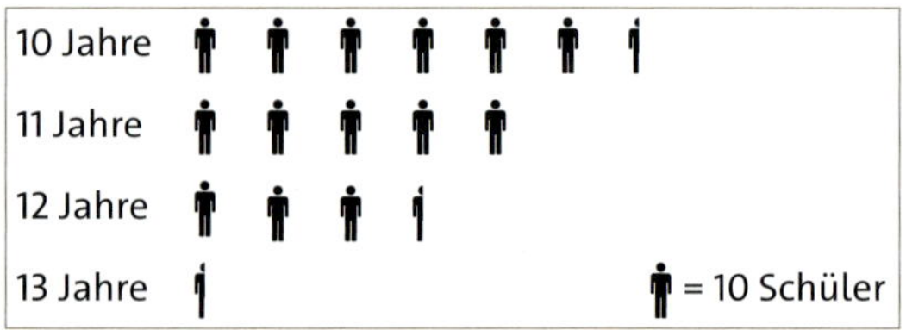

Bestimme Maximum, Minimum und Spannweite.

4 Beschreibe das Diagramm. Lies die Daten und die Kennwerte ab.
Tipp Man kann hier nur ungefähre Zahlen ablesen.

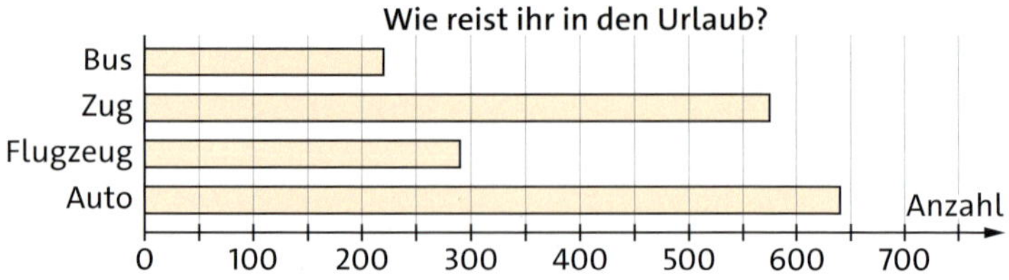

5 Runde auf Zehner und zeichne ein Säulendiagramm.

Gebäude	Höhe
Kirchturm	98 m
Hochhaus	161 m
Rathaus	84 m
Brücke	55 m

5 Runde die Daten sinnvoll und zeichne ein Säulendiagramm.

Städte	Einwohnerzahlen
Dublin	527 600
Stockholm	923 500
Riga	658 600
Athen	664 000

6 Schreibe eigene Datenreihen zu den Kennwerten ins Heft.
a) Minimum: 3 €; Maximum: 41 €
b) Maximum: 108 m; Spannweite: 99 m
c) Minimum: 93 cm; Spannweite: 503 cm

6 Schreibe eigene Datenreihen zu den Kennwerten ins Heft.
a) Maximum: 4 m; Minimum: 0 m
b) Minimum: 97 kg; Spannweite: 3048 kg
c) der Kleinste: 86 mm; der Größte: 10 cm

Hinweis
Zur Vereinfachung kann man mehrere Daten in einer Gruppe oder Klasse zusammenfassen. Das nennt man eine ***Klasseneinteilung.***

lle Daten von
) min bis 19 min,
:. B. 10 min

7 Ergebnis einer Umfrage:

Wie lange schaust du am Tag Fernsehen?

15 min	30 min	45 min	20 min
60 min	40 min	10 min	0 min
45 min	50 min	60 min	10 min
30 min	15 min	40 min	60 min

Übertrage die Tabelle und ergänze sie.
Tipp Die Zeiten sind in drei Klassen eingeteilt.

Zeit	Strichliste	Häufigkeit
unter 20 min		
20 min bis 40 min		
mehr als 40 min		

7 Ergebnis einer Umfrage:

Wie lange sitzt du am Tag vor dem Bildschirm?

20 min	35 min	60 min	120 min	40 min
30 min	45 min	45 min	60 min	40 min
0 min	60 min	40 min	20 min	35 min
50 min	45 min	45 min	90 min	1 h 20 min

a) Zeichne eine Häufigkeitstabelle. Teile in Klassen ein: unter 30 min; 30 bis 45 min; über 45 bis 60 min; mehr als 60 min
b) Erzieher empfehlen, dass Kinder nicht länger als 45 min täglich vor dem Bildschirm sitzen sollen. Wie viele Kinder sitzen zu lange vor dem Bildschirm?

8 Nilpferde im Zoo:

	Größe	Gewicht	Alter	Anzahl der Babys	Arztkosten (letztes Jahr)
Betty	3,50 m	3085 kg	21 Jahre	3	507 €
Gustav	4,80 m	3917 kg	35 Jahre	4	971 €
Zora	120 cm	980 kg	½ Jahr	–	1689 €
Knut	505 cm	3888 kg	8 Jahre	2	264 €

Schreibe zu den Daten Sätze mit Minimum, Maximum und Spannweite ins Heft.
Tipp Größe: ▬ ist das größte Nilpferd. (Maximum)
▬ ist das kleinste Nilpferd. (Minimum)
▬ ist ▬ cm größer als ▬. (Spannweite)

9 Abstimmung zum Klassenfest:

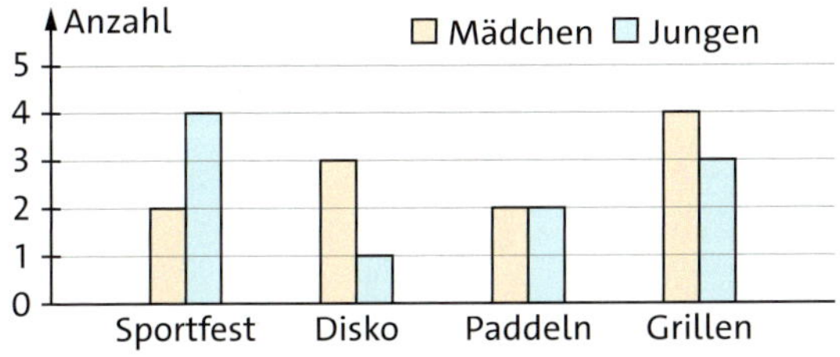

a) Was möchten die Mädchen am liebsten machen? Was die Jungen?
b) Wie viele Kinder haben abgestimmt?

9 Besuch im Naturkundemuseum:

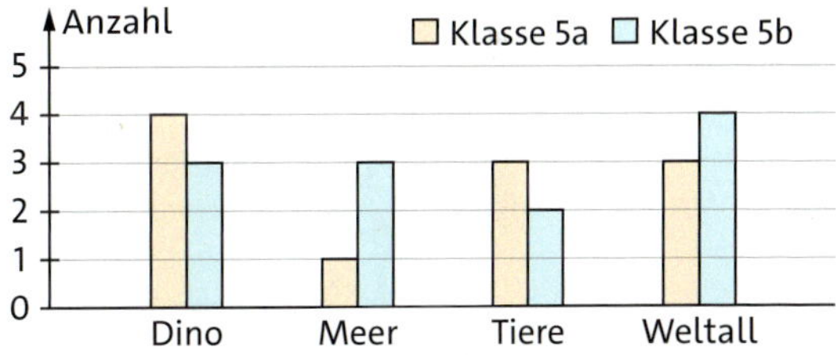

a) Bestimme das Maximum für die Klasse 5 a und 5 b. Schreibe dazu Sätze: „In der 5 a…"
b) Wie viele Kinder besuchen das Museum?

10 Wie viele Tanten haben die Kinder?

Anzahl der Tanten	0	1	2	3	4
Anzahl der Schüler	II	𝍸 II	𝍸 III	III	𝍸

Zeichne ein Säulendiagramm oder ein Balkendiagramm.
Tipp Welche Zahlen gehören an die Hochachse, welche an die Rechtsachse?

10 Wie viele Onkel haben die Kinder?

Anzahl der Onkel	5	3	0	2	6
Anzahl der Schüler	6	1	2	5	8

Zeichne ein Säulendiagramm oder ein Balkendiagramm.
Tipp Achte auf die Hochachse und die Rechtsachse.

Vertiefen

11 Es wurden 100 Leute befragt.
Wahr oder falsch? Begründe.
a) Die Hälfte entspannt beim Lesen.
b) 50 entspannen bei Musik.
c) Die meisten entspannen, wenn sie das Handy ausmachen.
d) Ein Viertel entspannt entweder bei Ruhe oder beim Lesen.
e) 30 entspannen ohne Handy.

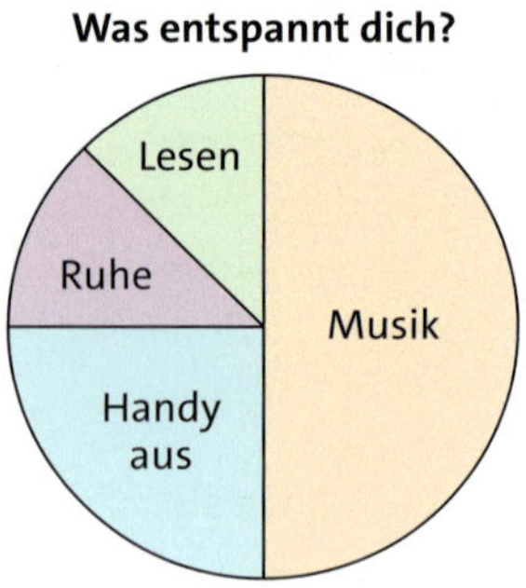

11 Es wurden 1000 Leute befragt.
Wahr oder falsch? Begründe.
a) Drei Viertel entspannt beim Lesen.
b) 500 entspannen bei Musik.
c) 200 entspannen, wenn sie das Handy ausmachen.
d) Die Hälfte entspannt entweder bei Ruhe oder beim Lesen.
e) Ein Achtel entspannt beim Lesen.

12 Irina beobachtet die Straße und hat insgesamt 100 Fahrzeuge gezählt.

a) Erklärt euch das Diagramm.
b) Wie viele Autos, Fahrräder und Lkws hat Irina gezählt? Miss dazu die Längen.
c) Wie viele Autos wären es bei 1000 Fahrzeugen?

12 Jenny beobachtet die Straße und hat insgesamt 100 Fahrzeuge gezählt.
a) Erklärt euch das Diagramm.
b) Wie viele Autos, Fahrräder und Lkws hat Jenny gezählt? Begründet eure Antwort.
c) Wie viele wären es jeweils bei 1000 Fahrzeugen?

13 Zeichne ein Streifendiagramm.
Tipp Zeichne deinen Streifen 10 cm breit.

Autos	Lkws	Sonstiges	insgesamt
5	2	3	

13 Zeichne ein Streifendiagramm.
Tipp Zeichne deinen Streifen 10 cm breit.

Autos	Lkws	Sonstiges
50	25	25

14 Wer hat recht? Begründe deine Antwort.

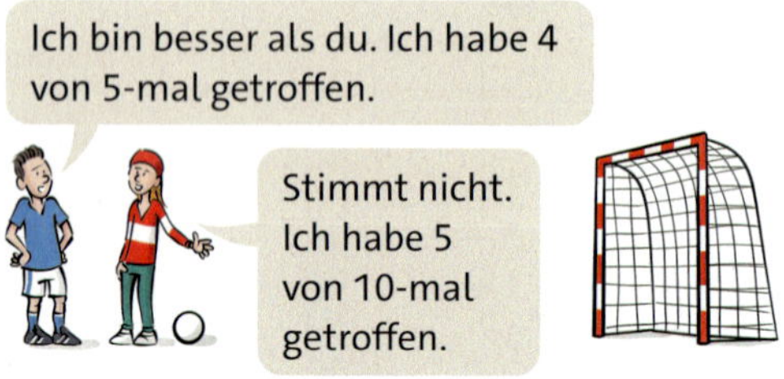

14 Wer hat recht? Begründe deine Antwort.

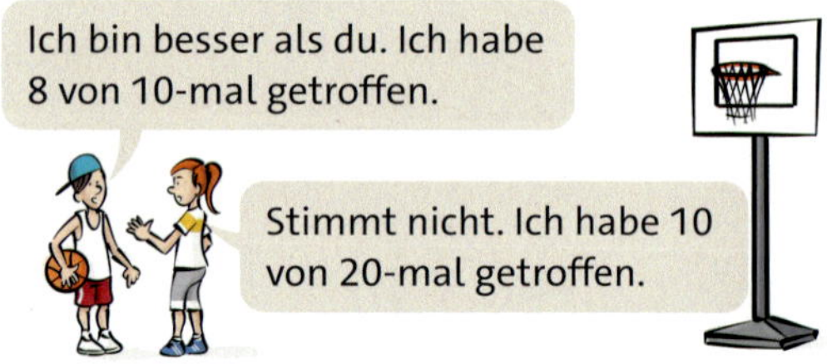

15 Im Internet steht:
Ein Glas Apfelsaft enthält fast genauso viel Gramm Zucker wie ein Glas Energy-Drink.

①
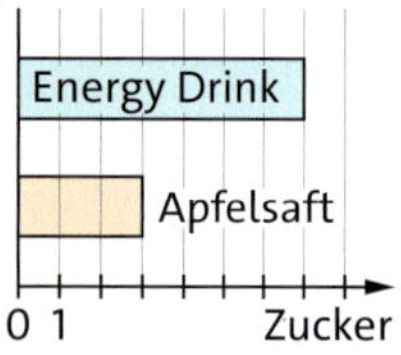

②
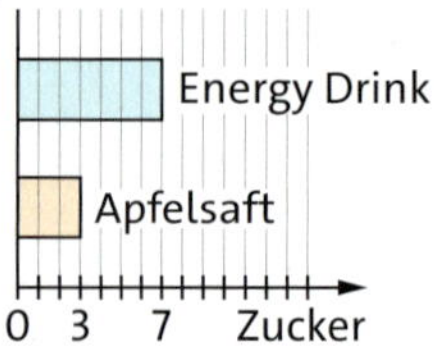

a) Stimmt die Aussage im Internet? Begründe.
b) Wie ist der Unterschied zwischen den beiden Diagrammen entstanden?

15 Im Internet steht:
Kinder essen Gemüse genauso gerne wie Pommes.

①
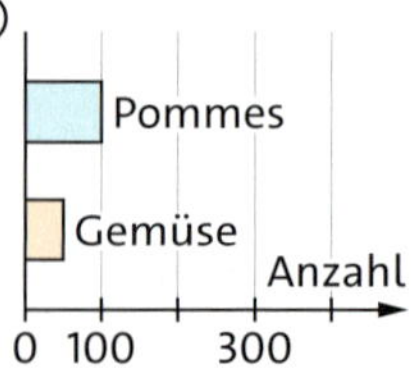

②
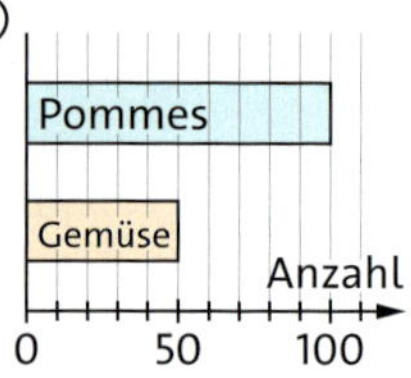

a) Stimmt die Aussage im Internet? Begründe.
b) Wie ist der Unterschied zwischen den beiden Diagrammen entstanden?

Weiterdenken

Eine Umfrage durchführen in 6 Schritten

① ein Thema aussuchen
② einen Fragebogen entwerfen
③ Leute befragen/Umfrage planen
④ Häufigkeitstabelle erstellen
⑤ Diagramm zeichnen
⑥ Daten auswerten und vergleichen

16 Welche Themen eignen sich als Umfrage? Begründet eure Antwort.

17 Was sagt ihr zum Fragebogen von Lara? Verbessert den Fragebogen.
Tipp Es gibt Fragen zum Ankreuzen und zum Eintragen.

Lieblingsstar im Internet
① Wie oft schaust du dir Videos von deinem Lieblingsstar an?
❏ einmal pro Woche ❏ einmal im Jahr
② Du magst doch auch Bibi am liebsten, oder? ____________________

18 Lukas hat 3 Fragebögen zurückbekommen. Alle haben „Puppen“ angekreuzt. Er sagt: „Das Lieblingsspielzeug von 10-Jährigen ist die Puppe.“
a) Was sagt ihr dazu?
b) Wie viele Leute hättet ihr gefragt?
c) Wen hättet ihr gefragt? Wo hättet ihr die Umfrage durchgeführt?

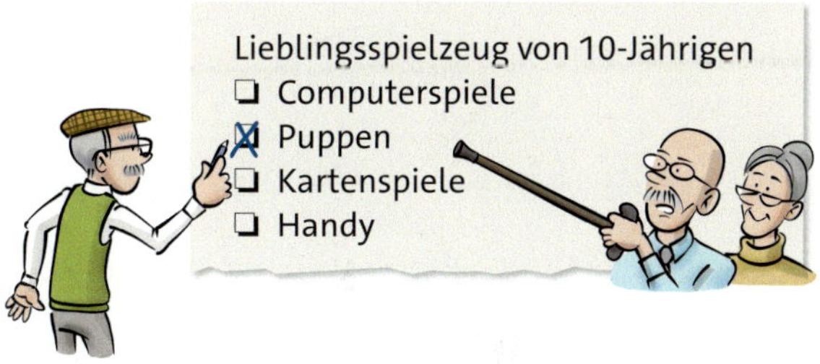

19 Sammelt die Antworten zu den Lieblingstieren in einer Häufigkeitstabelle.

Lieblingstiere:
Hund, Katze, Hamster, Fisch, Vogel, Hund, Hase, Katze, Hamster, Delfin, Katze, Fisch, Hamster, Hund, Hase, Pferd, Hamster, Hamster, Pferd, Affe, Meerschweinchen, Tiger, Katze, Hase, Katze, Affe, Delfin, Hamster, Meerschweinchen

20 Zeichnet ein Diagramm. Welche Diagrammart passt am besten zu der Umfrage?

Zum Weiterarbeiten
Schreibe eigene Sätze mit Minimum, Maximum und Spannweite.

21 Richtig oder falsch? Begründet eure Antwort.
a) Die meisten Mädchen chatten im Internet.
b) Bei den Videos sind es 8 Jungen mehr als Mädchen.
c) Es wurden weniger Mädchen gefragt.
d) Es haben 45 Kinder bei der Umfrage mitgemacht.
e) Alle Kinder spielen nur noch im Internet.

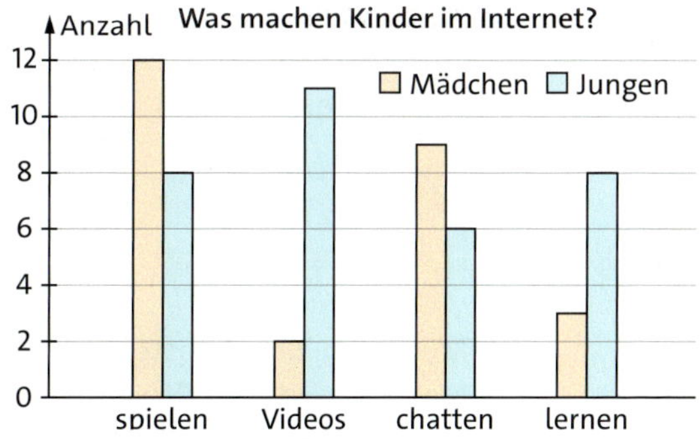

22 Überlegt euch ein Thema für eine Umfrage. Führt eine Umfrage dazu durch. Wertet eure Umfrage aus. Ihr könnt eine Tabellenkalkulation benutzen.

Zusammenfassung

→ Seite 182

Daten in Listen

Eine **Strichliste** hilft beim Auszählen der Daten.
In einer **Häufigkeitstabelle** zählt man die Anzahl der Striche und trägt die **Häufigkeit** ein.

Lieblingstier	Strichliste	Häufigkeit
Katze	𝍸 ||||	9
Hund	𝍸 |	6
Hamster	|||	3
	Summe:	**18**

→ Seite 184

Diagramme lesen

Daten können übersichtlich in **Diagrammen** dargestellt werden.

Es gibt unterschiedliche Diagrammarten.

Säulendiagramm:

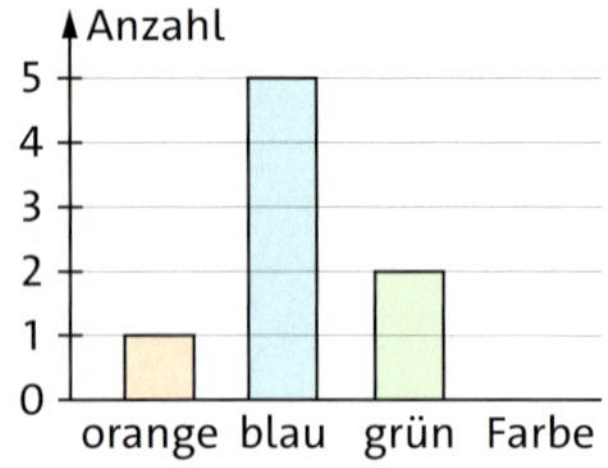

Kreisdiagramm:

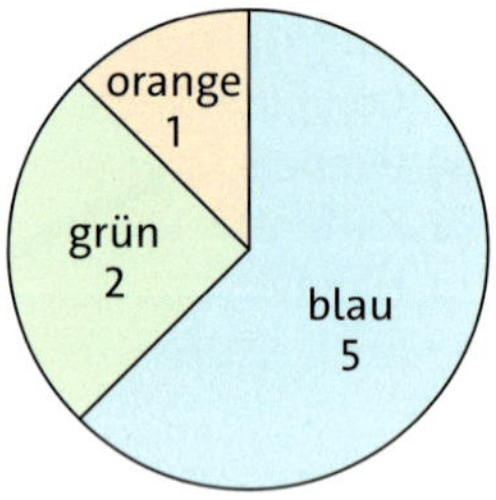

Figurendiagramm:

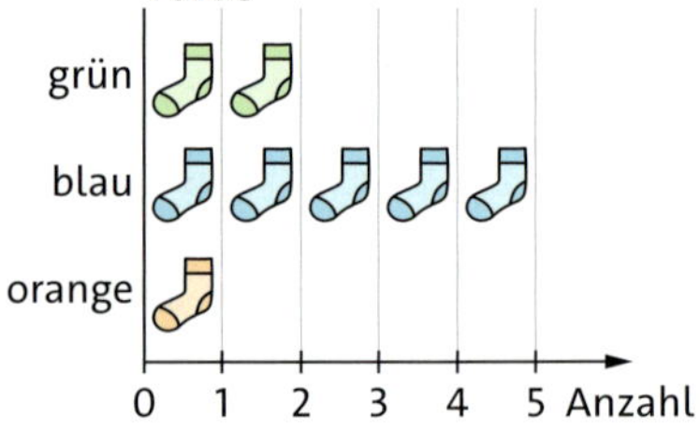

Balkendiagramm:

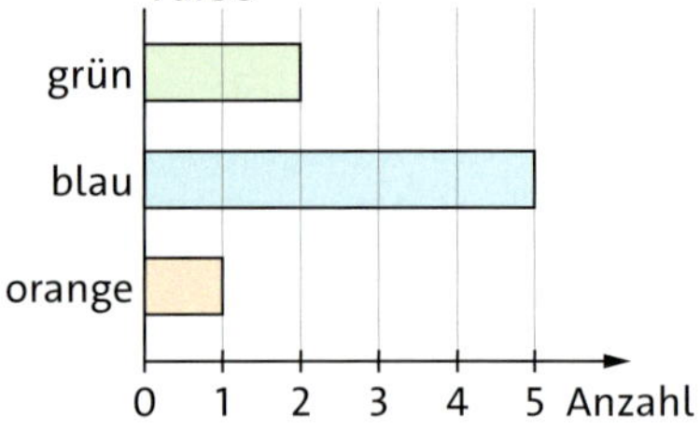

→ Seite 187

Diagramme zeichnen

① Achsen zeichnen
Wie lang müssen Rechtsachse und Hochachse sein?
Teile die Hochachse in gleiche Abstände ein.

② Achsen beschriften und Überschrift ergänzen

③ Werte einzeichnen

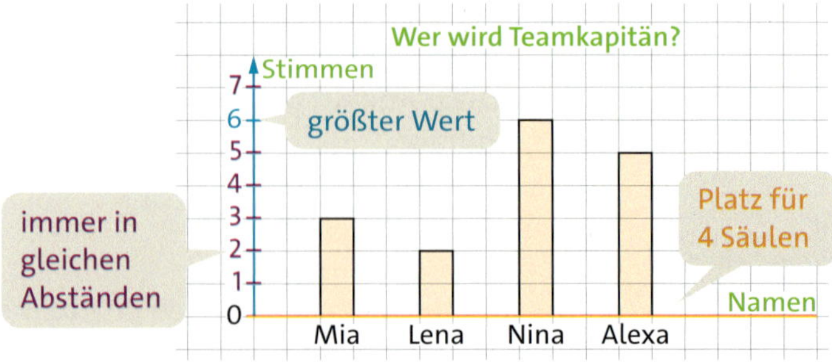

→ Seite 190

Daten vergleichen

Minimum: der kleinste Wert
Maximum: der größte Wert
Spannweite = Maximum – Minimum

geordnete Datenreihe: 1 2 3 3 4 7

↑ **Minimum** (1) ↑ **Maximum** (7)

Spannweite: 7 – 1 = 6

Teste dich!

1 Ergebnis einer Umfrage:

Lieblingsspiele	Strichliste	Häufigkeit
Kartenspiele	𝍸 ||	
Brettspiele		12
Computerspiele	𝍸 𝍸 |	
Puzzles		7

a) Übertrage und ergänze die Tabelle im Heft.
b) Wie viele Kinder wurden befragt?

1 Lieblingsmärchen:

Rapunzel, Froschkönig, Frau Holle, Sterntaler, Froschkönig, Rapunzel, Rapunzel, Froschkönig, Rapunzel, Froschkönig, Rapunzel, Froschkönig, Froschkönig, Rapunzel, Froschkönig, Sterntaler

a) Übertrage und ergänze die Tabelle im Heft.

Märchen	Strichliste	Häufigkeit

b) Wie viele Kinder wurden befragt?

2 Im Streichelzoo

① Körperlänge:

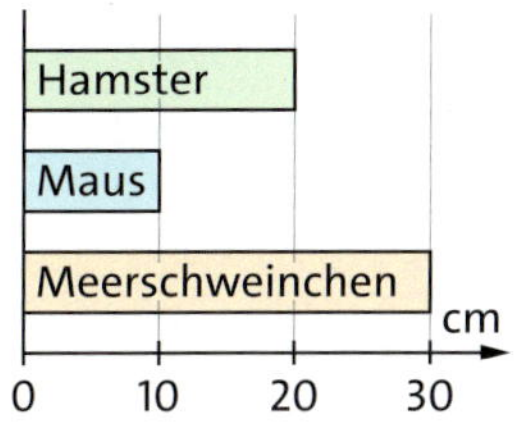

② Gewicht:

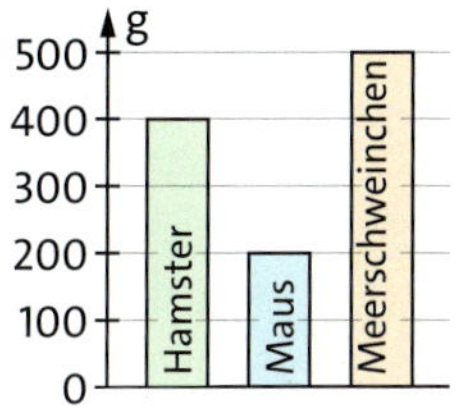

③ Anzahl der Babys:

Ein Zeichen steht für 3 Babys.

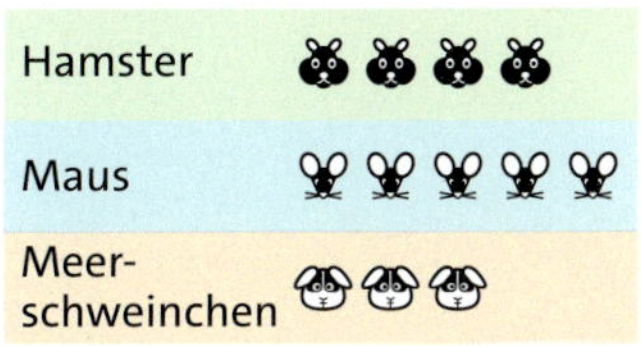

④ Anzahl der Tiere:

insgesamt 20 Tiere

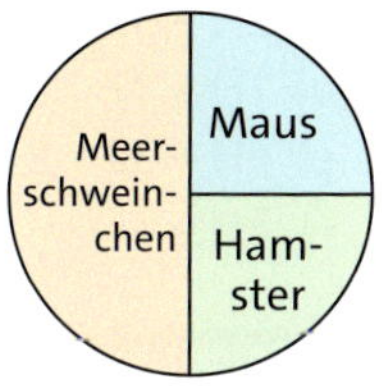

a) Beschreibe die Diagramme: Welche Art von Diagramm ist das und worum geht es?
b) Welche Informationen bekommt man über den Hamster?

3 Eine Tüte Bonbons:

 6 grüne
 10 rote
 4 gelbe
 9 blaue

Zeichne dazu ein Säulendiagramm ins Heft.

3 Frau Kühler hat eingekauft:

 6 Orangen
 10 Äpfel
 3 Ananas
 9 Bananen

Zeichne dazu ein Säulendiagramm ins Heft.

4 Punkte beim Kartenspielen:
20; 30; 60; 55; 40; 10; 80; 65; 25
a) Lies Minimum und Maximum ab.
b) Berechne die Spannweite.

4 Anzahl der Schläge beim Minigolf:
24; 60; 36; 44; 22; 48; 38; 0; 22; 5; 19
Bestimme die Kennwerte Minimum, Maximum und die Spannweite.

5 Beantwortet die Fragen.
a) Welches Tier wird am ältesten?
b) Welches Tier lebt am kürzesten?
c) Welches Tier wird 5 Jahre älter als der Hai?
d) Welche Tiere werden älter als 35 Jahre?
e) Eine Mücke wird ungefähr 6 Wochen alt. Kann man das in das Diagramm einzeichnen? Begründe deine Antwort.
f) Petra addiert alle Daten. Ist das sinnvoll?

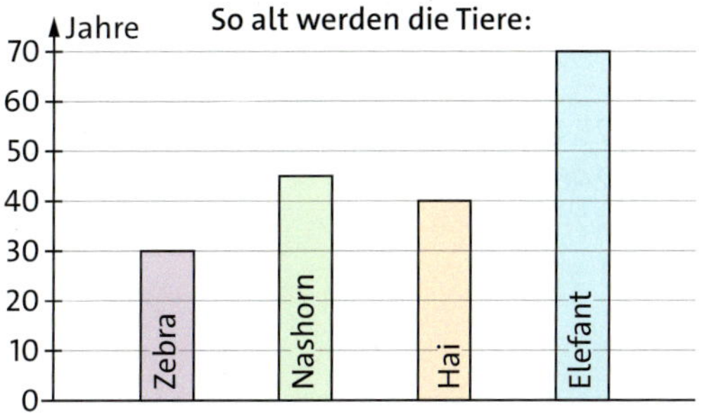

→ Lösungen ab S. 233

→ Lösungen ab S. 234

Natürliche Zahlen Noch fit?

Seite 7

1 blau > orange

1 orange < blau

2 Für 312 nimmt man 3 Hunderter, 1 Zehner und 2 Einer.

3 a) 444
b) 404
c) 440

3 a) 232
b) 413
c) 655
d) 302

4 a) b) c)

4 a) b) c)

5 a) 1Z + 4E
b) 2Z + 4E
c) 2H + 3Z + 5E
d) 1H + 1Z
e) 4H + 3Z + 3E
f) 5H + 5E

5 a) 34 = 3 Z + 4 E
b) 66 = 6 Z + 6 E
c) 234 = 2 H + 3 Z + 4 E
d) 705 = 7 H + 0 H + 5 E = 7 H + 5 E
e) 1367 = 1 T + 3 H + 6 Z + 7 E
f) 2489 = 2 T + 4 H + 8 Z + 9 E

6 a) Die **blaue Schnecke** ist am weitesten gekommen.
b) Die **grüne Schnecke** ist bei 2.
c) Die **orange Schnecke** ist zwischen 1 und 2.

Natürliche Zahlen Klar soweit?

Seite 20/21

1 a) A = 1; B = 4; C = 9
b) A = 30; B = 60; C = 110

1 a) A = 20; B = 60; C = 110
b) A = 2; B = 14; C = 18

2

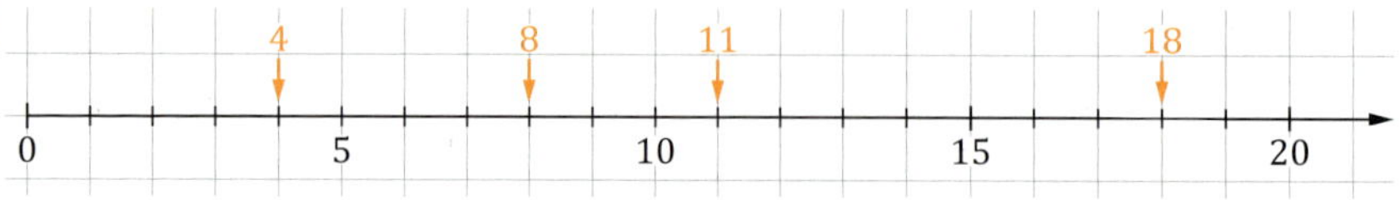

2

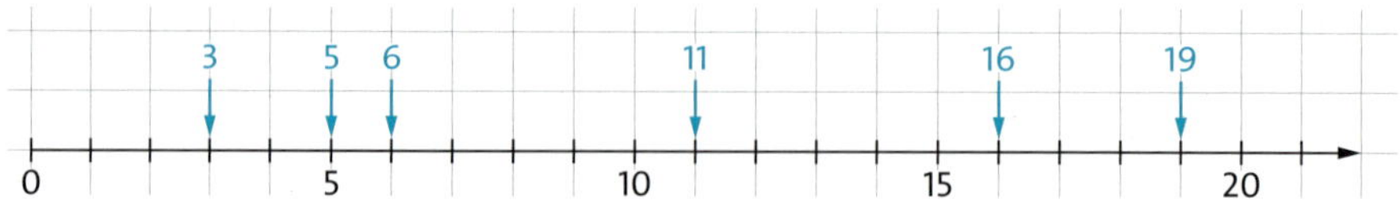

3 a) 25 > 17
b) 246 < 264
c) 875 > 785
d) 1 576 > 1 575

3 a) 34 < 51 < 86 < 99
b) 55 < 500 < 505 < 5005
c) 1476 < 1746 < 4617 < 7641 < 70 004

4 a) 5 676
fünftausendsechshundertsechsundsiebzig
b) 880 990
achthundertachtzigtausendneunhundertneunzig
c) 3 744 133
drei Millionen
siebenhundertvierundvierzigtausendeinhun-dertdreiunddreißig

5

	M	HT	ZT	T	H	Z	E
a)				9	3	6	5
b)			1	6	3	0	6
c)		8	4	3	0	7	0
d)	6	5	0	3	7	6	5

6 a) 7 531 b) 45 901
c) 680 301 d) 1 230 000

7 a) 6 Nullen b) 7 Nullen
c) 3 Nullen

8 a) 138 ≈ 140; 138 ≈ 100
b) 782 ≈ 780; 782 ≈ 800
c) 5 398 ≈ 5 400; 5 398 ≈ 5 400
d) 7 520 ≈ 7 520; 7 520 ≈ 7 500
e) 38 472 ≈ 38 470; 38 472 ≈ 38 500
f) 145 719 ≈ 145 720; 145 719 ≈ 145 700

9 a) 0; 1; 2; 3; 4
b) 0; 1; 2; 3; 4
c) 5; 6; 7; 8; 9
d) 5; 6; 7; 8; 9

10 a) 4441; 4398
b) 4441; 4398; 4432
c) 4441; 4487; 4398; 4432; 4451; 4344

11 etwa 50 Radiergummis

12 z.B.: 4 Felder mit ungefähr 20 Stangen Spargel:
4 · 20 = 80 Es sind ungefähr 80 Stangen Spargel.

4 a) 23 705 dreiundzwanzigtausend-siebenhundertundfünf
b) 1 003 313 eine Million
dreitausenddreihundertunddreizehn
c) 5 500 505 fünf Millionen
fünfhunderttausendfünfhundertundfünf

5

	M	HT	ZT	T	H	Z	E
a)			4	2	8	7	6
b)		7	0	6	5	4	8
c)		9	0	0	3	4	7
d)	5	0	0	4	0	5	0

6 a) 63 784 b) 8 503 400
c) 6 060 688 d) 9 000 773

7 a) 5 Nullen; 2 500 000 b) 7 Nullen; 60 000 000
c) 2 Nullen; 303 012

8

	auf Zehner	auf Hunderter	auf Tausender
a)	≈ 7360	≈ 7400	≈ 7000
b)	≈ 51 850	≈ 51 800	≈ 52 000
c)	≈ 181 780	≈ 181 800	≈ 182 000
d)	≈ 947 250	≈ 947 300	≈ 947 000
e)	≈ 2 701 940	≈ 2 701 900	≈ 2 702 000
f)	≈ 1 309 830	≈ 1 309 800	≈ 1 310 000

9 a) 258; 268; 278; 288; 298
b) 8 754; 8 764; 8 774; 8 784; 8 794
c) 7 350; 7 351; 7 352; 7 353; 7 354
d) 30 921

10 alle Zahlen … a) von 275 bis 284
b) von 6250 bis 6349 c) von 78 500 bis 79 499
d) von 495 000 bis 504 999
e) von 44 500 000 bis 45 499 999

11 z. B. 12 Felder mit ungefähr 6 Anspitzern:
12 · 6 = 72 Es sind ungefähr 72 Anspitzer.

12 z. B.: 4 Felder mit ungefähr 10 Äpfeln:
4 · 10 = 40 Es sind ungefähr 40 Äpfel.

Natürliche Zahlen Teste dich!

Seite 27

1 a) A = 20; B = 60; C = 110
b) A = 200; B = 350; C = 550

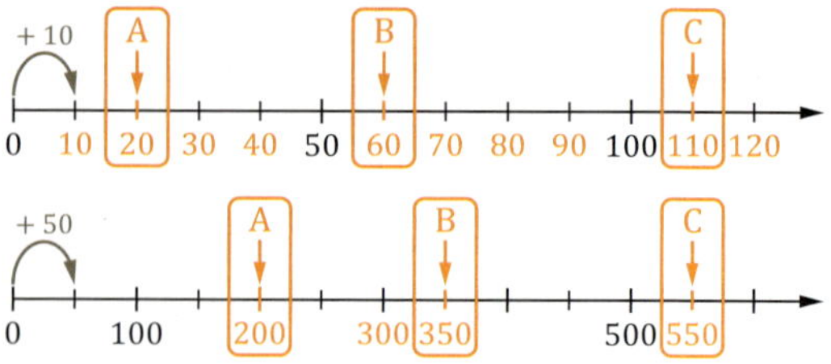

Vorgänger	Nachfolger
19	21
59	61
109	111
199	201
349	351
549	551

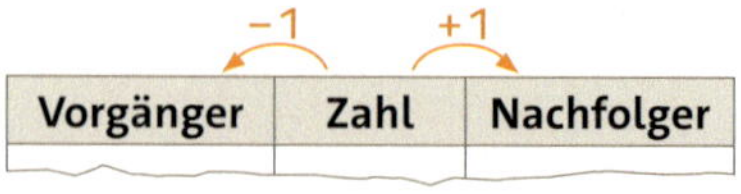

c) siehe a) und b)

2 a) 340 < 351
b) 1284 > 1028

Vergleiche die Stellenwerte von links nach rechts.

3

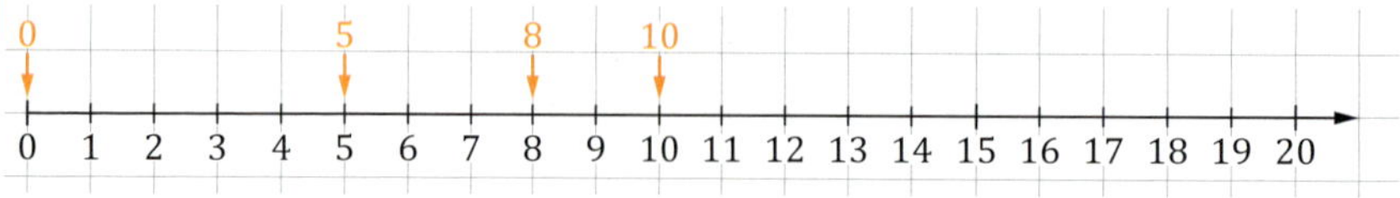

4

	ZM	M	HT	ZT	T	H	Z	E
a) 314						3	1	4
b) 18 100				1	8	1	0	0
c) 14 000 000	1	4	0	0	0	0	0	0

Fehlende Stellen werden mit Null ergänzt.

5 z. B. Es sind ungefähr 120 Schirme.

z. B.: 10 Felder mit ungefähr 12 Schirmen: 10 · 12 = 120

Genauer wird das Ergebnis so:

7 Felder mit ungefähr 12 **kleinen** Schirmen: 7 · 12 = 84
1 Feld mit ungefähr 2 **großen** und 4 **kleinen** Schirmen: 6
2 Felder mit einem **halben großen** Schirm: 1
und mit 8 **kleinen** Schirmen: 16

Das sind zusammen ungefähr 107 Schirme.

6 a) 21 ≈ 20; 98 ≈ 100; 343 ≈ 340
b) 348 ≈ 300; 759 ≈ 800; 893 ≈ 900
c) 7 239 ≈ 7 000; 4 971 ≈ 5 000; 9 209 ≈ 9 000

Die Rundungsstelle ist jeweils unterstrichen.

7 a) Anne hat auf Hunderter gerundet:

950 ≈ 1000 1215 ≈ 1200

1018 ≈ 1000 982 ≈ 1000

Deswegen sehen die Berge Wasserkuppe, Auersberg und Großer Beerberg im Schaubild gleich hoch aus.

b) z. B. auf Zehner:

Wasserkuppe: 950 ≈ 950 Fichtelberg: 1215 ≈ 1220

Auersberg: 1019 ≈ 1020 Großer Beerberg: 982 ≈ 980

a) **Hilfsfragen:**

① Auf Welche Stelle hat Anne gerundet?

② Hat Anne richtig gerundet?

③ Warum sieht man die unterschiedlichen Höhen im Schaubild nicht?

b) Wenn man auf Zehner rundet, sieht man, dass die Berge unterschiedlich hoch sind.

Natürliche Zahlen **Teste dich!**

Seite 27

1 a) A = 20; B = 120; C = 180

b) D = 500; E = 1250; F = 2750

c)

	Vorgänger	Zahl	Nachfolger
A	19	20	21
B	119	120	121
C	179	180	181
D	499	500	501
E	1249	1250	1251
F	2749	2750	2751

a)

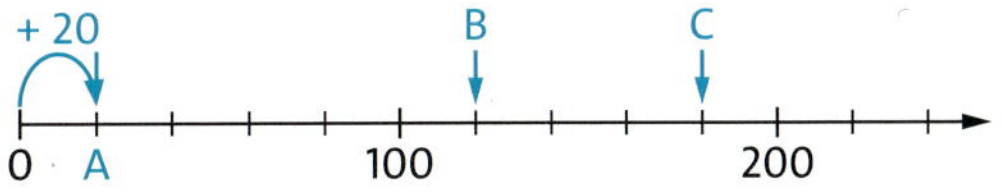

b)

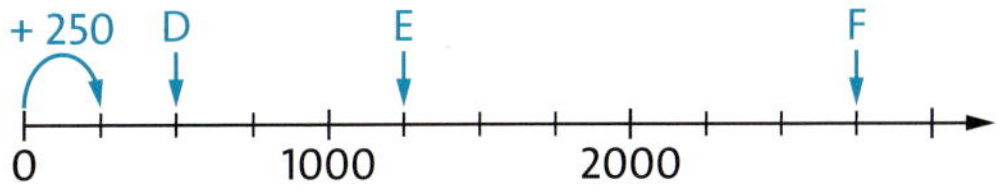

c) −1 +1

Vorgänger	Zahl	Nachfolger

2 a) 379 < 397 < 793 < 937

kleinste Zahl → Zahlen werden größer → größte Zahl

b) 2570 < 2571 < 2751 < 2754

kleinste Zahl → Zahlen werden größer → größte Zahl

a) 397 793 937 379

b) 2570 2751

2571 2754

Vergleiche die Zahlen stellenweise.
Beginne links bei der **größten Stelle**: erst Tausender, dann Hunderter, Zehner und dann Einer.

3

a)

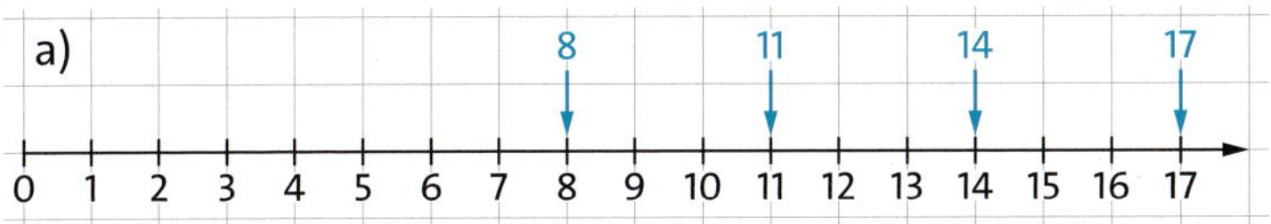

b)

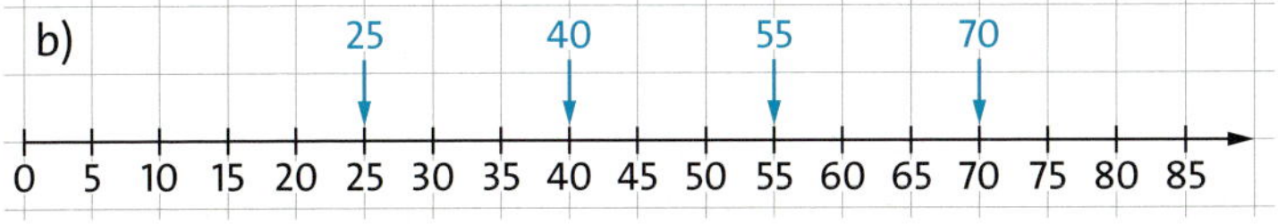

a) 1 Kästchen ist 1 Schritt.

b) 2 Kästchen sind 10 Schritte.

4

	M	HT	ZT	T	H	Z	E		
a)				4	3	1	0	4310	vier**tausend**|dreihundertzehn
b)		2	0	8	0	0	4	208 004	zwei**hundert**acht**tausend**|vier
c)	6	0	0	8	0	0	7	6 008 007	sechs **Millionen** | acht**tausend**|sieben

5 z. B.: Es sind ungefähr 120 Schirme.

z. B.: 10 Felder mit ungefähr 12 Schirmen: $10 \cdot 12 = 120$

Genauer wird das Ergebnis so:

7 Felder mit ungefähr 12 **kleinen** Schirmen:	$7 \cdot 12 = 84$
1 Feld mit ungefähr 2 **großen** und 4 **kleinen** Schirmen:	6
2 Felder mit einem **halben großen** Schirm:	1
und mit 8 **kleinen** Schirmen:	16

Das sind zusammen ungefähr 107 Schirme.

6 a) ≈ 60; ≈ 480; ≈ 3980

b) ≈ 300; ≈ 600; ≈ 9800

c) ≈ 5000; ≈ 10 000; ≈ 73 000

a) auf Zehner:
56 ≈ 60 482 ≈ 480 3975 ≈ 3980

b) auf Hunderter:
348 ≈ 300 555 ≈ 600 9821 ≈ 9800

c) auf Tausender:
4871 ≈ 5000 9578 ≈ 10 000 73 098 ≈ 73 000

Bei 0; 1; 2; 3; 4 abrunden.
Bei 5; 6; 7; 8; 9 aufrunden.

7 a) Anne hat auf Hunderter gerundet:
950 ≈ 1000 1215 ≈ 1200
1018 ≈ 1000 982 ≈ 1000
Deswegen sehen die Berge Wasserkuppe, Auersberg und Großer Beerberg im Schaubild gleich hoch aus.

b) z. B. auf Zehner:
Wasserkuppe: 950 ≈ 950 Fichtelberg: 1215 ≈ 1220
Auersberg: 1019 ≈ 1020 Großer Beerberg: 982 ≈ 980

a) **Hilfsfragen:**
① Auf Welche Stelle hat Anne gerundet?
② Hat Anne richtig gerundet?
③ Warum sieht man die unterschiedlichen Höhen im Schaubild nicht?

b) Wenn man auf Zehner rundet, sieht man, dass die Berge unterschiedlich hoch sind.

Addition und Subtraktion Noch fit?

Seite 29

1 Die dargestellte Zahl heißt 135.

a) Die Zahl wurde in Hunderter (H), Zehner (Z) und Einer (E) zerlegt.
1 Hunderterplatte oder 1H bedeuten 1 Hunderter, also 1 · 100 = 100.
3 Zehnerstab oder 3Z bedeutet 3 Zehner, also 3 · 10 = 30.
5 Einerwürfel oder 5E bedeuten 5 Einer, also 5 · 1 = 5.

b) 428 = 
= 4H + 2Z + 8E = 400 + 20 + 8

2 a) 98
b) 89
c) 60
d) 66

3 a) 15 + 5 = 20 9 + 11 = 20
12 + 8 = 20 7 + 13 = 20

b) Beispiele:
9 + 1 = 10 8 + 2 = 10
7 + 3 = 10 6 + 4 = 10
5 + 5 = 10
Die beiden Ziffern müssen zusammen 10 ergeben.

1 a) 318 besteht aus 3 Hundertern, 1 Zehner und 8 Einern.
3H + 1Z + 8E = 300 + 10 + 8 = 318

b) ① 
6H + 7Z + 2E = 600 + 70 + 2 = 672

② 
9H + 2Z + 6E = 900 + 20 + 6 = 926

③ 
2H + 0Z + 4E = 200 + 4 = 204

2 a) 48 + 24 = 40 + 20 + 8 + 4 = 60 + 12 = 72
b) 39 + 37 = 30 + 30 + 9 + 7 = 60 + 16 = 76
c) 65 + 28 = 60 + 20 + 5 + 8 = 80 + 13 = 93
d) 23 + 48 = 20 + 40 + 3 + 8 = 60 + 11 = 71

3 a) 3 + 47 = 50 82 + 8 = 90
6 + 14 = 20 21 + 9 = 30

b) z. B. 45 + 25 = 70 oder 40 + 20 = 60
Man muss nur auf die Einer achten.
Bei den Einern 0 und 0; 1 und 9; 2 und 8; 3 und 7; 4 und 6; 5 und 5 ist das Ergebnis 10, 20, 30, …

4 ① Die 5 wurde in 3 und 2 zerlegt:
Erst + 3 bis zur 10: 7 + 3 = 10. Dann fehlt noch + 2: 10 + 2 = 12.

② Die 9 wurde in 7 und 2 zerlegt:
Erst – 7 bis zur 10: 17 – 7 = 10. Dann fehlt noch – 2: 10 – 2 = 8.

a) 7 + 6 = 13

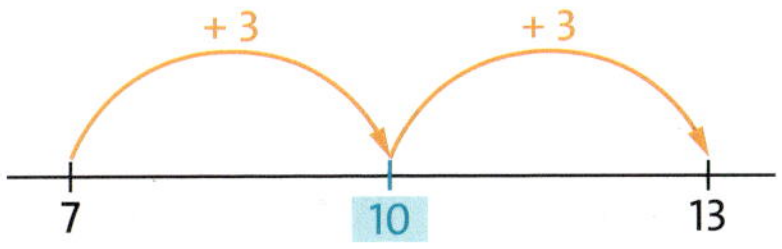

b) 3 + 9 = 12

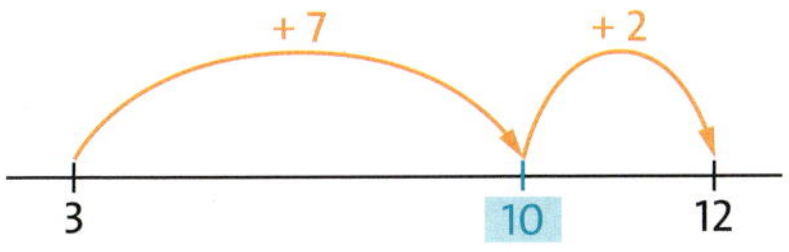

c) 14 – 6 = 8

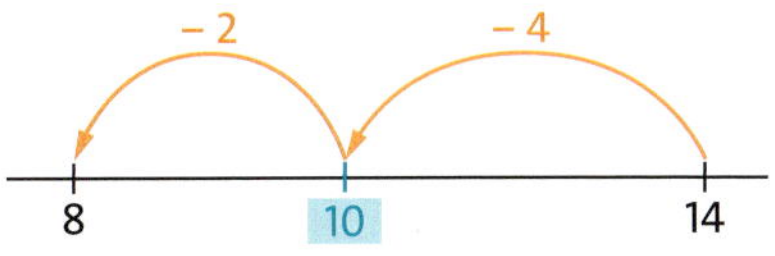

d) 11 – 9 = 2

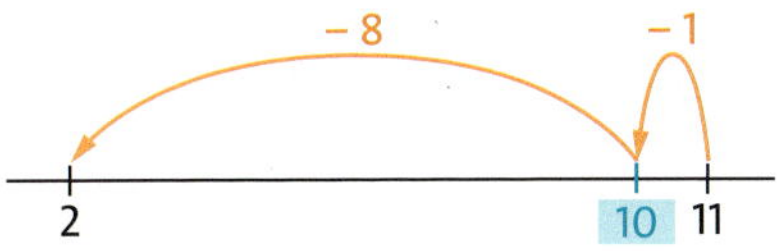

e) 7 + 4 = 11

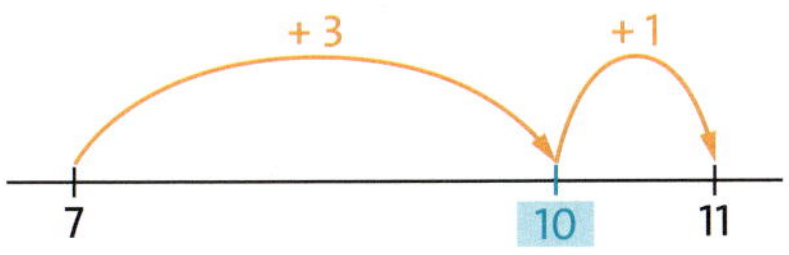

f) 9 + 6 = 15

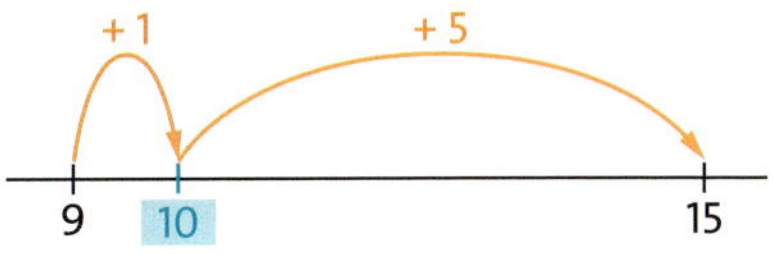

5 a) 42 ≈ 40
b) 78 ≈ 80
c) 215 ≈ 220

5 a) 311 ≈ 300
b) 479 ≈ 500
c) 1895 ≈ 1900

Addition und Subtraktion Klar soweit?

Seite 44/45

1 a) 41 b) 83 c) 16 d) 34
e) 24 f) 47 g) 5 h) 33

2 a) 51 b) 76 c) 171 d) 67
(*Fortsetzung*) e) 17 f) 129

3 a) 17 b) 33 c) 48 d) 75

4 60

5

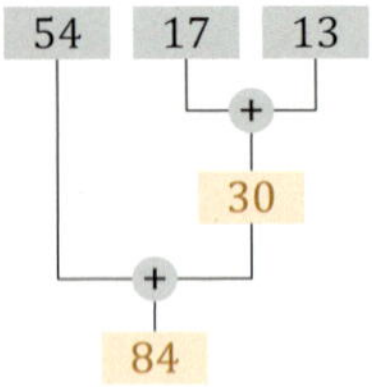

Aufgabe:
54 + (17 + 13) = 54 + 30 = 84

6 a) 25
b) 2
c) 65
d) 97

7 a) 33
b) 53
c) 35
d) 58

8 a) 798 b) 669 c) 2801
d) 699 e) 1948

9 Überschlag (Beispiel) – Entscheidung
a) 70 + 20 = 90 – Das Ergebnis 88 stimmt. 79 ist zu klein.
b) 150 + 60 = 210 – Das Ergebnis 210 stimmt. 200 ist zu klein.
c) 440 + 130 = 570 – Das Ergebnis 571 stimmt. 461 deutlich zu klein.

10 Juliana hat insgesamt 181 Spielkarten.

11 a) 181 b) 352 c) 1210
d) 431 e) 4215

---

1 a) 64 b) 72 c) 39 d) 19
e) 92 f) 82 g) 11 h) 57

2 a) 191 b) 291 c) 440
d) 536 e) 438 f) 190

3 a) 73 b) 113 c) 271 d) 303

4 105 + 195 + 281 + 19 = 300 + 300 = 600

5 43 − (19 + 21) = 43 − 40 = 3

6 a) 25 + (15 − 12)
= 25 + 3
= 28

b) 39 − (29 + 4)
= 39 − 33
= 6

c) 20 + (18 − 9) − 10
= 20 + 9 − 10
= 19

d) (13 + 28) − (26 − 7)
= 41 − 19
= 22

7 a) 74 + (38 + 32)
= 74 + 70 = 144

b) (43 + 27) + 67
= 70 + 67 = 137

c) 155 + (14 + 86)
= 155 + 100 = 255

d) 339 − 21 − 21
= 318 − 21 = 297

8 a) 999 b) 501 c) 1882 d) 2857
e) 451 f) 4622 g) 6410 h) 1322

9 a) 109 + 59 = 168, da ≈ 110 + 60 = 170
b) 221 + 378 = 599, da ≈ 220 + 380 = 600
c) 289 + 189 = 478, da ≈ 290 + 190 = 480

10 237 + 189 = 426 Probe: ≈ 240 + 190 = 430
Sie haben gemeinsam 426 €.

11 a) 217 b) 541 c) 561 d) 95
e) 4822 f) 288 g) 497 h) 1602

12 a) 291 – 189 = 102, denn 102 + 189 = 291
b) 576 – 348 = 228, denn 228 + 348 = 576

12 a) 864 – 249 = 615, da 615 + 249 = 864
b) 919 – 591 = 328, da 328 + 591 = 919

13 a) Im Internet kann man 113 € sparen.
b) Als Probe kann mit der Umkehraufgabe gerechnet werden

13 722 € – 694 € = 28 €
Die Miete ist um 28 € gestiegen.
Umkehraufgabe: 28 € + 694 €= 722 € ✓

Addition und Subtraktion Teste dich!

Seite 51

1 a) 227
b) 36
c) 656
d) 346

a)

1	7	6	+	5	1	=			
1	7	6	+	5	0	=	2	2	6
2	2	6	+		1	=	2	2	7

b)

6	4	–	2	8	=		
6	4	–	2	0	=	4	4
4	4	–		8	=	3	6

c)

5	8	2	+	7	4	=			
5	8	2	+	7	0	=	6	5	2
6	5	2	+		4	=	6	5	6

d)

3	9	5	–	4	9	=			
3	9	5	–	4	0	=	3	5	5
3	5	5	–		9	=	3	4	6

Du kannst aber auch im Kopf rechnen: mit der Strategie „in Schritten rechnen" oder „mehr rechnen".

2 a) 27
b) 36
c) 43

a) 14 + 7 + 6 = 14 + 6 + 7 = 20 + 7 = 27
b) 8 + 16 + 12 = 8 + 12 + 16 = 20 + 16 = 36
c) 5 + 13 + 25 = 5 + 25 + 13 = 30 + 13 = 43

Betrachte die Endziffern

3 a) 23
b) 34
c) 88
d) 37

a) 3 + 12 + 8 = 3 + (12 + 8) = 3 + 20 = 23
b) 21 + 9 + 4 = (21 + 9) + 4 = 30 + 4 = 34
c) 18 + 14 +56 = 18 + (14 + 56) = 18 + 70 = 88
d) 77 – 25 – 15 = 52 – 15 = 37

Welches Zahlenpaar ergibt zusammen eine glatte Zehnerzahl?

4 a) 106
b) 41
c) 70

a) 62 + (73 – 29) = 62 + 44 = 106
b) (45 + 78) – (23 + 59) = 123 – 82 = 41
c) 154 – (72 + 18) + 6 = 154 – 90 + 6 = 64 + 6 = 70

Berechne zuerst die Klammer.

5 a) 800
b) 811
c) 411
d) 464

a)

	7	7	4		8	0	0
+		2	6	–		2	6
	1	1			1	1	
	8	0	0		7	7	4

b)

	6	1	3		8	1	1
+	1	9	8	–	1	9	8
	1	1			1	1	
	8	1	1		6	1	3

c)

		8	4		4	1	1
+	3	2	7	–	3	2	7
	1	1			1	1	
	4	1	1			8	4

d)

		5	6		4	6	4
+	4	0	8	–	4	0	8
		1				1	
	4	6	4			5	6

6 a) 221
b) 190
c) 168
d) 199

a)

	4	5	2		2	2	1
−	2	3	1	+	2	3	1
	2	2	1		4	5	2

b)

	5	8	4		1	9	0
−	3	9	4	+	3	9	4
	1				1		
	1	9	0		5	8	4

c)

	1	9	6		1	6	8
−		2	8	+		2	8
		1				1	
	1	6	8		1	9	6

d)

	3	2	0		1	9	9
−	1	2	1	+	1	2	1
	1	1			1	1	
	1	9	9		3	2	0

7 a) Es sind insgesamt 157 Schüler.
b) In der 5. Klasse sind jetzt 68 Schüler.

a) 73 + 84 = 157
b) 73 − 5 = 68

a)

		7	3
+		8	4
	1		
	1	5	7

b)

	7	3
−		5
	1	
	6	8

> Schreibe stellengerecht untereinander.

Addition und Subtraktion Teste dich!

Seite 51

1 a) 227
b) 36
c) 656
d) 346

a)

1	7	6	+	5	1	=			
1	7	6	+	5	0	=	2	2	6
2	2	6	+		1	=	2	2	7

b)

6	4	−	2	8	=		
6	4	−	2	0	=	4	4
4	4	−		8	=	3	6

c)

5	8	2	+	7	4	=			
5	8	2	+	7	0	=	6	5	2
6	5	2	+		4	=	6	5	6

d)

3	9	5	−	4	9	=			
3	9	5	−	4	0	=	3	5	5
3	5	5	−		9	=	3	4	6

> Du kannst aber auch im Kopf rechnen: mit der Strategie „in Schritten rechnen" oder „mehr rechnen".

2 a) 48
b) 747
c) 1172

a) 23 + 18 + 7
= 23 + 7 + 18
= 30 + 18 = 48

b) 592 + 37 + 118
= 592 + 118 + 37
= 710 + 37 = 747

c) 545 + 172 + 455
= 545 + 455 + 172
= 1000 + 172 = 1172

3 a) 74
b) 114
c) 442
d) 21

a) (13 + 57) + 4
= 70 + 4 = 74

b) 64 + (4 + 46)
= 64 + 50 = 114

c) (172 + 28) + 242
= 200 + 242 = 442

d) 97 − 63 − 13
= 34 − 13 = 21

> Bei d) darf man keine Klammern setzen, weil das Verbindungsgesetz bei der Subtraktion nicht gilt.

4 a) 852
b) 219
c) 166

a) (632 − 489) + 709 = 143 + 709 = 852
b) 442 − (951 − 728) = 442 − 223 = 219
c) 853 − (572 + 142) + 27 = 853 − 714 + 27 = 166

> Berechne immer zuerst die Klammern. Dann von links nach rechts.

5 a) 1122
b) 8100
c) 24 330
d) 8996

a)

		8	5	4
	+	2	6	8
	1	1	1	
	1	1	2	2

Überschlag:
≈ 850 + 270 = 1120 ✓

b)

	7	5	5	6
+		5	4	4
	1	1	1	
	8	1	0	0

Überschlag:
≈ 7600 + 500 = 8100 ✓

c)

			4	2	3
+	2	3	9	0	7
		1		1	
	2	4	3	3	0

Überschlag:
≈ 400 + 23 900 = 24 300 ✓

d)

	7	6	4	5
+		9	8	7
+		3	6	4
	1	1	1	
	8	9	9	6

Überschlag:
≈ 7600 + 1000 + 400 = 9000 ✓

6 a) 497
b) 627
c) 2124
d) 347

a)

	5	7	9
–		8	2
	1		
	4	9	7

Du kannst auch bei der Umkehraufgabe schriftlich rechnen.

Umkehraufgabe:
497 + 82 = 579 ✓

b)

	8	2	1
–	1	9	4
	1	1	
	6	2	7

Umkehraufgabe:
627 + 194 = 821 ✓

c)

	3	1	2	3
–		9	9	9
	1	1	1	
	2	1	2	4

Umkehraufgabe:
2124 + 999 = 3123 ✓

d)

	1	2	0	0
–		3	6	8
–		4	8	5
	1	2	2	
		3	4	7

Die unteren 2 Zahlen addieren, dann bis zur ersten Zahl ergänzen.

Umkehraufgabe:
347 + 485 + 368 = 1200 ✓

7 a) Es gab noch 48 freie Plätze.
b) Es waren insgesamt 11 928 Zuschauer bei den beiden Spielen da.

a) gegeben: Sitzplätze: 6069
Zuschauer beim 1. Spiel: 6021
gesucht: freie Plätze beim 1. Spiel

	6	0	6	9
–	6	0	2	1
			4	8

b) gegeben:
Zuschauer beim 1. Spiel: 6021
Zuschauer beim 2. Spiel:
114 weniger als beim 1. Spiel
gesucht: Zuschauer beim
1. + 2. Spiel

6021 – 114 = 5907
6021 + 5907 = 11 928

	6	0	2	1
–		1	1	4
	1		1	
	5	9	0	7
	6	0	2	1
+	5	9	0	7
1				
1	1	9	2	8

Grundbegriffe der Geometrie Noch fit?

Seite 53

1 a) 30 mm b) 58 mm

1 a) 25 mm b) 45 mm

2 Man muss die Länge am Geodreieck zweimal ablesen: links und rechts vom Nullpunkt. Dann addiert man die Längen: 3 cm + 5 cm = 8 cm. Die blaue Linie ist also 8 cm lang.

3 Es sind 8 rechte Winkel.

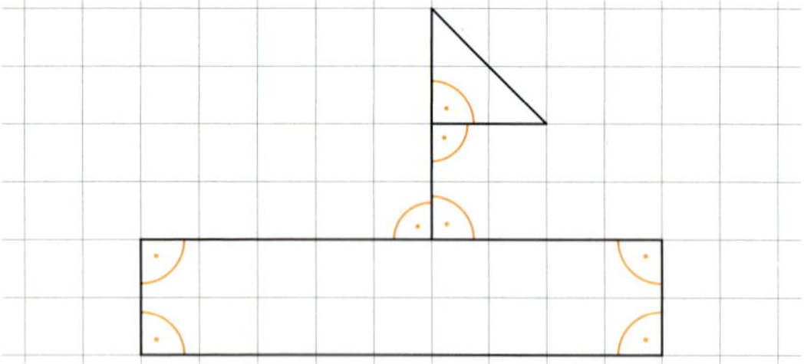

3 Es sind 14 rechte Winkel.

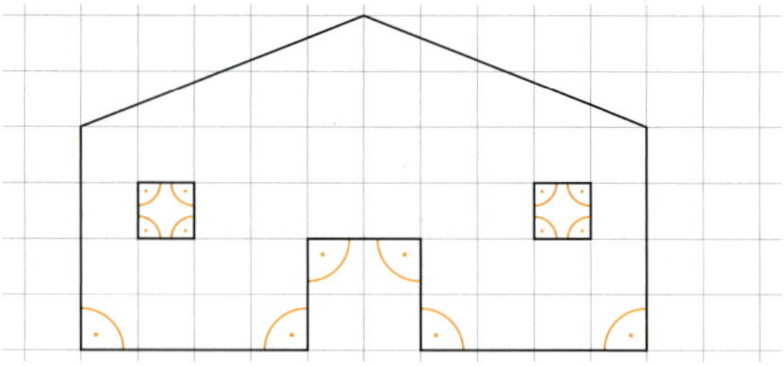

4

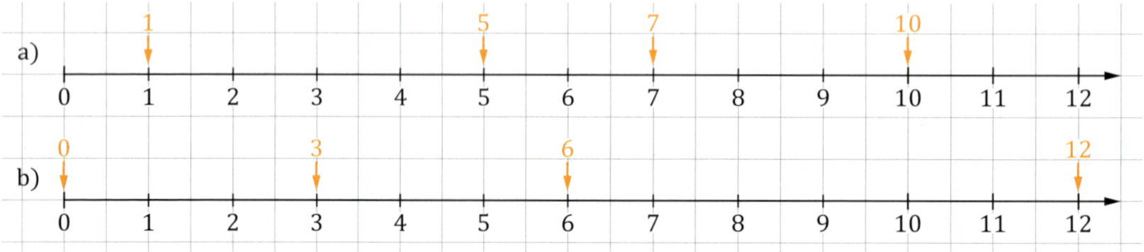

4

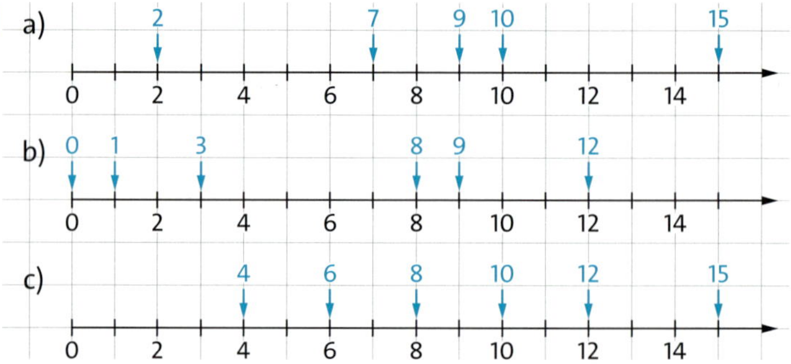

Grundbegriffe der Geometrie Klar soweit?

Seite 70/71

1 z. B. a) b) c)

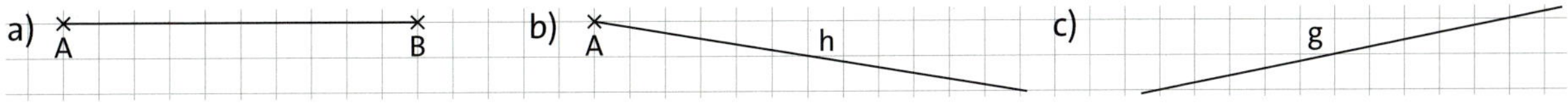

2 a)

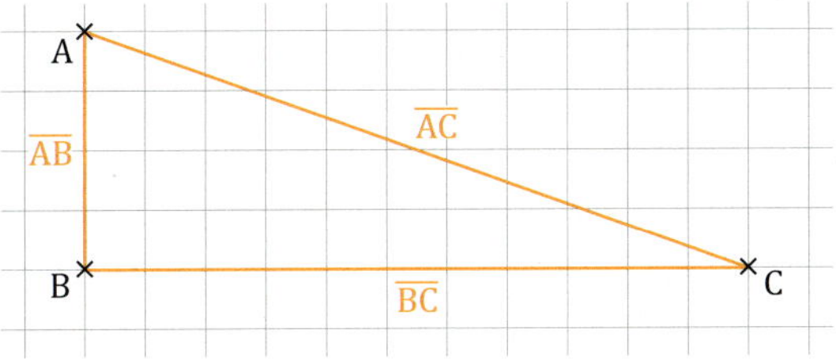

b) $\overline{BC} = 5{,}5$ cm

2 a)

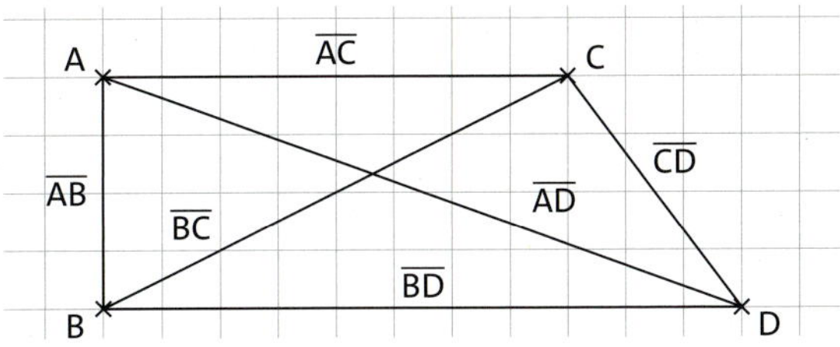

b) $\overline{AB} = 2$ cm; $\overline{AC} = 4$ cm

3 parallel: a ‖ b
senkrecht: a ⊥ c; b ⊥ c

3 parallel: a ‖ b; d ‖ e;
senkrecht: a ⊥ c; b ⊥ c

4 z. B.

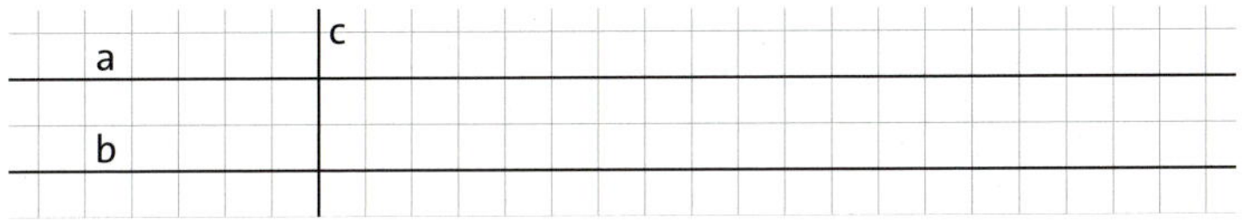

c ist auch senkrecht zu b.

5 a) 1 cm b) 2 cm

5 a) 1,5 cm b) 2,5 cm

6 z. B.

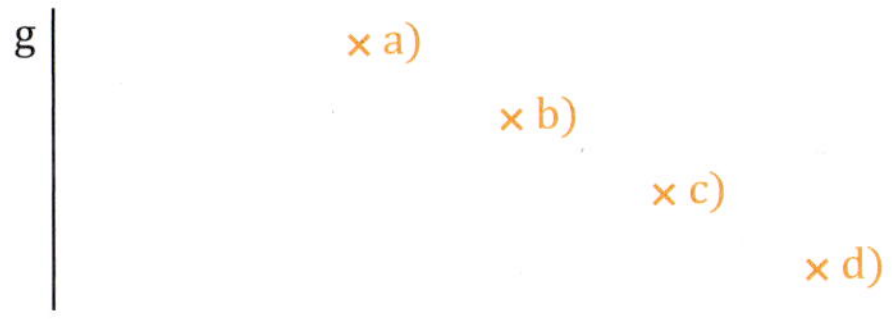

6 z. B.

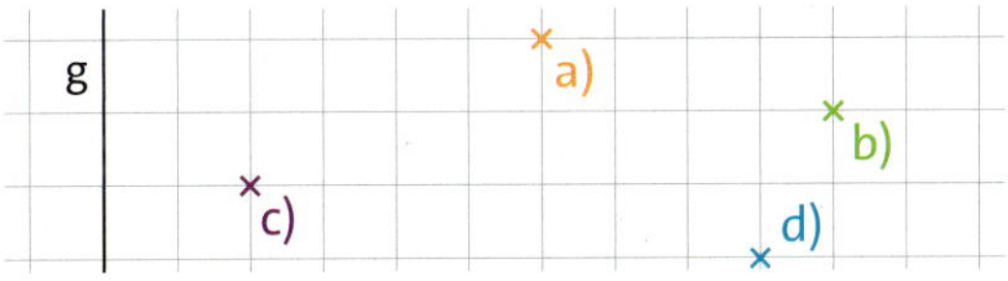

7 A(1|3) B(4|2) C(8|2) D(10|4) E(8|6)
F(7|6) G(3|4) H(1|5)

7 A(3|1) B(4|1) C(4|3) D(6|3) E(6|1) F(7|1)
G(7|4) H(9|4) I(5|7) J(1|4) K(3|4)

8

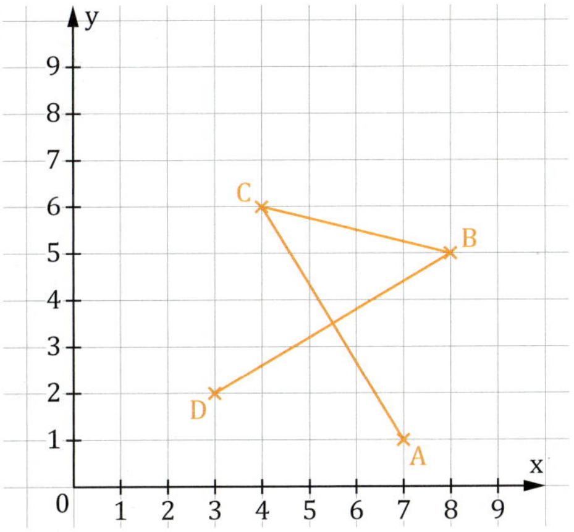

8

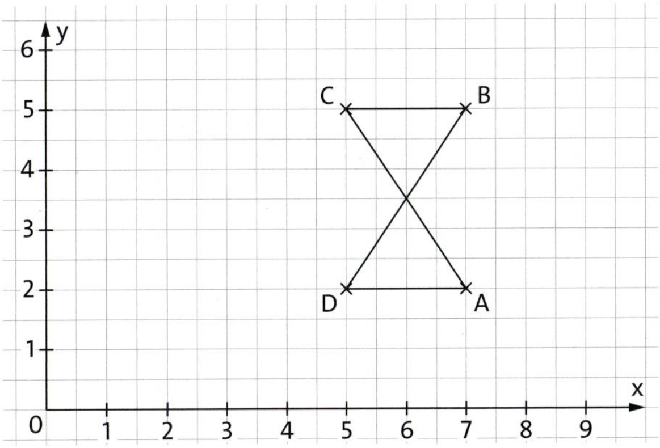

9 a) 1 b) 2 c) 2 d) 0

10

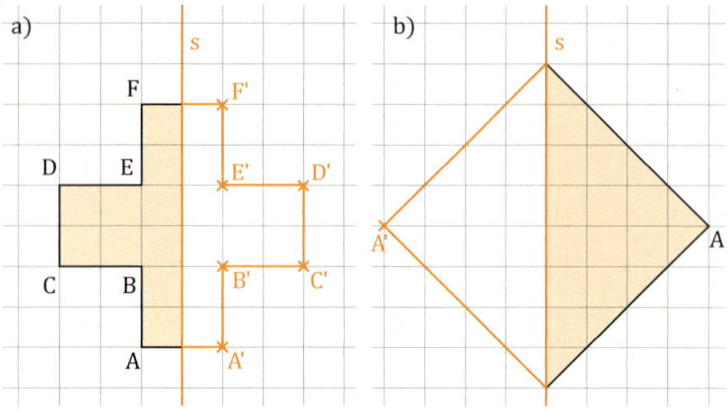

10

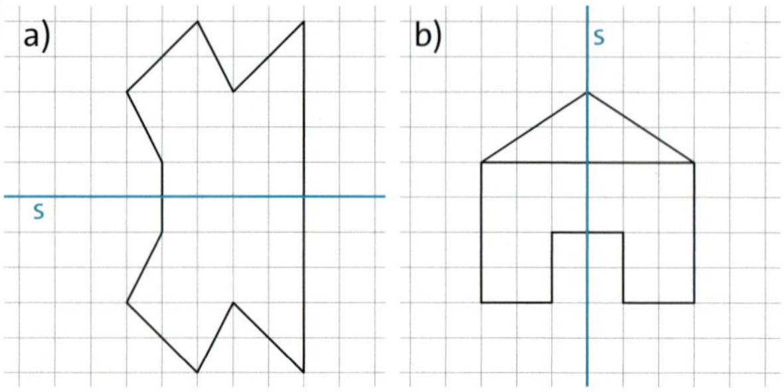

Grundbegriffe der Geometrie Teste dich!

Seite 77

1 A(1|2) B(3|5) C(6|3) D(10|5)

A: 1 nach rechts, 2 nach oben
C: 6 nach rechts, 3 nach oben

B: 3 nach rechts, 5 nach oben
D:10 nach rechts, 5 nach oben

> Erst nach rechts, dann nach oben.

2

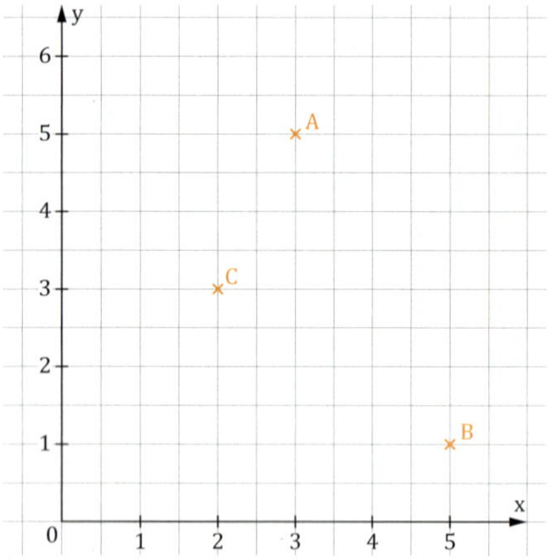

Koordinatensystem zeichnen:
- x-Achse nach rechts, y-Achse nach oben
- Beschriftung bei 0 beginnen
- Der größte x-Wert ist 5.
  Der größte y-Wert ist 5.
  Beide Achsen müssen also 5 Schritte lang sein.
- Achsen gleichmäßig einteilen: 2 Kästchen ist 1 Schritt.

A(3 | 5): 3 Schritte nach rechts, 5 Schritte nach oben
B(5 | 1): 5 Schritte nach rechts, 1 Schritte nach oben
C(2 | 3): 2 Schritte nach rechts, 3 Schritte nach oben

3 a) ① und ② sind achsensymmetrisch.
b) ① hat eine Symmetrieachse.
② hat zwei Symmetrieachsen.

> An jeder Symmetrieachse kann man spiegeln, ohne dass sich das Schild verändert.

4 Es gibt 2 Möglichkeiten:
entweder 5 cm oder 1 cm

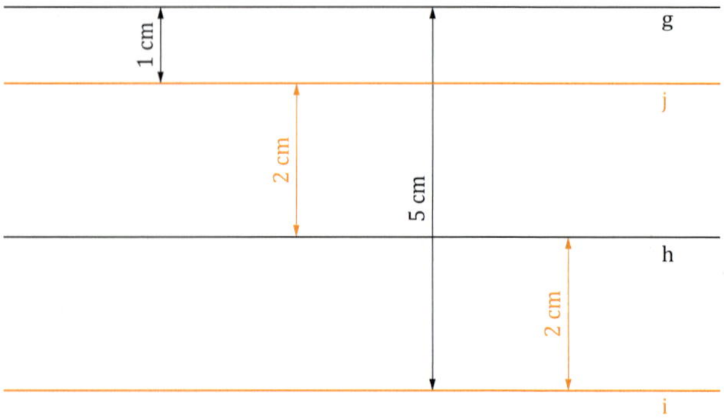

5 Die Linie b ist der Abstand von der Ecke C zur Strecke $\overline{AB}$. Die Linie b ist senkrecht zu $\overline{AB}$ und geht durch C.

Grundbegriffe der Geometrie Teste dich!

Seite 77

1 A(1|6) B(2|0) C(4|5) D(6|1) E(8|4) F(11|7)

A: 1 nach rechts, 6 nach oben
B: 2 nach rechts, 0 nach oben
C: 4 nach rechts, 5 nach oben
D: 6 nach rechts, 1 nach oben
E: 8 nach rechts, 4 nach oben
F: 11 nach rechts, 7 nach oben

> Erst nach rechts, dann nach oben.

2

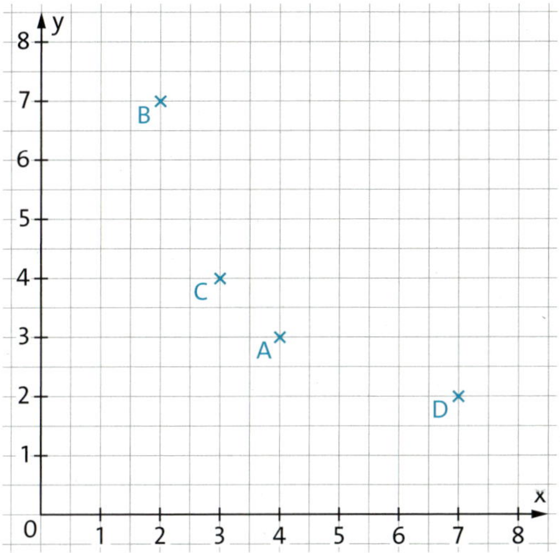

Koordinatensystem zeichnen:
- x-Achse nach rechts, y-Achse nach oben
- Beschriftung bei 0 beginnen
- Der größte x-Wert ist 7.
  Der größte y-Wert ist 7.
  Beide Achsen müssen also 7 Schritte lang sein.
- Achsen gleichmäßig einteilen:
  2 Kästchen ist 1 Schritt.

A(4|3): 4 Schritte nach rechts, 3 Schritte nach oben
B(2|7): 2 Schritte nach rechts, 7 Schritte nach oben
C(3|4): 3 Schritte nach rechts, 4 Schritte nach oben
D(7|2): 7 Schritte nach rechts, 2 Schritte nach oben

3 a) ① ist achsensymmetrisch.
② ist nicht achsensymmetrisch.
b) ① hat 4 Symmetrieachsen.
② hat keine Symmetrieachsen.

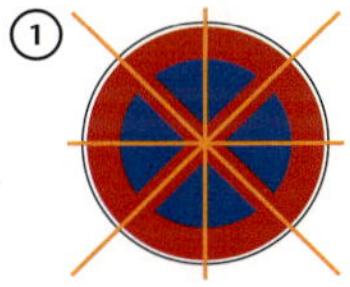

> An jeder Symmetrieachse kann man spiegeln, ohne dass sich das Schild verändert.

4 Es gibt 2 Möglichkeiten:
entweder 6 cm oder 2 cm

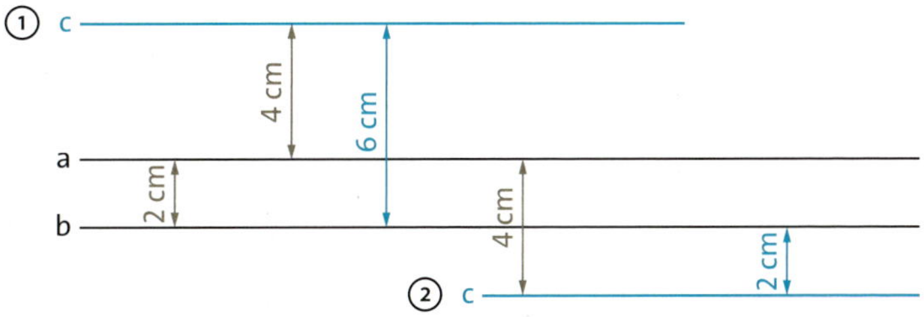

5 ungefähr 3,9 cm

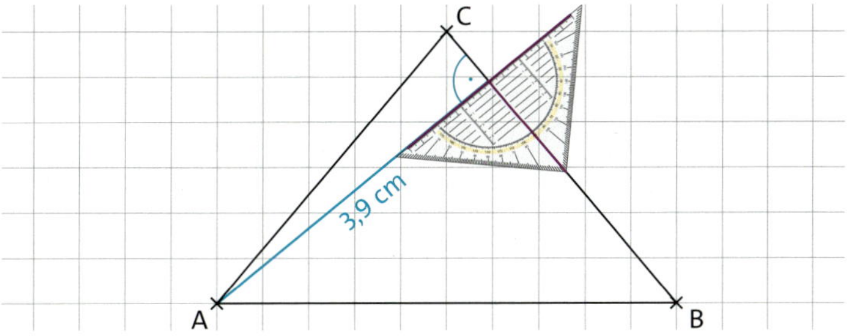

> Der Abstand ist senkrecht zu $\overline{BC}$ und geht durch A. Verwende die lila Hilfslinien am Geodreieck.

Multiplikation und Division Noch fit?

Seite 79

1 Addition: 2 + 2 + 2 = 6
Die Zahl 2 wird 3-mal addiert. Dies kann wie folgt als Multiplikation geschrieben werden: 3 · 2 = 6

2 auf 2 Kinder aufteilen:
6 : 2 = 3 Jedes Kind bekommt 6 Äpfel.
Die 2 passt 3-mal in die 6.

3

	auf Zehner	auf Hunderter
a)	128 ≈ 130	128 ≈ 100
b)	239 ≈ 240	239 ≈ 200
c)	3 146 ≈ 3 150	3 146 ≈ 3 100
d)	8 874 ≈ 8 870	8 874 ≈ 8 900

4 a) 341 + 237 = 578
Überschlag: z. B.
340 + 240 = 580

b) 227 – 31 = 196
Überschlag: z. B.
230 – 30 = 200

c) 635 + 26 = 661
Überschlag: z. B.
635 + 25 = 660

d) 418 – 236 = 182
Überschlag: z. B.
420 – 240 = 180

5 4 · 10 = 40 4 · 100 = 400
6 · 10 = 60 6 · 100 = 600
mal 10: im Ergebnis 1 Null ergänzen
mal 100: im Ergebnis 2 Nullen ergänzen
300 : 10 = 30 300 : 100 = 3
5000 : 10 = 500 5000 : 100 = 50
durch 10: im Ergebnis 1 Null streichen
durch 100: im Ergebnis 2 Nullen streichen

1 3 + 3 + 3 + 3 = 12
= 4 · 3 = 12
Die Zahl 3 wird 4-mal addiert.

2 auf 2 Kinder aufteilen:
12 : 2 = 6 Jedes Kind bekommt 6 Bonbons.
auf 3 Kinder aufteilen:
12 : 3 = 4 Jedes Kind bekommt 4 Bonbons.
auf 6 Kinder aufteilen:
12: 6 = 2 Jedes Kind bekommt 2 Bonbons.

3

	auf Zehner	auf Hunderter
a)	≈ 420	≈ 400
b)	≈ 300	≈ 300
c)	≈ 10 470	≈ 10 500
d)	≈ 17 050	≈ 17 000

4

a)	383	Überschlag: ≈ 250 + 140 = 390
b)	971	Überschlag: ≈ 60 + 920 = 980
c)	685	Überschlag: ≈ 660 + 30 = 690
d)	660	Überschlag: ≈ 70 + 590 = 660
e)	24	Umkehraufgabe: 24 + 32 = 56
f)	144	Umkehraufgabe: 144 + 24 = 168
g)	158	Umkehraufgabe: 158 + 55 = 213
h)	42	Umkehraufgabe: 42 + 762 = 804

5 8 · 10 = 80 8 · 100 = 800
18 · 10 = 180 18 · 100 = 1800
88 · 10 = 880 88 · 100 = 8800
mal 10: im Ergebnis 1 Null ergänzen
mal 100: im Ergebnis 2 Nullen ergänzen
700 : 10 = 70 700 : 100 = 7
9600 : 10 = 960 9600 : 100 = 96
3800 : 10 = 380 3800 : 100 = 38
durch 10: im Ergebnis 1 Null streichen
durch 100: im Ergebnis 2 Nullen streichen

6 Ergebnis 10: 2 · 5 = 10 5 · 2 = 10
Ergebnis 100: 2 · 50 = 100 4 · 25 = 100 5 · 20 = 100 20 · 5 = 1000 25 · 4 = 100 50 · 2 = 100
Ergebnis 1000: 2 · 500 = 1000 4 · 250 = 1000 8 · 125 = 1000 20 · 50 = 1000 25 · 40 = 1000
40 · 25 = 1000 50 · 20 = 1000 125 · 8 = 1000 250 · 4 = 1000 500 · 2 = 1000

Multiplikation und Division Klar soweit?

Seite 96/97

1 a) 33 b) 42 c) 115
d) 186 e) 14 f) 32

2 a) 76 b) 84 c) 19 d) 19

3 30 · 2 = 60
30 · 20 = 600
30 · 200 = 6000
2400 : 2 = 1200
2400 : 40 = 60
2400 : 200 = 12

4 a) 25 b) 6 c) 60 d)

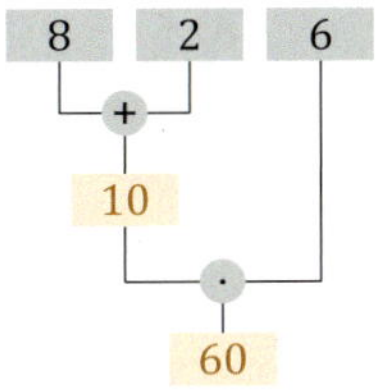

5 a) 23 b) 8 c) 44

6 a) 11 · (2 · 5) = 110 b) 5 · (25 · 4) = 500

7 a) 900 b) 2100 c) 1100

8 a) 54 b) 115

9 a) 1312 b) 4361 c) 14 940 d) 30 654

10 a) 400 · 400 = 160 000 Ergebnis stimmt nicht.
b) 700 · 20 = 14 000 Ergebnis kann stimmen.
c) 200 · 200 = 40 000 Ergebnis stimmt nicht.

11 a) 1218 b) 16 720
c) 44 165 d) 593 480

12 11 · 21 = 231
Es sind insgesamt 231 Sonnenschirme.

13 a) 152 b) 144 c) 136
d) 96 e) 83 f) 126

14 a) 2300 : 10 = 230 Ergebnis stimmt nicht.
b) 4200 : 10 = 420 Ergebnis stimmt nicht.
c) 6600 : 12 = 550 Ergebnis kann stimmen.

15 1845 : 3 = 615
Man braucht 615 Verpackungen.

1 a) 115 b) 140 c) 306
d) 240 e) 17 f) 47

2 a) 156 b) 207 c) 18 d) 37

3 5 · 30 = 150 30 · 30 = 900
5 · 500 = 2500 30 · 500 = 15 000
5 · 7000 = 35 000 30 · 7000 = 210 000
2400 : 2 = 1200 56 000 : 2 = 28 000
2400 : 40 = 60 56 000 : 40 = 1400
2400 : 800 = 3 56 000 : 800 = 70

4 a) 84 b) 160 c) 120 d)

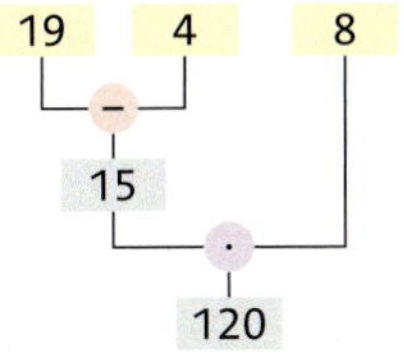

5 a) 47 b) 105 c) 76

6 a) 2700 b) 9000

7 a) 1600 b) 24 000 c) 21 000

8 a) 108 b) 222

9 a) 3438 b) 3105 c) 33 033 d) 97 128

10 a) ≈ 500 · 40 = 20 000 Ergebnis kann stimmen.
b) ≈ 400 · 80 = 32 000 Ergebnis stimmt nicht.
c) ≈ 900 · 700 = 630 000 Ergebnis stimmt nicht.

11 a) 3020 b) 25 360
c) 236 302 d) 6 636 700

12 367 · 9 = 3303 Einnahmen: 3303 €

13 a) 148 b) 123 c) 2562
d) 426 e) 998 f) 121

14 a) ≈ 6300 : 9 = 700 Ergebnis stimmt nicht.
b) ≈ 1200 : 12 = 100 Ergebnis kann stimmen.
c) ≈ 3800 : 19 = 200 Ergebnis stimmt nicht.

15 5082 : 6 = 847 Es sind 847 Schachteln.
Keine Praline bleibt übrig.

Multiplikation und Division Teste dich!

Seite 103

1 a) 144
b) 145
c) 12
d) 19

a)
36 · 4 = ▬
30 · 4 = 120
\+ 6 · 4 = 24
36 · 4 = 144

b)
5 · 29 = ▬
5 · 20 = 100
\+ 5 · 9 = 45
5 · 29 = 145

c)
96 : 8 = ▬
80 : 8 = 10
\+ 16 : 8 = 2
96 : 8 = 12

d)
171 : 9 = ▬
90 : 9 = 10
\+ 81 : 9 = 9
171 : 9 = 19

> Du kannst aber auch im Kopf rechnen: mit der Strategie „mehr rechnen".

2 a) 60
b) 34
c) 10
d) 24

a) (13 + 7) · 3 = 20 · 3 = 60 — Klammern zuerst

b) 13 + 7 · 3 = 13 + 21 = 34 — Punkt vor Strich

c) 3 + 28 : 4 = 3 + 7 = 10 — Punkt vor Strich

d) 5 · 6 − 2 · 3 = 30 − 6 = 24 — Punkt vor Strich

3 a) 130
b) 140
c) 1700
d) 601 00

a) 2 · 13 · 5
= 2 · 5 · 13
= 10 · 13
= 130

b) 5 · 7 · 4
= 5 · 4 · 7
= 20 · 7
= 140

c) 17 · 20 · 5
= 17 · (20 · 5)
= 17 · 100
= 1700

d) 8 · 125 · 601
= 1000 · 601
= 601 000

4 a) 2115
b) 6345
c) 72 980
d) 245 727

a)
423 · 5
2115

Überschlag: z. B.
400 · 5 = 2000 ✓

b)
235 · 27
4700
\+ 1645
6345

Überschlag: z. B.
200 · 30 = 6000 ✓

> Zum Überschlag: Runde die Zahlen auf die gleiche Stelle.

c)
356 · 205
71200
\+ 0000
\+ 1780
72980

Überschlag: z. B.
350 · 200 = 70 000 ✓

d)
479 · 513
239500
\+ 4790
\+ 1437
(Übertrag: 1 1)
245727

Überschlag: z. B.
500 · 500 = 250 000 ✓

5 a) 299
b) 173
c) 86
d) 83

a)
897 : 3 = 299
−6
29
−27
27
−27
0

Umkehraufgabe:
299 · 3
897 ✓

b)
692 : 4 = 173
−4
29
−28
12
−12
0

Umkehraufgabe:
173 · 4
692 ✓

c)
```
  6 8 8 : 8 = 8 6
- 6 4
    4 8
  - 4 8
      0
```
Umkehraufgabe:
```
  8 6 · 8
  6 8 8 ✓
```

d)
```
  5 8 1 : 7 = 8 3
- 5 6
    2 1
  - 2 1
      0
```
Umkehraufgabe:
```
  8 3 · 7
  5 8 1 ✓
```

6

a)
```
6 2 3 · 6
  3 7 3 8
```

b)
```
1 7 5 · 2 3
      3 5 0 0
+       5 2 5
      1
      4 0 2 5
```

c)
```
1 2 3 · 4 5
      4 9 2 0
+       6 1 5
      1
      5 5 3 5
```

a) 3 · ■ = ■8 Welches Ergebnis hat am Ende eine 8?
b) 175 · ■ = 5■5 Welches Ergebnis hat am Anfang und am Ende eine 5?
c) 3 · ■ = ■2 Welches Ergebnis hat am Ende eine 2?

7 a) Die Klassenfahrt kostet insgesamt 28 704 €.
b) Es müssen 23 Zimmer gebucht werden.

a)
```
  1 3 8 · 2 0 8
    2 7 6 0 0
+     0 0 0 0
+     1 1 0 4

    2 8 7 0 4
```

b)
```
  1 3 8 : 6 = 2 3
- 1 2
    1 8
  - 1 8
      0
```

Multiplikation und Division Teste dich!

Seite 103

1 a) 144
b) 145
c) 12
d) 19

a)
```
  3 6 · 4 = ■
  3 0 · 4 = 1 2 0
+   6 · 4 =   2 4
  3 6 · 4 = 1 4 4
```

b)
```
  5 · 2 9 = ■
  5 · 2 0 = 1 0 0
+ 5 ·   9 =   4 5
  5 · 2 9 = 1 4 5
```

c)
```
  9 6 : 8 = ■
  8 0 : 8 = 1 0
+ 1 6 : 8 =   2
  9 6 : 8 = 1 2
```

d)
```
  1 7 1 : 9 = ■
    9 0 : 9 = 1 0
+   8 1 : 9 =   9
  1 7 1 : 9 = 1 9
```

Du kannst aber auch im Kopf rechnen: mit der Strategie „mehr rechnen“.

2 a) 88
b) 70
c) 38
d) 130

a) (47 – 36) · 8 Klammern zuerst
= 11 · 8 = 88

b) 78 – 64 : 8 Punkt vor Strich
= 78 – 8 = 70

c) 7 + 9 · 4 – 5 Punkt vor Strich
= 7 + 36 – 5 = 38

d) (14 – 12 : 3) · 13 Punkt vor Strich
= (14 – 4) · 13 Klammern zuerst
= 10 · 13 = 130

3 a) 170
b) 1500
c) 131 000
d) 708 000

a) 5 · 17 · 2
= 5 · 2 · 17
= 10 · 17
= 170

b) 4 · 15 · 25
= 4 · 25 · 15
= 100 · 15
= 1500

c) 131 · 8 · 125
= 131 · (8 · 125)
= 131 · 1000
= 131 000

d) 50 · 20 · 708
= (50 · 20) · 708
= 1000 · 708
= 708 000

4 a) 324 198
b) 305 928
c) 266 400
d) 445 655

a)

	4	9	8	·	6	5	1
		2	9	8	8	0	0
+			2	4	9	0	0
+					4	9	8
		1	1	2			
		3	2	4	1	9	8

Ü.: ≈ 500 · 650 = 325 000 ✓

b)

	5	0	4	·	6	0	7
		3	0	2	4	0	0
+				0	0	0	0
+				3	5	2	8
		3	0	5	9	2	8

Ü.: ≈ 500 · 600 = 300 000 ✓

c)

	3	6	0	·	7	4	0
		2	5	2	0	0	0
+			1	4	4	0	0
+					0	0	0
		2	6	6	4	0	0

Ü.: ≈ 400 · 700 = 280 000 ✓

d)

	5	2	4	3	·	8	5
	4	1	9	4	4	0	
+		2	6	2	1	5	
		1					
	4	4	5	6	5	5	

Ü.: ≈ 5000 · 90 = 450 000 ✓

5 a) 1637
b) 1256
c) 718
d) 786

a) 4911 : 3 = 1637
```
 4 9 1 1 : 3 = 1 6 3 7
-3
 1 9
-1 8
   1 1
 -   9
     2 1
   - 2 1
       0
```
Umkehraufgabe: 1637 · 3 = 4911 ✓

b) 6280 : 5 = 1256
```
 6 2 8 0 : 5 = 1 2 5 6
-5
 1 2
-1 0
   2 8
 - 2 5
     3 0
   - 3 0
       0
```
Umkehraufgabe: 1256 · 5 = 6280 ✓

c) 5744 : 8 = 718
```
 5 7 4 4 : 8 = 7 1 8
-5 6
   1 4
 -   8
     6 4
   - 6 4
       0
```
Umkehraufgabe: 718 · 8 = 5744 ✓

d) 8646 : 11 = 786
```
 8 6 4 6 : 1 1 = 7 8 6
-7 7
   9 4
 - 8 8
     6 6
   - 6 6
       0
```
Umkehraufgabe:

7	8	6	·	1	1	
	7	8	6	0		
+		7	8	6		
	8	6	4	6	✓	

6

a)

6	2	3	·	6
	3	7	3	8

b)

1	7	5	·	2	3
		3	5	0	0
+			5	2	5
	1				
		4	0	2	5

c)

1	2	3	·	4	5
		4	9	2	0
+			6	1	5
	1				
		5	5	3	5

a) 3 · ▪ = ▪8 Welches Ergebnis hat am Ende eine 8?
b) 175 · ▪ = 5▪5 Welches Ergebnis hat am Anfang und am Ende eine 5?
c) 3 · ▪ = ▪2 Welches Ergebnis hat am Ende eine 2?

7 a) 1104 Zuschauer
b) 4 €

a)

	2	3	·	4	8
			9	2	0
+			1	8	4
		1	1		
		1	1	0	4

Es waren 1104 Zuschauer da.

b)
```
  4 4 1 6 : 1 1 0 4 = 4
- 4 4 1 6
        0
```
Eine Eintrittskarte hat 4 € gekostet.

Vergiss die Einheit im Antwortsatz nicht.

Größen im Alltag Noch fit?

Seite 105

1 ① Mit der Waage kann man Gewichte messen. Beispiel: Der Hamster wiegt 40 Gramm.
② Mit dem Zollstock kann man Längen messen. Beispiel: Das Zimmer ist 4 Meter lang.
③ Mit der Geldkassette kann man Geld zählen. Beispiel: Die Äpfel kosten 3 Euro.
④ Mit der Stoppuhr kann man die Zeit messen. Beispiel: Der Film dauert 2 Stunden.

2 Euro-Scheine: 5 Euro; 10 Euro; 20 Euro; 50 Euro; 100 Euro; 200 Euro; 500 Euro
Euro-Münzen: 1 Euro; 2 Euro
Cent-Münzen: 1 Cent; 2 Cent; 5 Cent; 10 Cent; 20 Cent; 50 Cent

3 Beispiele:
Das Bein ist 1 Meter lang.
Das Auto ist 2 Meter breit.
Der Turm ist 50 Meter hoch.

5 a) Es ist 9.00 Uhr. Oder: Es ist 21.00 Uhr.
b) Es ist 12.30 Uhr. Oder: Es ist 0.30 Uhr.

6 a) $6 \cdot 10 = 60$
$6 \cdot 100 = 600$
$6 \cdot 1000 = 6000$

b) $30\,000 : 10 = 3000$
$30\,000 : 100 = 300$
$30\,000 : 1000 = 30$

2 Euro-Scheine: 5 Euro; 10 Euro; 20 Euro; 50 Euro; 100 Euro; 200 Euro; 500 Euro
Euro-Münzen: 1 Euro; 2 Euro
Cent-Münzen: 1 Cent; 2 Cent; 5 Cent; 10 Cent; 20 Cent; 50 Cent

3 zum Beispiel:
Das Bein ist 1 Meter lang.
Das Auto ist 2 Meter breit.
Der Brunnen ist 5 Meter tief.
Der Turm ist 50 Meter hoch.

4 von leicht nach schwer geordnet: Ameise, Hamster, Katze, Hund, Pferd, Elefant

5 a) Es ist 2.00 Uhr. Oder: Es ist 14.00 Uhr.
b) Es ist 10.15 Uhr. Oder: Es ist 22.15 Uhr.

6 a) $16 \cdot 10 = 160$ — 1 Null ergänzen bei $\cdot 10$
$16 \cdot 100 = 1600$ — 2 Nullen ergänzen bei $\cdot 100$
$16 \cdot 1000 = 16\,000$ — 3 Nullen ergänzen bei $\cdot 1000$

b) $70\,000 : 10 = 7000$ — 1 Null streichen bei $: 10$
$70\,000 : 100 = 700$ — 2 Nullen streichen bei $: 100$
$70\,000 : 1000 = 70$ — 3 Nullen streichen bei $: 1000$

Größen im Alltag Klar soweit?

Seite 122/123

1 a) 1,30 € = 1 € + 20 ct + 10 ct
b) 2,65 € = 2 € + 50 ct + 10 ct + 5 ct
c) 0,73 € = 50 ct + 20 ct + 2 ct + 1 ct

2 a) 4,50 € b) 2,25 € c) 1,30 € d) 3 €

1 a) Münzen: 2 €; 1 €; 20 ct; 10 ct; 5 ct
b) Scheine: 5 €
Münzen: 50 ct; 20 ct; 5 ct; 2 ct
c) Münzen: 2-mal 2 €; 50 ct; 20 ct; 10 ct; 5 ct; 2 ct; 1 ct

2 a) 4,20 € b) 5,55 € c) 3,39 € d) 0,80 €

3

	Kaufpreis	gegeben	Wechselgeld
a)	4,00 €	5,00 €	1,00 €
b)	2,60 €	3,00 €	0,40 €
c)	6,50 €	10,00 €	3,50 €

3

	Kaufpreis	gegeben	Wechselgeld
a)	14,00 €	20,00 €	6,00 €
b)	4,40 €	10,00 €	5,60 €
c)	31,50 €	35,00 €	3,50 €

4 a) cm b) mm c) km d) m e) cm f) mm dick und cm hoch

5 a) 6 dm = 600 cm; 3 km = 300 000 cm;
20 mm = 2 cm; 2 m = 200 cm
b) 5 km = 5000 m; 80 dm = 80 m;
2000 mm = 2 m; 900 cm = 9 m;

5 a) 200 cm; 60 cm; 2 cm; 375 cm; 8 cm
b) 5300 m; 8,5 m; 5,5 m; 9,2 m; 700 m

6 a) 5,5 cm = 5 cm 5 mm = 55 mm
b) 3,1 dm = 3 dm 1 cm = 31 cm
c) 10,3 dm = 10 dm 3 cm = 103 cm
d) 2,5 m = 2 m 5 dm = 25 dm

6 a) 5 dm 6 cm = 56 cm
b) 50 dm 6 cm = 506 cm
c) 1 cm 5 mm = 15 mm
d) 20 m 9 dm = 209 dm
e) 2 m 8 dm = 28 dm
f) 53 dm 1 cm = 531 cm

7 Stift: g Auto: t Briefmarke: g Buch: g Hund: kg

8 a) 4 kg = 4000 g; 8 kg = 8000 g;
1 kg 500 g = 1500 g; 3 t = 3000 kg
= 3 000 000 g;
b) 2000 g = 2 kg; 15 t = 15 000 kg;
460 000 g = 460 kg; 5 t 80 kg = 5080 kg;

8 a) 45 000 g; 202 000 kg; 6500 kg
b) 5 t; 69 kg; 2,4 kg

9 a) 3500 g b) 10 850 gg
c) 32 500 g d) 4400 g

9 a) 5600 g b) 6070 kg
c) 62 100 g d) 999 500 g

10 Zutaten: 250 g + 100 g + 100 g + 70 g + 300 g = 820 g
820 g < 1000 g. Die Zutaten wiegen insgesamt weniger als 1 kg.

10 Einkäufe: 3,5 kg + 2900 g + 4,9 kg
= 3500 g + 2900 g + 4900 g = 11 300 g
Die Papiertüte kann 10 kg = 10 000 g tragen.
Der Einkauf ist schwerer als 10 000 g.
Bonny kann nicht alles in der Papiertüte tragen.

11 a) 60 min b) 120 s c) 24 h d) 120 min

11 a) 120 min b) 440 s c) 336 h d) 3600 s

12 a) 12.30 Uhr
b) 13.00 Uhr
c) 13.30 Uhr
d) 14.30 Uhr

12 a) 4.00 Uhr oder 16.00 Uhr
b) 5.15 Uhr oder 17.15 Uhr
c) 4.45 Uhr oder 16.45 Uhr
d) 9.35 Uhr oder 21.35 Uhr
e) 11.10 Uhr oder 23.10 Uhr

13 a) 1 h 30 min oder 90 min
b) 2 h 40 min oder 160 min
c) 1 h 15 min oder 75 min
d) 4 h 17 min oder 257 min

13 a) 3 h 50 min oder 230 min
b) 73 min oder 1 h 13 min
c) 5 h 15 min oder 315 min
d) 6 h 15 min oder 375 min

Größen im Alltag Teste dich!

Seite 131

1 a) Die Limo kostet 2 €. b) Die Lehrerin ist 178 cm groß. c) Der Fuchs wiegt 3 kg. d) Eine Schulstunde dauert 45 min.	a) „kosten“, also Geld. Die Einheit ct ist hier sinnvoll. b) „groß, also Länge, Die Einheit cm ist hier sinnvoll. c) „wiegen“, also Gewicht. Die Einheit g ist hier sinnvoll. d) „dauert“, also Zeit. Die Einheit min ist hier sinnvoll.
2 a) 4,68 € = 4 € 68 ct b) 1 m 20 cm = 120 cm c) 3 kg 250 g = 3250 g d) 2h 15 min = 135 min	a) Vor dem Komma €, hinter dem Komma ct. b) 1m + 20 cm = 100 cm + 20 cm = 120 cm c) 3 kg + 250g = 3000 g + 250 g = 3250 g d) 2 h + 15 min =120 min + 15 min = 135 min
3 30 g < 9 kg 990 g < 12 000 g < 500 kg < 2 t 900 kg < 3 t	Rechne zuerst alle Gewichte in die gleiche Einheit um, z. B. in g. Ordne dann die Gewichte. 30 g < 9990 g < 12 000 g < 500 000 g < 2 900 000 g < 3 000 000 g
4 a) 700 cm oder 7 m b) 1400 m oder 1,4 km c) 12 dm	a) 2 m + 500 cm = 200 cm + 500 cm = 700 cm = 7 m b) 1,5 km – 100 m = 1500 m – 100 m = 1400 m = 1,4 km c) 6 · 2 dm = 12 dm
5 Der Gesamtpreis beträgt 17,84 €	Überschlag: 8 € + 6 € + 3 · 1 € = 17 € Rechnung: 7,99 € + 5,68 € + 3 · 1,39 € = 799 ct + 568 ct + 3 · 139 ct = 1784 ct = 17,84 €
6 a) 0,60 € b) 0,70 € c) 0,80 € d) 0,70 €	d) Von 12.40 Uhr bis 15.15 Uhr sind es 2 h 35 min.

Größen im Alltag Teste dich!

Seite 131

1 a) g
b) ct
c) m
d) cm

a) Die Zeitschrift wiegt 300 ■.
b) Die Milch kostet 60 ■.
c) Der Bus ist 14 ■ lang.
d) Die Tür ist 80 ■ breit.

wiegen, also Gewicht: ~~t~~, ~~kg~~, g
kosten, also Geld: ~~€~~, ct
lang, also Länge: ~~km~~, m, ~~dm~~, ~~cm~~, ~~mm~~
breit, also Länge: ~~km~~, ~~m~~, ~~dm~~, cm, ~~mm~~

2 a) 324 € 90 ct
b) 150 cm
c) 3 521 999 g
d) 2 h 1 min

a) Vor dem Komma €, hinter dem Komma ct.
b) 1,50 m = 1 m 50 cm = 100 cm + 50 cm = 150 cm
c) 3 t = 3000 kg = 3 000 000 g
521 kg = 521 000 g   3 000 000 g + 521 000 g + 999 g = 3 521 999 g
d) 121 min = 120 min + 1 min = 2 h + 1 min

> t in g schrittweise umrechnen

3 2000 g
12 000 g
340 kg 999 g
3 t 450 kg
5 t; 9999 kg

Erst alle Gewichte in die gleiche Einheit umrechnen: g
2000 g   5 t = 5000 kg = 5 000 000 g
3 t 450 kg = 3450 kg = 3 450 000 g   9999 kg = 9 999 000 g
12 000 g   340 kg 999 g = 340 999 g
Ordne dann die Gewichte:
2000 g 12 000 g 340 999 g 3 450 000 g 5 000 000 g 9 999 000 g

> Umrechnungszahl 1000

4 a) 790 cm
b) 105 cm
c) 95 002 dm

a) 8,20 m = 820 cm   820 cm − 30 cm = 790 cm
b) 1,5 dm = 15 cm   7 · 15 cm = 105 cm
c) 8 km = 8000 m = 80 000 dm 1500 m = 15 000 dm
80 000 dm + 15 000 dm + 2 dm = 95 002 dm

> Rechne erst in eine kleinere Einheit um.

5 Das Geld reicht.
Er bekommt 2,56 € Wechselgeld.

Es sind 12 Milchpackungen. Jede kostet 0,62 € = 62 ct. 12 · 62 ct = 744 ct = 7,44 €
Die Kartons kosten zusammen 7,44 €.
10 € − 7,44 € = 1000 ct − 744 ct = 256 ct = 2,56 €

6 a) Marlon hätte noch 1 h und 14 min bleiben können.
b) Ja, Marlon hätte auch eine Karte für den 2-Stunden-Tarif kaufen können.

a) Von 13.57 Uhr bis 15.43 Uhr sind es 1 h 46 min.
3 h − 1 h 46 min = 180 min − 106 min = 74 min = 1 h 14 min
b) 2 Stunden später als 13.57 Uhr: 15.57 Uhr
So lange kann man mit dem 2-Stunden-Tarif bleiben.
Marlon ist früher als 15.57 Uhr gegangen.
oder:
Von 13.57 Uhr bis 15.43 Uhr sind es 1 h 46 min.
Das sind weniger als 2 h.

Flächen Noch fit?

Seite 133

1 a = 2 cm; b = 4 cm; c = 6 cm; d = 3 cm

1 a = 5 cm; b = 3 cm; c = 3,5 cm; d = 5,5 cm

2 a) b) c) d)

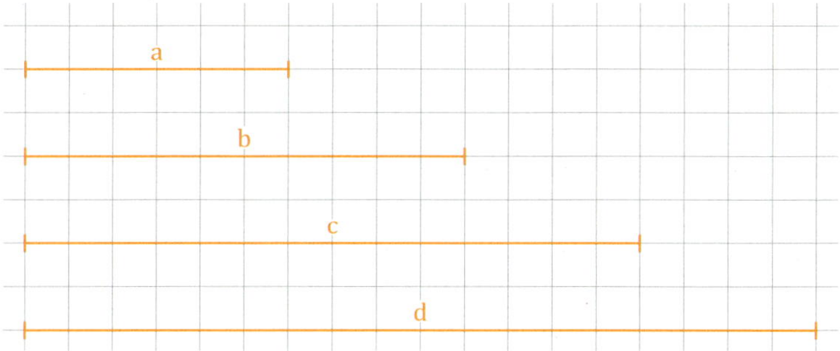

2

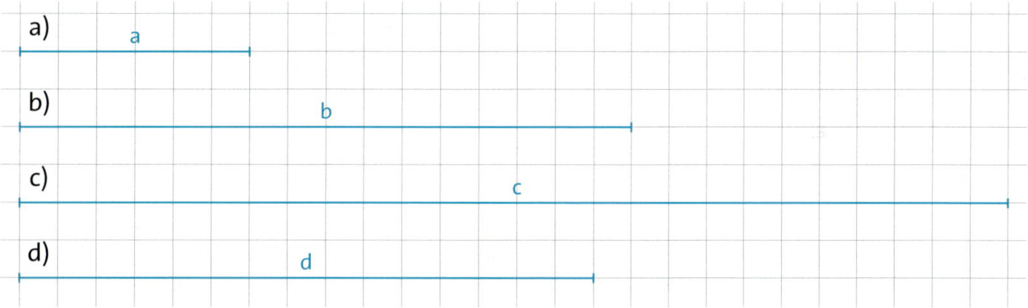

3 a) Jedes Vieleck hat **Ecken**: A, B, C, …
Die Ecken werden mit Strecken verbunden.
Sie heißen **Seiten**: a, b, c, …
Ein Dreieck hat 3 Ecken und 3 Seiten,
ein Viereck 4 Ecken und 4 Seiten,
ein Fünfeck 5 Ecken und 5 Seiten, …

b)

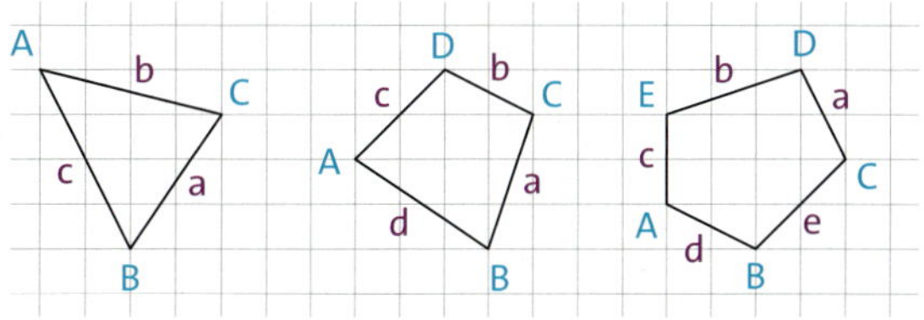

4 a) a || c
b) a ⊥ d; b ⊥ c

4 parallel: a || d; b || c
senkrecht: b ⊥ e; c ⊥ e

5 a) 70 dm b) 50 mm
c) 9 m d) 1 dm

5 a) 120 mm b) 1500 cm
c) 0,78 km d) 90 000 cm

Flächen Klar soweit?

Seite 152/153

1 Die Vierecke ② und ③ sind Quadrate:
- Alle Winkel sind rechte Winkel.
- Gegenüberliegende Seiten sind parallel.
- Alle Seiten sind gleich lang.

Die Vierecke ① und ④ sind Rechtecke:
- Alle Winkel sind rechte Winkel.
- Gegenüberliegende Seiten sind parallel.
- Gegenüberliegende Seiten sind gleich lang

2 a) b)

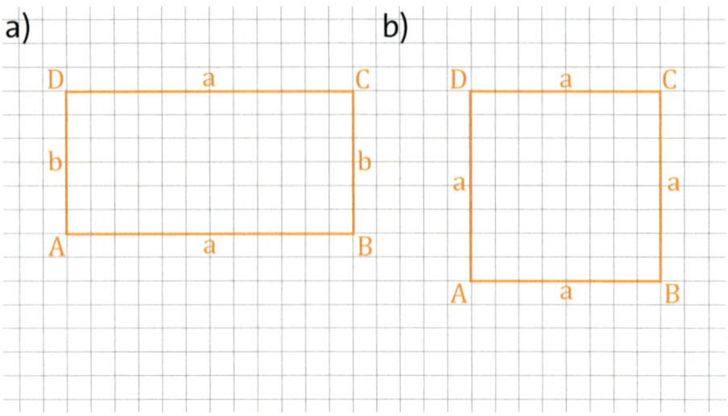

1 ① und ③ sind Quadrate:
- Alle Winkel sind rechte Winkel.
- Gegenüberliegende Seiten sind parallel.
- Alle Seiten sind gleich lang.

② und ④ sind Rechtecke:
- Alle Winkel sind rechte Winkel.
- Gegenüberliegende Seiten sind parallel.
- Gegenüberliegende Seiten gleich lang.

2 a) b)

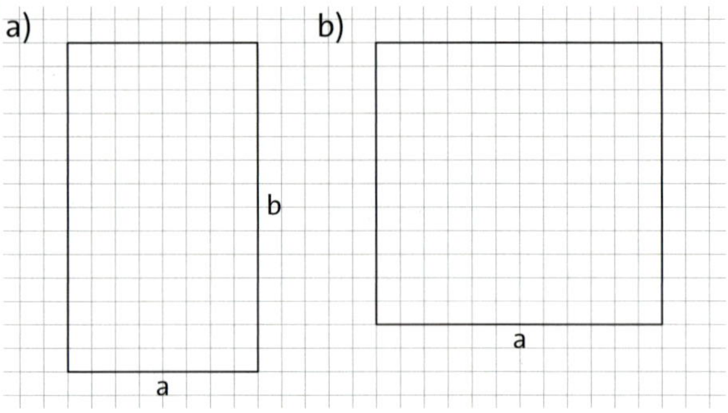

3 **Trapez:**
a)

Parallelogramm:
a) d) e)

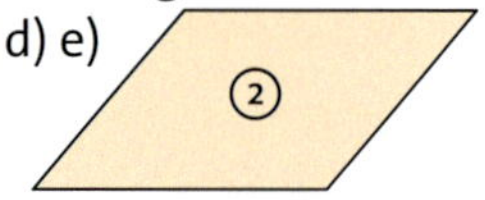

Drachen:
c)

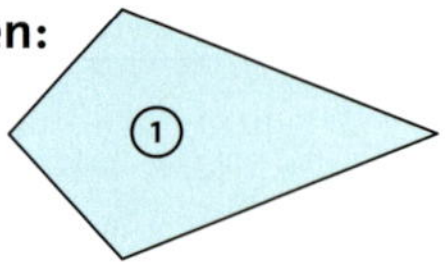

Raute:
a) b)
c) d) e)

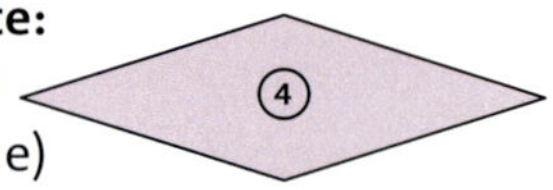

4 ① u = 70 cm ② u = 79 cm

5 a) u = 18 cm b) u = 26 cm
c) u = 12 cm d) u = 20 cm

6 Figur ② ist mit 17 Kästchen am größten.

7 a) ① 500 mm^2 ② 100 cm^2
③ 200 dm^2 ④ 109 000 dm^2
b) ① 1 cm^2 ② 4 dm^2
③ 80 m^2 ④ 305 a

8 a) 9 600 mm^2 b) 8 m^2
c) 200 cm^2 d) 7 020 cm^2

9 a) A = 24 cm^2 b) A = 36 cm^2
c) A = 25 cm^2 d) A = 100 cm^2

10 Das Grundstück ist 112 m^2 groß.

11 ① a = 8 cm, denn 8 cm · 6 cm = 42 cm^2
② a = 4 cm, denn 4 cm · 4 cm = 16 cm^2

4 ① u = 76 cm ② u = 76 cm

5 a) u = 38 cm b) u = 62 cm
c) u = 36 cm d) u = 48 cm

6 Figur ① ist mit 16 Kästchen am größten.

7 a) ① 700 mm^2 ② 4800 dm^2
③ 13 600 cm^2 ④ 719 900 ha
b) ① 9 cm^2 ② 52 m^2
③ 109 km^2 ④ 7010 a

8 a) 40 000 cm^2 b) 24 dm^2
c) 3 970 000 cm^2 d) 510 ha

9 a) A = 56 cm^2 b) A = 360 cm^2
c) A = 49 cm^2 d) A = 196 cm^2

10 23 m · 19 m = 437 m^2

11 ① a = 8 cm, denn 8 cm · 9 cm = 72 cm^2
② a = 7 cm, denn 7 cm · 7 cm = 49 cm^2

Flächen **Teste dich!**

Seite 161

1

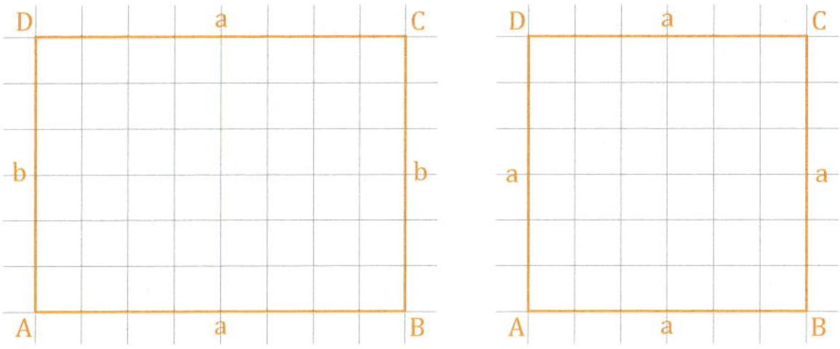

a) u = 4 cm + 3 cm + 4 cm + 3 cm
u = 14 cm
$A = 4\ cm \cdot 3\ cm$
$A = 12\ cm^2$

b) $u = 4 \cdot 3\ cm$
u = 12 cm
$A = 3\ cm \cdot 3\ cm$
$A = 9\ cm^2$

Umfang: außen herum
Flächeninhalt: innen ausgefüllt

2

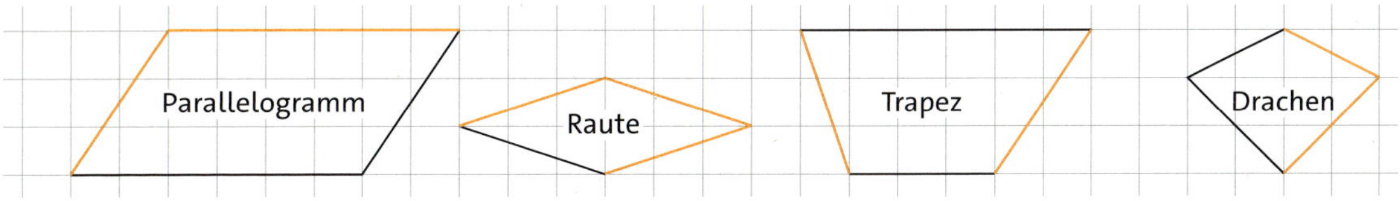

3 a) Quadrat
b) Quadrat, Rechteck, Parallelogramm
c) Parallelogramm

Prüfe die Eigenschaften von …
Rechteck und Quadrat: S. 134
Parallelogramm, Raute, Trapez und Drachen: S. 136

4 Figur ② ist größer.
Figur ② ist 8 Kästchen groß und Figur ① ist nur 7 Kästchen groß.

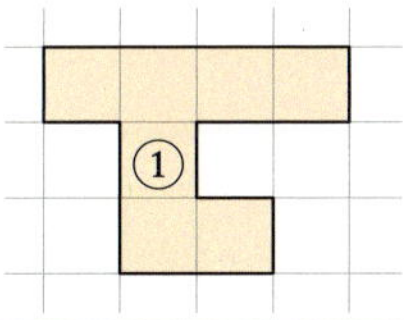

7 ganze Kästchen

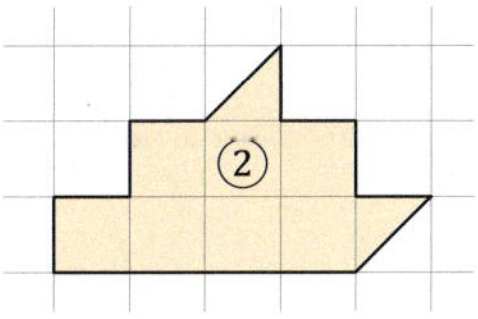

7 ganze + 2 halbe Kästchen, also insgesamt 8 Kästchen

5 a) $300\ mm^2$
b) $5\,000\ dm^2$
c) $8\ dm^2$
d) $1\,000\ cm^2$

a) von cm^2 in mm^2: Das ist die nächstkleinere Einheit, also $\cdot\ 100$
b) von m^2 in dm^2: Das ist die nächstkleinere Einheit, also $\cdot\ 100$
c) von cm^2 in dm^2: Das ist die nächstgrößere Einheit, also : 100
d) rechne schrittweise: erst : 100 in cm^2, dann noch einmal : 100 in dm^2

6 a = 6 cm

u = a + a + a + a = 24 cm oder $u = 4 \cdot a = 24\ cm$
24 cm : 4 = 6 cm, also a = 6 cm

Was muss man mit 4 multiplizieren, damit 24 herauskommt?

7 Man braucht 18 m Zaun.
Die Wiese ist $16\ m^2$ groß.

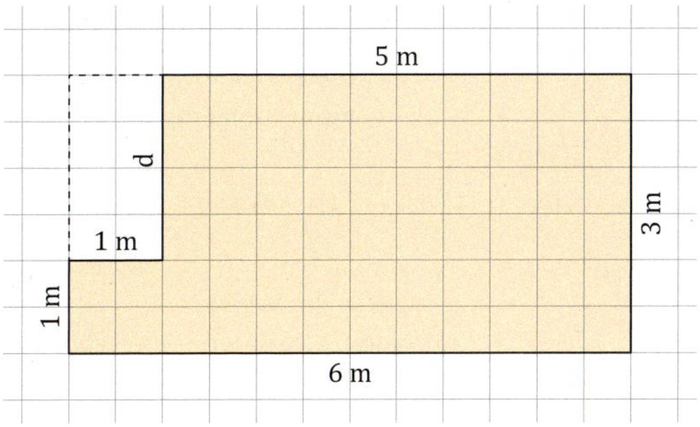

fehlende Seitenlänge: d = 3 m – 1 m
d = 2 m

Länge des Zaunes: u = alle Seitenlängen

u = 6 m + 3 m + 5 m + 2 m + 1 m + 1 m = 18 m

großes Rechteck: $6\ m \cdot 3\ m = 18\ m^2$
ergänztes Rechteck: $1\ m \cdot 2\ m = 2\ m^2$
Größe der Wiese: $A = 18\ m^2 - 2\ m^2 = 16\ m^2$

Flächen Teste dich!

Seite 161

1

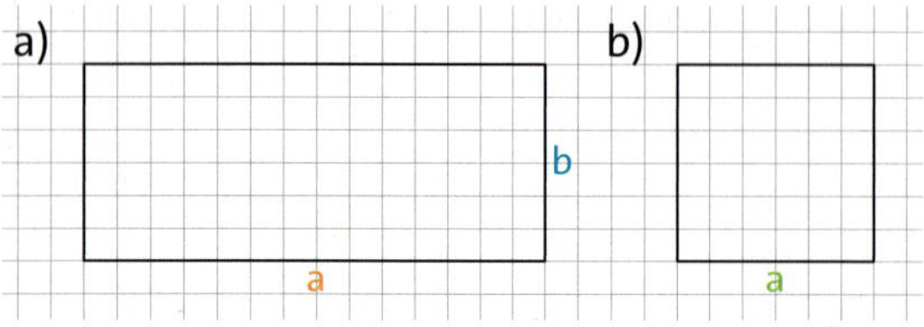

u = 20 cm, A = 21 cm² u = 12 cm, A = 9 cm²

a) u = 7 cm + 3 cm + 7 cm + 3 cm = 20 cm
A = 7 cm · 3 cm = 21 cm²
b) u = 3 cm + 3 cm + 3 cm + 3 cm = 12 cm
A = 3 cm · 3 cm = 9 cm²

Deine Vierecke sollten doppelt so groß sein.

2

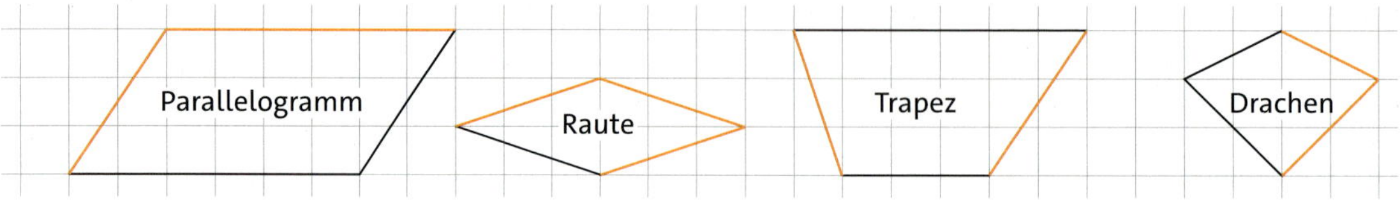

3 a) Parallelogramm, Raute, Rechteck, Quadrat
b) Trapez
c) Trapez, Parallelogramm, Raute, Drachen

Prüfe die Eigenschaften von …
Rechteck und Quadrat: S. 134
Parallelogramm, Raute, Trapez und Drachen: S. 136

4 Figur ② ist größer. Figur ② ist 7 Kästchen groß und Figur ① ist nur 6 Kästchen groß.

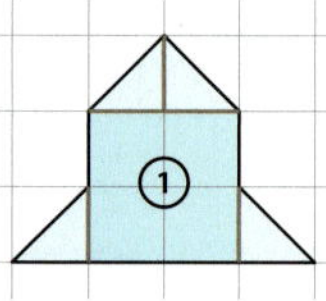

4 ganze + 4 halbe Kästchen, also insgesamt 6 Kästchen

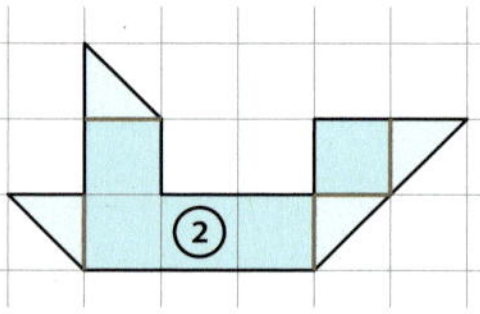

5 ganze + 4 halbe Kästchen, also insgesamt 7 Kästchen

5 a) 1000 mm²
b) 5000 ha
c) 48 dm²
d) 7 m²

a) von cm² in mm²: Das ist die nächstkleinere Einheit, also · 100
b) von km² in ha: Das ist die nächstkleinere Einheit, also · 100
c) von cm² in dm²: Das ist die nächstgrößere Einheit, also : 100
d) rechne schrittweise: erst : 100 in dm², dann noch einmal : 100 in m²

6 A = 81 cm²

u = a + a + a + a = 36 cm oder u = 4 · a = 36 cm
a = 9 cm, also A = 9 cm · 9 cm = 81 cm²

Was muss man mit 4 multiplizieren, damit 36 herauskommt?

7 Man braucht 64 m Zaun. Die Wiese ist 250 m² groß.

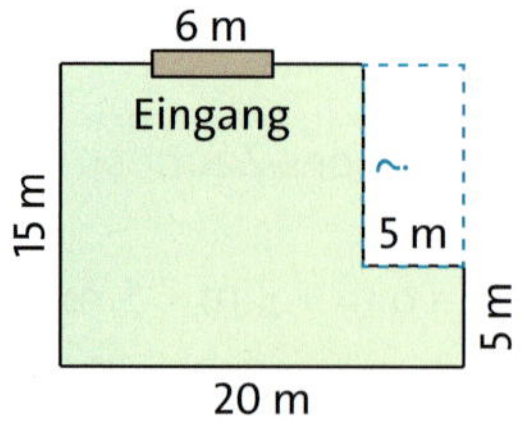

fehlende Seitenlänge:
15 m – 5 m = 10 m

Zaun:
u = alle Seitenlängen minus den Eingang

u = 15 m + 20 m + 5 m
+ 5 m + 10 m + 15 m – 6 m = 64 m

großes Rechteck: A = 20 m · 15 m = 300 m²
das ergänzte Rechteck: 5 m · 10 m = 50 m²
also A = 300 m² – 50 m² = 250 m²

Größe der Wiese:
A der zusammengesetzten Fläche

Brüche Noch fit?

Seite 163

1 a) 30 : 5 = 6 b) 60 : 6 = 10
c) 21 : 3 = 7 d) 48 : 8 = 6

1 a) 7 b) 12 c) 10 d) 32

2 a)

Jeder bekommt 4 Stücke.

b)

Jedes Kind bekommt 2 Stücke.

c)

8 Kinder haben geteilt.

3 a) 3 € = 300 ct b) 5 kg = 5000 g
c) 60 min = 1 h d) 40 cm = 4 dm

3 a) 30 mm b) 500 ct c) 4000 g
d) 2 h e) 2 m

4 a) 9.30 Uhr oder „halb 10“ b) 2.15 Uhr oder „viertel nach 2“ c) 11.45 Uhr oder „viertel vor 12“

5 a) Mirco bekommt 3 € Taschengeld
b) Das Taschengeld wird in zwei Hälften geteilt. Beide sind gleich groß und ergeben jeweils die Hälfte des ganzen Taschengeldes.

5 a) Eine Halbzeit dauert 45 Minuten.
b) Beim Fußball wird die Spielzeit in zwei Halbzeiten geteilt. Beide sind gleich lang und dauern jeweils die Hälfte der ganzen Spielzeit.

6 a) Die Vase ist halb voll.
Es passt noch einmal so viel Wasser hinein und dann ist die Vase ganz voll.
b) Die Vase ist nicht halb voll.
Wenn man noch einmal so viel Wasser hineingießt, ist die Vase immer noch nicht voll
c) Die Vase ist halb voll.
Es passt noch einmal so viel Wasser hinein und dann ist die Vase ganz voll.

6 a) Die Vase ist halb voll.
Es passt noch einmal so viel Wasser hinein und dann ist die Vase ganz voll.
b) Die Vase ist nicht halb voll.
Wenn man noch einmal so viel Wasser hineingießt, läuft die Vase über.
c) Die Vase ist halb voll.
Es passt noch einmal so viel Wasser hinein und dann ist die Vase ganz voll.

Brüche Klar soweit?

Seite 172/173

1 a) $\frac{1}{2}$ b) $\frac{1}{4}$ c) $\frac{1}{8}$ d) $\frac{1}{7}$

2 a) b) c)

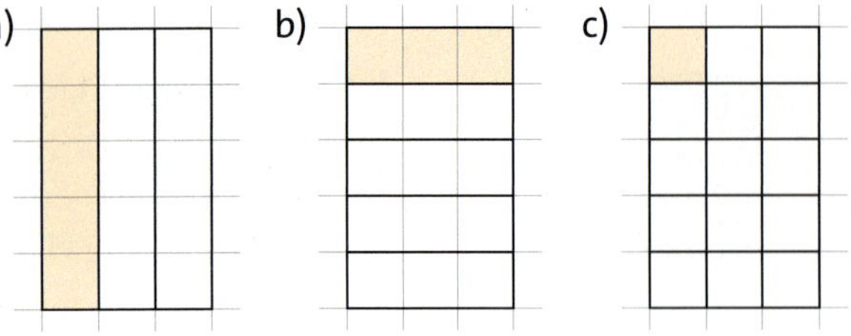

3 a) $\frac{3}{8}$ b) $\frac{2}{6}$ c) $\frac{3}{4}$ d) $\frac{4}{5}$

4 $\frac{7}{12}$

5 Beispiel:

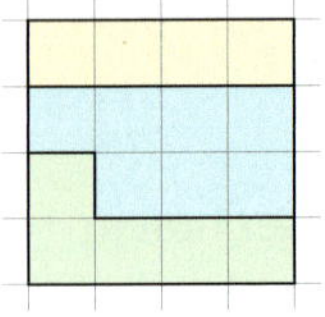

Es sind verschiedene Lösungen möglich, aber es müssen immer 4 Kästchen gelb sein, 5 grün und 7 blau.

6 a) $\frac{2}{2} = 1$ b) $\frac{7}{7} = 1$

7 $\frac{8}{5} = 1\frac{3}{5}$

8 a) 2 km

1 km	1 km	1 km

b) 2 mm

1 mm	1 mm	1 mm	1 mm	1 mm

c) 50 m

10 m	10 m	10 m	10 m	10 m	10 m

9 a) $\frac{3}{4}$ von 8 kg sind 6 kg. b) $\frac{2}{5}$ von 15 min sind 6 min.
c) $\frac{3}{8}$ von 16 g sind 6 g. d) $\frac{5}{6}$ von 24 m sind 20 m

10 a) $\frac{1}{2}$ von 1 m sind 5 dm.
b) $\frac{3}{5}$ von 1 kg sind 600 g
c) $\frac{5}{6}$von 3 cm sind 25 mm

2 a) b) c)

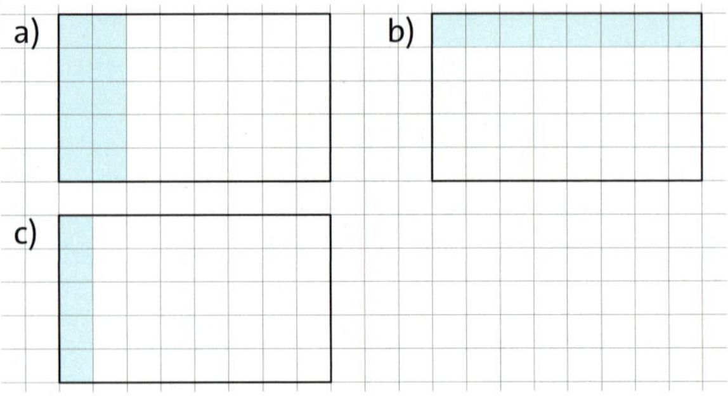

3 a) $\frac{5}{6}$ b) $\frac{2}{5}$ c) $\frac{3}{8}$ d) $\frac{4}{8}$

4 a) $\frac{5}{12}$ b) $\frac{7}{12}$

5 zum Beispiel:

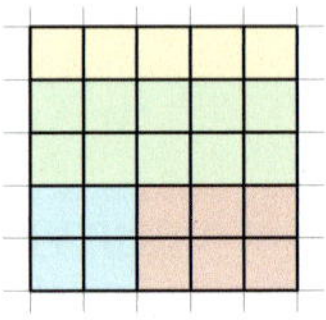

Es sind verschiedene Lösungen möglich, aber es müssen immer 5 Kästchen gelb sein, 10 grün, 4 blau und 6 rot.

6 a) $\frac{5}{5} = 1$ b) $\frac{6}{6} = 1$

7 $\frac{11}{6} = 1\frac{5}{6}$

8 a) 6 cm

3 cm	3 cm	3 cm	3 cm	3 cm	3 cm

b) 20 mm

5 mm	5 mm	5 mm	5 mm	5 mm

c) 9 m

3 m	3 m	3 m	3 m	3 m	3 m	3 m	3 m

9 a) 6 kg b) 28 m c) 20 min

10 a) 750 g b) 8 dm
c) 875 kg d) 1600 m

Brüche Teste dich!

Seite 179

1 a) orange: $\frac{3}{4}$

b) orange: $\frac{2}{5}$

c) orange: $\frac{1}{2}$

d) orange: $\frac{6}{10}$

orange:
Wie viele Teile sind orange? Das kommt in den **Zähler**.
Wie viele gleich große Teile sind es? Das kommt in den **Nenner**.

2

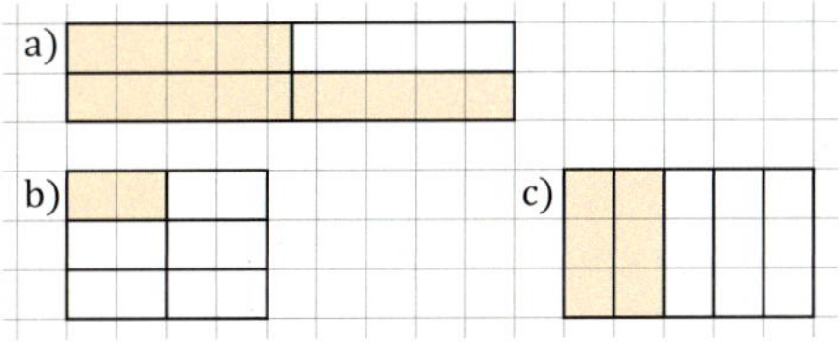

a) Teile die Figur in 4 gleich große Teile.
Male 3 Teile bunt.
b) Teile die Figur in 6 gleich große Teile.
Male 1 Teile bunt.
c) Teile die Figur in 5 gleich große Teile.
Male 2 Teile bunt.

3 a) Es sind $\frac{6}{3}$ = 2 Pizzen.

b) $\frac{2}{3}$

a) Es sind 6 Pizzastücke.
Beide Pizzen wurden in 3 gleich große Stücke geteilt.
b) Jedes Kind bekommt 2 Stücke.
Das sind $\frac{2}{3}$ einer Pizza.

Nenner: alle Teile
Zähler: Teile einer Farbe

4 a) 3 kg
b) 18 €
c) 3 cm
d) 24 mm

Bei c) und d) muss man erst in eine kleinere Einheit umrechnen.

a)

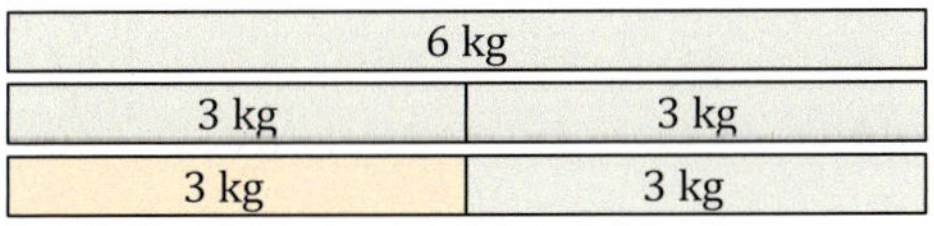

6 kg —:2→ 3 kg

b)

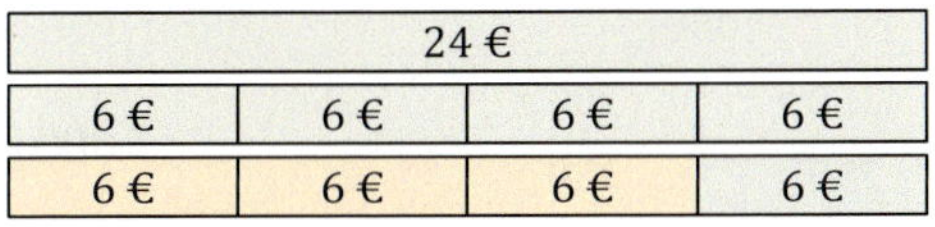

24 € —:4→ 6 € —·3→ 18 €

c) 1 dm = 10 cm

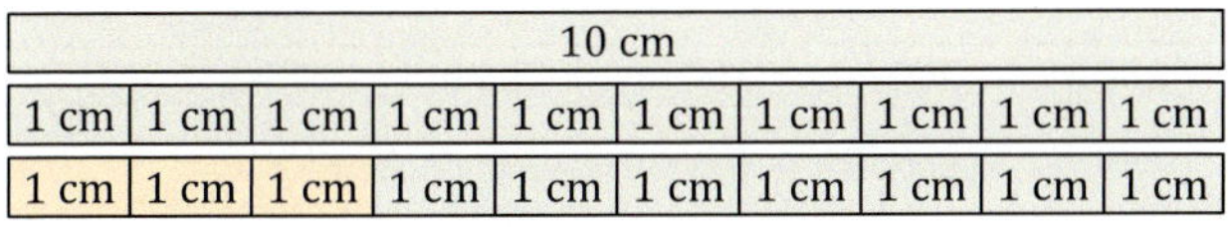

10 cm —:10→ 1 cm —·3→ 3 cm

d) 1 cm = 10 mm

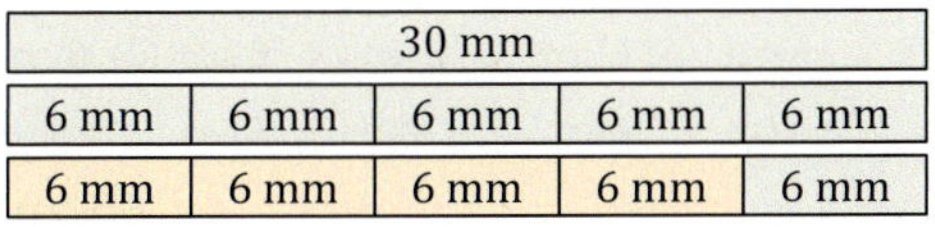

30 mm —:5→ 6 mm —·4→ 24 mm

5 Ollis Behauptung stimmt nicht.
Die Figur besteht insgesamt aus 15 Kästchen, von denen 8 Kästchen orange ausgemalt sind.
Also sind es $\frac{8}{15}$. Das ist mehr als die Hälfte.

Brüche Teste dich!

Seite 179

1 a) orange: $\frac{3}{4}$ blau: $\frac{1}{4}$
b) orange: $\frac{2}{6}$ blau: $\frac{4}{6}$
c) orange: $\frac{4}{6}$ blau: $\frac{2}{6}$
d) orange: $\frac{8}{14}$ blau: $\frac{6}{14}$

orange:
Wie viele Teile sind orange? Das kommt in den **Zähler**.
Wie viele gleich große Teile sind es? Das kommt in den **Nenner**.

2

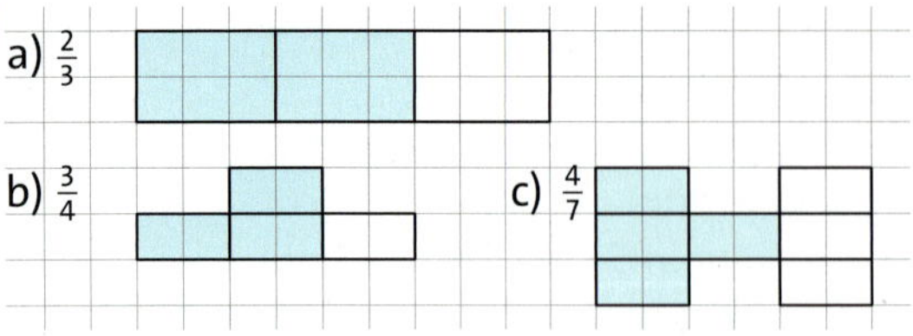

a) Teile die Figur in 3 gleich große Teile. Male 2 Teile bunt.
b) Teile die Figur in 4 gleich große Teile. Male 3 Teile bunt.
c) Teile die Figur in 7 gleich große Teile. Male 4 Teile bunt.

3 a) $\frac{2}{4}$ oder $\frac{1}{2}$
b) $\frac{1}{4}$

a) Jedes Kind bekommt 2 Stücke. Das sind $\frac{2}{4}$ einer Pizza.
b) Jedes Kind bekommt 1 Stück. Das sind $\frac{1}{4}$ einer Pizza.

4 a) 24 €
b) 750 g
c) 400 m
d) 42 cm

Bei b), c) und d) muss man erst in eine kleinere Einheit umrechnen.

a)

56 €						
8 €	8 €	8 €	8 €	8 €	8 €	8 €
8 €	8 €	8 €	8 €	8 €	8 €	8 €

56 € $\xrightarrow{:7}$ 8 € $\xrightarrow{\cdot 3}$ 24 €

b) 1 kg = 1000 g

1000 g			
250 g	250 g	250 g	250 g
250 g	250 g	250 g	250 g

1000 g $\xrightarrow{:4}$ 250 g $\xrightarrow{\cdot 3}$ 750 g

c) 1 km = 1000 m

1000 m				
200 m	200 m	200 m	200 m	200 m
200 m	200 m	200 m	200 m	200 m

1000 m $\xrightarrow{:5}$ 200 m $\xrightarrow{\cdot 2}$ 400 m

d) 6 dm = 60 cm

60 cm									
6 cm	6 cm	6 cm	6 cm	6 cm	6 cm	6 cm	6 cm	6 cm	6 cm
6 cm	6 cm	6 cm	6 cm	6 cm	6 cm	6 cm	6 cm	6 cm	6 cm

60 cm $\xrightarrow{:10}$ 6 cm $\xrightarrow{\cdot 7}$ 42 cm

5 Das stimmt.

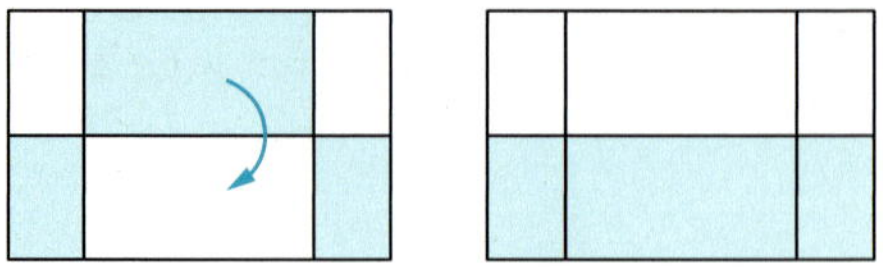

Wenn man das obere Rechteck nach unten klappt, sieht man genau, dass das die Hälfte ist.

Daten Noch fit? *Seite 181*

1 von klein nach groß: 12 € < 21 € < 36 € < 45 € < 54 € < 63 €

2 A(2|3) B(4|1) C(5|2)
D(7|5) E(10|2)

3

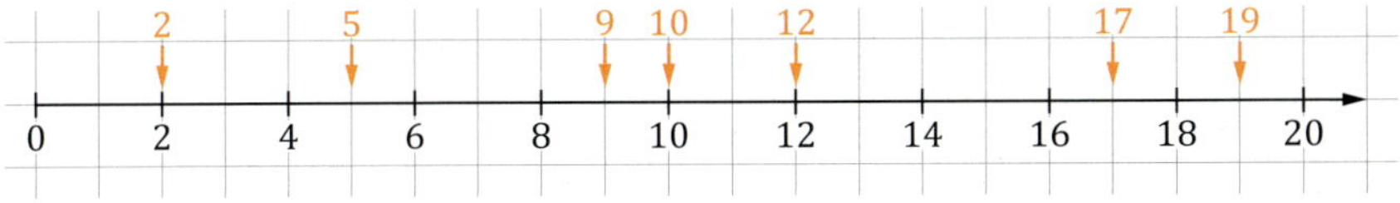

1 von klein nach groß: 306 cm < 325 cm < 352 cm < 356 cm < 360 cm < 365 cm

2 A(1|4) B(3|1) C(5|3)
D(8|5) E(9|2) F(11|4)

3

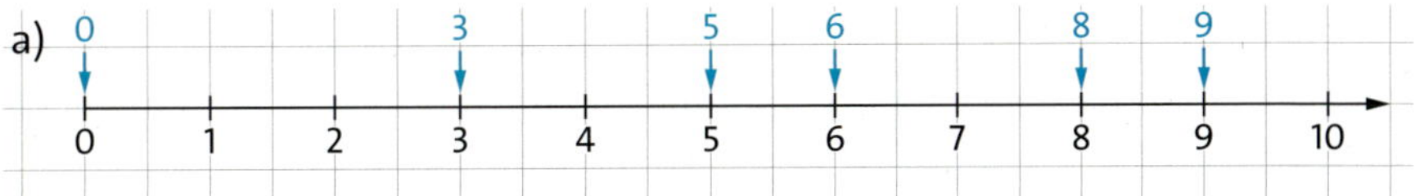

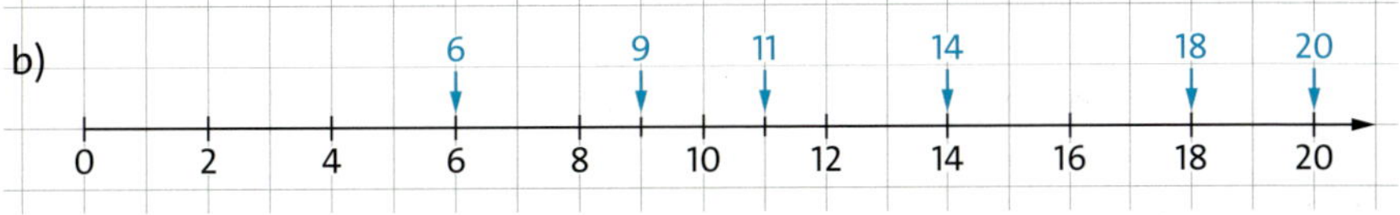

4 a) In den Zeilen stehen die Tiere. In den Spalten stehen Angaben zu Länge und Gewicht.
b) Der Biber ist 100 cm lang. Das Eichhörnchen ist 300 g schwer.
c) Individuelle Lösungen. Beispiele:
Die Maus ist 10 cm lang. Der Biber ist 25 000 g schwer.

4 a) In den Zeilen stehen die Tiere. In den Spalten stehen Angaben zu Länge, Höhe und Gewicht.
b) Die Eidechse ist 13 cm lang.
Das Krokodil ist 200 kg schwer.
Die Schildkröte ist 8 cm hoch.
c) z. B. Das Krokodil ist 3 m lang.
Die Eidechse ist 2 cm hoch.
Die Schildkröte wiegt 350 g.

Daten Klar soweit? *Seite 192/193*

1 a)

Nachtisch	Strichliste	Häufigkeit
Pudding	卌 卌 卌	15
Milchreis	卌	5
Joghurt	||||	4
Obst	卌 ||	7

b) 15 + 5 + 4 + 7 = 31
Es wurden 31 Kinder befragt.

1 a)

Pizza	Strichliste	Häufigkeit
Margherita	卌 卌 ||	12
Schinken	卌 卌 卌 |	16
Salami	卌 ||||	9
Peperoni	卌 卌 卌 卌 ||	22

b) 12 + 16 + 9 + 22 = 59
Es wurden 59 Kinder befragt.

2

Lieblingsfarbe	Strichliste	Häufigkeit
blau	卌	5
rot	卌 |	6
grün	|||| ||	4
gelb	卌 卌 |	11
	Summe:	26

3

Fische	Anzahl
Neonfisch	9
Guppy	9
Welse	7

4 a) Die Stadt erhielt die meisten Stimmen, nämlich fünf.

b) In der Foto-AG sind 13 Kinder.

5

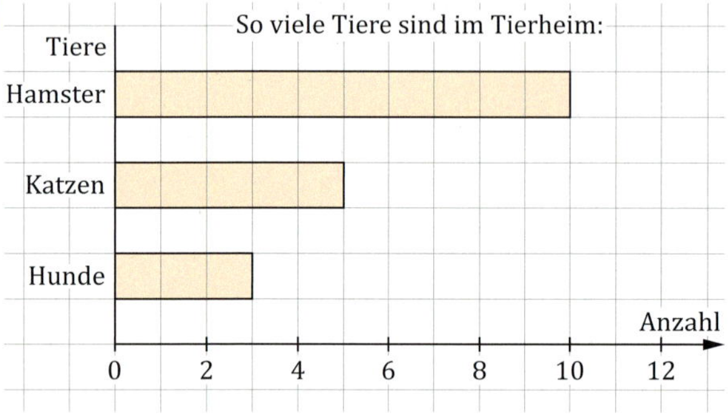

6

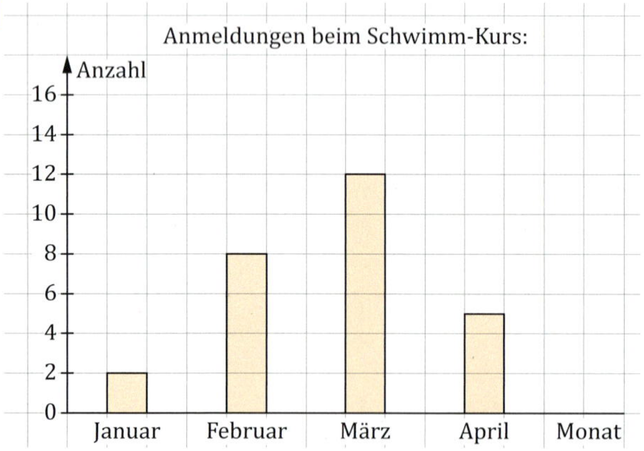

2 a)

Farbe vom Rad	Strichliste	Häufigkeit
blau	卌 ||||	9
rot	卌 |||	8
schwarz	|||	3
grau	卌	5
	Summe:	25

3 a)

Tiere	Anzahl
Ziegen	6
Kaninchen	9
Esel	4
Hühner	7

4 a) Die Tanz-AG wird mit Hip-Hop auftreten.

b) In der Tanz-AG sind 15 Schüler.

5

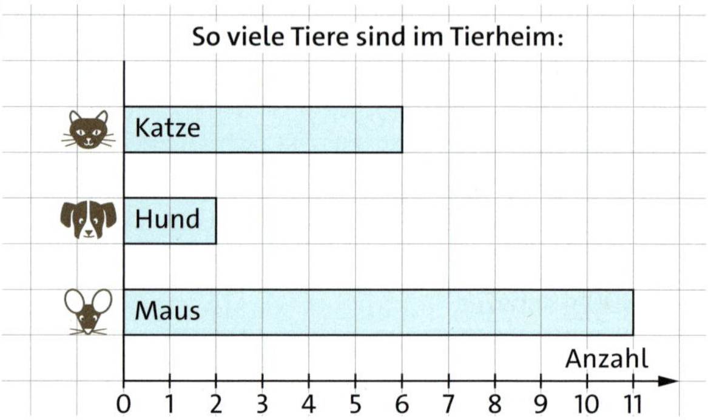

6

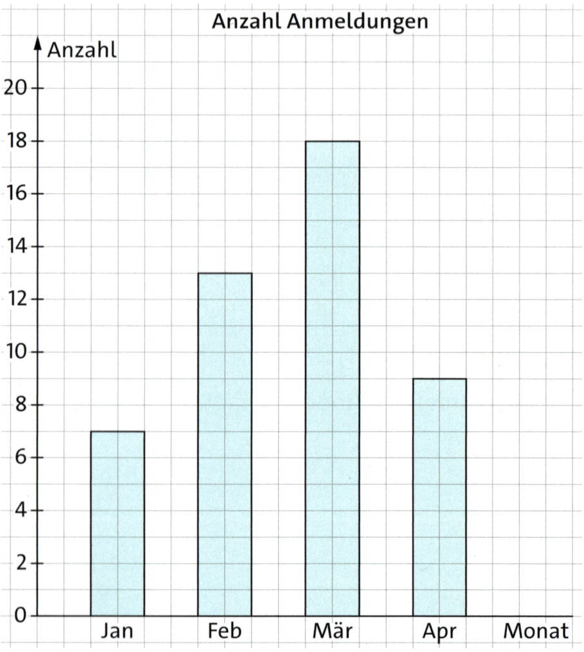

7 a) Maximum: 7 Minimum: 2
b) Spannweite: 5

7 a) Maximum: 8 Minimum: 1
b) Spannweite: 7

8 Minimum: 1 (kleinste Zahl)
Maximum: 22 (größte Zahl)
Spannweite: 21 (22 – 1 = 21)

8 Minimum: 0 (kleinste Zahl)
Maximum: 41 (größte Zahl)
Spannweite: 41 (41 – 0 = 41)

Daten Teste dich!

Seite 199

1 a)

Lieblingsspiele	Strichliste	Häufigkeit
Kartenspiele	𝍸 ||	7
Brettspiele	𝍸 𝍸 ||	12
Computerspiele	𝍸 𝍸 |	11
Puzzles	𝍸 ||	7

b) Es wurden 37 Kinder befragt.

> Fasse bei der Strichliste immer 5 zusammen: 𝍸

b) 7 + 12 + 11 + 7 = 37

2 a) ① Das Balkendiagramm zeigt, wie lang die Tiere sind.
② Das Säulendiagramm zeigt, wie schwer die Tiere sind.
③ Das Figurendiagramm zeigt, wie viele Babys die Tiere bekommen.
④ Das Kreisdiagramm zeigt, wie viele Tiere es im Zoo gibt.
b) Der Hamster ist 20 cm lang, wiegt 400 g und bekommt 12 Babys. Es gibt 5 Hamster im Zoo.

b) ① Der Balken geht bis 20 cm.
② Die Säule geht bis 400 g.
③ Es sind 4 Hamster abgebildet, jede Figur steht für 3 Babys. Also 4 · 3 = 12.
④ $\frac{1}{4}$ von 20 Tieren sind 5.

3

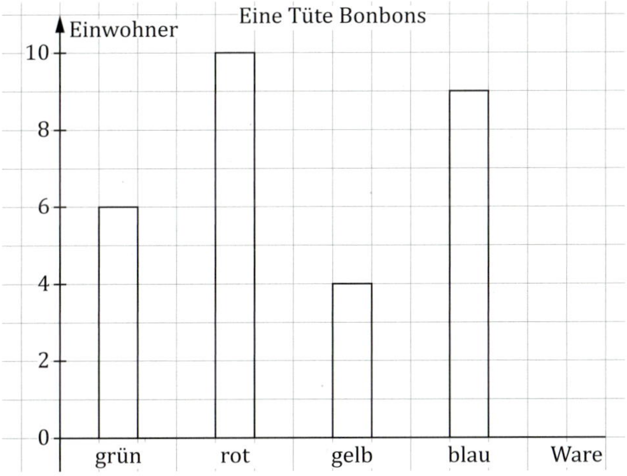

Die Zahlen kommen an die Hochachse.
Die Farben kommt an die Rechtsachse.

Der größte Wert ist 10:
Die Hochachse muss also mindestens 10 Schritte hoch sein.

Es gibt 4 Farben:
Zeichne auf der Rechtsachse 4 Säulen.

> **Diagramme zeichnen:**
> 1. Achsen zeichnen
> 2. Achsen beschriften, Überschrift des Diagramms
> 3. Werte einzeichnen (Säulen)

4 Minimum: 10
Maximum: 80
Spannweite: 70

> Maximum – Minimum = Spannweite

Die wenigsten Punkte sind 10.
Die meisten Schläge sind 80.
80 – 10 = 70

5 a) Elefant
b) Zebra
c) Nashorn
d) Nashorn, Hai und Elefant
e) Nein, die Säule wäre zu klein.
f) Nein, das ist nicht sinnvoll.

a) höchste Säule: Elefant b) kleinste Säule: Zebra
c) Die Säule des Nashorns ist höher als die Säule des Hais.
d) Die Säulen für Nashorn, Hai und Elefant sind höher als 35 Jahre.
e) Die Säule wäre nur einen halben Millimeter hoch.
f) Wenn man das Alter addiert, ist es so, als ob alle Tiere hintereinander leben würden. Das ist nicht sinnvoll.

Daten Teste dich!

Seite 199

1 a)

Märchen	Strichliste	Häufigkeit
Rapunzel	𝍸 |	6
Froschkönig	𝍸 ||	7
Frau Holle	|	1
Sterntaler	||	2

b) Es wurden 16 Kinder befragt.

a) Es gab vier verschiedene Antworten.
Zähle, wie oft jede Antwort gegeben wurde.
Trage die Zahl in die Tabelle ein.

b) $6 + 7 + 1 + 2 = 16$

Fasse bei der Strichliste immer 5 zusammen: 𝍸

2 a) ① Das Balkendiagramm zeigt, wie lang die Tiere sind.
② Das Säulendiagramm zeigt, wie schwer die Tiere sind.
③ Das Figurendiagramm zeigt, wie viele Babys die Tiere bekommen.
④ Das Kreisdiagramm zeigt, wie viele Tiere es im Zoo gibt.

b) Der Hamster ist 20 cm lang, wiegt 400 g und bekommt 12 Babys.
Es gibt 5 Hamster im Zoo.

b) ① Der Balken geht bis 20 cm.
② Die Säule geht bis 400 g.
③ Es sind 4 Hamster abgebildet, jede Figur steht für 3 Babys.
Also $4 \cdot 3 = 12$.
④ $\frac{1}{4}$ von 20 Tieren sind 5.

3

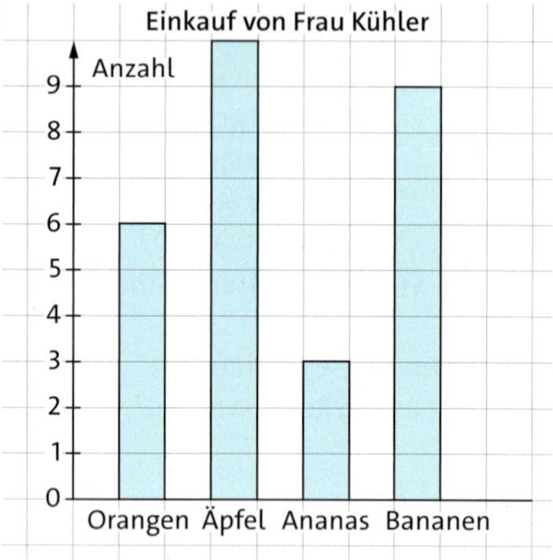

Die Zahlen kommen an die Hochachse.
Das Obst kommt an die Rechtsachse.

Der größte Wert ist 10:
Die Hochachse muss also 10 Schritte hoch sein.

Es gibt 4 Obstsorten:
Zeichne auf der Rechtsachse 4 Säulen.

4 Minimum: 0 Maximum: 60
Spannweite: 60

Die wenigsten Schläge sind 0, die meisten Schläge sind 60.
Spannweite: $60 - 0 = 60$

5 a) Elefant
b) Zebra
c) Nashorn
d) Nashorn, Hai und Elefant
e) Nein, die Säule wäre zu klein.
f) Nein, das ist nicht sinnvoll.

a) höchste Säule: Elefant b) kleinste Säule: Zebra
c) Die Säule des Nashorns ist höher als die Säule des Hais.
d) Die Säulen für Nashorn, Hai und Elefant sind höher als 35 Jahre.
e) Die Säule wäre nur einen halben Millimeter hoch.
f) Wenn man das Alter addiert, ist es so, als ob alle Tiere hintereinander leben würden. Das ist nicht sinnvoll.

Grundlagen

Natürliche Zahlen

Lösungen ab S. 258

Kleiner oder größer?

→ S. 7, Nr. 1

< bedeutet: „ist kleiner als"
> bedeutet: „ist größer als"

Der Zahlenstrahl hilft.

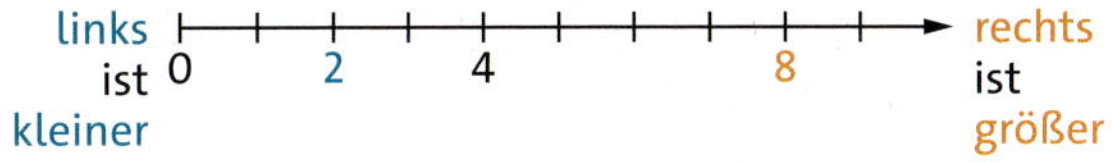

Je weiter links auf dem Zahlenstrahl, desto kleiner ist die Zahl.

2 < 4 — 2 ist kleiner als 4

Je weiter rechts auf dem Zahlenstrahl, desto größer ist die Zahl.

8 > 4 — 8 ist größer als 4

1 Kleiner als < oder größer als > ?

a) 

b) 

c) 

2 Kleiner als < oder größer als > ?

a) 67 ■ 76 b) 340 ■ 309 c) 763 ■ 673

Zahlen mit Zeichen darstellen

→ S. 7, Nr. 2

Jede Zahl kann man mit Zeichen darstellen:

Hunderter (H) **Zehner** (Z) **Einer** (E)

1 Hunderter sind **10** Zehner.

1 Zehner sind **10** Einer.

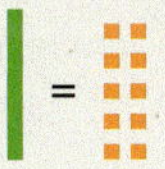

Die Zahl 213 besteht aus:

2 Hunderter 1 Zehner 3 Einer

Die Zahl 106 besteht aus:

1 Hunderter 0 Zehner 6 Einer

3 Wie heißen die Zahlen? → S. 7, Nr. 3

a) 

b) 

c) 

d) 

4 Zeichne die Zahlen mit den Zeichen. → S. 7, Nr. 4

a) 245 b) 192 c) 320 d) 201

Zahlen zerlegen

→ S. 7, Nr. 5 → S. 29, Nr. 1

Jede Zahl kann man mit Zeichen darstellen:

Hunderter (H) Zehner (Z) Einer (E)

Die Zahl 153 besteht aus:

1 Hunderter 1 Zehner 3 Einer

in Stellenwerte zerlegt: 153 = 1H + 5Z + 3E

in Stufenzahlen zerlegt: 153 = 100 + 50 + 3

5 Zerlege die Zahl.

a) 456 b) 183 c) 279 d) 1631

Bei d) brauchst du das Zeichen für Tausender:

6 Zerlege die Zahl.
Achte auf die Nullen.

a) 205 (0 Zehner) b) 560 c) 2007

Platz bei einer Einteilung ablesen

→ S. 7, Nr. 6

Die Rennstrecke ist in 4 Abschnitte eingeteilt.

Auch andere Dinge haben eine Einteilung.

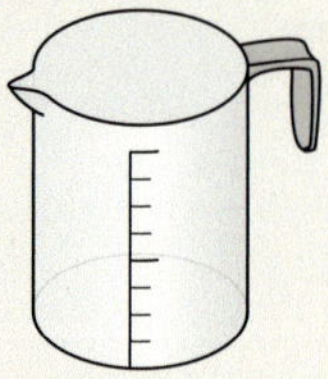

Die **Einteilung** muss **überall gleich** sein.

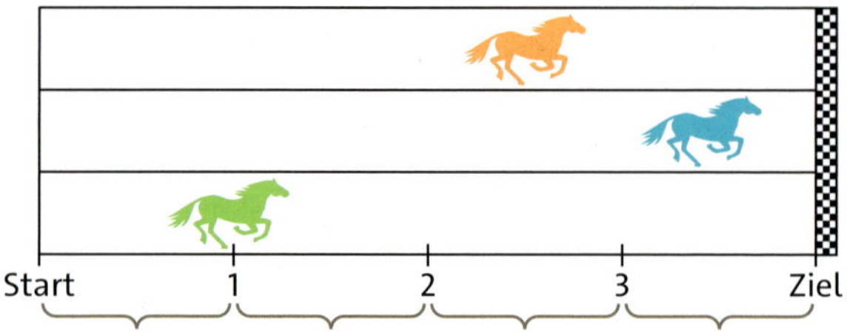

Die Einteilung ist überall gleich.

7 Die Rennstrecken sind falsch eingeteilt.
Erkläre die Fehler.

a)

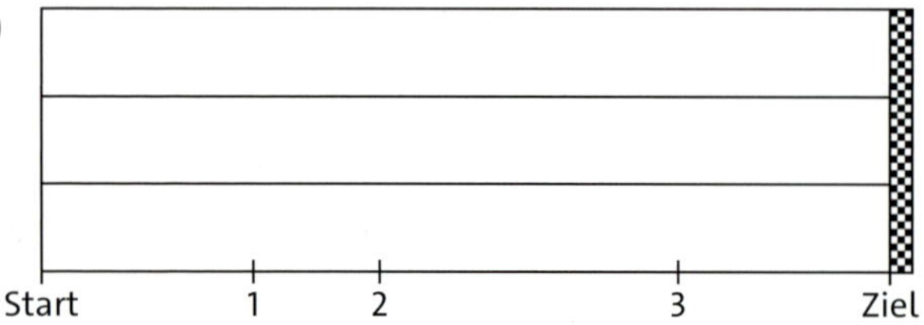

b)

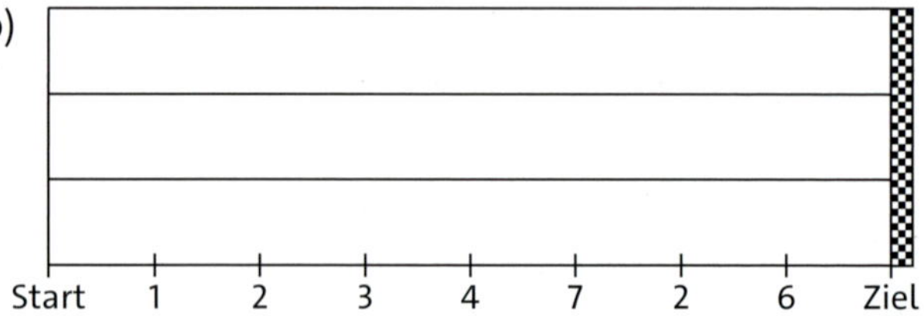

8 Welches Pferd ist …

a) am weitesten gekommen? b) bei 1? zwischen 2 und 3?

Zahlenstrahl zeichnen

→ S. 53, Nr. 4 → S. 181, Nr. 3

Teile den Zahlenstrahl **gleichmäßig** ein.

Das Kästchenpapier oder das Lineal hilft.

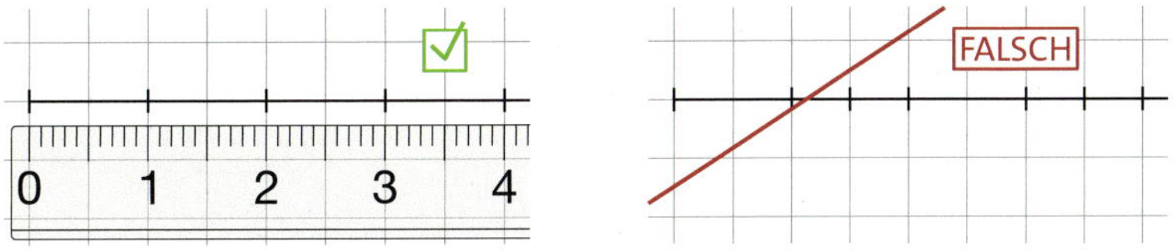

Zeichne einen Zahlenstrahl. Trage die Zahlen ein.

Welche Zahl ist die größte, die du eintragen willst?

a) 1; 3; 6; 9
Die größte Zahl ist die 9.
Einteilung: 2 Kästchen sind 1 Schritt

Damit alle Zahlen ins Heft passen.

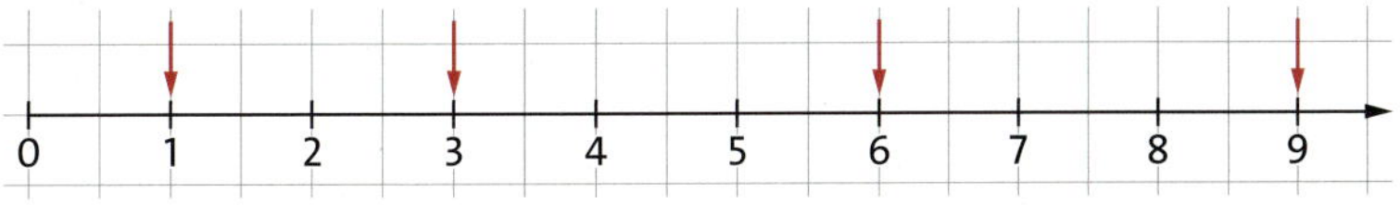

Bei größeren Zahlen musst du den Zahlenstrahl größer einteilen.

b) 5; 20; 25; 40
Einteilung: 2 Kästchen sind 5 Schritte

Sonst passt die 40 nicht.

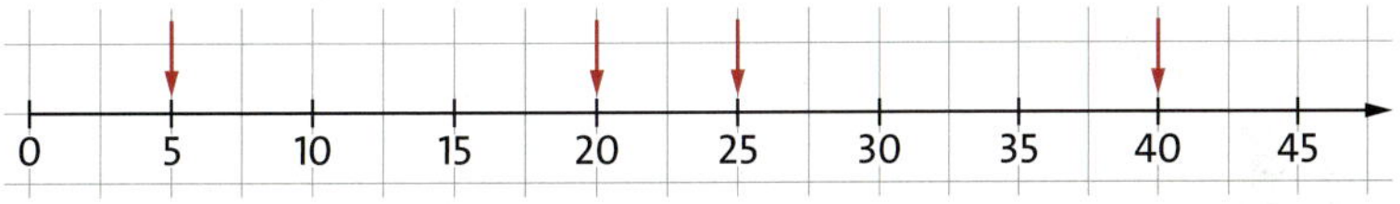

Bei Zahlen über 100 musst du für 2 Kästchen mindestens 10 oder 20 Schritte wählen.

c) 20; 50; 140; 170
Einteilung: 2 Kästchen sind 20 Schritte

größere Einteilung als bei a) oder b)

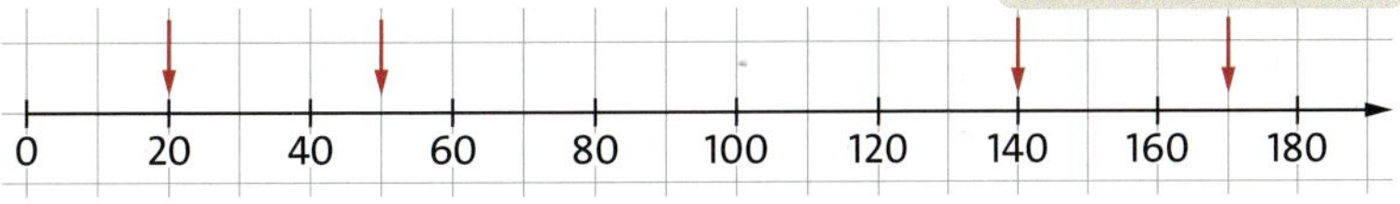

9 Zeichne einen Zahlenstrahl. 2 Kästchen sind 1 Schritt. Trage die Zahlen 2; 4; 7 und 9 ein.

10 Zeichne einen Zahlenstrahl. Trage die Zahlen ein.
a) 10; 25; 30; 40; 55 b) 20; 60; 120; 180; 200

Zahlen stellenweise vergleichen: Kleiner oder größer?

Vergleiche die Zahlen stellenweise.
Beginne links bei der **größten Stelle**.
Vergleiche dann die Stellen Schritt für Schritt.

Das Krokodil frisst immer die größere Zahl.

a) 5740 ■ 5701
① 5 = 5
② 7 = 7
③ 4 > 0
also ist 5740 > 5701

b) 134 ■ 1043
134 hat keinen Tausender.
Also ist
134 < 1043

11 Vergleiche die Zahlen.
a) 4826 ■ 4862 b) 1001 ■ 617 c) 10 589 ■ 15 098 d) 48 007 ■ 888

Zahlen ordnen

→ S. 181, Nr. 1

Man kann Zahlen der Größe nach ordnen:
von klein nach groß
oder von groß nach klein.

① Ordne nach der Anzahl der Ziffern.

② Vergleiche dann stellenweise.

③ Schreibe die Zahlen der Reihe nach auf.

Ordne die Zahlen.
Beginne mit der **kleinsten** Zahl.

87 | 5 | 56 | 82 | 336

① mit 1 Ziffer: 5 — mit 2 Ziffern: 87 56 82 — mit 3 Ziffern: 336

② 87 56 82 → 56 87 82

③ 5 56 82 87 336

12 Ordne die Zahlen.

a) Beginne mit der kleinsten Zahl.

241 | 24 | 4 | 14 | 42 | 2

b) Beginne mit der größten Zahl.

48 | 67 | 8 | 120 | 12 | 250

13 Ordne die Geldbeträge und die Längen. Vergiss die Einheit nicht.

a) Beginne mit dem meisten Geld.

6 € | 61 € | 16 € | 60 ct | 600 €

b) Beginne mit der kürzesten Länge.

1 m | 51 cm | 5 dm

Unterschiedliche Einheiten erst in dieselbe Einheit umrechnen.

Zahlen runden

→ S. 29, Nr. 5 → S. 79, Nr. 3

① Kreise die Rundungsstelle ein.

Tausender	Hunderter	Zehner	Einer
1	3	7	2
	5	6	8

Die Ziffer rechts davon entscheidet.

② Bei 0; 1; 2; 3 oder 4 **abrunden**.
Bei 5; 6; 7; 8 oder 9 **aufrunden**.

≈ ist ungefähr

Runde 1372 auf Zehner.

① 1372 — Die 2 entscheidet!

② Bei **2 abrunden**:
1372 bleibt gleich
≈ 1370 ← Rest Nullen

Runde 568 auf Hunderter.

① 568 — Die 6 entscheidet!

② Bei **6 aufrunden**:
568 + 1
≈ 600 ← Rest Nullen

14 Runde auf Zehner.

a) 57 b) 83 c) 392 d) 2415

Welcher Zehner liegt näher?

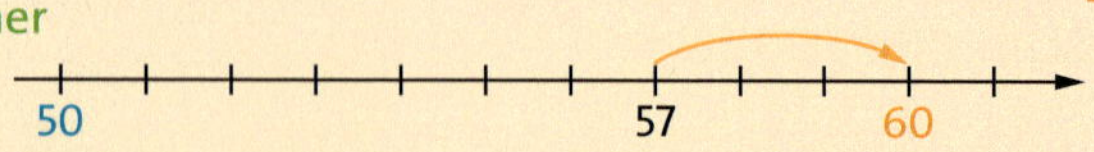

15 Runde auf Hunderter.

a) 247 b) 736 c) 1392 d) 2459

Welcher Hunderter liegt näher?

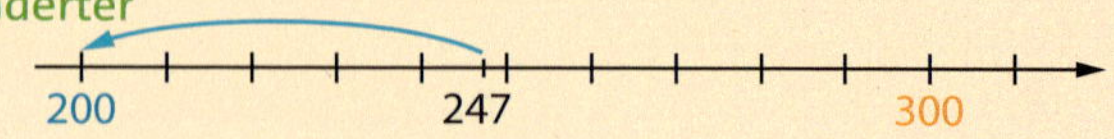

Addition und Subtraktion

Lösungen ab S. 258

Zahlen zerlegen und addieren

→ *S. 29, Nr. 2*

① Zerlege beide Zahlen:
in Hunderter, Zehner, Einer
② Rechne: Hunderter + Hunderter
③ Zehner + Zehner
④ Einer + Einer
⑤ Addiere dann die Teilergebnisse: +

Wenn es bei einer Zahl eine Stelle nicht gibt, schreibe eine **Null**.

a)

4	2	7	+	5	4	1	=			
4	0	0	+	5	0	0	=	9	0	0
	2	0	+		4	0	=		6	0
		7	+			1	=			8
4	2	7	+	5	4	1	=	9	6	8

Denke an die Nullen.

900 + 60 + 8

b)

	8	3	+	3	5	6	=			
		0	+	3	0	0	=	3	0	0
	8	0	+		5	0	=	1	3	0
		3	+			6	=			9
	8	3	+	3	5	6	=	4	3	9

Bei 83 gibt es keinen Hunderter! Also 0

Beachte: Hier ist das Teilergebnis größer.

16 Berechne im Heft.

a)

2	3	8	+	1	2	1	=			
2	3	8	+	1	2	1	=			

b)

3	3	8	+	1	4	6	=			
3	3	8	+	1	4	6	=			

c)

5	4	5	+		3	9	=			
5	4	5	+		3	9	=			

17 Berechne.

a) 456 + 233 b) 619 + 247 c) 78 + 237 d) 5304 + 208

Zahlen zerlegen und subtrahieren

① Zerlege die 2. Zahl:
in Hunderter, Zehner, Einer
② Rechne:
1. Zahl – Hunderter
③ das Ergebnis – Zehner
④ das Ergebnis – Einer

a)

3	5	2	–	1	4	6	=			
3	5	2	–	1	0	0	=	2	5	2
2	5	2	–		4	0	=	2	1	2
2	1	2	–			6	=	2	0	6

Ergebnis in eine neue Zeile schreiben

b)

4	2	3	–		7	5	=			
4	2	3	–		7	0	=	3	5	3
3	5	3	–			5	=	3	4	8

75 hat keinen Hunderter. Beginne sofort bei den Zehnern.

18 Berechne im Heft.

a)

5	6	7	–	2	5	4	=			
			–				=			
			–				=			
			–				=			

b)

9	3	6	–		6	5	=			
			–				=			
			–				=			

c)

8	5	1	–	3	0	9	=			
			–				=			
			–				=			

309 hat keinen Zehner.

19 Berechne.

a) 829 – 356 b) 987 – 789 c) 560 – 83 d) 470 – 208

Additionsaufgaben mit 10, 100, 1000, … als Ergebnis

→ S. 29, Nr. 3

0 + 10 = 10   1 + 9 = 10   2 + 8 = 10   3 + 7 = 10   4 + 6 = 10
5 + 5 = 10   6 + 4 = 10   7 + 3 = 10   8 + 2 = 10   9 + 1 = 10   10 + 0 = 0

Man sagt auch verliebte Zahlen.

Sie helfen dir beim Rechnen mit Platzhaltern und dem Ergebnis 10.

a) ■ + 8 = 10
2 + 8 = 10

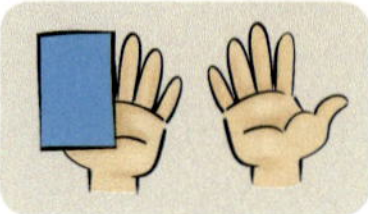

b) 7 + ■ = 10
7 + 3 = 10

20 Welche Zahlen fehlen hier?

a) ■ + 7 = 10   b) ■ + 1 = 10   c) 6 + ■ = 10   d) 2 + ■ = 10
e) ■ + 69 = 70   f) ■ + 33 = 40   g) 78 + ■ = 80   h) 225 + ■ = 230

21 Welche Zahlen fehlen hier?

a) ■ + 79 = 100   b) ■ + 52 = 100   c) 34 + ■ = 100   d) 815 + ■ = 1000

In Schritten rechnen

→ S. 29, Nr. 4

① Trage die erste Zahl und den nächsten Zehner ein.

② Gehe bis zum nächsten Zehner.

③ Gehe die restlichen Schritte.

a) **68 + 6 = ?**

Bei + geht man nach rechts: →

b) **53 – 8 = ?**

Bei – geht man nach links: ←

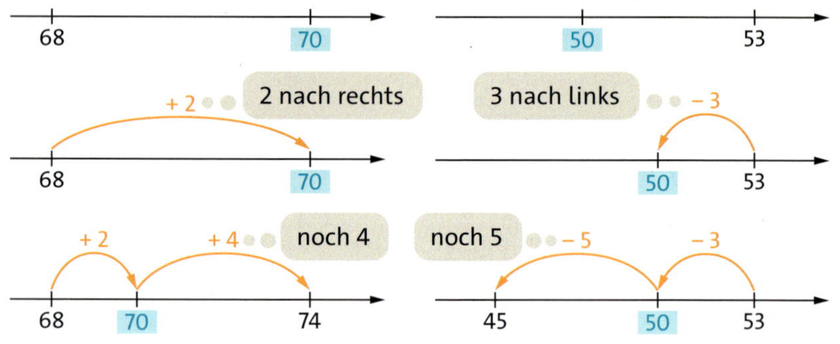

22 Addiere und subtrahiere in Schritten.

a) 35 + 8   b) 46 + 5   c) 43 – 9   d) 24 – 6

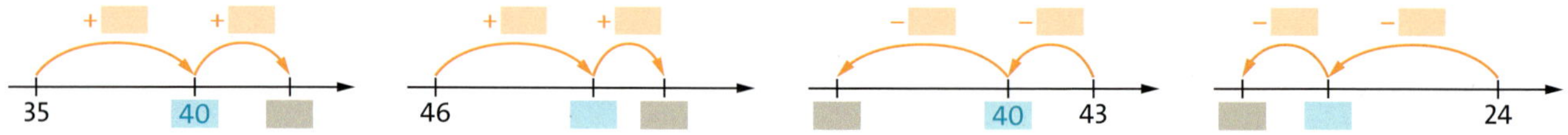

Schriftlich addieren und subtrahieren

→ S. 79, Nr. 4

① Schreibe alle Zahlen stellengerecht untereinander.

Lasse immer eine Zeile für den **Übertrag** frei.

a)

	H	Z	E
	1	5	3
+		7	2

b)

	H	Z	E
	2	5	7
–	1	9	3

② Beginne bei den **Einern**.

Addiere:
2E + 3E = 5E

	H	Z	E
	1	5	3
+		7	2
			5

Ergänze:
3E + 4E = 7E

	H	Z	E
	2	5	7
–	1	9	3
			4

③ Berechne die **Zehner**.

Addiere:
7Z + 5Z = 12Z
= 1H + 2Z

	H	Z	E
	1	5	3
+		7	2
	1		
		2	5

Ergänze:
9Z + Z = 5Z geht nicht
9Z + 6Z = 15Z
Schreibe 1H

	H	Z	E
	2	5	7
–	1	9	3
	1		
		6	4

④ Berechne die **Hunderter**.

Addiere:
1H + 1H = 2H

	H	Z	E
	1	5	3
+		7	2
	1		
	2	2	5

1H + 1H + 0H = 2H

	H	Z	E
	2	5	7
–	1	9	3
	1		
		6	4

⑤ Prüfe das Ergebnis mit einem **Überschlag** oder mit der **Umkehraufgabe**.

Überschlag: 153 + 72
≈ 150 + 70 = 220
Das Ergebnis kann stimmen.

Umkehraufgabe

		6	4
+	1	9	3
	1		
	2	5	7

Das Ergebnis stimmt.

23 Schreibe stellengerecht und berechne. Achte auf den Übertrag.

a) 381 + 42 b) 95 + 836 c) 586 – 237 d) 241 – 56

Grundbegriffe der Geometrie

Lösungen ab S. 259

Längen schätzen

→ *S. 53, Nr. 1*

Das sind Vergleichsgrößen:

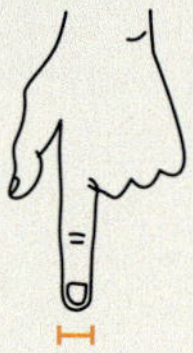

ungefähr 1 cm

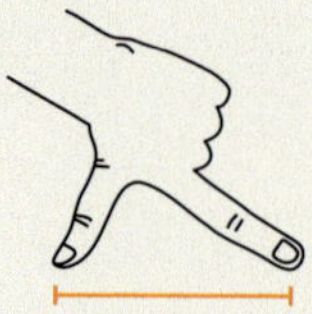

ungefähr **1 dm**

So kannst du Längen schätzen:

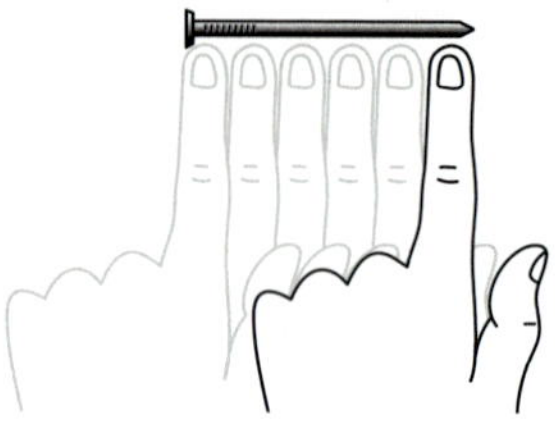

ungefähr 6 mal so lang wie mein Finger also 6 · 1 cm = 6 cm

24 Mit welchen Vergleichsgrößen würdest du schätzen?

a)

b)

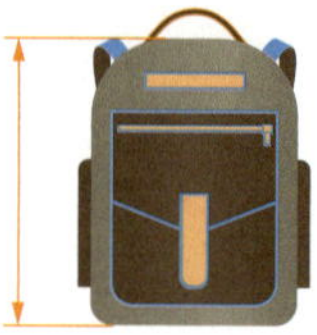

c)

d)

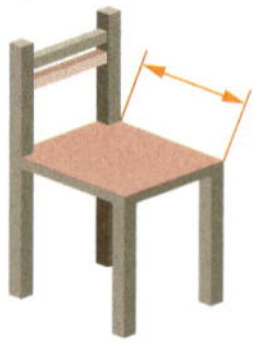

25 Schätze die Längen.

a)

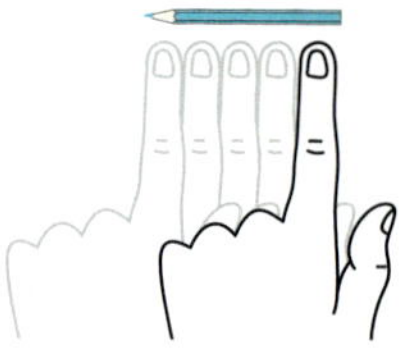

b)

c)

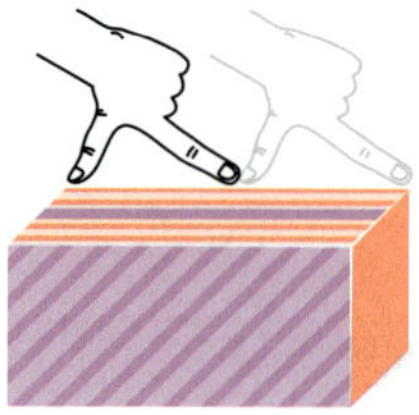

d)

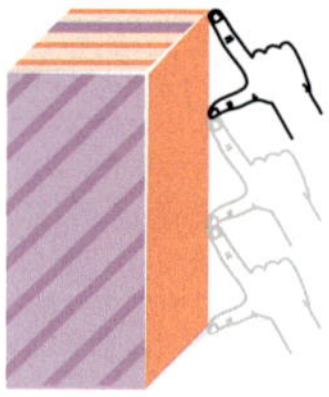

Strecken messen

→ *S. 53, Nr. 1 + 2* → *S. 133, Nr. 1*

Bei 0 anlegen.

Am Ende ablesen: 8 cm und 5 mm

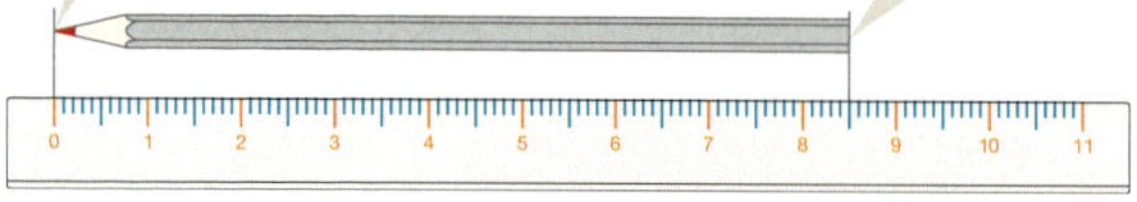

Die Zahlen geben cm an.
Die kurzen Striche sind mm.

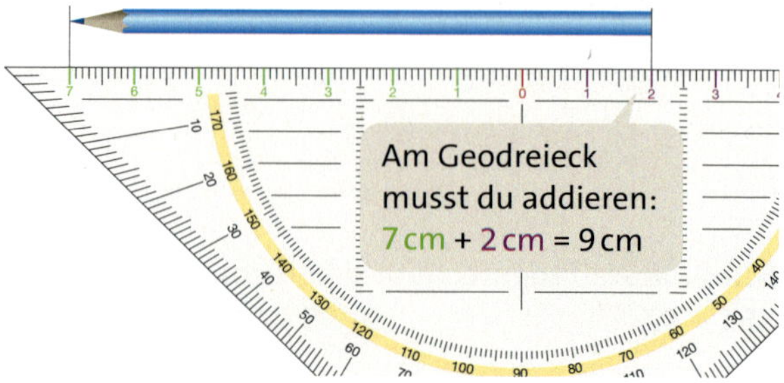

Am Geodreieck musst du addieren: 7 cm + 2 cm = 9 cm

26 Miss die Längen der Buntstifte bis zur Spitze.

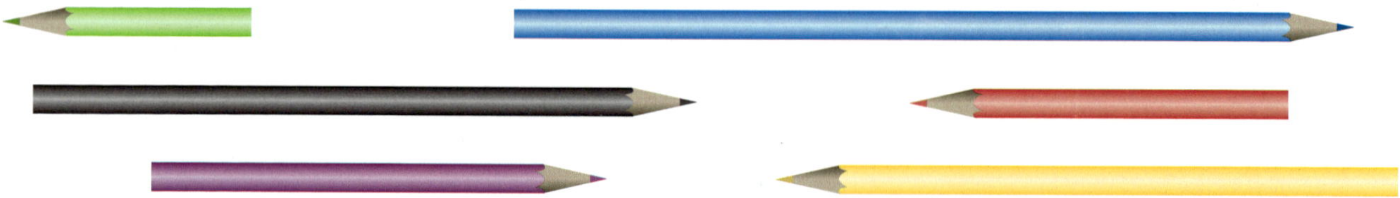

27 Wie lang sind die Strecken?

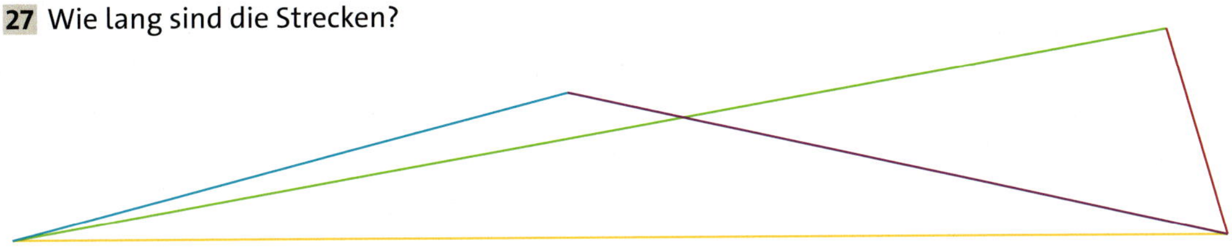

Figuren übertragen

→ S. 53, Nr. 3

① Suche dir einen Startpunkt.
② Zähle die Schritte bis zum nächsten Punkt.
③ Verbinde die Punkte.

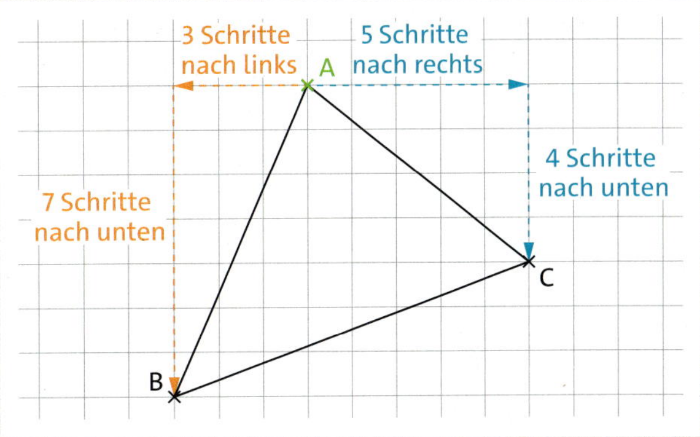

28 Übertrage die Figur ins Heft.

a)

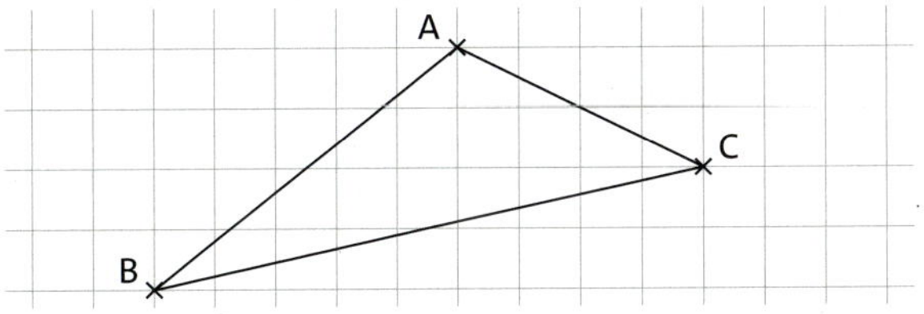

b)

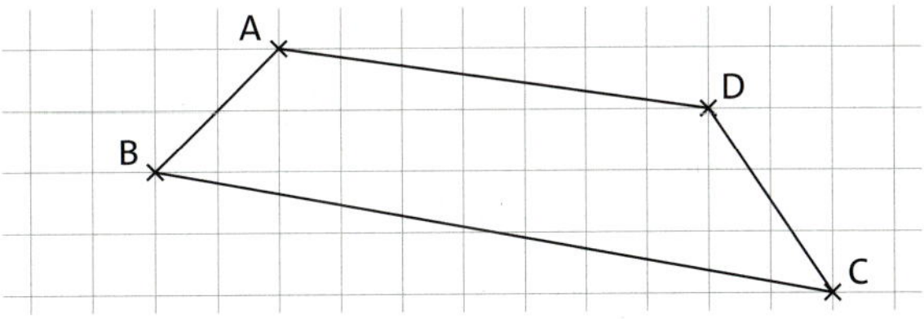

Rechte Winkel erkennen

→ S. 53, Nr. 3

Rechte Winkel kannst du mit einem Buch oder einem Heft erkennen.

Das sind **rechte Winkel**:

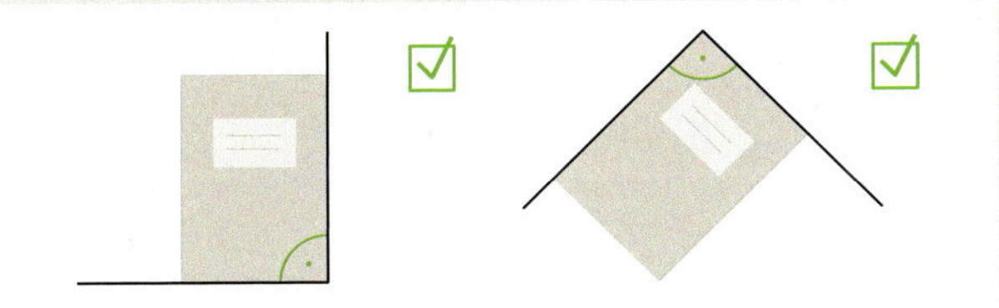

Das sind **keine** rechten Winkel:

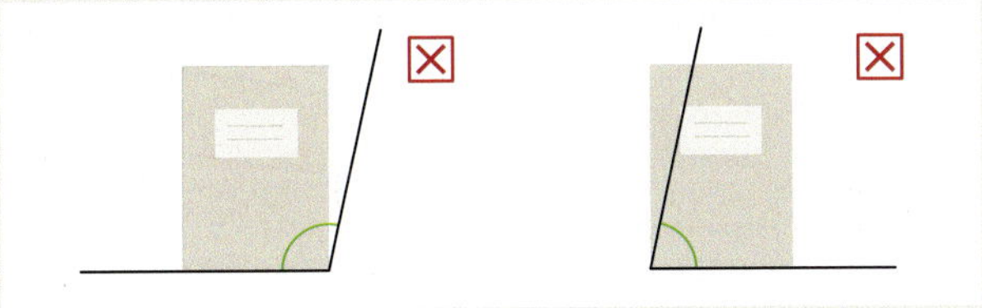

29 Welche Winkel sind rechte Winkel?

a)

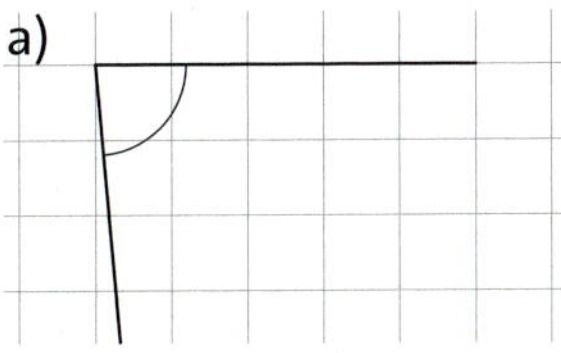

b)

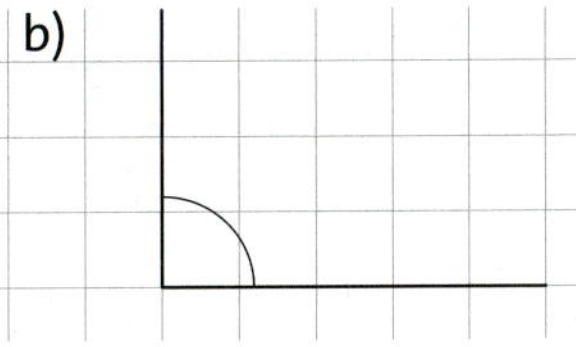

c)

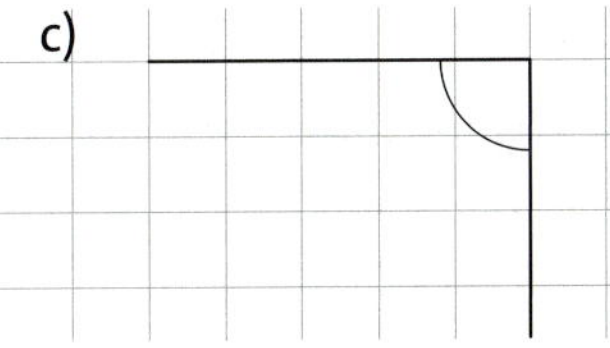

d)

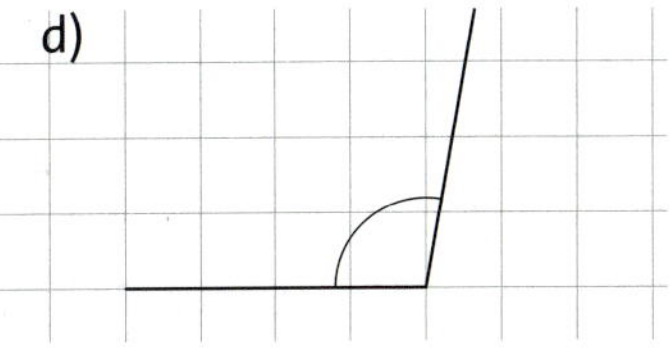

30 Welche Winkel sind rechte Winkel?

a) 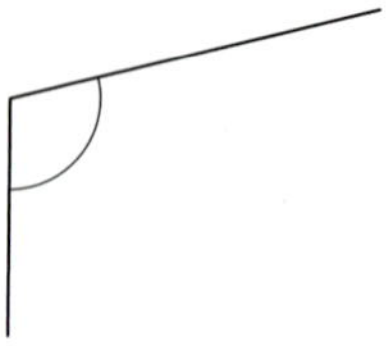

b) 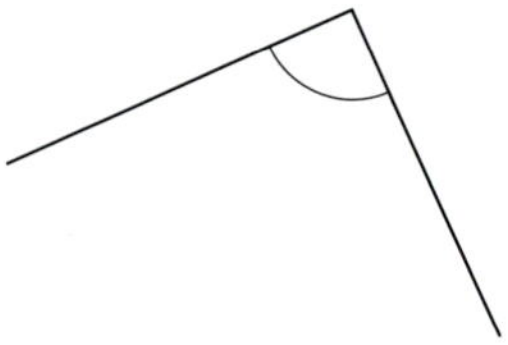

c) 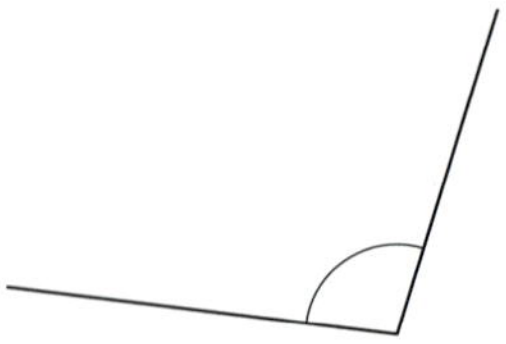

d) 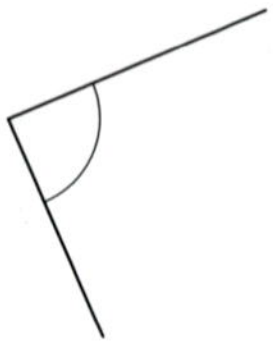

Strecken zeichnen

→ S. 133, Nr. 2

So zeichnet man eine **Strecke von 6 cm** mit einem **Lineal** oder **Geodreieck**:

① Punkt A

② 6 cm am Lineal oder Geodreieck ablesen

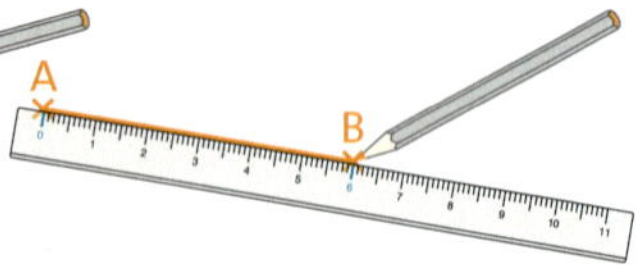

oder

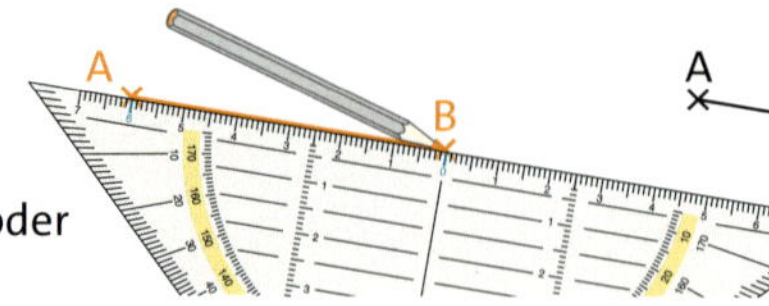

③ Strecke beschriften

Anfang und Ende werden mit × und Großbuchstaben beschriftet.

31 Zeichne die Strecke.

a) 4 cm b) 2,5 cm c) 3 cm d) 6,5 cm

Parallele Linien prüfen

→ S. 133, Nr. 4

Prüfe mit dem **Geodreieck**.

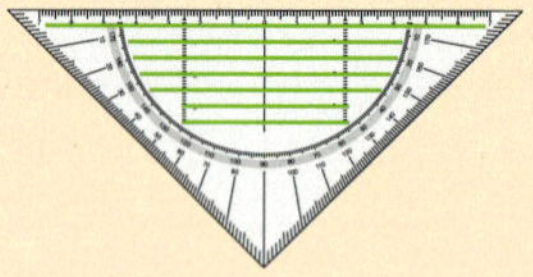

a ist **parallel zu** b.

Die Linien sind **parallel zueinander**:

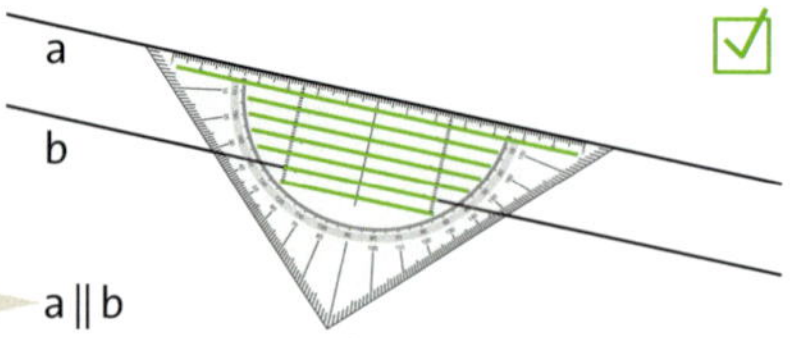

Die Linien sind **nicht** parallel zueinander:

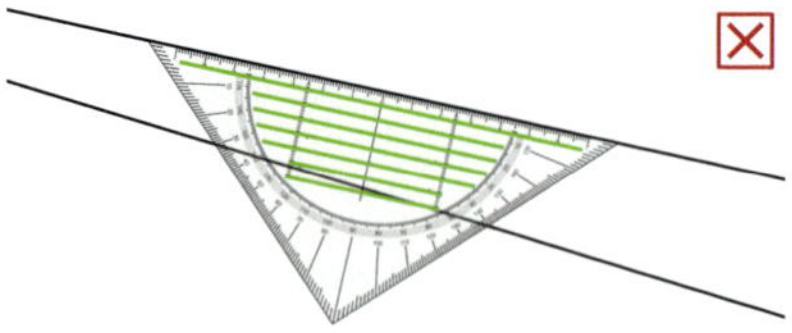

32 Welche Linien sind parallel zueinander?

a) 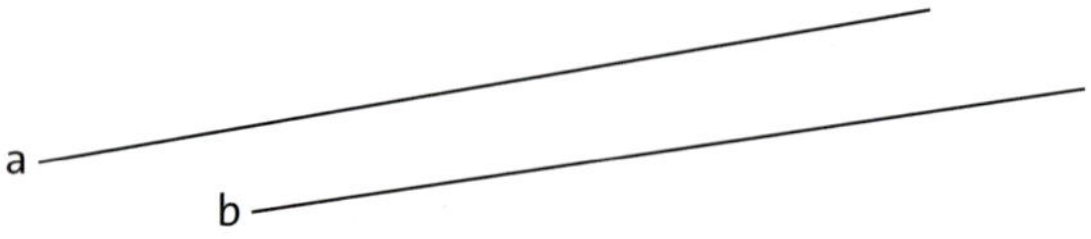

b) 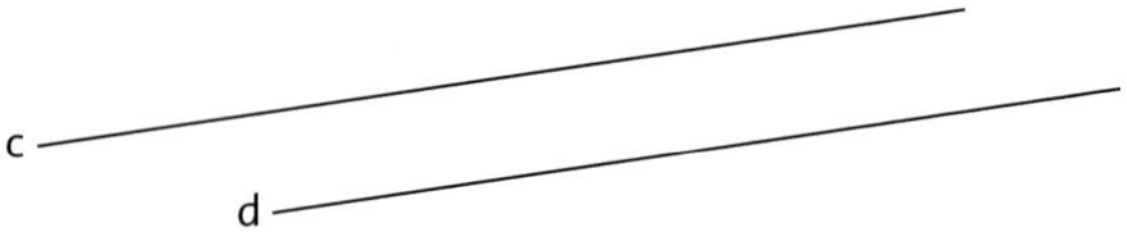

33 Finde zueinander parallele Geraden.
Schreibe ■ || ■.

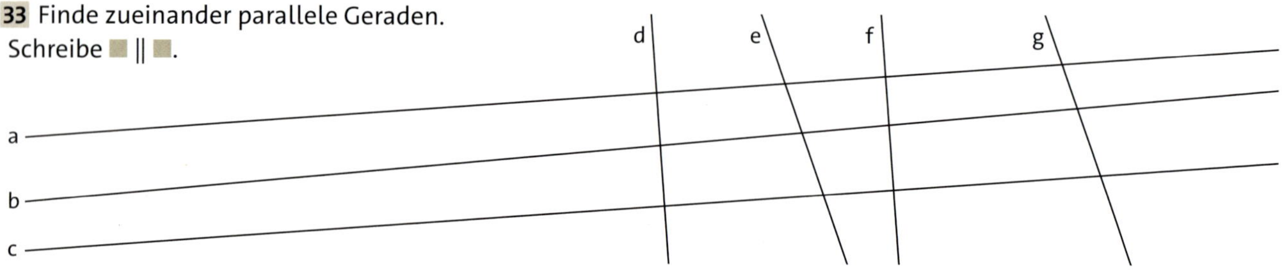

Rechte Winkel und senkrechte Linien prüfen

→ S. 133, Nr. 4

Prüfe mit dem **Geodreieck**.
Es gibt zwei Möglichkeiten, das Geodreieck zu benutzen:

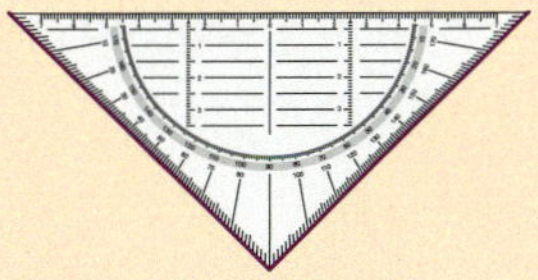

oder

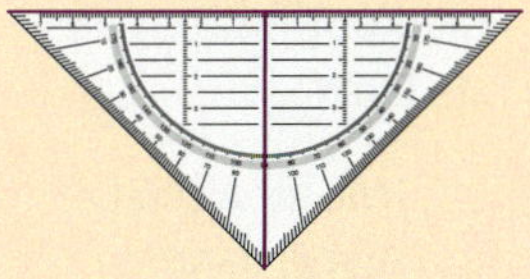

Das ist ein **rechter Winkel**:

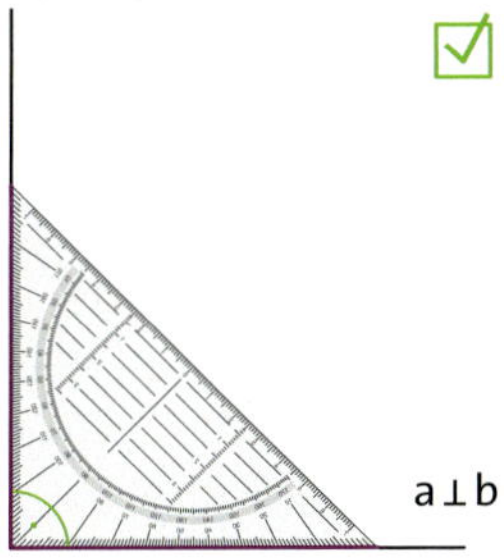

Die Linien sind **senkrecht zueinander**:

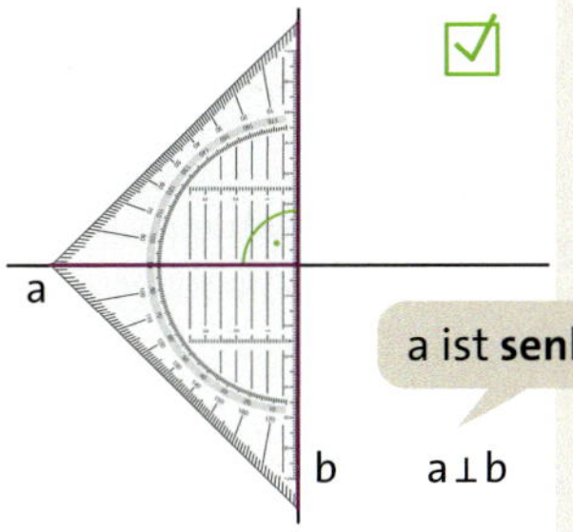

Das ist **kein** rechter Winkel:

Die Linien sind **nicht** senkrecht zueinander:

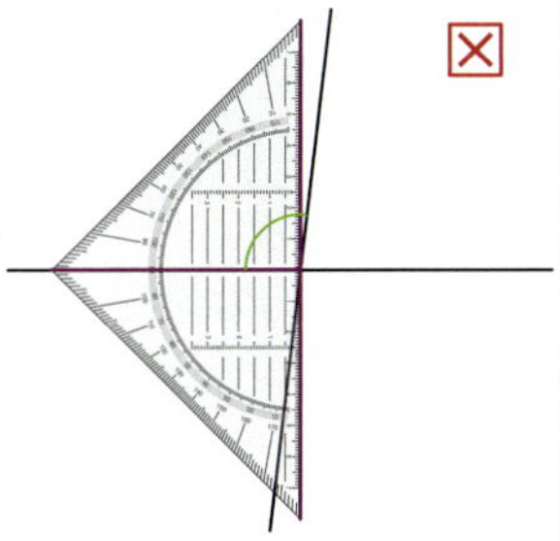

34 Welche Winkel sind rechte Winkel?

a) 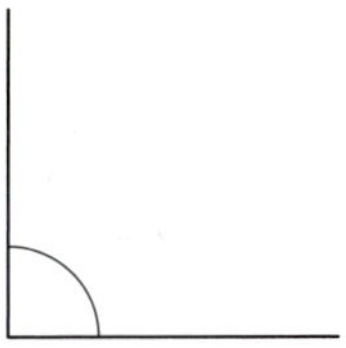

b) 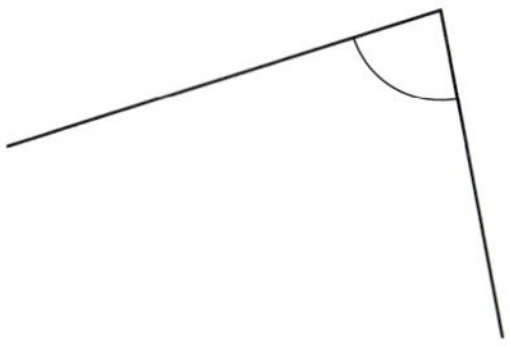

c) 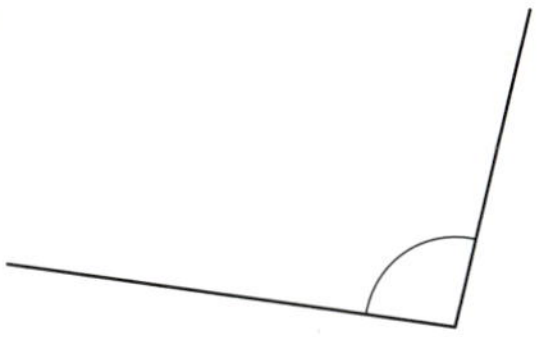

d) 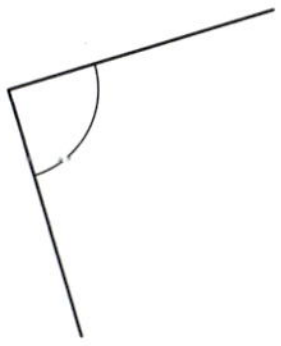

35 Welche Linien sind senkrecht zueinander?

a) 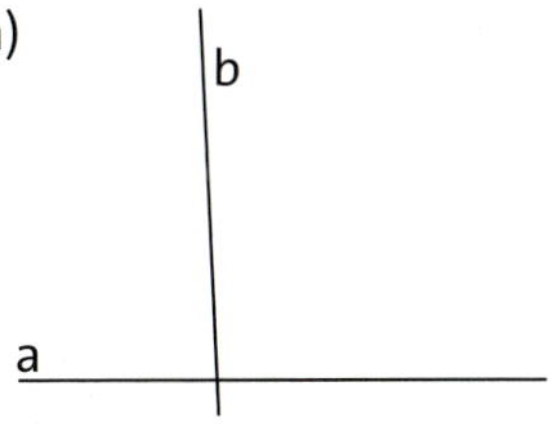

b) 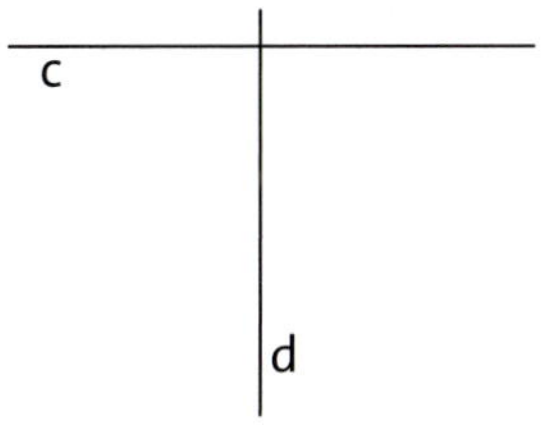

c) 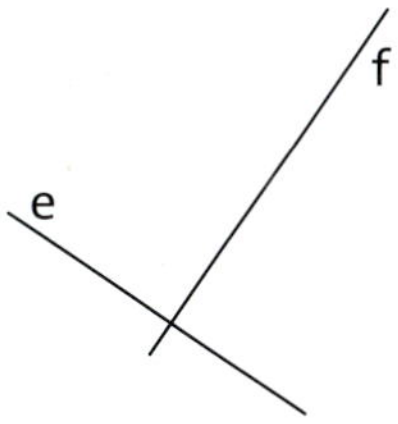

d) 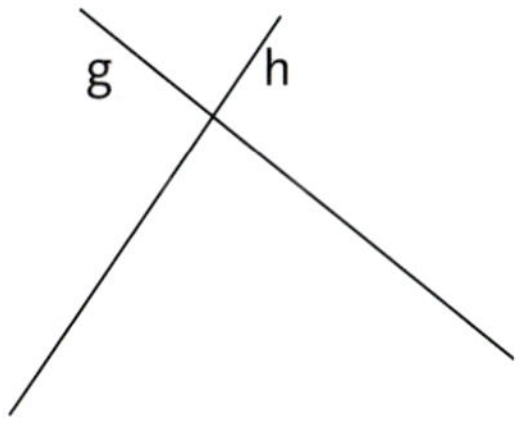

36 Finde zueinander senkrechte Geraden. Schreibe ■ ⊥ ■.

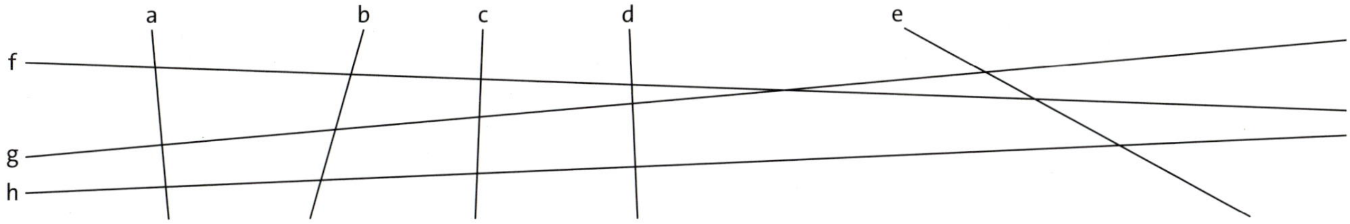

Punkte im Koordinatensystem ablesen

→ S. 181, Nr. 2

Lies die Koordinaten des Punkts P ab.

P(x|y) Wie im Alphabet: erst x, dann y.

Das **Y** hat einen Strich nach oben. Also geht die y-Achse nach oben.

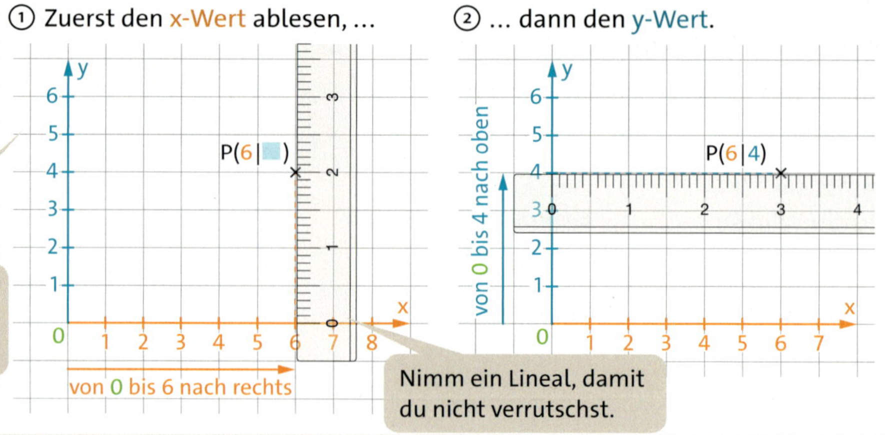

37 Lies die Koordinaten der Punkte ab.

a)

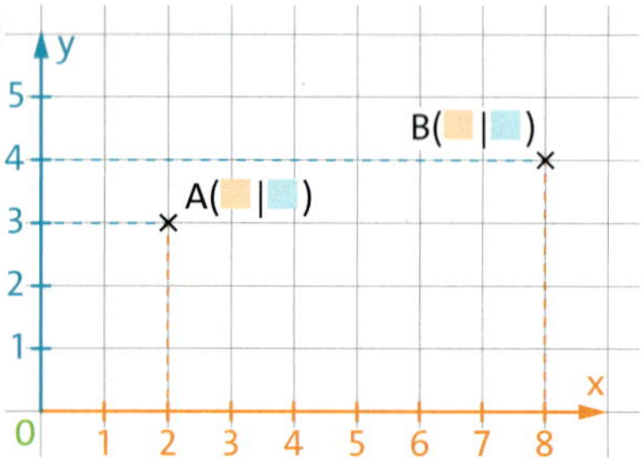

b)

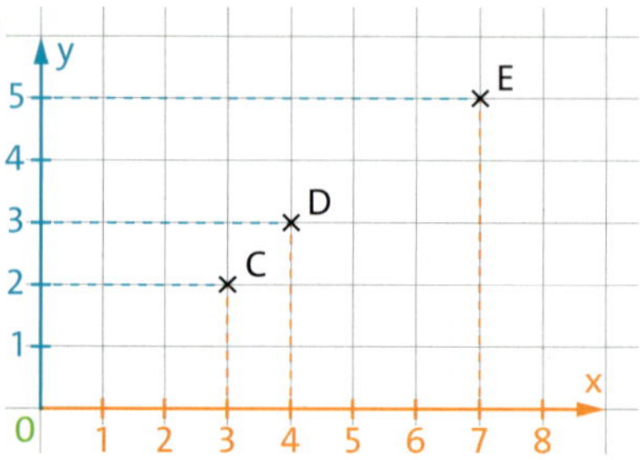

c)

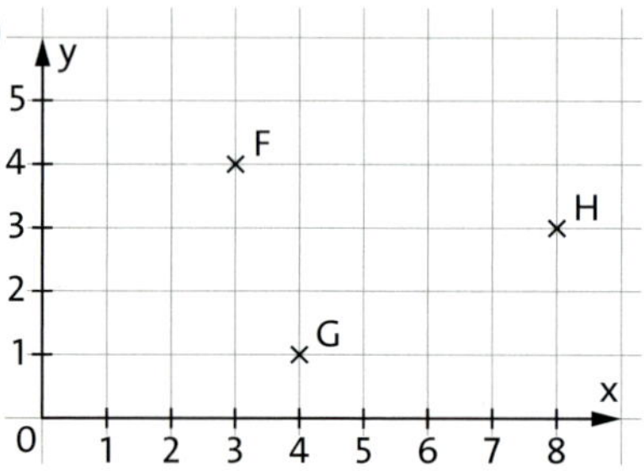

38 Manchmal sind die Achsen in größere Schritte eingeteilt. Lies die Koordinaten der Punkte ab.

a)

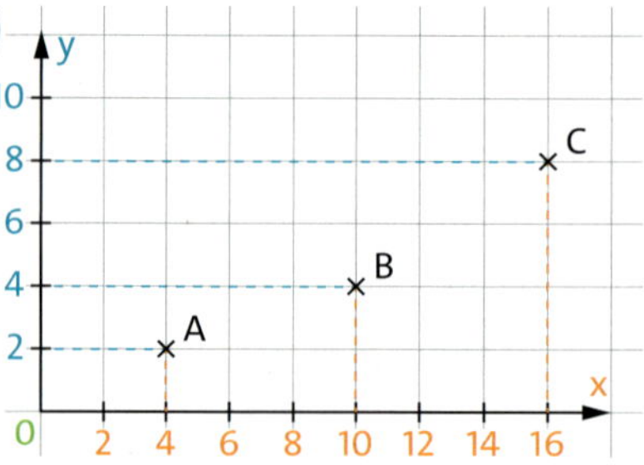

b)

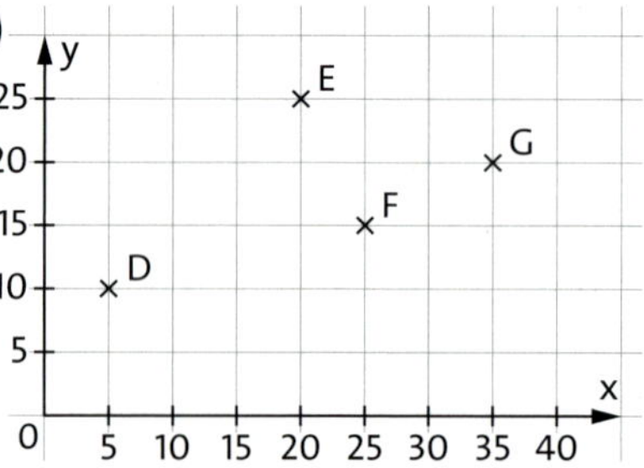

Multiplikation und Division

Lösungen ab S. 259

Addieren und multiplizieren

→ S. 79, Nr. 1

Kira pflanzt 3 Reihen mit jeweils 6 Blumen:

$6 + 6 + 6 = 18$

oder $3 \cdot 6 = 18$

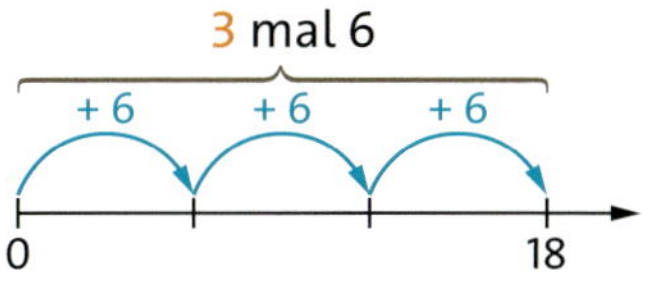

39 Was gehört zusammen? Ordne zu.

a) 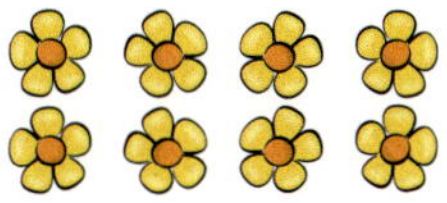

b) 

c) 

d) 

① $10 + 10 + 10 + 10 + 10$

② $2 + 2 + 2 + 2 + 2 + 2 + 2$

③ $4 + 4$

④ $6 + 6 + 6 + 6$

Ⓐ $4 \cdot 6$

Ⓑ $2 \cdot 4$

Ⓒ $7 \cdot 2$

Ⓓ $5 \cdot 10$

40 Schreibe einmal als Addition und einmal als Multiplikation.

a) 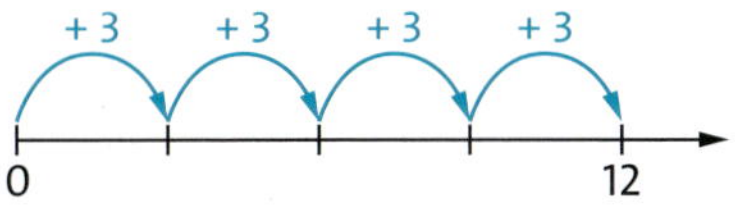

b) 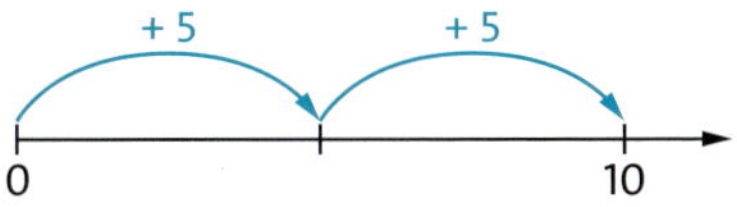

c) 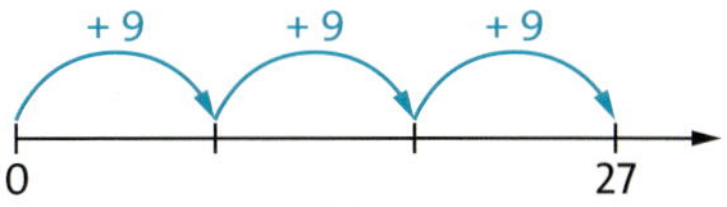

Multiplizieren und dividieren

→ S. 79, Nr. 2

$3 \cdot 5 = 15$

3 **mal** 5 gleich 15

Multiplizieren bedeutet: mal rechnen, malnehmen, vervielfachen, …

Es sind 3 Teller. Auf jedem Teller liegen 5 Äpfel.

Auf jedem Teller liegen gleich viele Äpfel.

Insgesamt sind es 15 Äpfel.

$12 : 3 = 4$

12 **geteilt durch** 3 gleich 4

Dividieren bedeutet: geteilt rechnen, gerecht verteilen, gleichmäßig aufteilen, …

12 Äpfel werden **gerecht** auf 3 Netze verteilt.

In jedes Netz sollen gleich viele Äpfel.

In jedem Netz sind 4 Äpfel.

41 Multiplizieren oder dividieren? Schreibe die Rechnung auf.

a) 4 Anhänger mit jeweils 3 Schlüsseln

b) 8 Muffins werden auf 2 Teller verteilt.

c) 5 Paar Socken

d) 6 Kinder teilen sich den Kuchen.

Mit 10, 100, 1000, … multiplizieren und dividieren

→ S. 79, Nr. 5 → S. 105, Nr. 6

Mit 10; 100; 1000 multiplizieren:
① Multipliziere erst ohne Nullen.
② Ergänze die Nullen wieder.

Durch 10; 100; 1000 dividieren:
① Streiche auf beiden Seiten gleich viele Nullen.
② Dividiere.

a) 3 · 6000
① 3 · 6 = 18
② 3 · 6000 = 18 000

b) 40 · 800
① 4 · 8 = 32
② 40 · 800 = 32 000

c) 45 000 : 5000
① 45 ~~000~~ : 5~~000~~
② 45 : 5 = 9

d) 560 000 : 700
① 560 0~~00~~ : 7~~00~~
② 5600 : 7 = 800

42 Berechne.

a) 4 · 300 000 b) 5 · 6 000 c) 700 · 20 d) 10 100 · 500
e) 16 000 : 80 f) 200 000 : 500 g) 8 000 : 20 h) 50 500 : 500

Man darf keine Nullen in der Mitte ergänzen oder streichen.

Multiplikationsaufgaben mit 10, 100, 1000 als Ergebnis

→ S. 79, Nr. 6

1 · 10 = **10** 2 · 5 = **10** 5 · 2 = **10** 10 · 1 = **10**

1 · 100 = **100** 2 · 50 = **100** 4 · 25 = **100** 5 · 20 = **100** 10 · 10 = **100**
20 · 5 = **100** 25 · 4 = **100** 50 · 2 = **100** 100 · 1 = **100**

1 · 1000 = **1000** 2 · 500 = **1000** 4 · 250 = **1000** 5 · 200 = **1000** 8 · 125 = **1000** 10 · 100 = **1000**
20 · 50 = **1000** 25 · 40 = **1000** 40 · 25 = **1000** 50 · 20 = **1000** 100 · 10 = **1000**
125 · 8 = **1000** 200 · 5 = **1000** 500 · 2 = **1000** 1000 · 1 = **1000**

Sie helfen dir beim Rechnen mit Platzhaltern und dem Ergebnis 10; 100; 1000; …

a) ■ · 4 = 100
25 · 4 = 100

b) 125 · ■ = 1000
125 · 8 = 1000

43 Welche Zahlen fehlen hier?

a) ■ · 2 = 10 b) ■ · 25 = 100 c) 10 · ■ = 100 d) 5 · ■ = 100
e) ■ · 500 = 1000 f) ■ · 20 = 1000 g) 4 · ■ = 1000 h) 8 · ■ = 1000

Im Kopf multiplizieren: Das kleine 1 · 1

Das kleine 1 · 1 solltest du auswendig kennen.

·	1	2	3	4	5	6	7	8	9	10
1	1	2	3	4	5	6	7	8	9	10
2	2	4	6	…						
3	3	6	…							
4	4									
5	5									
6	6									
7	7									
8	8									
9	9									
10	10									

44 Übertrage und ergänze die 1 · 1-Tabelle.

45 Sage die 3er-Reihe, die 6er-Reihe und die 8-er-Reihe so schnell wie möglich auf.

Im Kopf dividieren

→ S. 163, Nr. 1

10 : 1 = 10	20 : 2 = 10	30 : 3 = 10	40 : 4 = 10	50 : 5 = 10	60 : 6 = 10	70 : 7 = 10	80 : 8 = 10	90 : 9 = 10	100 : 10 = 10
9 : 1 = 9	18 : 2 = 9	27 : 3 = 9	36 : 4 = 9	45 : 5 = 9	54 : 6 = 9	63 : 7 = 9	72 : 8 = 9	81 : 9 = 9	90 : 10 = 9
8 : 1 = 8	16 : 2 = 8	24 : 3 = 8	32 : 4 = 8	40 : 5 = 8	48 : 6 = 8	56 : 7 = 8	64 : 8 = 8	72 : 9 = 8	80 : 10 = 8
7 : 1 = 7	14 : 2 = 7	21 : 3 = 7	28 : 4 = 7	35 : 5 = 7	42 : 6 = 7	49 : 7 = 7	56 : 8 = 7	63 : 9 = 7	70 : 10 = 7
6 : 1 = 6	12 : 2 = 6	18 : 3 = 6	24 : 4 = 6	30 : 5 = 6	36 : 6 = 6	42 : 7 = 6	48 : 8 = 6	54 : 9 = 6	60 : 10 = 6
5 : 1 = 5	10 : 2 = 5	15 : 3 = 5	20 : 4 = 5	25 : 5 = 5	30 : 6 = 5	35 : 7 = 5	40 : 8 = 5	45 : 9 = 5	50 : 10 = 5
4 : 1 = 4	8 : 2 = 4	12 : 3 = 4	16 : 4 = 4	20 : 5 = 4	24 : 6 = 4	28 : 7 = 4	32 : 8 = 4	36 : 9 = 4	40 : 10 = 4
3 : 1 = 3	6 : 2 = 3	9 : 3 = 3	12 : 4 = 3	15 : 5 = 3	18 : 6 = 3	21 : 7 = 3	24 : 8 = 3	27 : 9 = 3	30 : 10 = 3
2 : 1 = 2	4 : 2 = 2	6 : 3 = 2	8 : 4 = 2	10 : 5 = 2	12 : 6 = 2	14 : 7 = 2	16 : 8 = 2	18 : 9 = 2	20 : 10 = 2
1 : 1 = 1	2 : 2 = 1	3 : 3 = 1	4 : 4 = 1	5 : 5 = 1	6 : 6 = 1	7 : 7 = 1	8 : 8 = 1	9 : 9 = 1	10 : 10 = 1

46 Dividiere im Kopf.

a) 32 : 4 b) 18 : 3 c) 50 : 5 d) 63 : 9 e) 72 : 8 f) 56 : 7

Größen im Alltag

Lösungen ab S. 260

Messgeräte im Überblick

→ S. 105, Nr. 1

Geld

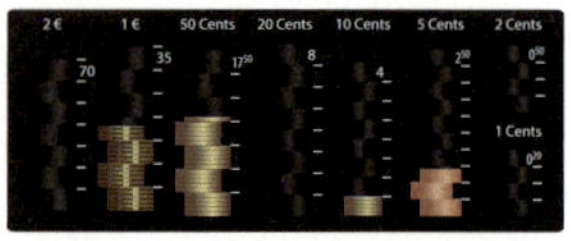

Ich habe 23 € gespart.

Länge

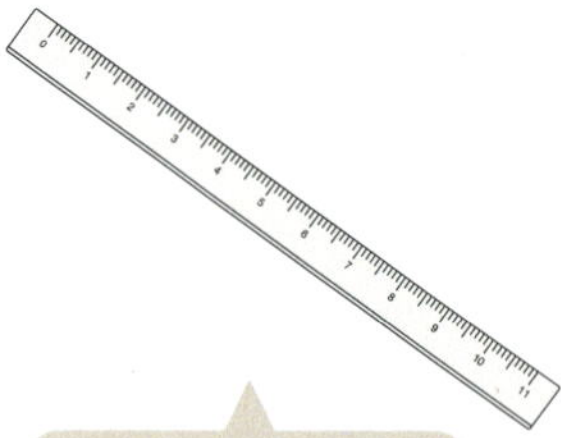

Das ist 5 cm lang.

Gewicht

Zoe wiegt 51 kg.

Zeit

Das dauert 8 min.

47 Zu welcher Größe gehören die Messgeräte? Ordne zu.

a) 

b) 

c) 

d) 

Euro und Cent

→ S. 105, Nr. 2

In Deutschland bezahlt man mit **Euro** und **Cent**.

1 Euro sind 100 Cent:

1 € = 100 ct

Euro-Scheine:

Euro-Münzen:

Cent-Münzen:

48 Welche Euro-Scheine gibt es wirklich?

49 Wie viel Geld ist das?

a) 

b) 

c) 

Alles Längen

→ S. 105, Nr. 3

Manchmal spricht man von
Länge, Breite, Höhe oder Tiefe.

Man meint aber damit Längen,
die man in cm oder m angeben kann.

Zentimeter

Meter

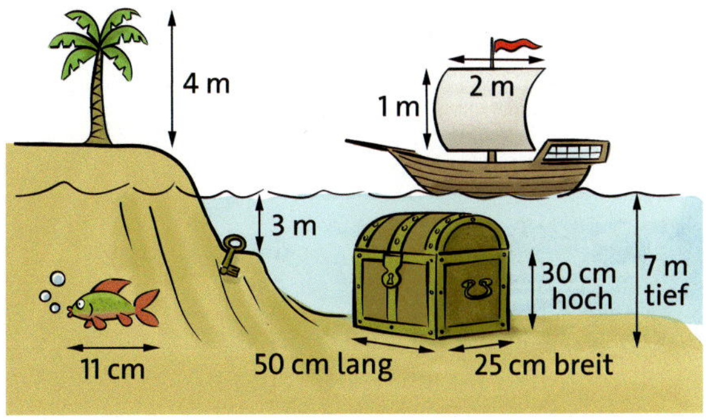

50 Ergänze die Sätze im Heft.

a) **Länge:** Die Schatzkiste ist …

b) **Breite:** Die Schatzkiste ist …

c) **Höhe:** Die Schatzkiste ist …

d) **Tiefe:** Die Schatzkiste liegt …

51 Schreibe auch zu der Palme, dem Fisch, dem Schlüssel und dem Segel Sätze mit den Angaben ins Heft.

Nach dem Gewicht ordnen

→ S. 105, Nr. 4

Wenn man etwas nach dem Gewicht ordnen soll, hilft es zum Beispiel, diese Fragen zu stellen:

Ordne die Tiere nach ihrem Gewicht. Beginne mit dem leichtesten.

Was kann ich tragen?
Wie groß ist das in Wirklichkeit?

Die Tiere kann ich tragen:
Ameise Maus Katze Hund

Die Tiere kann ich **nicht** tragen:

52 Ordne die Gegenstände nach ihrem Gewicht. Beginne mit dem leichtesten.

①
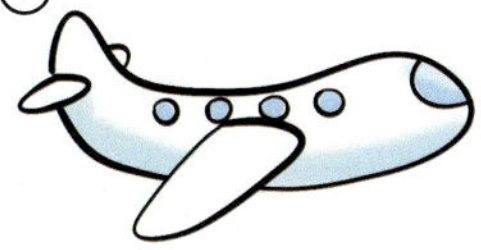

②

③

④

⑤

Die Uhr

→ S. 105, Nr. 5

Die Uhr hat zwei Zeiger:
Der kleine Zeiger gibt die **Stunden** an:
von 0 bis 12 Stunden
Der große Zeiger gibt die **Minuten** an:
von 0 bis 60 Minuten

Lies zuerst die Stunden ab, dann die Minuten:

Der kleine Zeiger steht zwischen 3 und 4.
Lies dann **immer die kleinere Zahl** ab.

Der große Zeiger steht auf der 37.

3.37 Uhr – Es ist drei Uhr siebenunddreißig.

53 Ordne zu.

① 9.13 Uhr ② 10.30 Uhr ③ 0.40 Uhr ④ 6.45 Uhr

a)

b)

c)

d)

54 Wie viel Uhr ist es?

a)

b)

c)

d)

55 Orlando liest die Uhr bei Aufgabe 53 a) und sagt: „Es ist 10.30 Uhr oder 22.30 Uhr.“ → S. 163, Nr. 4
Lotti sagt: „Es ist halb elf.“ Was sagst du dazu?

Längen in die nächste Einheit umrechnen

→ S. 133, Nr. 5

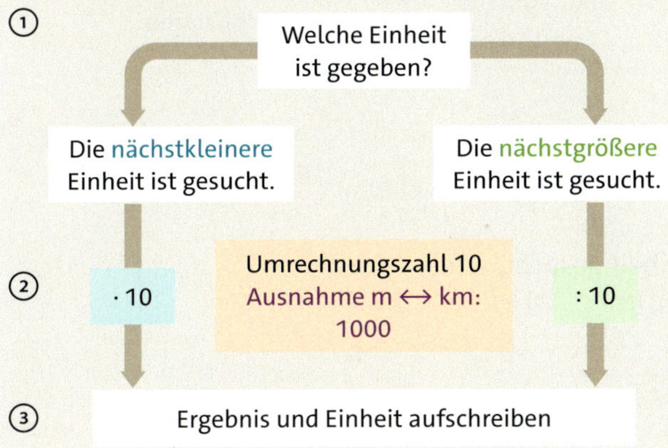

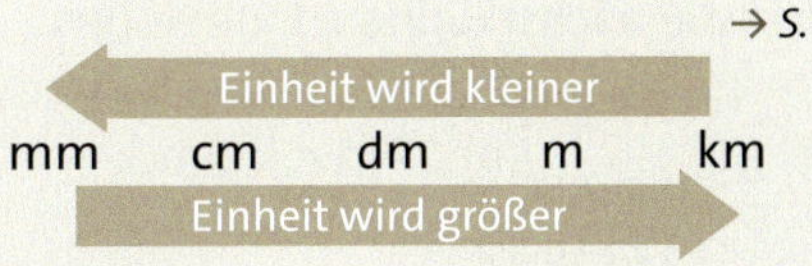

a) 5 dm = ■ cm
① gegeben: dm
gesucht: cm
Das ist die nächstkleinere Einheit.
② 5 · 10 = 50
③ 5 dm = 50 cm

b) 670 mm = ■ cm
① gegeben: mm
gesucht: cm
Das ist die nächstgrößere Einheit.
② 670 : 10 = 67
③ 670 mm = 67 cm

56 Rechne in die nächstkleinere Einheit um.
a) 3 cm = ■ mm b) 14 dm = ■ cm c) 800 m = ■ dm d) 163 cm = ■ mm

Wird die Einheit **kleiner**: **multiplizieren**.

57 Rechne in die nächstgrößere Einheit um.
a) 30 cm = ■ dm b) 210 mm = ■ cm c) 5600 cm = ■ dm d) 9040 dm = ■ m

Wird die Einheit **größer**: **dividieren**.

58 Rechne um. Ist die nächstkleinere oder nächstgrößere Einheit gesucht?
a) 610 mm = ■ cm b) 50 dm = ■ cm c) 3080 cm = ■ dm d) 400 m = ■ dm

59 Rechne um. Beachte die Umrechnungszahl 1000.
a) 3 km = ■ m b) 5000 m = ■ km c) 199 000 m = ■ km d) 405 km = ■ m

Größen in die nächste Einheit umrechnen

→ S. 163, Nr. 3

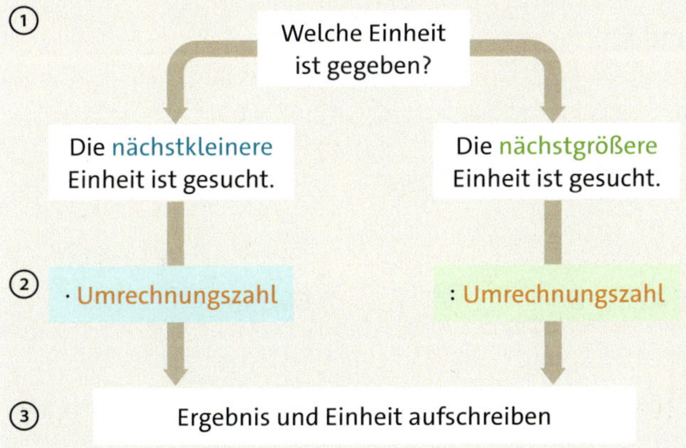

a) 5 cm = ■ mm
① gegeben: cm
gesucht: mm
Das ist die nächstkleinere Einheit.
Umrechnungszahl 10
② 5 · 10 = 50
③ 5 cm = 50 mm

b) 63 000 kg = ■ t
① gegeben: kg
gesucht: t
Das ist die nächstgrößere Einheit.
Umrechnungszahl 1000
② 63 000 : 1000 = 63
③ 63 000 kg = 63 t

60 Welche Einheiten gehören zusammen?
Ordne die Einheiten von klein nach groß und schreibe die Umrechnungszahl dazu.

g | **Zeit** | cm | ct | **Länge** | € | kg | h | km | m | **Gewicht** | dm | mm | **Geld** | t | s | min

61 Rechne in die nächstkleinere Einheit um.

Tipp Achte auf die unterschiedlichen Umrechnungszahlen: 10, 100, 1000, 60

a) 7 kg = ■ g b) 17 m = ■ dm c) 38 € = ■ ct d) 4 h = ■ min

Wird die Einheit **kleiner**: **multiplizieren**.

62 Rechne in die nächstgrößere Einheit um.

Tipp Achte auf die unterschiedlichen Umrechnungszahlen: 10, 100, 1000, 60

a) 80 mm = ■ cm b) 490 000 g = ■ kg c) 17 000 ct = ■ € d) 120 s = ■ min

Wird die Einheit **größer**: **dividieren**.

63 Rechne um. Ist die nächstkleinere oder nächstgrößere Einheit gesucht?

a) 35 t = ■ kg b) 5000 € = ■ ct c) 600 min = ■ h d) 303 000 m = ■ km

Mit Größen rechnen: addieren + und subtrahieren –

Bei **Plus** oder **Minus** müssen Größen dieselbe Einheit haben.

① Was ist die kleinere Einheit?

② Rechne die andere Größe in diese Einheit um:

③ Berechne.

mit der Umrechnungszahl **multiplizieren**

Berechne: + und –

a) 8 m + 47 dm

① 8 m + 47 dm

② 8 m in dm umrechnen:

8 m · 10 = 80 dm

8 m = 80 dm

③ 8 m + 47 dm

= 80 dm + 47 dm = 127 dm

b) 4 kg – 625 g

① 4 kg – 625 g

② 4 kg in g umrechnen:

4 kg · 1000 = 4000 g

4 kg = 4000 g

③ 4 kg – 625 g

= 4000 g – 625 g = 3375 g

verschiedene Umrechnungszahlen!

64 Berechne.

a) 5 dm + 32 cm b) 2 t + 174 kg c) 12 h + 270 min d) 9,80 € + 510 ct

e) 585 ct – 3 € f) 15 kg – 5630 g g) 68 m – 3700 cm h) 5 h – 38 min

Mit Größen rechnen: multiplizieren · und dividieren :

Bei **Mal** oder **geteilt** rechne nur mit den Zahlen.

① Rechne ohne Einheiten.

② Schreibe mit Einheit.

Berechne: · und :

a) 4 · 9 kg

① 4 · 9 = 36

② 4 · 9 kg = 36 kg

b) 42 cm : 7

① 42 : 7 = 6

② 42 cm : 7 = 6 cm

65 Berechne.

a) 5 · 11 g b) 12 · 8 cm c) 42 m : 6 d) 60 min : 4

Flächen

Lösungen ab S. 260

Vielecke

→ S. 133, Nr. 3

Vielecke bestehen aus **Ecken** und **Seiten**.

Vielecke werden nach der Anzahl der Ecken benannt.

Dreieck **Vier**eck **Fünf**eck **Sechs**eck **Acht**eck

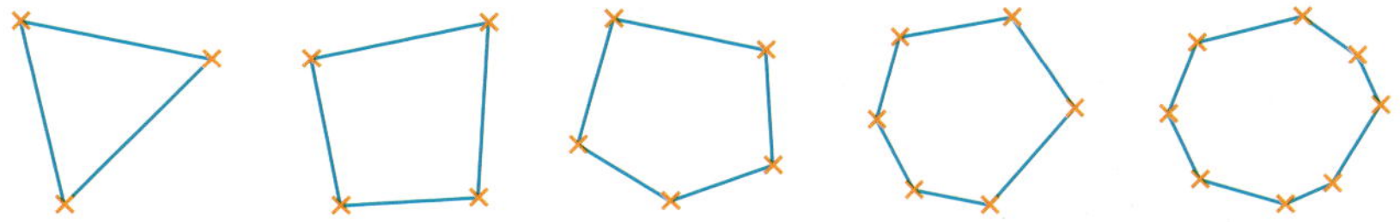

So werden Vielecke beschriftet:

Ecken mit Großbuchstaben
Seiten mit Kleinbuchstaben

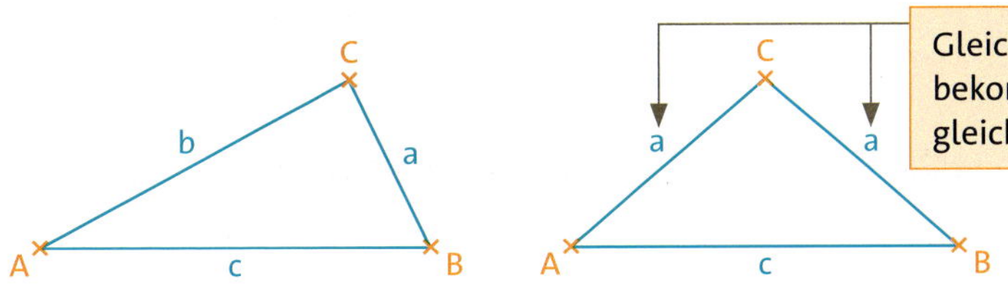

Gleich lange Seiten bekommen oft gleiche Buchstaben.

66 Wie heißen die Vielecke? Übertrage und beschrifte die Vielecke.

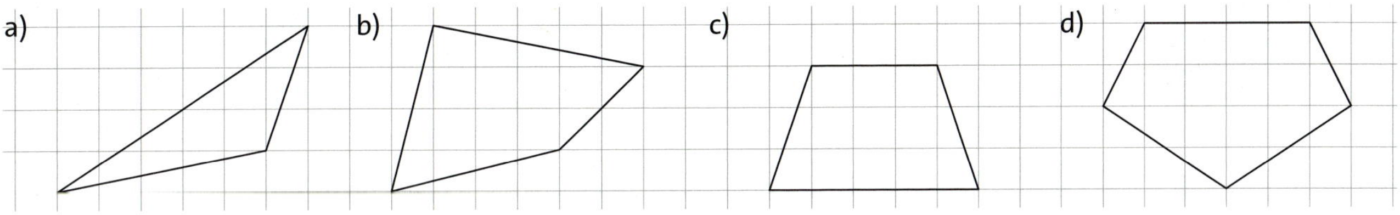

Checkliste Rechteck

Prüfe die 3 Eigenschaften:

1. alle Winkel rechte Winkel? Prüfe alle 4 Ecken.

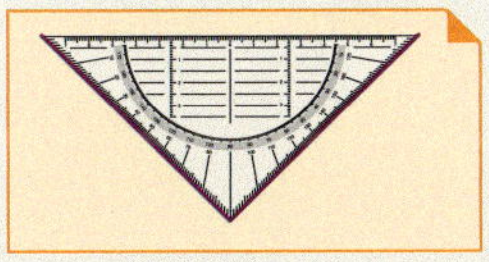

2. gegenüberliegende Seiten parallel? Prüfe 2-mal.

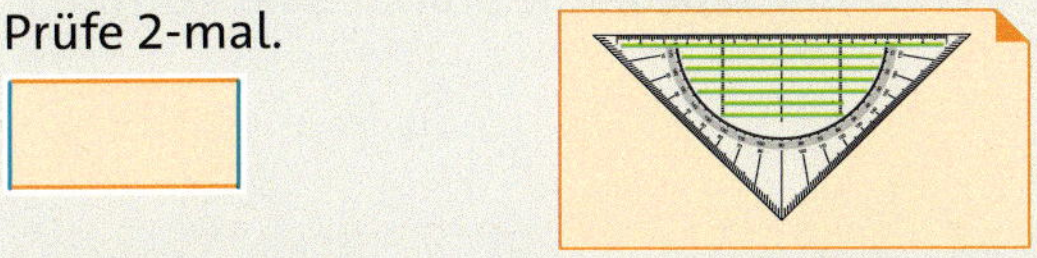

3. gegenüberliegende Seiten gleich lang? Prüfe 2-mal.

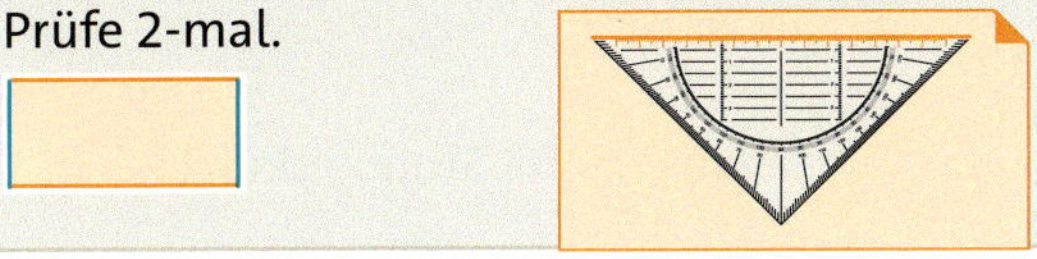

a) Ist das ein Rechteck?

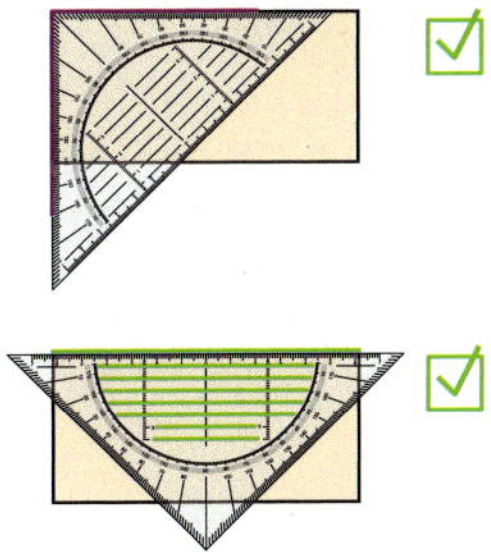

b) Ist das ein Rechteck?

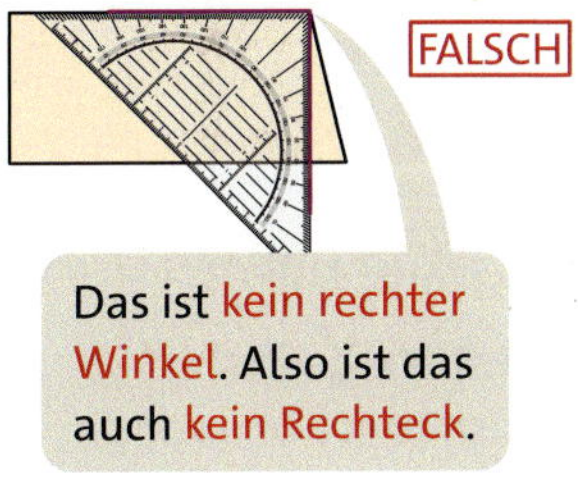

Das ist kein rechter Winkel. Also ist das auch kein Rechteck.

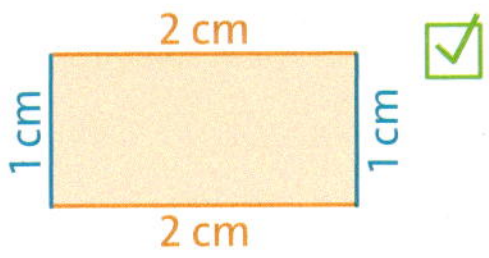

3-mal ✓?
Dann ist es ein Rechteck.

67 Ist das ein Rechteck? Prüfe die 3 Eigenschaften.

a)

b)

c)

d)

Brüche

Lösungen ab S. 261

Gerecht teilen

→ *S. 163, Nr. 2*

Gerecht teilen heißt:
Jeder bekommt gleich viel.

3 Kinder teilen sich die Tafel Schokolade.

Jeder bekommt 6 Stücke:

FALSCH

68 Wurde gerecht geteilt? Begründe.

a) 

b) 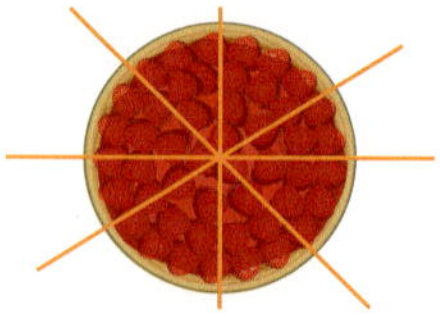

c) 

d) 

69 Teile gerecht. Wie viel bekommt jeder?

a) auf 3 Kinder 

b) auf 6 Kinder 

c) auf 2 Kinder 

d) auf 4 Kinder 

Die Hälfte und ein Drittel

→ *S. 163, Nr. 5*

Die **Hälfte** bedeutet:
Man teilt etwas
in **zwei gleich große Teile.**
Man sagt auch:
Man **halbiert** etwas.

Die Hälfte von 50 € sind 25 €.

Eine halbe Stunde sind 30 min.

Ein **Drittel** bedeutet:
Man teilt etwas
in **drei gleich große Teile.**
Man sagt auch:
Man **drittelt** etwas.

Die Drittel von 12 € sind 4 €.

Eine drittel Stunde sind 20 min.

70 Ordne die Sätze zu und ergänze sie.
■ wurde in ■ gleich große Teile geteilt.
Die Hälfte von ■ sind ■.
Ein Drittel von ■ sind ■.
■ wurde halbiert.
■ wurde gedrittelt.

a)

b)

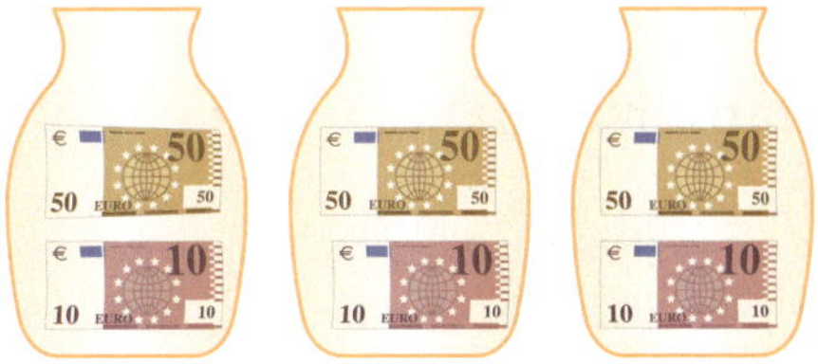

71 Welche Vase ist halb voll?

→ S. 163, Nr. 6

Tipp Was bedeuten die grauen Linien?

leer | halb voll | ganz voll

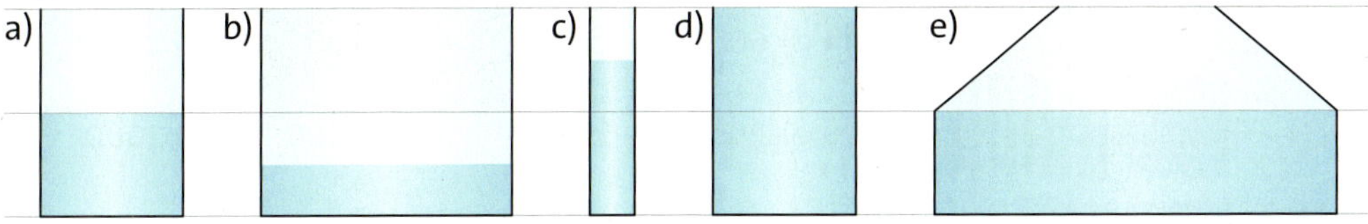

Vorsicht: Passt bei e) noch einmal so viel Wasser hinein?

Daten

Lösungen ab S. 261

Tabellen lesen

→ S. 181, Nr. 4

Tabellen bestehen aus **Zeilen** und **Spalten**.
Die Überschriften beschreiben, um was es geht.

Die Tabelle fasst die **Besucherzahlen im Museum** zusammen.
Man kann ablesen, wie viele Erwachsene, Jungen und Mädchen am Freitag, Samstag und Sonntag im Museum waren.

Besucherzahlen im Museum:

Spalten ↓ Zeilen →

	Erwachsene	Jungen	Mädchen
Freitag	85	105	122
Samstag	260	181	219
Sonntag	207	305	255

Wie viele Jungen waren am Samstag im Museum?
Diesen Wert findet man dort, wo sich die Zeile **Samstag** und die Spalte **Jungen** treffen.

Am Samstag waren 181 Jungen im Museum.

72 Um was geht es? Beschreibe.

a) **Besucherzahlen im Schwimmbad:**

	Erwachsene	Jungen	Mädchen
Freitag	179	244	188
Samstag	261	378	405
Sonntag	307	421	463

b) **Ergebnisse beim Sportfest:**

	Seilspringen	Liegestütze	Kniebeugen
Amir	23	11	37
Milana	45	8	55
Zaba	19	31	44

73 Beantworte die Fragen zum Sportfest.
Tipp Bei e) musst du erst rechnen.
a) Wie viele Liegestütze hat Zaba geschafft?
b) Wie viele Seilsprünge hat Amir geschafft?
c) Wer hat 55 Kniebeugen geschafft?
d) Wer hat die meisten Liegestütze geschafft?
e) Wie viele Seilsprünge haben Amir und Milana zusammen geschafft?

Lösungen der Grundlagen

Natürliche Zahlen

S. 235

1 a) 4 Fische < 6 Fische
b) 3 Fische > 1 Fisch
c) 11 Fische > 9 Fische

2 a) 67 < 76 b) 340 > 309 c) 763 > 673

3 a) 145 b) 272 c) 240 d) 305

4 a)

b)

c)

d)

5 a) 456 = 4H + 5Z + 6E 456 = 400 + 50 + 6
b) 183 = 1H + 8Z + 3E 183 = 100 + 80 + 3
c) 279 = 2H + 7Z + 9E 279 = 200 + 70 + 9
d) 1631 = 1T + 6H + 3Z + 1E
1631 = 1000 + 600 + 30 + 1

6 a) 205 = 2H + 5E 205 = 200 + 5
b) 560 = 5H + 6Z 560 = 500 + 60
c) 2007 = 2T + 7E 2007 = 2000 + 7

7 a) Die Einteilung ist nicht überall gleich.
So ist es richtig:
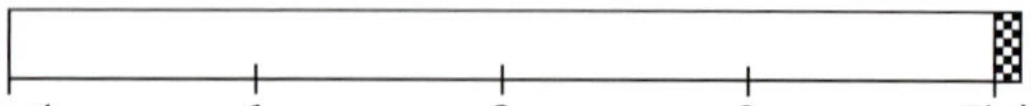

b) Die Einteilung ist falsch beschriftet.
So ist es richtig:
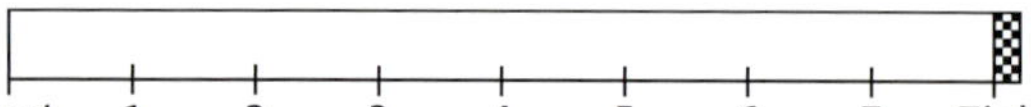

8 a) blau b) grün c) orange

9
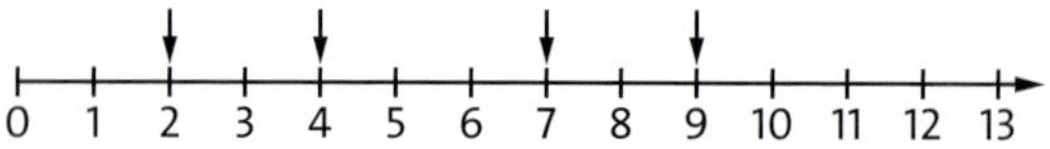

10 a)
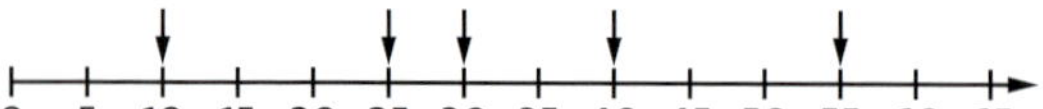

b)
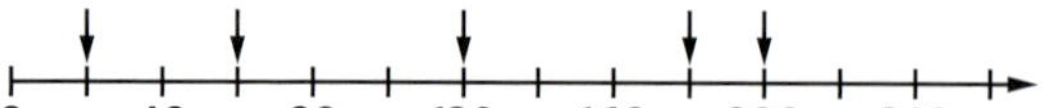

11 a) 4826 < 4862 b) 1001 > 617
c) 10 589 < 15 098 d) 48 007 > 888

12 a) 2; 4; 14; 24; 42; 241
b) 250; 120; 67; 48; 12; 8

13 a) 600 €; 61 €; 16 €; 6 €; 60 ct
b) 5 dm = **50 cm**; **51 cm**; 1 m = **100 cm**

14 a) 60 b) 80 c) 390 d) 2420

15 a) 200 b) 700 c) 1400 d) 2500

Addition und Subtraktion

S. 239

16 a) 359 b) 484 c) 584

17 a) 689 b) 866 c) 315 d) 5512

18 a) 313 b) 871 c) 542

19 a) 473 b) 198 c) 477 d) 262

20 a) 3 b) 9 c) 4 d) 8
e) 1 f) 7 g) 2 h) 5

21 a) 21 b) 48 c) 66 d) 185

22 a)
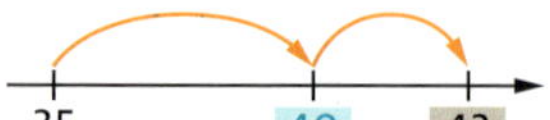

b)

c)
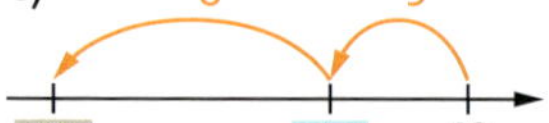

d)
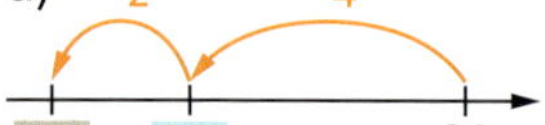

23 a)

	3	8	1
+		4	2
	1		
	4	2	3

b)

		9	5
+	8	3	6
	1	1	
	9	3	1

c)

	5	8	6
−	2	3	7
		1	
	3	4	9

d)

	2	4	1
−		5	6
	1	1	
	1	8	5

Grundbegriffe der Geometrie

S. 242

24 a) Fingerbreite b) Handspanne
c) Fingerbreite d) Handspanne

25 a) ungefähr 5 cm b) ungefähr 7 cm
c) ungefähr 2 dm d) ungefähr 3 dm

26 grün: 3 cm blau: 10 cm schwarz: 8 cm
rot: 4,5 cm lila: 5,5 cm gelb: 7,5 cm

27 gelb: 14 cm blau: 6,6 cm grün = 13,5 cm
lila: 7,8 cm rot = 2,5 cm

28 Vergleiche Punkt für Punkt mit der Abbildung.

29 b) und c) sind rechte Winkel.

30 b) und d) sind rechte Winkel.

31 a)
b)
c)
d)

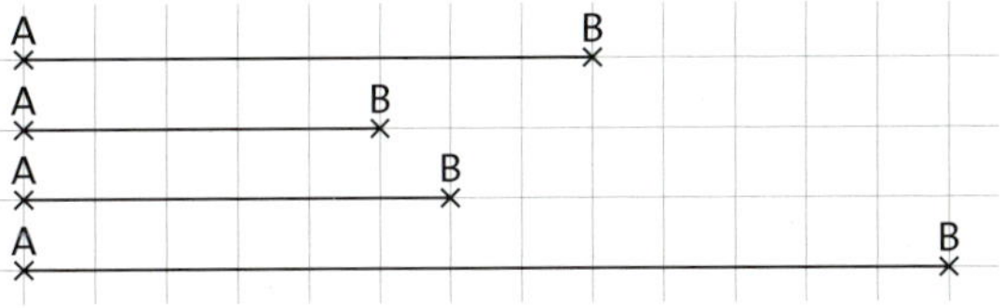

32 a) a und b sind nicht parallel zueinander.
b) c ∥ d c ist parallel zu d.

33 a ∥ c d ∥ f e ∥ g

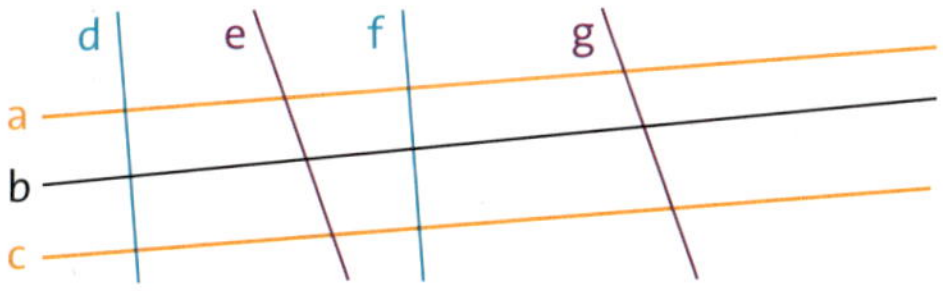

34 a) und d) sind rechte Winkel.

35 a) a und b sind nicht senkrecht zueinander.
b) c ⊥ d c ist senkrecht zu d.
c) e ⊥ f e ist senkrecht zu f.
d) g und h sind nicht senkrecht zueinander.

36 a ⊥ g c ⊥ f d ⊥ h

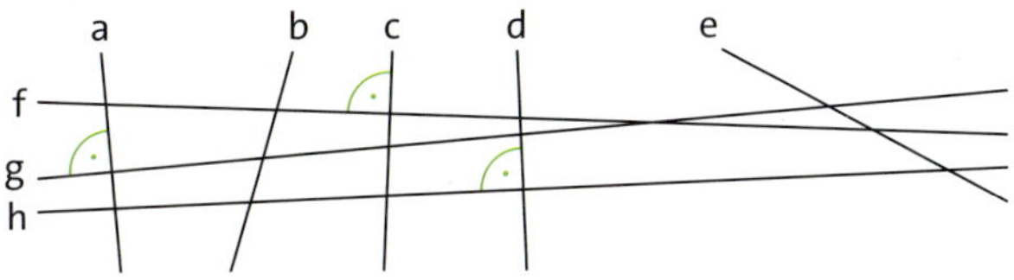

37 a) A(2|3); B(8|4)
b) C(3|2); D(4|3); E(7|5)
c) F(3|4); G(4|1); H(8|3)

38 a) A(4|2); B(10|4); C(16|8)
b) D(5|10); E(20|25); F(25|15); G(35|20)

Multiplikation und Division

S. 247

39 a) ③ Ⓑ $4 + 4 = 2 \cdot 4$
b) ④ Ⓐ $6 + 6 + 6 + 6 = 4 \cdot 6$
c) ① Ⓓ $10 + 10 + 10 + 10 + 10 = 5 \cdot 10$
d) ② Ⓒ $2 + 2 + 2 + 2 + 2 + 2 + 2 = 7 \cdot 2$

40 a) $3 + 3 + 3 + 3 = 4 \cdot 3$ b) $5 + 5 = 2 \cdot 5$
c) $9 + 9 + 9 = 3 \cdot 9$

41 a) $4 \cdot 3 = 12$ b) $8 : 2 = 4$
c) $5 \cdot 2 = 10$ d) $12 : 6 = 2$

42 a) 1 200 000 b) 30 000
c) 14 000 d) 5 050 000
e) 200 f) 400
g) 400 h) 101

43 a) 5 b) 4 c) 10 d) 20
e) 2 f) 50 g) 250 h) 125

44

·	1	2	3	4	5	6	7	8	9	10
1	1	2	3	4	5	6	7	8	9	10
2	2	4	6	8	10	12	14	16	18	20
3	3	6	9	12	15	18	21	24	27	30
4	4	8	12	16	20	24	28	32	36	40
5	5	10	15	20	25	30	35	40	45	50
6	6	12	18	24	30	36	42	48	54	60
7	7	14	21	28	35	42	49	56	63	70
8	8	16	24	32	40	48	56	64	72	80
9	9	18	27	36	45	54	63	72	81	90
10	10	20	30	40	50	60	70	80	90	100

45 **3er-Reihe:** 3; 6; 9; 12; 15; 18; 21; 24; 27; 30
6er-Reihe: 6; 12; 18; 24; 30; 36; 42; 48; 54; 60
8er-Reihe: 8; 16; 24; 32; 40; 48; 56; 64; 72; 80

46 a) 8 b) 6 c) 10
d) 7 e) 9 f) 8

Größen im Alltag

S. 250

47 a) Gewicht b) Zeit
c) Länge d) Geld

48 100 € 10 € 50 € 5 € 20 €

49 a) 74 € b) 212,30 € c) 28,15 €

50 a) Die Schatzkiste ist 50 cm lang.
b) Die Schatzkiste ist 25 cm breit.
c) Die Schatzkiste ist 30 cm hoch.
d) Die Schatzkiste liegt 7 m tief.

51 Die Palme ist 4 m hoch.
Der Fisch ist 11 cm lang.
Der Schlüssel liegt 3 m tief.
Das Segel ist 2 m breit und 1 m hoch.

52 Inline-Skates, Fahrrad, Auto, Lkw, Flugzeug

53 a) ② 10.30 Uhr b) ④ 6.45 Uhr
c) ① 9.13 Uhr d) ③ 0.40 Uhr

54 a) 7.15 Uhr b) 2.55 Uhr
c) 10.40 Uhr d) 5.28 Uhr

55 Orlando hat recht: 10.30 Uhr ist vormittags, 22.30 Uhr ist abends. Die Uhr zeigt aber trotzdem dasselbe an.
Lotti hat auch recht: Man sagt zu 10.30 Uhr auch halb elf, weil zur nächsten Stunde die Hälfte schon vergangen ist.

56 a) 30 mm b) 140 cm
c) 8000 dm d) 1630 mm

57 a) 3 dm b) 21 cm
c) 560 dm d) 904 m

58 a) 61 cm b) 500 cm
c) 308 dm d) 4000 dm

59 a) 3000 m b) 5 km
c) 199 km d) 405 000 m

60 Geld: ct, €, Umrechnungszahl 10
Länge: mm, cm, dm, m, km,
Umrechnungszahl 10,
Ausnahme bei m und km: 1000
Gewicht: g, kg, t, Umrechnungszahl 1000
Zeit: s, min, h, Umrechnungszahl 60

61 a) 7000 g b) 170 dm
c) 3800 ct d) 240 min

62 a) 8 cm b) 490 kg
c) 170 € d) 2 min

63 a) 35 000 kg b) 500 000 ct
c) 10 h d) 303 km

64 a) 82 cm b) 2174 kg
c) 990 min d) 1490 ct
e) 285 ct f) 9370 g
g) 3100 cm h) 262 min

65 a) 55 g b) 96 cm
c) 7 m d) 15 min

Flächen

S. 255

66

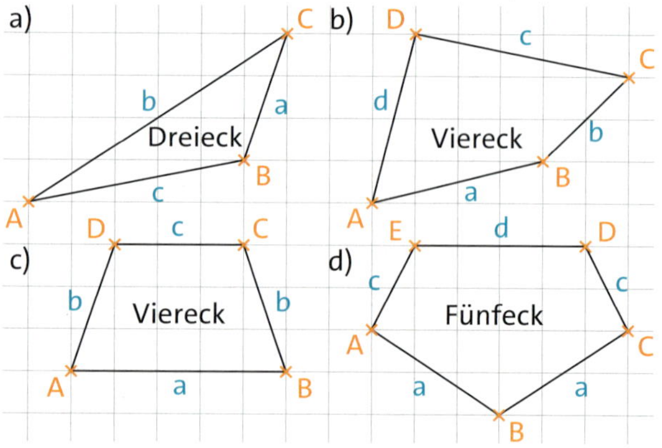

67 a) Rechteck b) kein Rechteck
c) Rechteck d) Rechteck

Brüche

S. 256

68 a) nicht gerecht geteilt,
Es sind unterschiedlich viele Stücke: 3, 5 und 2
b) nicht gerecht geteilt,
Die Stücke sind unterschiedlich groß.
c) nicht gerecht geteilt,
Die Stücke sind unterschiedlich groß.
d) gerecht geteilt,
Die Hälften sind gleich groß.

69 a) Jeder bekommt 4 Birnen.
b) Jeder bekommt 2 Stücke.
c) Jeder bekommt 2 und ein Halbes.
d) Jeder bekommt ein Viertel Stück.

70 a) Das Tafellineal wurde in 2 gleich große Teile geteilt. Die Hälfte von 1 m sind 50 cm.
Das Tafellineal wurde halbiert.
b) Das Geld wurde in 3 gleich große Teile geteilt.
Ein Drittel von 180 € sind 60 €.
Das Geld wurde gedrittelt.

71 a) halb voll
b) nicht halb voll (zu wenig Wasser)
c) nicht halb voll (zu viel Wasser)
d) nicht halb voll (ganz voll)
e) nicht halb voll (Es passt nicht noch einmal so viel Wasser hinein.)

Daten

S. 257

72 a) Die Tabelle fasst die Besucherzahlen in einem Schwimmbad zusammen.
Man kann ablesen, wie viele Erwachsene, Jungen und Mädchen am Freitag, Samstag und Sonntag im Schwimmbad waren.
b) Die Tabelle fasst die Ergebnisse beim Sportfest zusammen.
Man kann ablesen, wie viele Seilsprünge, Liegestütze und Kniebeugen Amir, Milana und Zaba geschafft haben.

73 a) 31
b) 23
c) Milana
d) Zaba
e) 68

Sachregister